U0958411

高等学校规划教材

机械设计基础

主　编　王春华　王　琦
副主编　徐萃萍　曲　辉　席本强

北　京
冶金工业出版社
2025

内 容 简 介

本书根据教育部对高等工科院校机械设计基础课的最新教学要求，结合多年来的教学实践及我国机械工业发展的需要而编写。全书共分19章，包括：绪论，机械及机械零件设计概要，平面机构的自由度，机械中的摩擦及机械效率，平面连杆机构，凸轮机构，齿轮机构及传动，蜗杆机构及传动，轮系，间歇运动机构，机械速度波动的调节及机械平衡，轴毂联接，螺纹联接及螺旋传动，带传动，链传动，轴，轴承，联轴器、离合器和制动器，弹簧。

本书可作为普通高等工科院校机械设计基础课程的教材，也可供相关专业工程技术人员参考。

图书在版编目(CIP)数据

机械设计基础/王春华等主编．—北京：冶金工业出版社，2010.9（2025.1重印）
高等学校规划教材
ISBN 978-7-5024-5353-4

Ⅰ.①机…　Ⅱ.①王…　Ⅲ.①机械设计—高等学校—教材　Ⅳ.①TH122

中国版本图书馆CIP数据核字（2010）第162940号

机械设计基础

出版发行　冶金工业出版社　　**电　话**　(010)64027926
地　址　北京市东城区嵩祝院北巷39号　　**邮　编**　100009
网　址　www.mip1953.com　　**电子信箱**　service@mip1953.com

责任编辑　李培禄　美术编辑　彭子赫　版式设计　孙跃红
责任校对　卿文春　责任印制　范天娇
北京印刷集团有限责任公司印刷
2010年9月第1版，2025年1月第6次印刷
787mm×1092mm　1/16；17.25印张；461千字；262页
定价38.00元

投稿电话　(010)64027932　投稿信箱　tougao@cnmip.com.cn
营销中心电话　(010)64044283
冶金工业出版社天猫旗舰店　yjgycbs.tmall.com
（本书如有印装质量问题，本社营销中心负责退换）

前　　言

本书根据部对高等工科院校机械设计基础课的最新教学要求，结合多年来的教学实践及我国机械工业发展的需要而编写，适用于近机类和非机类各本科专业机械设计基础课的教学。

为了便于组织教学和设计实践，遵循对机械的认识规律及循序渐进的原则，遵循理论联系实际和注重机械设计能力培养的要求，编写结构上将机械原理、机械设计的知识集中在一起。全书共分19章，包括绪论，机械及机械零件设计概要，平面机构的自由度，机械中的摩擦及机械效率，平面连杆机构，凸轮机构，齿轮机构及传动，蜗杆机构及传动，轮系，间歇运动机构，机械速度波动的调节及机械平衡，轴毂联接，螺纹联接及螺旋传动，带传动，链传动，轴，轴承，联轴器、离合器和制动器，弹簧。本书每章前面都有一段简短的摘要性文字，对该章主要内容作概括性说明，便于学生自学。书中例题和章后复习思考题大多取自工程实际问题，学生学习后很容易在实践中检验。

本书的编写是从教学改革实际需要和提高学生的综合素质、培养创新能力出发，本着少而精的原则，但又注重知识的系统性、适用性和先进性，突出本课程所需的基本理论、基本方法和基本技能，力求反映机械设计的新理论、新技术、新方法和新标准。本书可为后续课程和专业知识的学习打下理论基础和实践基础。本书既可以作为全日制本科生教学用书，又可供对本专业感兴趣的人员自学参考。

本书的第1、3、4、6、10、12、13、19章由王春华、郝志勇、齐秀飞编写；第2、7章由王琦编写；第5、8、9、11、14、15章由何凡、席本强编写；第16、17、18章由曲辉、徐萃萍编写；由王春华、王琦任主编，徐萃萍、曲辉、席本强任副主编。全部书稿由汤为光教授主审。

由于编者水平有限，书中不妥之处，殷切希望读者批评指正。

编　者

2010年6月

目　　录

1 绪　　论

本章将简要介绍机械、机械设计；机械设计基础课的内容、性质和任务以及学习这门课程的方法。通过本章的学习同学们对机械、机械设计及机械设计课程有总的、基本的了解及认识。

1.1 机械及其设计

1.1.1 机械

一般意义来讲，机械就是劳动工具。人们在长期的生活、生产中发明了劳动工具。劳动工具经历了从简单到复杂的发展过程，劳动工具的水平高低代表了社会生产力水平的高低，历史上劳动工具经历了由石头、铜、铁制造工具到出现蒸汽机。

专业意义来讲，机构和机器总称为机械。日常生产生活中，机械无处不在，像缝纫机、洗衣机、起重机、飞机、军舰等都是机械。机械的种类繁多，其结构、性能和用途等各不相同，但它们却有着相同的特征。一个机器是由许多部分组成的，每一部分由工厂加工制造，然后组装而成。其中制造的最小单元称为零件。运动的最小单元称为构件，构件是由一个或若干个零件组成。机构是构件组合体，各构件间有确定的相对运动。机器是由一个或若干个机构组成的执行运动的装置，用来变换或传递能量、物料与信息，以减轻人的体力或脑力劳动。

下面以内燃机为例介绍零件、构件、机构和机器的含义。如图 1-1 所示的内燃机，它由汽缸 11、活塞 10、连杆 3、曲轴 4、齿轮 1 与 18、凸轮 7 以及气阀推杆 8 与进气阀 12 和排气阀 17 组成。燃气的热能推动着活塞、通过连杆转换为曲柄的转动，代替人们的劳动而做功；再经过相互啮合的齿轮带动凸轮不断地交替打开和关闭进气和排气阀，实现输入燃气和排出废气的工作。经过四冲程把燃气能转化为曲柄轴输出的机械能，它是机器。图 1-2 为内燃机中的连杆，连杆在内燃机中是作为一个整体运动的，所以它是一个构件。它分别由连杆头 1，螺母 2，螺栓 3，连杆体 4 等组成的。而连杆头 1、螺母 2、螺栓 3、连杆体 4 分别是制造的最小单元，称为零件。零件分为两

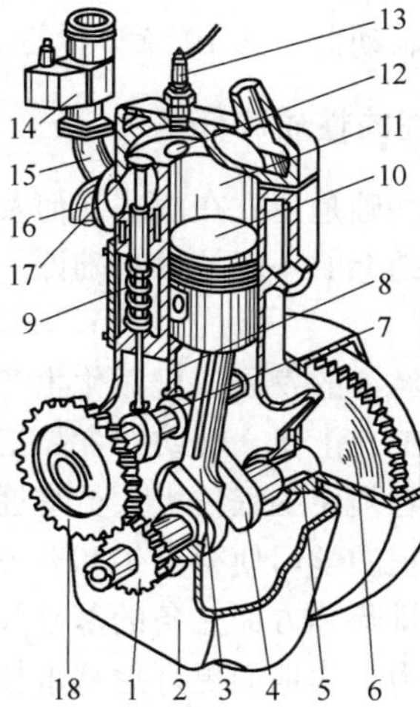

图 1-1　内燃机

1，18—齿轮；2—机壳；3—连杆；4—曲轴；5—轴承；6—大齿轮；7—凸轮；8—气阀推杆；9—弹簧；10—活塞；11—汽缸；12—进气阀；13—火花塞；14—空气滤清器；15—进气管；16—化油器；17—排气阀

大类，一类是通用零件，如轴、齿轮，另一类是专用零件，如汽车中的曲轴、内燃机中的活塞等。而图1-1中的构件11、10、3和4；11、1和18；11、7和8（9）组成了常用的曲柄滑块机构、齿轮机构、凸轮机构，它们具有确定的运动。

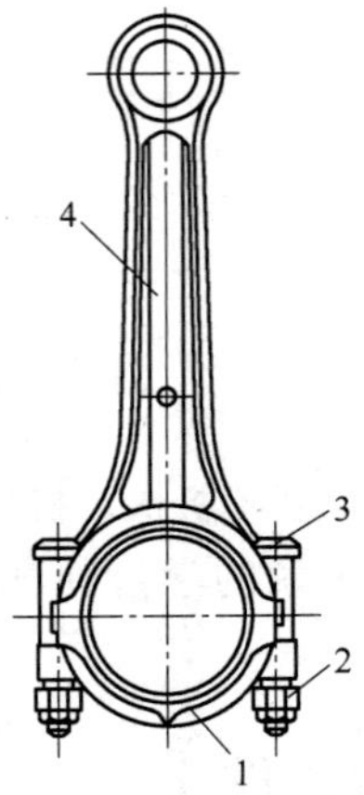

图 1-2　内燃机连杆
1—连杆头；2—螺母；3—螺栓；4—连杆体

1.1.2　机械设计

机械设计就是为生产机械所必须进行的技术决策活动，最终结果要以图和文字的形式表示，以作为机械制造依据，泛指整个机器和机器一部分的设计。

1.2　机械设计基础研究的内容、性质和任务

1.2.1　本课程研究的内容

机械设计基础主要研究机械中的常用机构和通用零件的工作原理、结构特点、基本的设计理论、计算方法。

本书共19章。第1章，绪论；第2章，机械及机械零件设计概要；第3章，平面机构的自由度；第4章，机械中的摩擦及机械效率；第5章，平面连杆机构；第6章，凸轮机构；第7章，齿轮机构及传动；第8章，蜗杆机构及传动；第9章，轮系；第10章，间歇运动机构；第11章，机械速度波动的调节及机械平衡；第12章，轴毂联接；第13章，螺纹联接及螺旋传动；第14章，带传动；第15章，链传动；第16章，轴；第17章，轴承；第18章，联轴器、离合器和制动器；第19章，弹簧。

1.2.2　本课程的性质和任务

机械设计基础是建立在画法几何及机械制图、理论力学、材料力学、工程材料及金属工艺学等课程的基础上的一门技术基础课。本课程将为有关专业的学生学习专业机械设备提供必要的理论基础。

随着国民经济的发展，机械化生产规模日益扩大，不但机械部门，而且在动力、采矿、冶金、石油、化工、土建、轻纺、食品工业等部门工作的技术人员，将会经常接触到通用或专用机械。因此，必须使工程技术人员掌握应有的机械知识，才能搞好生产机械化和自动化。

通过本课程的学习使得学生和有关技术人员了解机械设备的传动原理、正确使用和维护以及故障分析与排除等方面必备的基础知识；培养他们运用机械设计手册、设计机械传动装置和简单机械的能力。为他们更好地从事技术改革和机械设计创造条件。

机械设计基础是一门理论性和实践性很强的技术基础课。一是要学好基本理论知识，掌握基本概念、基本理论、基本方法；二是敢于实践，做到理论联系实际，做到举一反三。充分发挥创造才能，努力进行发明创造。

随着科学技术的发展，特别是计算机的应用，出现了一些新的机械设计方法。例如：优化法、有限元法、可靠性法、CAD法等，这些新的设计方法目前已在我国高等学校单独授课，故未列入本课程之中。

2 机械及机械零件设计概要

机械设计是一项复杂、细致并且科学性很强的技术工作。随着科技的发展，设计理念不断更新，设计方法不断发展，“可靠性设计”、“优化设计”、“计算机辅助设计”、“有限元设计”及“模块化设计”等现代设计方法已经在机械设计中得到了应用，但常规的设计方法是工程技术人员进行机械设计的重要基础。

本章扼要阐述机械及机械零件设计中的一些共性问题，即对设计的基本要求、设计计算准则、设计程序、零件的材料及热处理等问题进行简述。

2.1 机械设计的基本要求和一般设计程序

2.1.1 机械设计的基本要求

机械设计包括两种形式的设计：应用新技术、新方法开发设计新机械；在原有机械的基础上重新设计或进行局部改造，从而改变或提高原有机械的性能。设计质量的高低直接关系机械产品的性能、成本及经济效益。

机械设计应满足以下几个方面的基本要求：

（1）功能要求。设计的机械能实现预定的功能，并在规定的工作条件下、规定的工作期限内能正常运行。

（2）可靠性要求。可靠性是机器在使用中性能的稳定性，是机器的一个重要质量指标。机器是由若干个零件及部件组成，其可靠度取决于零部件的可靠度。机械系统的零部件越多，可靠度也就越低，因此在设计机器时要尽量减少零部件的数目。

（3）经济性要求。机器的经济性指标是一项综合性指标，在产品的设计、制造、使用、维护、管理等各个环节均有所体现。例如，设计中尽可能多地选用标准件，不仅价廉，而且节省设计工作量；零件工艺性好坏直接牵涉加工成本；节约贵重金属等。良好的经济性不仅体现在加工制造成本低廉，更大程度地体现在使用中的高效低耗，维护管理中的简便易行。

（4）工作安全、操作方便。安全是指使用机器的人的安全及机器工作时本身的安全。因此要采取各种防护措施，如给暴露运动构件配防护罩、过载保护装置等。操作系统简便，有利于减轻操作人员的劳动强度。

（5）造型美观、减少污染。结合工业艺术造型设计方法对机械产品进行工业造型设计，使其外形美观，富有时代特点，使产品具有市场竞争力。

噪声也是反映机械产品质量的一个综合指标，所以要尽量降低噪声，减轻对环境的污染。

2.1.2 机械设计的一般程序

机械是多种多样的，其设计过程也不尽相同，但遵循的设计规律是一样的。机械的一般设计程序如图 2-1 所示。

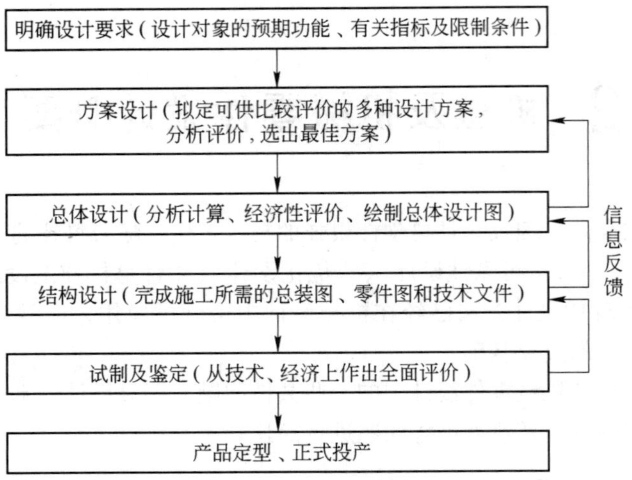

图 2-1　机械的一般设计程序

2.2　机械零件计算准则和一般设计程序

2.2.1　机械零件的工作能力

在进行机械设计时，除要求在预定的寿命期限内实现预定功能的前提下，还要满足性能好、效率高、成本低、安全可靠、操作方便、维修简便和造型美观等要求。设计零件时，也必须考虑上述要求，也就是要求零件具有工作能力，即在不发生失效的前提下，零件能安全工作的限度。通常此限度是针对载荷而言，故又称承载能力。

机械由于某种原因不能正常工作，称为失效。零件常见的失效形式有断裂或疲劳断裂、疲劳点蚀、摩擦磨损、塑性变形和振动稳定性失效等。

2.2.2　机械零件的设计计算准则

机械零件工作能力的衡量指标称为机械零件的工作能力准则。它是计算确定零件基本尺寸的主要依据，又称为设计计算准则。主要计算准则有：强度准则、刚度准则、耐磨性准则、振动稳定性准则、耐热性准则等。设计机械零件时，根据不同情况选择某一个或几个准则进行计算。

（1）强度准则。在理想平稳的工作条件下，作用在零件上的载荷为名义载荷，按照这一载荷计算出来的应力称为名义应力。机器运转时，零件上往往还作用有附加载荷，通常用载荷系数 K 来考虑附加载荷的影响。名义载荷与载荷系数之积，称为计算载荷。按照这一载荷计算出来的应力称为计算应力。

强度是衡量机械零件工作能力最基本的计算准则。为使零件正常工作，即工作时不产生断裂和过大的残余变形以及不出现疲劳破坏，必须使零件具有足够的强度。机械零件必须满足强度条件。

对于应力产生在零件内部各个剖面上的体积强度，条件为：零件危险截面上的计算应力不超过零件材料的许用应力，即

$$\sigma \leqslant [\sigma] \quad 或 \quad \tau \leqslant [\tau] \tag{2-1}$$

式中 σ，τ——零件危险剖面的计算正应力、剪应力；

$[\sigma]$，$[\tau]$——零件材料的许用应力值，该值能够保证零件既有足够的强度、寿命，又不至于尺寸过大而浪费。

对于应力只产生在零件接触表面层的接触强度，其条件为：零件的接触应力 σ_H 不超过其材料的许用接触应力 $[\sigma_H]$，即

$$\sigma_H \leqslant [\sigma_H] \tag{2-2}$$

接触强度是机械零件抵抗疲劳点蚀的能力。

接触应力的计算公式，可由图 2-2 并通过弹性力学的分析而获得，即

$$\sigma_H = \sqrt{\frac{F_n}{L} \cdot \frac{\dfrac{1}{\rho_1} \pm \dfrac{1}{\rho_2}}{\pi\left(\dfrac{1-\mu_1^2}{E_1} + \dfrac{1-\mu_2^2}{E_2}\right)}} \tag{2-3}$$

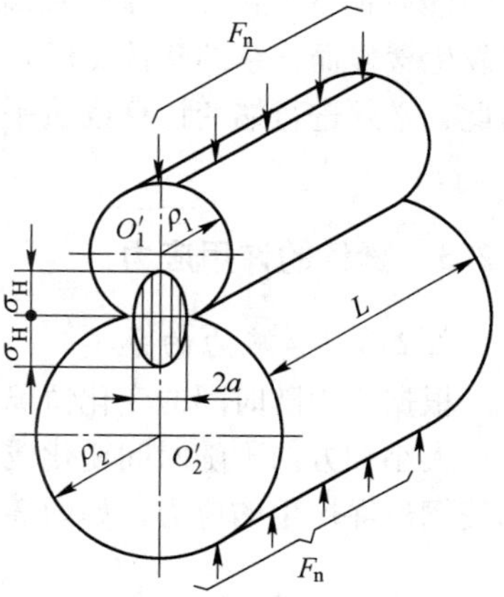

图 2-2 接触应力示意图

式中 σ_H——两圆柱体理论接触线上的接触应力，在法向外载荷 F_n 的作用下，由于局部弹性变形，圆柱体间的接触变为狭长带的不均匀面接触，其理论接触线上的应力最大；

L——接触长度；

ρ_1，ρ_2——相接触两圆柱体的曲率半径，公式中“+”用于外接触，“-”用于内接触；

μ_1，μ_2——相接触两圆柱体材料的泊松比；

E_1，E_2——相接触两圆柱体材料的弹性模量。

体积强度简称强度，主要衡量轴类零件的工作能力；接触强度主要衡量点、线接触的齿轮、滚动轴承及凸轮等的表面工作能力。

（2）刚度准则。刚度是指零件抵抗弹性变形的能力。轴类零件如机床主轴、电机轴，要保证正常工作，必须有足够的刚度。机械零件的刚度条件为

$$y \leqslant [y]；\theta \leqslant [\theta]；\varphi \leqslant [\varphi] \tag{2-4}$$

式中 y，θ，φ——零件工作时的挠度、偏转角、扭转角；

$[y]$，$[\theta]$，$[\varphi]$——零件的许用挠度、偏转角、扭转角，对于不同精度机械中的零件，其值是不同的，可参考有关手册。

（3）耐磨性准则。机械零件运转磨损后会改变原来的结构形状和尺寸，使机器精度降低、强度减弱，致使零件失效，严重的会导致机械报废。在报废的机械零件当中，约80%是由磨损引起的。因此，在机械设计中，总是力求提高零件的耐磨性，尽量减轻零件的磨损。

根据磨损机理不同，可分为磨料磨损，黏着磨损，腐蚀磨损，接触疲劳磨损。到目前为止，对于磨损方面尚没有统一的理论计算方法，通常采用条件性计算：

$$p \leqslant [p] \quad 或 \quad pv \leqslant [pv] \tag{2-5}$$

通过验算压强防止工作面因压强过大而使油膜破坏，导致过快磨损。通过限制单位面积上、单位时间内产生的摩擦功，防止摩擦表面因温升过高，油膜黏度降低而破坏，最终导致黏着磨损。

（4）振动稳定性准则。机械上存在着许多周期性变化的激振源，例如齿轮的有侧隙啮合、轴的偏心转动等。当机械或零件的自振频率 f 与周期性干扰力的频率 f_p 相近或相等时就要发生

共振，称其为失去振动稳定性。共振不仅影响机械正常工作，产生噪声，甚至造成机械的破坏。为避免共振，设计机械时，使受激振源作用的零件的固有频率远离激振源的频率。即：

$$f_p < 0.87f \quad 或 \quad f_p > 1.18f \tag{2-6}$$

为此，可采用增加或减少零件的刚度，或增添弹性元件等办法来解决这个问题。

（5）耐热性准则。零件在高温下工作，会发生蠕变（金属中应力值不变，常常是低应力，但发生缓慢而连续的塑性变形），从而会降低其强度极限、疲劳极限，且破坏正常的润滑条件。为此，必须进行蠕变计算或热平衡计算，主要是控制工作温度 t 不超过许用工作温度 $[t]$。即 $t \leq [t]$。

2.2.3　零件的许用应力

2.2.3.1　应力的分类

根据应力随时间的变化情况，可将其分为静应力和变应力。

大小和方向不随时间变化或变化极为缓慢且幅度极小的应力，称为静应力。如起重机中重物使钢丝绳产生的应力，如图 2-3a 所示。

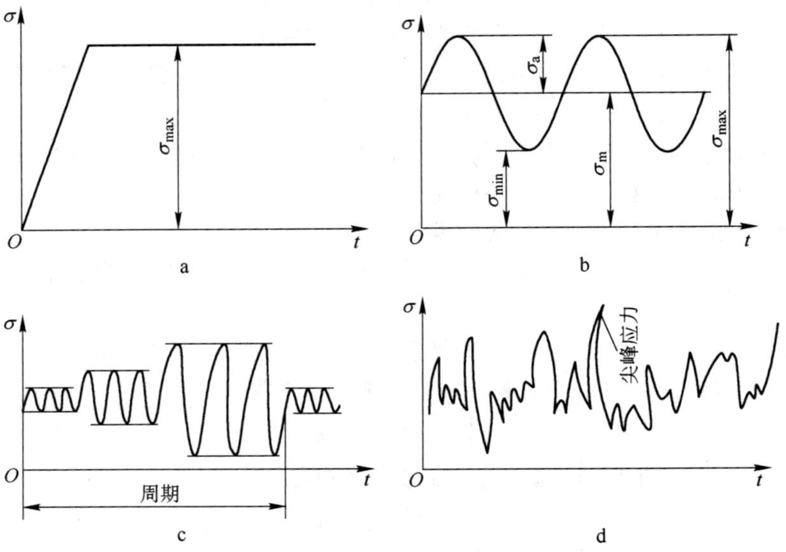

图 2-3　应力类型

a—静应力；b—非对称循环应力；c—规律性非稳定变应力；d—随机变应力

大小或方向随时间变化的应力，称为变应力。根据应力的变化情况，变应力可分为稳定变应力和非稳定变应力。非稳定变应力又有有规律和无明显规律之分，如图 2-3c、图 2-3d 所示；稳定变应力又有非对称循环、对称循环和脉动循环之分，如图 2-3b、图 2-4 所示。

对于稳定变应力，可以用应力循环特性系数 r（最大应力与最小应力之比）表示应力的变化情况。

$$r = \frac{\sigma_{min}}{\sigma_{max}} \tag{2-7}$$

而应力幅 σ_a 与平均应力 σ_m 分别为

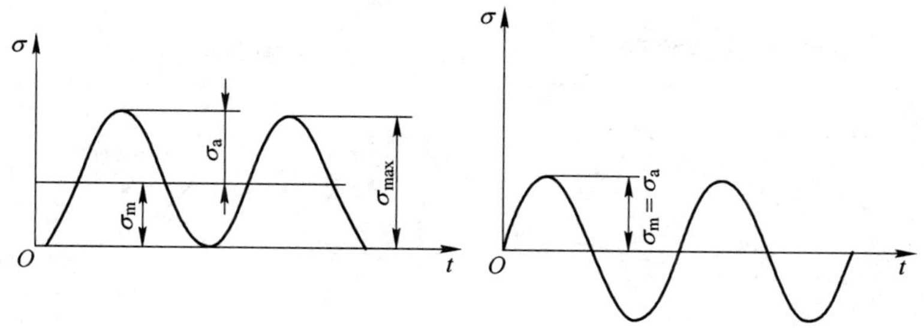

图 2-4 脉动循环应力和对称循环应力
a—脉动循环应力；b—对称循环应力

$$\sigma_a = \frac{\sigma_{max} - \sigma_{min}}{2} \tag{2-8}$$

$$\sigma_m = \frac{\sigma_{max} + \sigma_{min}}{2} \tag{2-9}$$

对于脉动循环应力，图 2-4a 所示，$\sigma_{min} = 0$，$\sigma_a = \sigma_m$，$r = 0$；

对于对称循环应力，图 2-4b 所示，$\sigma_a = \sigma_{max} = -\sigma_{min}$，$\sigma_m = 0$，$r = -1$；

对于静应力，可以看成是变应力的特例，图 2-3a 所示，$\sigma_{max} = \sigma_{min}$，$r = +1$，$\sigma_a = 0$，$\sigma_m = \sigma_{max}$。

2.2.3.2 零件的许用应力

由于处于静应力下和变应力下工作的零件的失效机理不同，所以其许用应力也不同。

在静应力作用下，零件发生静强度破坏：断裂和塑性变形。其许用应力为

$$[\sigma] = \frac{\sigma_{lim}}{S} \quad 或 \quad [\tau] = \frac{\tau_{lim}}{S} \tag{2-10}$$

式中 σ_{lim}，τ_{lim}——零件材料发生破坏的极限正应力、剪应力；

S——安全系数。

对于塑性材料，按不发生塑性变形的条件确定极限应力，故取 $\sigma_{lim} = \sigma_s(\tau_{lim} = \tau_s)$，即取屈服极限作为极限应力。

对于脆性材料，按不发生断裂所能承受的最大应力（强度极限）作为极限应力，即取 $\sigma_{lim} = \sigma_b(\tau_{lim} = \tau_b)$。

在变应力作用下，零件的破坏形式为疲劳破坏：疲劳断裂、点蚀等。

疲劳断裂是在远小于材料的静强度极限的循环应力作用下发生的破坏，不存在明显的塑性变形迹象。其断裂过程一般经历三个阶段：（1）在零件应力集中部位或材料缺陷处由于金属产生循环的弹塑性应力-应变而形成初始裂纹；（2）裂纹尖端在切应力下发生反复塑性变形使裂纹逐渐扩展；（3）裂纹扩展到一定程度，剩余剖面的静强度不足时就产生突然断裂。疲劳断口呈现两个区域：平滑的疲劳区和粗糙的瞬断区。疲劳区平滑是由于裂纹边缘反复挤压和松离造成的，并留有标志裂纹发展过程的前沿线；瞬断区是由于静强度不足造成的，因而呈粗粒状。如图 2-5 所示。

疲劳破坏与应力循环次数有关，可以通过疲劳实验获得一定应力循环特性（$r = c$）下试件发生疲劳破坏时应力的大小与循环次数之间的关系，即疲劳曲线。如图 2-6 所示。横坐标为疲

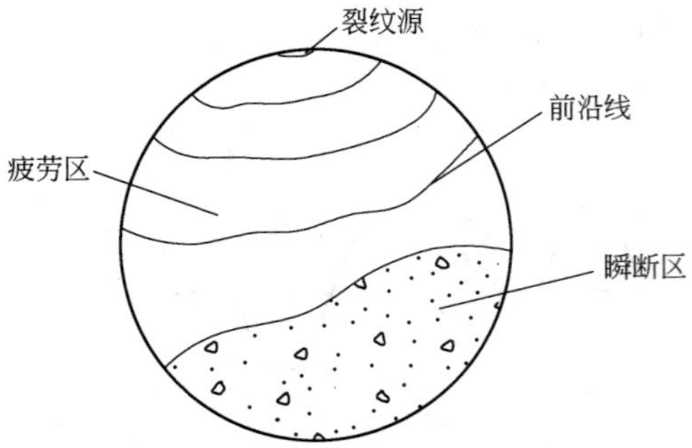

图 2-5　疲劳断裂断口

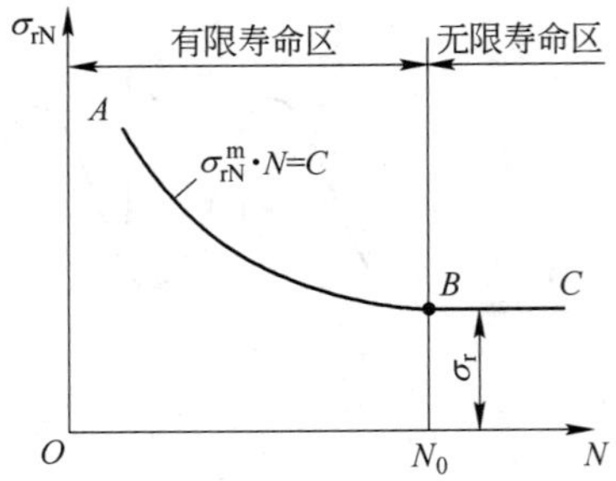

图 2-6　疲劳曲线

劳破坏时的应力循环次数 N，纵坐标 σ_{rN} 为作用在试件上的最大应力 σ_{max}。

疲劳曲线由两部分组成：$N = N_0$ 左侧曲线呈幂函数关系

$$\sigma_{rN}^{m} N = C \tag{2-11}$$

式中　m，C——材料常数，与载荷性质、试样形式、加载方式有关。

$N = N_0$ 右侧为一条水平线。两曲线交点 B 的横坐标 N_0 称为循环基数，对于一般结构钢，硬度≤350HBS 时，$N_0 \approx 10^7$；硬度 >350HBS 时，$N_0 \approx 25 \times 10^7$。$B$ 的纵坐标 σ_r 称为疲劳极限。

在变应力作用下，零件的许用应力为

$$[\sigma] = \frac{\sigma_r}{\dfrac{k_\sigma}{\varepsilon_\sigma \beta} S} \tag{2-12}$$

式中　$[\sigma]$——应力循环特性为 r 的零件的许用应力；

σ_r——应力循环特性为 r 的材料的疲劳极限，由标准试件通过疲劳试验获得；对称循环应力作用时，$\sigma_r = \sigma_{-1}$；脉动循环应力作用时，$\sigma_r = \sigma_0$；

k_σ——应力集中系数，考虑零件与试件形状不一致时，零件的应力集中（零件尺寸有突变的截面处的局部应力远远大于名义应力，这种现象称为应力集中）对疲劳极限的影响；

ε_σ——绝对尺寸系数，考虑零件与试件剖面尺寸不一致时，对疲劳极限的影响，当其他条件相同时，零件剖面尺寸越大，其疲劳极限越低；

β——表面状态系数，考虑零件与试件表面粗糙度不一致时，对疲劳极限的影响，当其他条件相同时，零件表面越粗糙，其疲劳极限越低。

2.2.4　零件的安全系数

安全系数的选取是强度设计中的一项重要工作，安全系数取得过大，会使机器笨重；取得过小，机器又可能不安全。因此，在保证机器安全可靠工作的前提下，尽可能减小安全系数。

安全系数的选择，有两种方式：查表法和部分安全系数法。

（1）查表法。在各个不同的机器制造部门，常制定有自己的许用安全系数或许用应力规范，有时还附有计算说明。一般要严格按照规范中的规定来确定许用安全系数或许用应力。在无规范可循时，可参考以下原则确定：

1）静应力作用下，塑性材料可以缓和过大的局部应力，故可取安全系数 $S = 1.2 \sim 1.5$；

对于塑性较差的材料（如 $\sigma_s/\sigma_B > 0.6$）或铸件，可取 $S=1.5\sim2.5$。

2）静应力作用下，脆性材料应取较大的安全系数。对于高强度钢或灰铸铁可取 $S=3\sim4$。

3）变应力作用下，一般材料可取 $S=1.3\sim1.7$。若材料不够均匀，计算不够精确时可取 $S=1.7\sim2.5$。

（2）部分安全系数法。当无可靠资料直接确定安全系数时，考虑影响安全的各方面因素来确定。即用几个分系数的连乘积表示总的安全系数

$$S = S_1 S_2 S_3 \tag{2-13}$$

式中　S_1——载荷、应力计算的准确性系数，一般取 $S_1=1\sim1.5$，计算准确时取小值；

S_2——材料的可靠性系数，对于锻钢、铸钢件，取 $S_2=1.2\sim1.5$；对于铸铁件，取 $S_2=1.5\sim2.5$，材料性能可靠时取小值；

S_3——零件的重要性系数，一般取 $S_3=1\sim1.5$，零件损坏将引起重大事故或难以修复时取大值。

2.2.5　零件设计的一般程序

机械零件的设计一般要遵循以下程序：

（1）根据给定的条件和使用要求，合理选择零件的类型和结构；

（2）进行力分析，计算作用在零件上的力的大小，并确定其方向；

（3）根据零件的工作条件和主要失效形式以及特殊要求，合理地选择材料；

（4）根据失效形式确定计算准则，进而确定零件的基本尺寸；

（5）根据工艺性、标准化等要求，进行零件的结构设计；

（6）绘制零件的工作图，编写计算说明书。

2.3　机械零件的材料及热处理

机械制造中，常用的材料主要是钢和铸铁，其次是有色金属及其合金。另外，非金属材料，如橡胶、塑料、皮革、石棉、木材，在一定的场合下也有应用。对于部分常用的钢、铸铁、有色金属合金的力学性能，由表2-1～表2-3列出。

2.3.1　钢

钢是含碳量小于2%的铁碳合金。钢的强度高，可塑性好，可以用于轧制、锻造、冲压、铸造和机械加工。对钢进行热处理可以改变和提高其力学性能和加工性能。因此，钢的应用极为广泛。

钢的种类繁多，其分类方法有五种：按用途分为结构钢和特殊钢；按化学成分分为碳钢和合金钢；按含碳量多少分为低碳钢（含碳量低于0.25%）、中碳钢（含碳量为0.25%～0.5%）、高碳钢（含碳量大于0.5%）；按质量分为普通碳钢和优质碳钢；按炼钢时的脱氧程度和钢锭中气孔存在的情况分为镇静钢、半镇静钢和沸腾钢。钢的命名和牌号，往往用几种分类的组合形式或用汉语拼音字母加数字表示。

2.3.1.1　普通碳素结构钢

普通碳素结构钢按性能又分四个等级，用A、B、C和D表示；而F、Z、b、和TZ分别表示沸腾钢、镇静钢、半镇静钢和特殊镇静钢。对表示符号为Z和TZ可以省略。例如，普通碳素结构钢的标记：Q235-A·F，其中“Q”是屈服点的“屈”字汉语拼音字头；235表示 $\sigma_s=$

235MPa，其值为16mm直径（或厚度）的钢材的试验值；A为A级；F表示沸腾钢。用作焊接件、拉杆、铆钉等。

2.3.1.2　优质碳素钢

优质碳素钢的牌号是用含碳量万分数表示，例如25、45、55号钢，分别表示含碳量为0.25%、0.45%和0.55%。低碳钢强度不高，可淬性不好，只能用强度不高的锻件和焊接件或经表面渗碳处理后用做表面耐磨、内部抗冲击的零件（轴、齿轮等）；中碳钢，可淬火和正火处理，用作较重要的轴和齿轮等；高碳钢，可淬性更好，可以获得更高的表面硬度和强度，用作高强度的齿轮、曲轴和弹簧等。其力学性能见表2-1。

表2-1　常用钢的牌号及性能

材　料		力学性能			应用举例
名　称	牌　号	抗拉强度 σ_b/MPa	σ_s 或 $\sigma_{0.2}$ /MPa	硬度HB	
普通碳钢	Q215 Q235	335～410 375～460	215 235		金属结构件、拉杆、铆钉、心轴、垫圈、焊接件、齿轮、螺钉、盖等
优质碳钢	08F 35 45 55 50Mn	295 600 650 720 750	175 315 360 370 450	131 170 187～229 210～239 217～295	轴、辊子、联轴器、垫圈、螺钉等 轴、销、连杆、螺栓、螺母等 齿轮、链轮、轴、键、销等 齿轮、轴、轴辊、偏弹簧等 齿轮、曲轴、凸轮、摩擦盘、板弹簧等
合金钢	20Cr 40Cr 35SiMn 40MnVB	835 980 885 980	540 785 735 785	179 207 229 207	重要的齿轮、连杆、螺栓、螺母、轴等
一般工程铸钢	ZG70-500 ZG310-570	500 570	270 310	≥143 ≥153	机架、飞轮、联轴器、齿轮、轴承箱及座等
合金铸钢	ZG20CrMo ZGCrMo	460 740～880	245 510	— —	齿轮、锥齿轮、齿圈、高压缸等

注：1. 对于普通碳钢，表中：σ_s为尺寸不大于16mm时值，当尺寸为18～40mm，40～60mm，60～100mm时，σ_s逐段降低10MPa。
2. 优质碳钢硬度为交货状态值；合金钢硬度为退火或高温回火供应状态值；铸钢σ_b、σ_s及HB均为回火值。

2.3.1.3　合金结构钢

合金结构钢，是在钢中加入一些合金元素而构成。合金元素的加入使力学性能和热处理性能变得良好，有些可具有特殊的性质。加入锰、硅、铬硅、镍镉、铬锰、铬钡等可具有耐磨性；加入钼、镍、锰、铬钡、镉镍等，钢就具有了高韧性；加入镉、镍等则使钢具有抗腐蚀的性能；加入钨、钼、铬、钡等钢就具有了耐热性；而加入铝、钨后钢的流动性能变好。

按钢中含合金元素的多少，将合金钢分为三类：每种合金元素含量低于2%或合金元素总量低于5%的钢则为低合金钢；每种合金元素含量为2%～5%或其总量为5%～10%的钢则为中合金钢；每种合金元素含量高于5%或其总含量高于10%的钢则为高合金钢。

在牌号后面加“A”或“E”的分别表示低硫磷的高级优质合金钢或电渣重熔的特级优质钢。

2.3.1.4 特殊钢

具有特殊物理性能和化学性能的钢为特殊钢，如不锈钢、耐酸钢、耐热钢、耐磨钢等，应用时可由材料手册中选择。

2.3.1.5 铸钢

用于铸造毛坯的钢叫铸钢，在牌号前加“ZG”表示。铸钢又有碳素铸钢和合金铸钢之分。

2.3.2 铸铁

铸铁是含碳量大于2%的铁碳合金。铸铁具有良好的铸造性、切削加工性、抗压性、耐磨性和减振性，而且价格便宜。常用的是灰铸铁和球墨铸铁。灰铸铁常用来制造箱体件，而球墨铸铁经处理后有的力学性能比钢还好，所以常用来制造齿轮、曲柄、连杆、阀体等。

灰铸铁牌号前加有“HT”，而后面的数字为其强度极限值；球墨铸铁的牌号前面加有“QT”，而后面的数字为其强度的极限值和伸长率。灰铸铁和球墨铸铁力学性能见表2-2。

表2-2 常用铸铁及其力学性能

材料		力学性能				应用举例
名称	牌号	抗拉强度 σ_b/MPa	屈服强度 $\sigma_{0.2}$/MPa	伸长率 δ/%	硬度 HB	
灰铸铁	HT150	145	—	—	163～229	底座、床身、手轮、工作台等
	HT200	195	—	—	170～241	汽缸、齿轮、底座、机体等
	HT250	240	—	—	170～241	油缸、汽缸齿轮轴承座机体等
球墨铸铁	QT500-7	500	350	7	170～230	油泵齿轮、车辆轴瓦、阀体等
	QT600-3	600	420	3	230～300	连杆、曲轴、凸轮轴、齿轮
	QT700-2	700	490	2	230～300	轴等

2.3.3 有色金属及其合金

在金属中，除了铸铁、钢、黑色金属外，其他的金属则为有色金属。这类金属具有很多特殊的性能，即良好的导电性、导热性、耐蚀性、减磨性等，因此也具有很多的用途，是机械制造中不可缺少的材料。

常用的有色金属有黄铜、青铜和轴承合金。它们的牌号和力学性能均列入表2-3中。

表2-3 常用的铜合金及其力学性能

材料		力学性能			应用举例
名称	牌号	抗拉强度 σ_b/MPa	伸长率 δ/%	硬度 HB	
黄铜	ZCuZn38Mn2Pb2 ZCu25Al6Fe3Mn3	245(345) 725(740)	10(18) 10(7)	70(80) 160(170)	轴瓦及其他减磨零件 高强耐磨零件
青铜	ZCuSn5Pb5Zn5 ZCuSn10Pb1 ZCuAl9Mn2 QAl9-4	200(200) 220(250) 390(440) 550	13(13) 3(2) 20(20) 12～15	60(65) 80(90) 85(95) 110～190	滑动轴承蜗杆螺母等 高载荷高滑动速度工作的耐磨零件 高强度耐磨耐蚀零件如轴承涡轮等
轴承合金	ZChPbSb16-16-2 ZChPbSb15-5-3 ZChSnSb11-6	78 68 90	0.2 0.2 6	30 32 27	各种滑动轴承衬

注：表中黄铜和青铜的值为砂磨铸造，括号中的值为金属膜铸造。

2.3.4　非金属材料

在非金属材料中，最常用的是橡胶，它的弹性好，常用来制造缓冲吸振和密封的零件，如胶带、密封圈和弹簧等。

塑料是非金属材料中发展最快的一种，其应用越来越广泛。塑料品种很多，其中酚醛层压板、尼龙等可用来制造齿轮、蜗轮、传动带和轴承等。一些管件和容器也用塑料制成。

除上述材料外，木材、皮革、毛毡、压纸板等在机械中也有应用。

2.3.5　材料选择的原则

选择零件材料时，应考虑以下要求：

（1）使用要求。诸如强度、刚度、耐磨度、吸振减振性以及其他物理化学性能。

（2）工艺要求。所选择的材料应具有良好的热加工和冷加工性能，能够保证零件的制造精度，而且加工方便。

（3）经济要求。材料在满足上述要求的同时，应价格便宜，货源方便。

2.3.6　热处理方法

如图 2-7 所示，为了改善和提高金属材料特别是钢的物理和力学性能，通常要进行热处理。热处理就是将钢在固态加热到一定温度后，保温一定时间，再以一定冷却速度冷却的工艺过程。

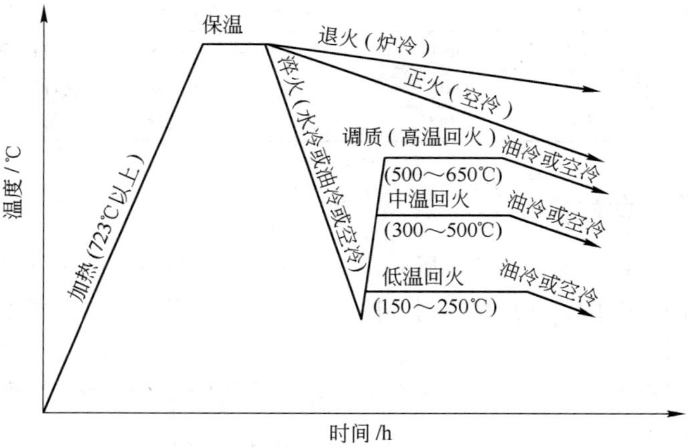

图 2-7　钢的热处理过程

对于不同材料和不同使用要求，其热处理的方法和过程亦不同。常见的钢的热处理方法见表 2-4。

表 2-4　钢的常用热处理方法及其应用

名　称	说　明	应　用
退　火	退火是将钢件（或毛坯）加热到临界温度（一般为723℃）以上30～50℃，保温一段时间，然后随炉一起缓慢冷却	消除锻、铸、焊的零件的内应力；降低硬度使其易于切削加工；细化晶粒，调整组织改善力学性能
正　火	正火是将钢件加热到临界温度以上，保温一段时间，然后在空气中冷却，冷却速度比退火快	处理低、中碳钢及渗碳零件，作用与退火类似

续表 2-4

名 称	说 明	应 用
淬 火	淬火是将钢件加热到临界温度以上保温一段时间，然后在水、盐水或油中（个别材料在空气中）急冷下来	提高钢件的硬度和强度，但淬火后钢材性能变脆，并存在很大的内应力，所以还需要进行低温回火
回 火	回火是将淬硬的钢件再加热到临界点以下的温度保温一段时间，然后在空气中或油中冷却下来。根据回火温度不同，又分为低温（150～250℃）回火、中温（300～500℃）回火、高温（500～650℃）回火	消除淬火后的淬性和内应力，提高钢件的塑性和韧性，低温回火硬度可达 HRC55～62，中温回火硬度可达 HRC35～45，高温回火硬度可达 HRC23～35
调 质	淬火后再进行高温回火，称为调质	使钢件获得较高的韧度和强度。很多中碳钢制造的零件（如轴类）常用调质处理
表面淬火	使零件表层有较高的硬度和耐磨性，而心部保持原有的强度和韧性。根据加热方法不同，分为火焰表面淬火和高频表面淬火	表面淬火常用来处理齿轮、花键等零件
渗 碳	将低碳钢或合金钢零件置于渗碳剂中加热到900～950℃保温，使碳原子渗入钢的表面层，然后再淬火和回火	增加钢件的表面硬度和耐磨性，而心部保持良好的韧性和塑性，多用于重载荷、受冲击、耐磨的零件

2.4 机械零件的结构工艺性和标准化

2.4.1 工艺性

机械零件的良好的工艺性，是指在一定条件下所设计的机械零件便于加工而且加工费用又较低。设计机械零件时，对工艺性的要求如下：

（1）合理选择毛坯零件，毛坯可以直接利用型材、铸造、冲压和焊接等方法获得。毛坯的选择与生产批量、生产的技术条件以及材料的性能等有关。

（2）结构简单合理。机械零件的结构形状，最好采用简单的表面，即平面、柱面及其组合面，尽量减少加工面数和加工面积。

（3）合理确定制造精度及表面粗糙度。零件的加工费用随精度的提高而增加。尤其是在精度较高的情况下，更为显著。因此，在设计零件时不要一味地追求精度，要从需要、生产条件和降低制造成本出发，合理地选择零件的精度及相应的表面粗糙度。

2.4.2 标准化

产品及其零件标准化的重大意义在于：在制造上，可以实行专业化大生产，既能提高产品的质量又能降低成本；在设计上，可以减轻设计工作量；在管理和维修上，可以减少库存量和便于更换损坏的零件。

标准化是指制定标准和贯彻标准为主要内容的全部过程。标准化的原则是统一、简化、协调、优化。我国制定了国家标准、行业标准、地方标准和企业标准共四级。我国近年来颁布的许多标准也是本门课程的教学内容之一。

复习思考题

2-1　何谓机械零件的工作能力准则，常用的计算准则是什么？

2-2　机械及零件的一般设计程序是什么？

2-3　机械零件的应力分哪几类，其许用应力如何确定？

2-4　机械中常用的材料有哪些，如何选择？

2-5　热处理的目的是什么，常用的热处理方法有哪几种？

2-6　何谓标准化，标准化的原则是什么，采用标准化的意义何在？

3 平面机构的自由度

尽管机器的种类、结构、性能及用途等各不相同，但它们都是由一个或多个机构组成的。机构是具有确定相对运动的构件组合体。平面机构是指各构件均在互相平行的平面内运动的机构。为了表示外形和结构都很复杂的实际机构，需要使用机构运动简图；为了分析现有机构或设计新机构，必须了解机构的组成、自由度计算和机构具有确定运动的条件。本章将主要讲解平面机构的组成、运动简图、自由度计算及机构具有确定运动的条件。

3.1 平面机构的组成

3.1.1 构件

机械中每一个独立的运动单元体称为一个构件。它可以是若干个零件（机械中不可拆卸的基本单元体）的刚性组合体，也可以是一个单独的刚性零件。例如图 1-2 所示的内燃机连杆在内燃机中是作为一个整体运动的，所以它是一个构件，它分别由连杆头 1，螺母 2，螺栓 3 和连杆体 4 等零件组成的。

3.1.2 运动副及类型

机械中的各构件彼此都不是孤立的，而是以一定的方式互相联接，但这种联接不应是刚性的，而应保证它们之间仍能产生某种相对运动。凡使两个构件直接接触而又能有一定相对运动的联接称为运动副，如图 3-1、图 3-2 和图 3-3 所示。

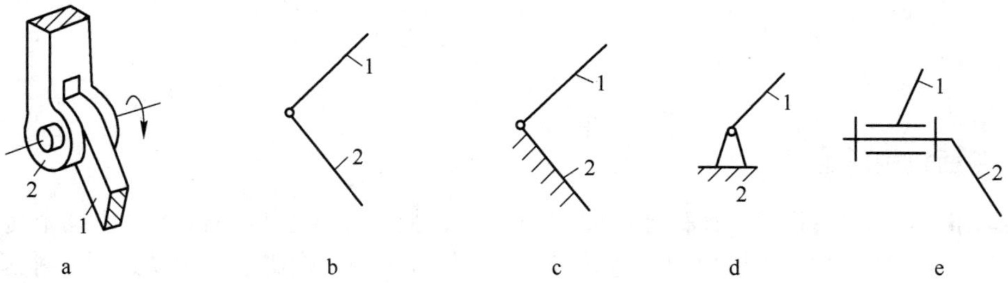

图 3-1　回转副及表示符号

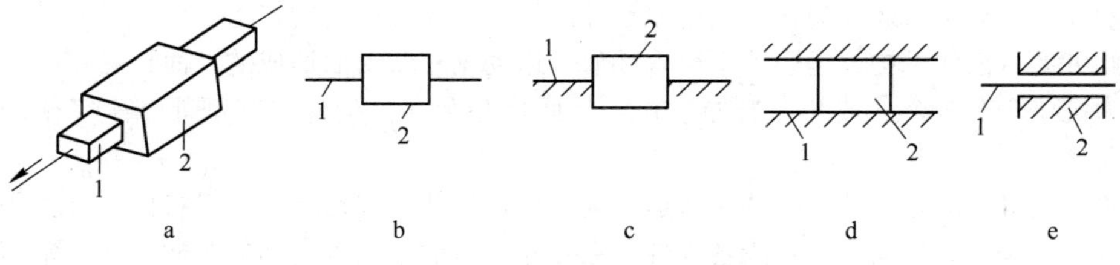

图 3-2　移动副及表示符号

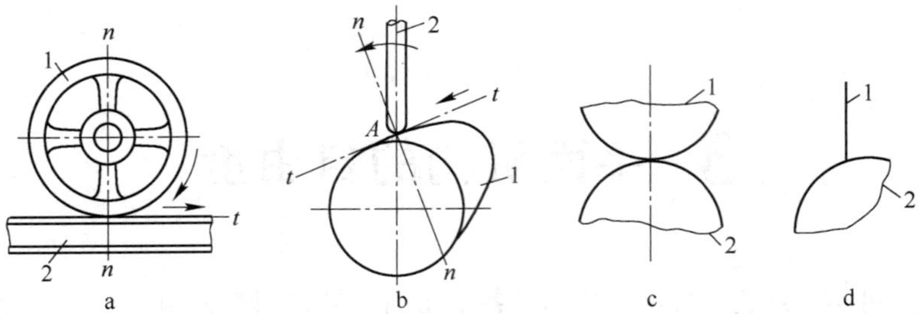

图 3-3　高副及表示符号

构成运动副时，两构件上参与接触的部分（点、线或面），称为运动副的元素。运动副的类型很多，按构件间相互接触方式不同可分为高副和低副。两构件组成面接触的运动副称为低副，如图 3-1、图 3-2 中的 1 和 2 构件组成的运动副。两构件组成点或线接触的运动副称为高副，如图 3-3 中的 1 和 2 构件组成的运动副。平面低副按其相对运动形式分为回转副和移动副。只能使构件做相对转动的低副称为回转副，如图 3-1 中的 1 和 2 构件组成的运动副；只能使构件做相对移动的低副称为移动副，如图 3-2 中的 1 和 2 构件组成的运动副。

3.1.3　运动链

由两个以上的构件通过运动副的联接所构成的系统称为运动链。如果运动链的各构件构成首末封闭的系统，如图 3-4a、图 3-4b 所示，则称为闭式运动链或简称为闭链。闭链中只有一个封闭形的链时，见图 3-4a，称为单环闭链；有两个封闭形的链时，见图 3-4b，则称为双环闭链，依此类推。如果运动链的各构件没有构成首末封闭的系统，见图 3-4c，则称为开式运动链或简称为开链。在各种机构中，一般多采用闭链。开链多用于机械手或机器人的传动中。

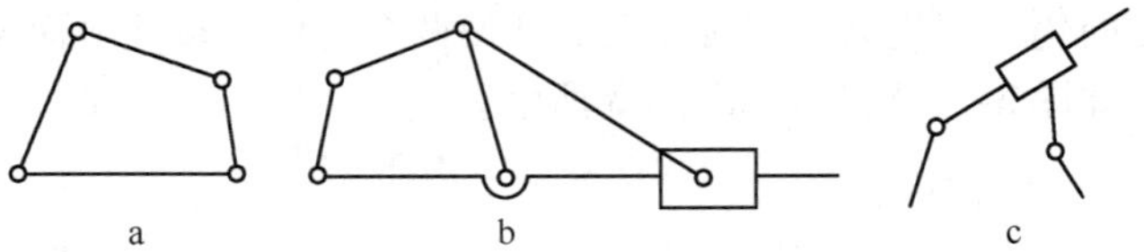

图 3-4　运动链

3.1.4　平面机构的组成

在运动链中，如果将某一构件加以固定而成为机架，而且当另一构件（或几个构件）按给定的已知运动规律相对于机架独立运动时，其余构件也随之做确定的运动，则这种运动链便成了机构。一般情况下，机构安装在地面上，机架相对于地面是固定不动的；如果机构是安装在运动的物体（如车、船、飞机等）上，那么机架相对于该运动物体是固定不动的，而相对地面可能是运动的。机构中按给定的已知运动规律独立运动的构件称为原动件，其余运动构件称为从动件。从动件的运动规律取决于原动件的运动规律和机构的结构。

由此可见，任何机构都是由若干个构件通过运动副相联接而形成的，而且必定有一个固定构件作为机架；有一个（或几个）原动件，从而使其余各个构件之间都能产生完全确定的相对运动。

按照组成机构的各构件之间的相对运动为平面运动或空间运动，可以将机构分为平面机构和空间机构两大类。平面机构是指各构件均在互相平行的平面内运动的机构，因为常用机构大多数为这类机构，因此我们只讨论平面机构的有关问题。

3.2 平面机构运动简图

在做机构的分析或综合时，常需把复杂的机构用一些简单的线条和规定的符号表达，该图形具有确定的比例，能反映机构的组成和相对运动关系，并可据此做运动分析，这样的图形称为机构运动简图。机构运动简图所要表示的主要内容是：运动副的类型和数目、构件的数目及运动尺寸。运动副、构件以及常用机构的代表符号参见表3-1。

表3-1 运动简图中的常用符号

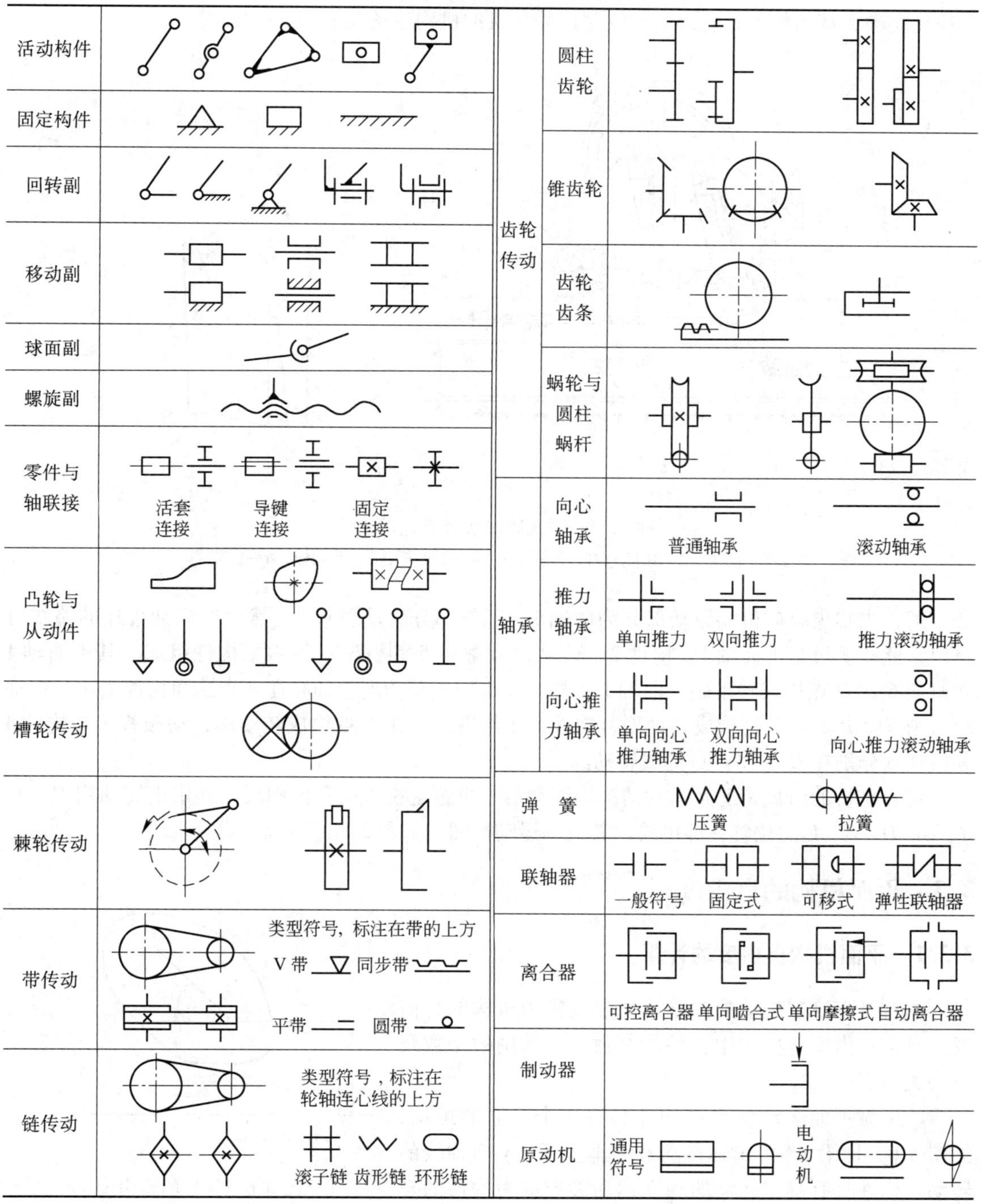

绘制机构运动简图的步骤为：（1）分析机构的组成，判断机构的原动件、从动件及原动件运动方向。（2）分析机构运动，判断机构中各构件的运动尺寸及运动副的类型。（3）恰当地选择投影面，以能够简明地把机械的结构及运动情况表示清楚为原则。（4）选择适当的比例尺用简单的线条和各种运动副的代号将机构运动简图画出来。

工程上还经常使用不按严格的比例绘制的运动简图，称为机构示意图。在机构示意图上只是定性地表达出机械中各构件之间的运动和动力的传递关系，绘制较为方便。

［**例 3-1**］　图 3-5a 所示为一颚式碎矿机。当曲轴 1 绕轴心 O 连续回转时，动颚板 5 绕轴心 F 往复摆动，从而将矿石轧碎。试绘制此碎矿机的机构运动简图。

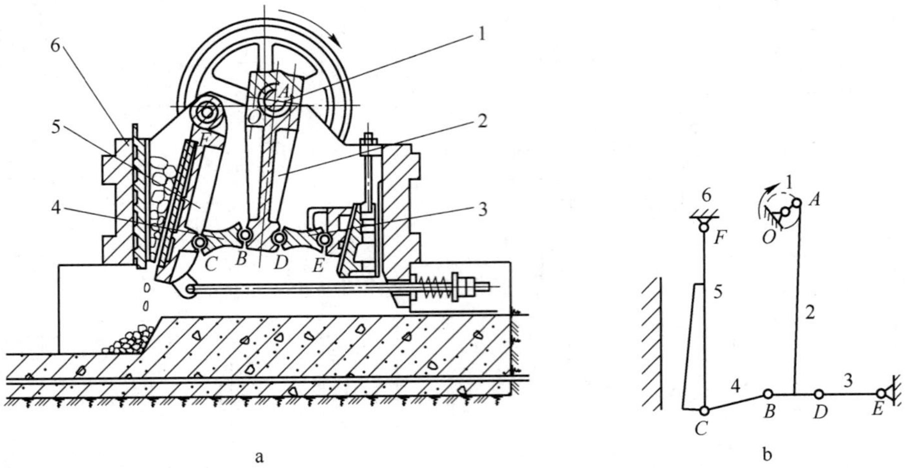

图 3-5　颚式碎矿机及其运动简图

1—曲轴；2—中间连杆；3—摇杆；4—左连杆；5—动颚板；6—机架

解：先找出碎矿机的原动部分为曲轴 1，工作部分为动颚板 5，然后按运动传递的路线可看出，此碎矿机是由曲轴 1、构件 2、3、4 及动颚板 5 和机架 6 等六个构件组成。其中曲轴 1 和机架 6 在 O 点构成转动副，曲轴 1 和构件 2 也构成转动副，轴心在 A 点。而构件 2 还与构件 3、4 在 D、B 两点分别构成转动副，构件 3 还与机架 6 在 E 点构成转动副，动颚板 5 与构件 4 和机架 6 分别在 C 点和 F 点构成转动副。

将碎矿机的组成情况及运动情况搞清楚后，再选定投影面和比例尺，并定出转动副 O、A、B、C、D、E、F 的位置，即可绘出其机构运动简图，如图 3-5b 所示。

3.3　平面机构的自由度

3.3.1　平面机构自由度的计算

机构具有确定运动的独立运动参数称为机构的自由度。机构自由度与机构中构件的个数、运动副的个数及机构类型有关。

一个做平面运动的自由构件具有 3 个独立的运动，见图 3-6，即沿 x 轴、y 轴移动及绕垂直于 xoy 面轴线的转动。构件具有确定运动的独立运动参数称为构件的自

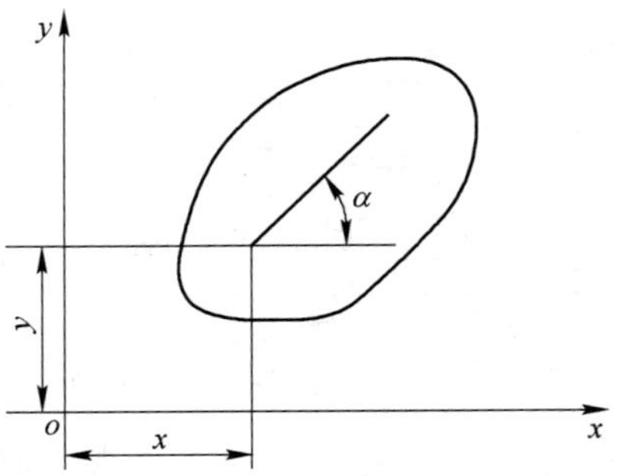

图 3-6　构件的自由度

由度。一个做平面运动的自由构件具有 3 个自由度。当它与另一构件组成运动副后，其运动就受到了约束，其自由度数随之减少，不同类型的运动副带来的约束不同。如图 3-1 中转动副限制了 2 相对 1 沿 x 轴、y 轴移动，引入两个约束；图 3-2 移动副限制了 2 相对 1 沿垂直于导路的移动及相对转动，引入两个约束；图 3-3 高副限制了 2 相对 1 沿法线的移动，引入一个约束。

如设平面机构共有 n 个活动构件（不包括机架），当此机构的各构件尚未通过运动副联接时，显然它们共有 $3n$ 个自由度。当两构件构成运动副之后，它们的运动就将受到约束，其自由度将减少，自由度减少的数目等于运动副引入的约束，因此，如果在该机构中，各构件间共构成了 p_L 个低副和 p_H 个高副，那么它们将共引入（$2p_L+p_H$）个约束。于是，该机构的自由度应为：

$$F = 3n - (2p_L + p_H) = 3n - 2p_L - p_H \tag{3-1}$$

3.3.2　机构具有确定运动的条件

为了按照一定的要求进行运动的传递及变换，当机构的原动件按给定的运动规律运动时，其余各构件的运动都应是完全确定的。显然，不能运动或无规则乱动的运动链都不是机构。那么，一个机构在什么条件下才能实现确定的运动呢？下面我们来分析两个例子。图 3-7 所示为由四个构件组成的一个曲柄滑块机构。在此机构中，如果给定一个独立的运动参数，例如，构件 1 角位移规律为 $\varphi_1 = \varphi_1(t)$，则不难看出，此时其余各构件的运动是完全确定的。图 3-8 所示为由五个构件组成的一个铰链五杆机构。在此机构中，如果也给出一个独立的运动参数，例如构件 1 的角位移规律为 $\varphi_1 = \varphi_1(t)$，此时构件 2、3、4 的运动并不能确定，当构件 1 占有位置 AB 时，构件2、3、4 可以占有位置 BC、CD 及 CE，也可以占有位置 BC'、$C'D'$ 及 $D'E$，或者其他位置。但是如果再给出另一个独立的运动参数，如构件 4 的角位移规律 $\varphi = \varphi_4(t)$，即同时给定两个独立的运动参数，则不难看出，这时此五杆机构各构件的运动便完全确定了。显然上述曲柄滑块机构的自由度为 1，而铰链五杆机构的自由度为 2。对于自由度为 1 的机构，只要给定一个独立的运动参数，其所有构件的运动便是完全确定的。而对于自由度为 2 的机构，则必须同时给定两个独立的运动参数，其所有构件的运动才是完全确定的。通常机构的原动件都是和机架相连的，对于这样的原动件，一般一个原动件只能给定一个独立的运动参数。

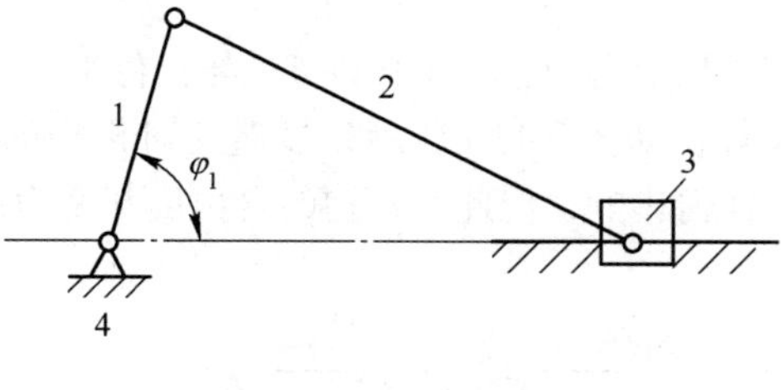

图 3-7　曲柄滑块机构

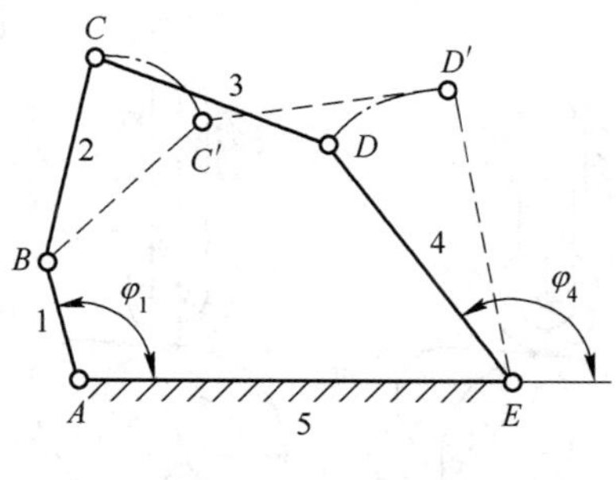

图 3-8　铰链五杆机构

综上所述，机构具有确定运动的条件是：机构原动件数等于机构自由度数。

［**例 3-2**］　试计算图 3-5 所示颚式碎矿机的自由度。

解： 由其机构运动简图不难看出，此机构共有 5 个活动构件（即构件 1、2、3、4、5），7 个低副（即转动副 O、A、B、C、D、E），没有高副，故根据式（3-1）可求得其自由度为：

$$F = 3n - 2P_L - P_H = 3 \times 5 - 2 \times 7 - 0 = 1$$

3.3.3　计算平面机构自由度的注意事项

在计算平面机构的自由度时，有些特殊情况必须加以注意并正确处理。否则，按公式求得的自由度与机构实际的自由度可能不相符。现将这些必须注意的问题简述如下：

（1）复合铰链。两个以上的构件同时在一处以转动副联接，即构成了所谓的复合铰链。图 3-9 所示就是 3 个构件在一处以转动副相联接而构成的复合铰链。由图 3-9 可知，这 3 个构件实际上共构成了两个共轴线的转动副。同理，若有 m 个构件构成复合铰链，则它们将共构成 $m-1$ 个共轴线的转动副。在计算机构的自由度时，应注意是否存在复合铰链，以免把运动副数目搞错，而使自由度的计算得出错误的结果。

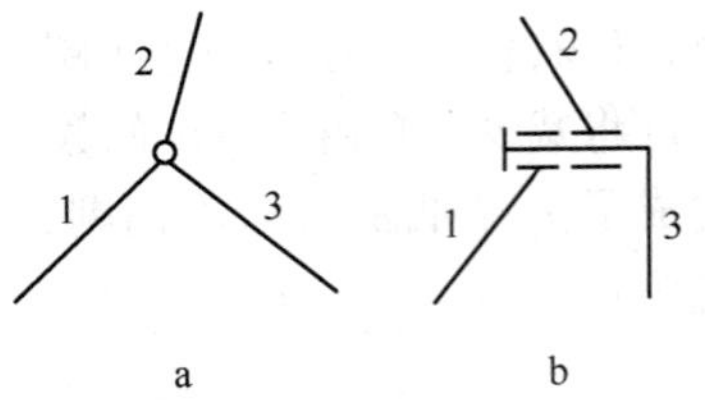

图 3-9　复合铰链
a—主视图；b—侧视图

（2）局部自由度。在有些机构中，某些构件所能产生的局部运动的自由度称为局部自由度。例如在图 3-10a 所示的凸轮机构中，在推杆 2 上装有一滚子 3，与凸轮 1 保持高副接触。此时该机构的自由度为：

$$F = 3n - 2P_L - P_H = 3 \times 3 - 2 \times 3 - 1 \times 1 = 2$$

但是，滚子 3 绕其轴 C 的转动显然并不影响其他构件的运动，该机构以凸轮为原动件，便具有确定运动，即自由度数为 1，所以它只是一种局部自由度。如果我们设想将滚子 3 与推杆 2 焊在一起，如图 3-10b 所示，显然机构的运动与前并无不同，而此时该机构的自由度则为：

$$F = 3n - 2P_L - P_H = 3 \times 2 - 2 \times 2 - 1 \times 1 = 1$$

由此可见，可以认为此机构实际的自由度为 1。所以，在计算机构的自由度时，应注意机构中是否有局部自由度。如果存在局部自由度，应将其除去不计（将小滚子和与它以低副相连的构件焊接）。

（3）虚约束。机构中，因某种需要出现的重复性的约束，对机构的运动不起新的限制作用，这类约束称为虚约束。在计算机构自由度时，虚约束应当除去不计。

在图 3-11a 所示的平行四边形机构中，连杆 2 做平面运动，BC 线上各点的轨迹均为圆心在 AD 线上而半径等于 AB 的圆弧。该机构的自由度为：

$$F = 3n - 2P_L - P_H = 3 \times 3 - 2 \times 4 - 0 = 1$$

如果在该机构上再加上一个构件 5，与构件 1、3 平行而且长度相等，如图 3-11b 所示，显然这对机构的运动并不会产生任何影响，但此时机构的自由度却变为：

图 3-10　局部自由度
1—凸轮；2—推杆；3—滚子；4—机架

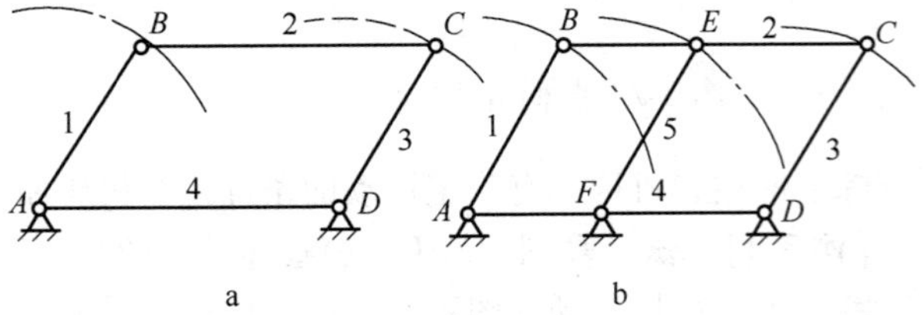

图 3-11　虚约束

$$F = 3n - 2P_L - P_H = 3 \times 4 - 2 \times 6 - 0 = 0$$

这是因为加上构件5后，虽然多了3个自由度，但却因增加了两个转动副而引入了4个约束，即多引入了一个约束。不过，如上所述，这个约束对机构的运动是不起约束作用的，因而它是一个虚约束，在计算机构的自由度时，应将虚约束除去不计（可将引入此虚约束的构件5和两个转动副 E、F 全都除去不计），则该机构的自由度实际仍为1。

机构中的虚约束常发生于下列情况：

1）如果两构件在某点相联接而构成运动副，且当设想把该运动副拆开后，在机构的运动过程中，该联接点对于两构件来说其轨迹是重合的，则此联接引入的约束必为虚约束。图3-11b所示的机构就是这种情况。又如图3-12所示为一椭圆仪机构，图中 $\angle CAD = 90°$，$\overline{AB} = \overline{BC} = \overline{BD}$。在此机构的运动过程中，连杆2上的 C 点和滑块3上的 C 点的轨迹都是 AC 直线，所以连杆2与滑块3在 C 点构成铰链后带入的约束也必为虚约束。

2）在机构运动的过程中，如果两构件上的两点之间的距离始终保持不变，若将此两点以构件相联接，则因此而带入的约束必为虚约束。图3-11b所示的机构也可以说属这种情况。又如图3-13所示，在平行四边形机构 $ABCD$ 的运动过程中，构件2上的 E 点和构件4上的 F 点之间距离始终不变（因为 $\overline{AE} = \overline{DF}$），故当将 E、F 两点以构件5相连时引入的约束也必为虚约束。

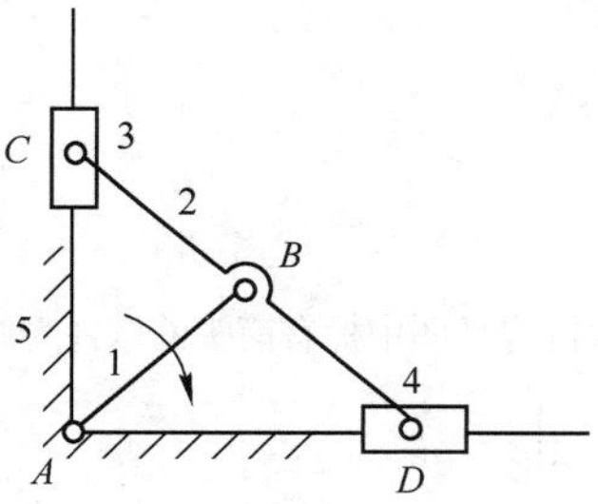

图 3-12 椭圆仪

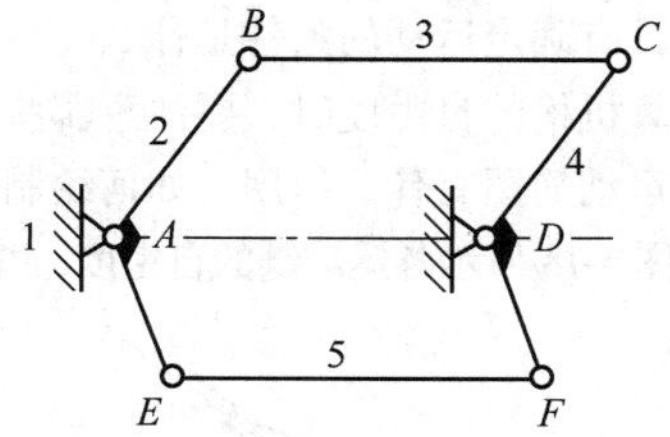

图 3-13 平行四边形机构

3）如果两构件在几处接触而构成移动副，且各接触处两构件的相对运动方向一致，如图3-14所示机构中的移动副 D、D'，或者两构件在几处配合而构成转动副，且各配合处的轴线重合（如图3-15所示机构中的转动副 A、A' 及 B、B'），则应只考虑一处所引入的约束，而将其余各处所引入的约束视为虚约束。

4）功能和尺寸完全相同的构件，只有一组起独立传递运动的作用，其余各组常引入虚约束。如图3-16所示的行星轮系，为了受力均衡而采用三个行星轮对称布置，实际上只需一个行星轮便能满足运动要求。在这里，每添加一个行星轮（包括两个高副和一个低副）便引入一个虚约束。

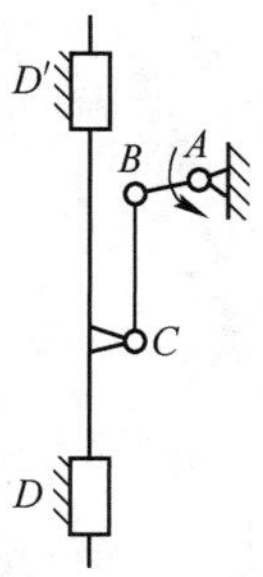

图 3-14 移动副虚约束

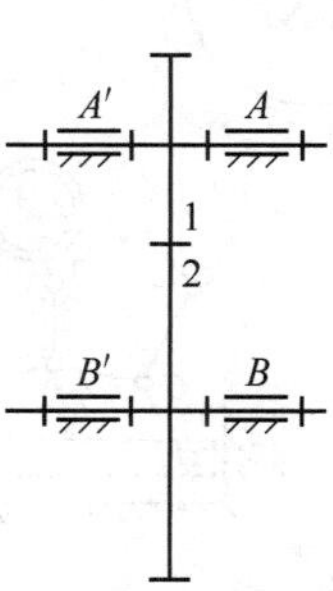

图 3-15 转动副虚约束

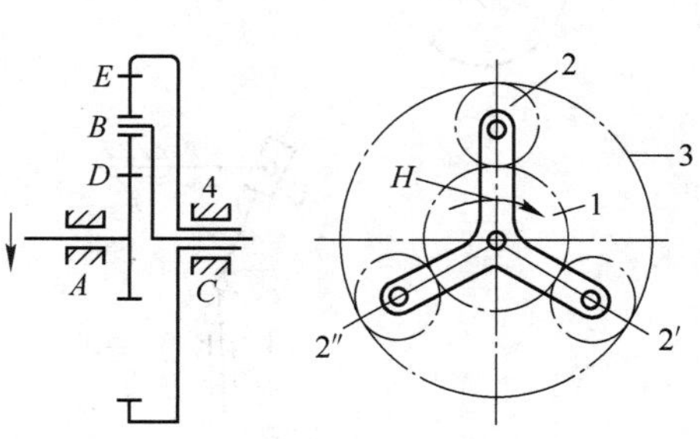

图 3-16 轮系中的虚约束

综上所述，虚约束的作用是：提高构件的刚性，改善受力状况，使机构具有稳定的运动。因此，在结构设计中被广泛使用。虚约束的存在对制造和安装精度要求较高，当不能满足几何条件时，引入的虚约束就是真约束，机构将不能运动。因此，选用虚约束应慎重。

上面讨论了在计算机构的自由度时应注意的一些事项，只有正确地处理这些问题，才能得到与机构实际的自由度相符合的计算结果。

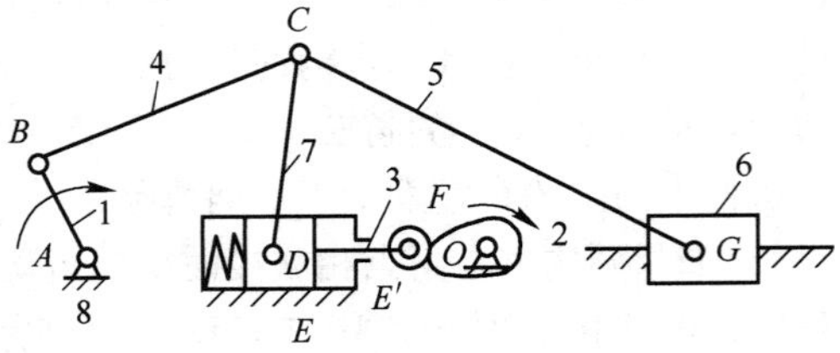

图 3-17　大筛机构

［例 3-3］　试计算图 3-17 所示大筛机构的自由度。

解： 图中滚子具有局部自由度。E 和 E' 为两构件组成的导路平行的移动副，其中之一为虚约束。C 处为复合铰链。在计算自由度时，将滚子 F 与构件 3 看成是焊接在一起的整体，即消除局部自由度，再去掉移动副 E、E' 中的任意一个虚约束，则可得到该机构的可动构件数，$n=7$，低副数 $P_L=9$，高副数 $P_H=1$，按式(3-1)得：

$$F = 3n - 2P_L - P_H = 3\times7 - 2\times9 - 1\times1 = 2$$

因自由度为 2，原动件数为 2，这样机构才有确定的运动。

复习思考题

3-1　机构具有确定运动的条件是什么？

3-2　在计算机构的自由度时，要注意哪些事项？

3-3　机构运动简图有什么作用，如何绘制机构运动简图？

3-4　计算图 3-18 所示各运动链的自由度，并说明该运动链能否成为机构（图中标有箭头的构件为原动件）？

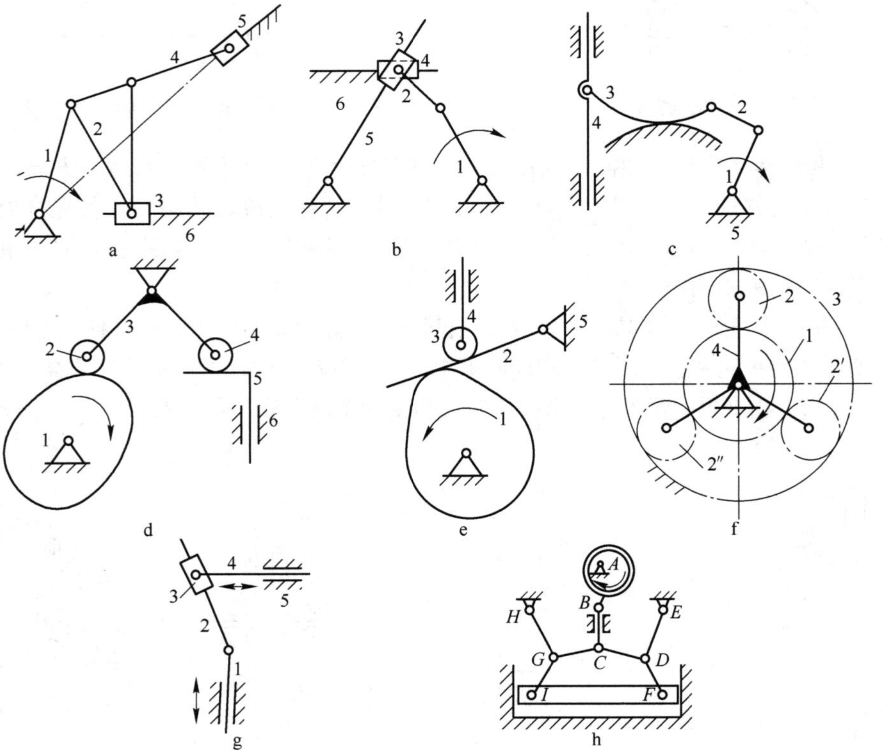

图 3-18

4 机械中的摩擦及机械效率

机械中一定有若干个运动副，而运动副是由构件组成的相对可动的联接，组成运动副的构件间一定存在摩擦，它是机械的主要摩擦来源，本章将介绍如何计算机械中的摩擦及效率。

4.1 摩擦学概述

摩擦学是研究做相对运动的两个零件表面间相互作用、变化及其有关理论与实践的一门学科，它的基本内容是研究工程表面的摩擦、磨损和润滑问题。摩擦将引起能量的转换而消耗能量，磨损则导致摩擦表面损坏和材料损耗，润滑是减少摩擦、磨损的重要手段。这三者是相互联系的。

4.1.1 摩擦

相互接触的两物体在外力作用下发生相对运动或有相对运动趋势时，在接触面上就会产生抵抗运动的阻力，这种现象称为摩擦，这种阻力称为摩擦力。采用不同的分类方法摩擦可以分为不同类型。根据摩擦发生的位置不同可分为内摩擦和外摩擦，根据做相对运动两物体位移形式的不同，摩擦又可分为滑动摩擦与滚动摩擦。根据摩擦间存在润滑剂的情况，滑动摩擦可分为干摩擦、边界摩擦（又称边界润滑）、液体摩擦（又称液体润滑）及混合摩擦（又称混合润滑），如图 4-1 所示，其中干摩擦的摩擦系数最大，液体摩擦的摩擦系数最小。

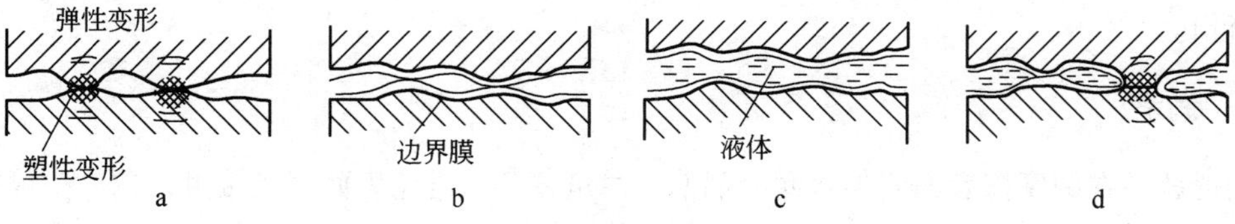

图 4-1 摩擦状态

a—干摩擦；b—边界摩擦；c—液体摩擦；d—混合摩擦

如图 4-2 所示为滑动轴承摩擦特性曲线，它反映了滑动轴承在各种摩擦润滑状态下，摩擦系数 f 随轴承特性系数 $\eta n/p$（η 为润滑油动力黏度，n 为相对转速，p 为单位面积载荷）的变化规律。在边界摩擦润滑时，f 的变化很小，进入混合摩擦润滑后，f 急剧变化，在刚刚进入液体摩擦润滑时，f 达到最小值，以后随 $\eta n/p$ 的增加，油膜厚度也随之增加，油膜中的总内摩擦阻力相应有所增加，因而 f 将略有增加。

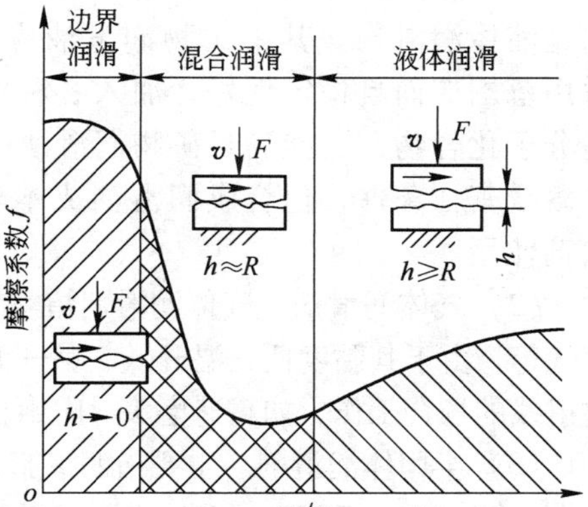

图 4-2 摩擦特性曲线

h—间隙；R—表面粗糙度

4.1.2 磨损

由于零件的相对运动而使其表面的物质不断损失的现象称为磨损。磨损将消耗能量、降低机械效率、改变零件的形状和尺寸、降低零件工作的可靠性、缩短设备的使用寿命，因此，在设计时必须考虑如何减轻磨损，以保证机器达到预期寿命。在工程上有时也利用磨损来加工机械零件，如精加工中的磨削、抛光以及机械的“跑合”等。

磨损过程可分为3个阶段，如图4-3所示。

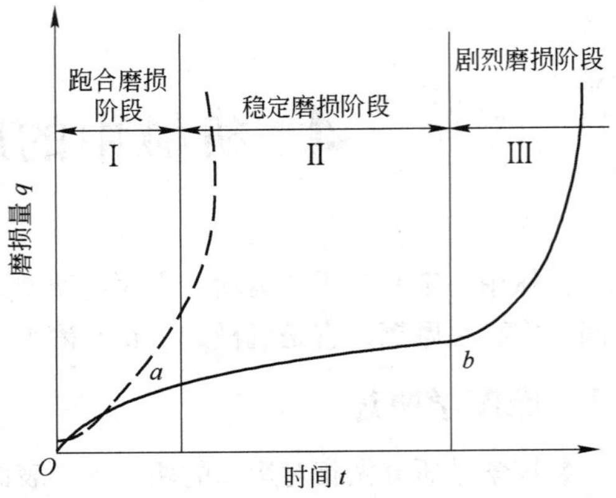

图 4-3　磨损过程

Ⅰ为跑合磨损阶段。新零件开始运转时，受零件表面粗糙度的影响，使得摩擦副的实际接触面积较小，单位接触面积上的实际载荷较大，因此在开始工作的一段时间内，磨损量较大。随着跑合的进行，摩擦面尖峰被逐渐磨平，实际接触面积增大，单位面积载荷减小，磨损速度变慢，转入稳定磨损阶段。由于跑合可改善机器零件摩擦表面的接触性能，故新机器一般需经过跑合后才交付使用。跑合时应注意由轻至重且缓慢加载，跑合后，要更换全部润滑油。

Ⅱ为稳定磨损阶段。这阶段零件的磨损速度缓慢且稳定，磨损率 $\varepsilon = \mathrm{d}q/\mathrm{d}t$ = 常数 。该阶段是零件的正常工作阶段，阶段的长短代表了零件使用寿命的长短。

Ⅲ为剧烈磨损阶段。零件经稳定磨损阶段后，间隙加大，精度降低，润滑状态恶化，出现异常的噪声和冲击振动，磨损率急剧上升，温度迅速升高，零件很快就会报废。因此，应在零件进入剧烈磨损阶段前对机器进行及时检修。

根据磨损机理的不同，磨损主要有四种基本类型：黏着磨损、磨粒磨损、接触疲劳磨损和腐蚀磨损。

4.1.3　润滑

润滑就是在两摩擦表面间加入润滑剂使其尽量分开，避免表面直接接触，以减少摩擦、减轻磨损、降低工作表面温度。此外，润滑剂还能防锈、减振、密封、清除污物和传递动力。

润滑剂有液体、气体、半固体和固体四种形态。

（1）液体润滑剂。矿物润滑油、合成润滑油、有机润滑油以及其他液体（例如水）都是液体润滑剂。其中矿物润滑油应用最广泛，因为矿物润滑油来源充足，价格便宜，适用范围广而且稳定性好，加入各种添加剂可以改善它的性能。合成润滑油是化学合成高分子化合物，它能满足矿物润滑油所不能满足的某些特殊要求，如高温、低温、高速、重载或其他条件，但合成润滑油成本较高。动物油和植物油油性好但容易变质，常作添加剂使用。

（2）气体润滑剂。气体润滑剂指空气、氢气、氦气、水蒸气、其他工业气体以及液体金属蒸气等。由于其黏度低、温升低、黏—温性质变化小、承载能力低，所以适合在高速轻载和有放射线的场合工作，如高速磨头、陀螺仪表等。

（3）半固体润滑剂。主要指润滑脂，它是在液态润滑剂中加入稠化剂而形成的。稠化剂有钙、钠、锂、铝等金属皂。由于润滑脂呈膏状，不易流失，所以应用也相当广泛，常在低速运转时使用。

（4）固体润滑剂。固体润滑剂分无机化合物、有机化合物和金属三类，无机化合物有石墨、二氧化钼等，它们稳定性好；有机化合物有聚四氟乙烯、尼龙等；金属有铅、锡、铟、钼、银等。固体润滑剂在高温、低温、真空条件下均可正常工作，所以适用于食品工业、纺织工业等。

在具体的使用中可根据不同零件、不同工况采用不同的润滑剂和不同的润滑方法。本章将主要考虑运动副中的摩擦及效率问题，磨损和润滑放到相关零件的章节介绍。

4.2 机械的摩擦

机械中的运动副可分为低副和高副，一般来讲，低副中的摩擦高于高副中的摩擦，下面介绍低副中移动副和转动副中的摩擦力计算。

4.2.1 移动副中的摩擦

图 4-4 表示一平面移动副，已知构件 1 的重力为 Q，$F_{N_{21}}$ 为构件 2 对构件 1 的支反力，$F_{f_{21}}$ 为构件 2 对构件 1 的摩擦力，R_{21} 为构件 2 对构件 1 的全反力（支撑力与摩擦力之和），它与法向的夹角为 φ，构件 1 在水平力 P 的作用下匀速向右运动，受力分析如图 4-4 所示。

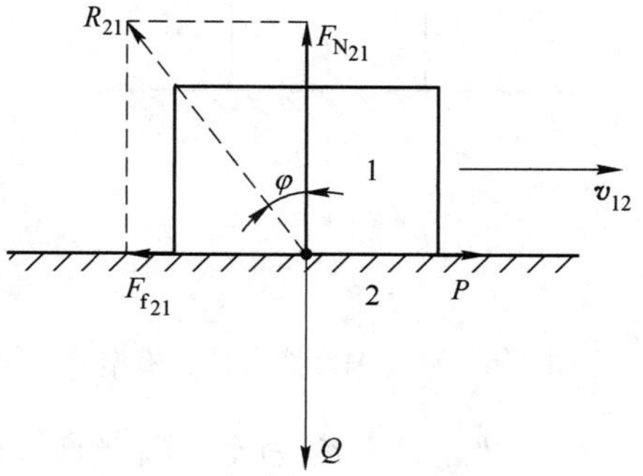

图 4-4 平面移动副

因为 $F_{N_{21}} = Q$（力平衡）

$$F_{f_{21}} = F_{N_{21}} f = Qf$$

方向与 v_{12} 相反。

$$R_{21} = \frac{F_{N_{21}}}{\cos\varphi}$$

方向与 v_{12} 成 $90° + \varphi$ 角

所以
$$\tan\varphi = \frac{F_{f_{21}}}{F_{N_{21}}} = \frac{Qf}{Q} = f$$

$$\varphi = \arctan f$$

式中 f——摩擦系数；

φ——摩擦角。

图 4-5 表示一楔型移动副，构件 1 相对构件 2 沿垂直纸面方向移动。已知构件 1 的重力为 Q，楔型角为 2θ，受力分析如图 4-5 所示。

$$F_{N_{21}} = \frac{Q}{2\sin\theta}\text{（力平衡）}$$

$$F_{f_{21}} = 2fF_{N_{21}} = f\frac{1}{\sin\theta}Q = f_v Q$$

$$\varphi_v = \arctan f_v$$

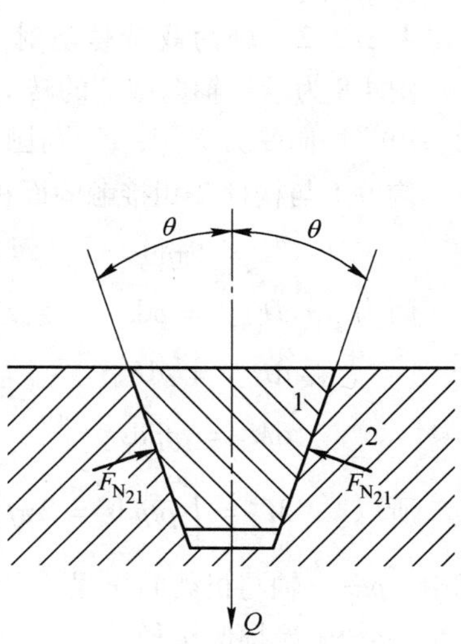

图 4-5 楔型移动副

式中 f_v——当量摩擦系数；

φ_v——当量摩擦角。

所有移动副摩擦力均可简化成图 4-6 所示的模型，按平面移动副摩擦力考虑，只不过将 f 换成 f_v，f_v 与接触面形状有关，$F_f = f_v Q$。

4.2.2　转动副中的摩擦

4.2.2.1　径向载荷转动副

图 4-7 为承受径向载荷的转动副摩擦计算模型，Q、M_d 分别为构件 1 加有的径向载荷和驱动力矩，构件 1 匀速转动，r 为构件 1 的半径，受力分析如图 4-7 所示。

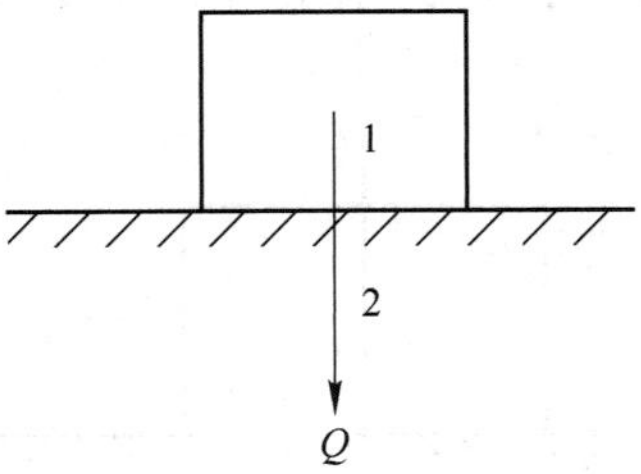

图 4-6　移动副摩擦力计算模型

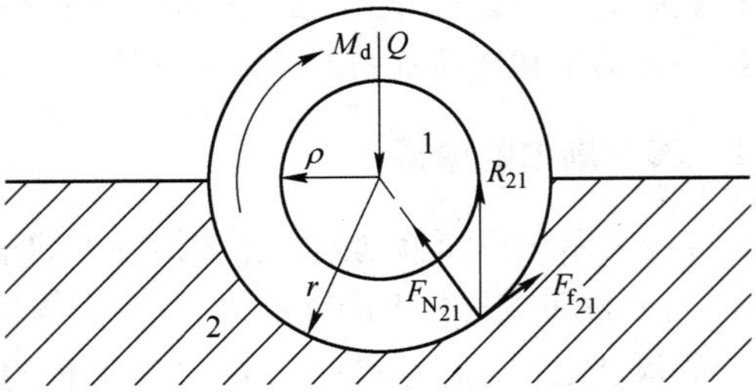

图 4-7　径向载荷转动副摩擦计算模型

$F_{f_{21}}$、$F_{N_{21}}$ 合成 R_{21} 与 Q、M_d 平衡得：

$$F_{f_{21}} = f_v Q$$

$$M_d = M_f = f_v Q \gamma$$

$F_{N_{21}}$ 不产生力矩，因其作用线过回转重心。

因为

$$R_{21} = Q$$

$$R_{21}\rho = f_v Q r$$

所以

$$\rho = f_v r$$

以 ρ 为半径的圆称为摩擦圆。

转动副中全反力的方向为：切于摩擦圆，对轴心形成的力矩与 M_d 的方向相反。

4.2.2.2　轴向载荷转动副

图 4-8 为承受轴向载荷的转动副摩擦计算模型，Q、M_d 分别为构件 1 加有的轴向载荷和驱动力矩，径向受力 $F_{N_{21}}$、$F_{f_{21}}$ 与图 4-7 所示模型相同。

构件 1 与构件 2 相接触的面积为：

$$\mathrm{d}s = 2\pi\rho \mathrm{d}\rho$$

因为

$$\mathrm{d}F_{N_{21}} = p\mathrm{d}s$$

$$\mathrm{d}F_{f_{21}} = f\mathrm{d}F_{N_{21}}$$

$$\mathrm{d}M_f = \rho f p \mathrm{d}s$$

所以

$$M_f = \int_r^R \rho f p \mathrm{d}s = 2\pi f \int_r^R p\rho^2 \mathrm{d}\rho$$

式中　p——轴与机架间压强；

ρ——摩擦圆半径。

新轴：p = 常数

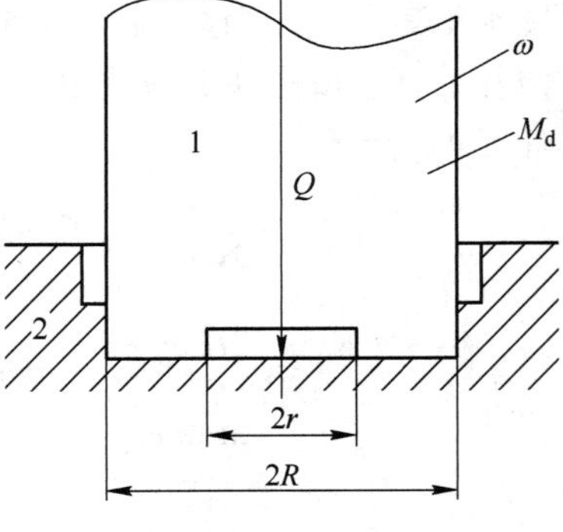

图 4-8　轴向载荷转动副摩擦计算

$$M_f = \frac{\frac{2}{3}fQ(R^3 - r^3)}{R^2 - r^2}$$

磨合轴：$p\rho$ = 常数

$$M_f = \frac{fQ(R + r)}{2}$$

实际应用：p 与 ρ 成反比，ρ 大，p 小，中间处 p 很大。所以载荷大时，将轴做成中空的。

4.3　机械的效率

4.3.1　机械效率

机械中输出功与输入功的比值称为机械效率，即

$$\eta = \frac{W_r}{W_d} \tag{4-1}$$

因为 $W_r + W_f = W_d$，代入式（4-1）得：

$$\eta = \frac{W_d - W_f}{W_d} = 1 - \frac{W_f}{W_d} \tag{4-2}$$

式中　W_d——驱动力功，J；

W_r——输出功，J；

W_f——损耗功，J。

将式（4-1）同除时间得：

$$\eta = \frac{N_r}{N_d} \tag{4-3}$$

$$\eta = 1 - \frac{N_f}{N_d} \tag{4-4}$$

式中　N_r——输出功率，W；

N_f——损耗功率，W；

N_d——输入功率，W。

因为 $W_f \neq 0$，所以 $\eta < 1$。

4.3.2　机器或机组的效率

机器或机组是由若干个运动副串并联组成的，而每一个运动副或机构的效率可通过理论计算（参见理论力学有关章节）、实验或查表得到（从机械手册中可查到）。

（1）运动副串联（图 4-9）。图 4-9 中 1、2、3、…、k 可以看成若干个机构或若干个运动副。

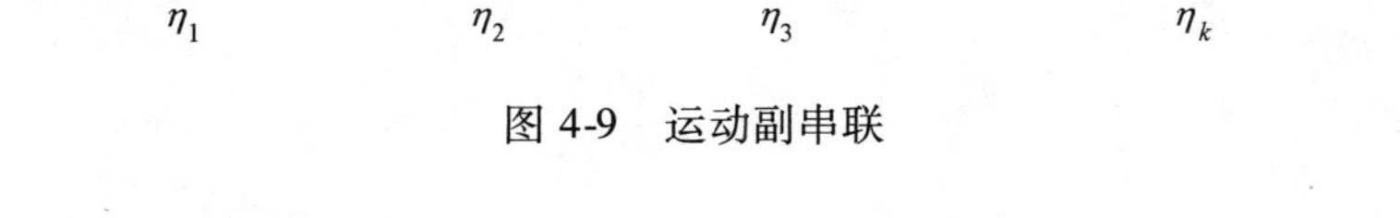

图 4-9　运动副串联

因为
$$\eta_1 = \frac{N_1}{N_d} \quad \eta_2 = \frac{N_2}{N_1} \quad \cdots \quad \eta_k = \frac{N_k}{N_{k-i}}$$

$$\eta_1\eta_2\eta_3\cdots\eta_k = \frac{N_1}{N_d}\cdot\frac{N_2}{N_1}\cdot\cdots\cdot\frac{N_k}{N_{k-i}} = \frac{N_k}{N_d}$$

$$\eta = \frac{N_k}{N_d}$$

所以
$$\eta = \eta_1\eta_2\eta_3\cdots\eta_k \tag{4-5}$$

串联时，总效率为各部分效率连乘的积。其中某一部分效率低，则整个效率就低。

（2）运动副并联（图4-10）。

$$\eta = \frac{\Sigma P_{r_i}}{P_d} = \frac{P_1\eta_1 + P_2\eta_2 + \cdots + P_k\eta_k}{P_1 + P_2 + \cdots + P_k} \tag{4-6}$$

P_i 大，权重 η_i 影响就大。

（3）运动副混联（图4-11）。

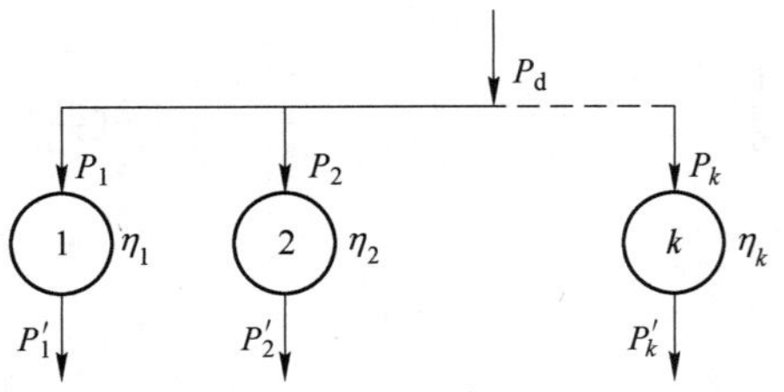

图4-10　运动副并联

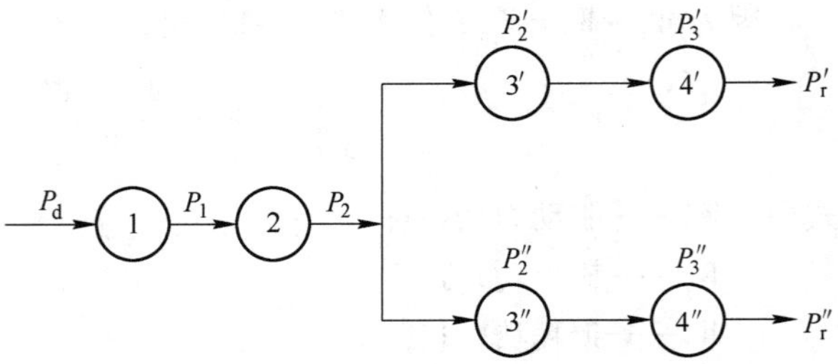

图4-11　运动副混联

$$\eta = \frac{\Sigma P_r}{\Sigma P_d} \tag{4-7}$$

[例4-1]　某带式输送机 $P = 5500\text{N}$，$v = 1.2\text{m/s}$，平带传动（包括轴承）效率 $\eta_1 = 0.95$，每对齿轮（包括轴承效率）$\eta_2 = 0.97$，每一个联轴器效率 $\eta_3 = 0.99$。运输带的机械效率 $\eta_4 = 0.92$，求：传动系统的总效率 η 和电机所需功率。

解：（1）分析系统传动

串联：带→联轴器→齿轮（高速）→齿轮（低速）→运输带

（2）
$$\eta = \eta_1\eta_2^2\eta_3^2\eta_4 = 0.81$$

（3）
$$N_r = 5500 \times 1.2 = 6600\text{W}$$

$$N_d = \frac{N_r}{\eta} = \frac{6600}{0.81} = 8.15\text{W}$$

复习思考题

4-1　机械中的摩擦主要源自哪里？

4-2　如何减少机械摩擦？

4-3　如何提高机械效率？

5 平面连杆机构

本章主要介绍平面连杆机构的基本概念、类型与演化、基本特性以及用图解法设计平面四杆机构。平面连杆机构又称低副平面机构，由若干个刚性构件通过低副联接而成，其运动构件都在相互平行的平面内运动。平面连杆机构在各种机器和仪表中获得广泛应用。

5.1 平面连杆机构的特点、类型及应用

5.1.1 平面连杆机构的特点

平面连杆机构的特点如下：

（1）能够实现多种运动形式的转换和得到各种复杂的运动轨迹，容易满足生产工艺提出的各种运动要求。

（2）运动副元素为圆柱面或平面，几何形状简单，便于加工制造。

（3）运动副均为面接触，适于传递较大的动力，构件的使用寿命较长。

（4）构件间的相互接触是依靠运动副元素的几何形状来保证的，不需要增添其他附加零件来做运动的工艺保证。

（5）当构件数目较多或制造精度较低时，机构的运动累积误差较大，会影响运动准确性。

（6）机构中某些构件的运动速度是变化的，产生惯性力，且不易平衡掉，因而会引起冲击或振动。当机构运动速度较高时，这种冲击或振动更为严重。

5.1.2 平面连杆机构的类型及应用

根据构件的数目来划分，平面连杆机构可分为二杆机构、三杆机构、四杆机构和多杆机构。

平面二杆机构如工业上常用的水泵（图 5-1）以及砂轮机、电动机等，是平面机构中最简单的形式。平面三杆机构如高空观览车（图 5-2）以及某些抓斗机和高空作业装置，也是比较常见的平面三杆机构。但是，平面二杆机构和平面三杆机构只能采用开式链的形式。在一般机械中，平面连杆机构多为闭式链，所以，平面连杆机构最简单、最基本的形式是平面四杆机

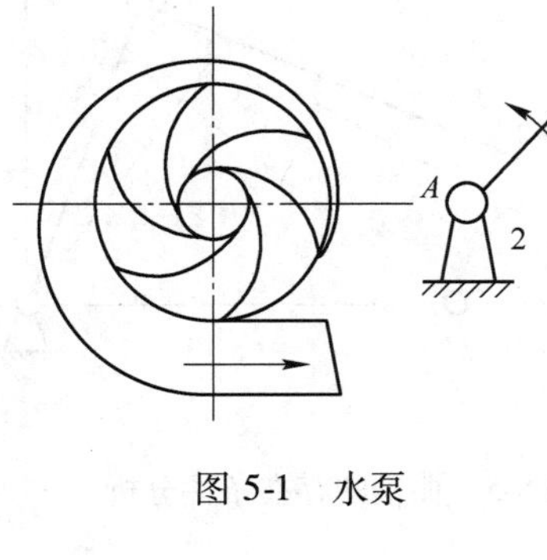

图 5-1　水泵

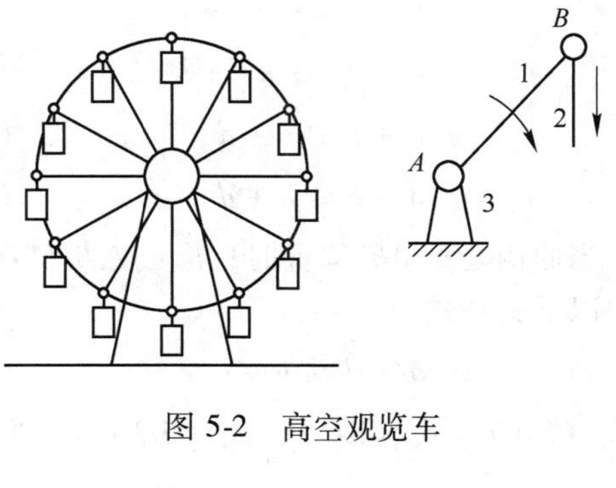

图 5-2　高空观览车

构。平面四杆机构是平面多杆机构的基础。图 5-3 为牛头刨床的运动简图，它属于多杆（六杆）机构，而六杆机构可以看成是由两个四杆机构串接而成。

平面四杆机构的类型很多。全部由转动副联接而成的平面四杆机构称为铰链四杆机构（平面四杆机构的基本形式），如图 5-4 所示。其中：固定件（杆 4）称为机架；其他常用名词有：曲柄——做整周定轴回转的构件（杆 1）；连杆——做平面运动的构件（杆 2）；摇杆——做定轴摆动的构件（杆 3）；连架杆——与机架相连的构件（杆 1 和杆 3）；周转副——能做 360°相对回转的运动副（图 5-4 条件下的 A、B）；摆转副——只能做有限角度摆动的运动副（图 5-4 条件下的 D、C）。

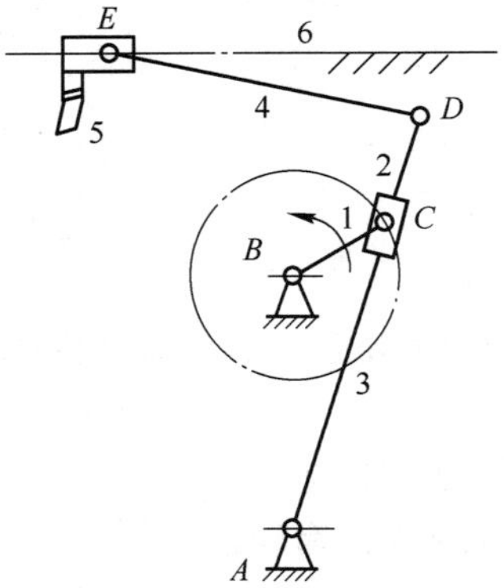

图 5-3　牛头刨床运动简图

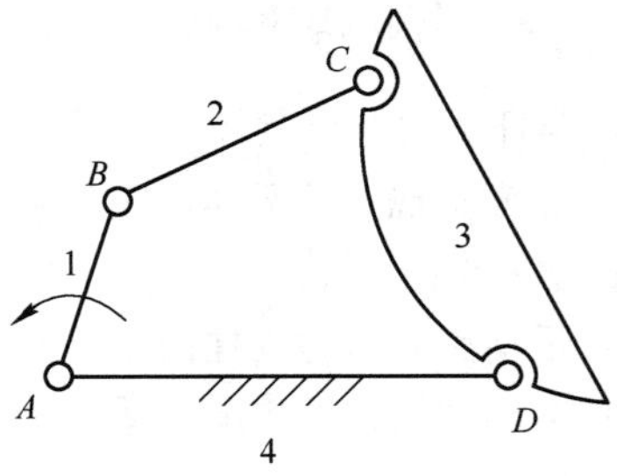

图 5-4　雷达仰角调节机构运动简图

5.2　平面四杆机构的演化

5.2.1　机构类型的演化

在铰链四杆机构中，机架和连杆的运动形式是不变的，只是连架杆可按其运动形式分为曲柄和摇杆。从这个角度讲，铰链四杆机构可分为三种基本类型：有一个曲柄（曲柄摇杆机构，是四杆机构的最基本形式）、有两个曲柄（双曲柄机构）和无曲柄（双摇杆机构）。

针对铰链四杆机构有无曲柄和有几个曲柄的问题，首先来看一下曲柄的存在条件。

图 5-5 是存在一个曲柄的铰链四杆机构，杆 1 为曲柄，杆 2 为连杆，杆 3 为摇杆，杆 4 为机架。各杆长度以 a、b、c、d 表示。曲柄 1 为了保证能够整周回转，它必须要顺利通过与机架 4 共线的位置。当曲柄处于 AB' 位置时，形成 $\triangle B'C'D$。根据三角形任意两边之和必大于（等于）第三边的定理可得

$$b \leqslant (d-a)+c$$

及

$$c \leqslant (d-a)+b$$

即

$$a+b \leqslant c+d \tag{5-1}$$

$$a+c \leqslant b+d \tag{5-2}$$

当曲柄处于 AB'' 位置时，形成 $\triangle B''C''D$。可写出以下关系式

$$a+d \leqslant b+c \tag{5-3}$$

将式（5-1）、式（5-2）、式（5-3）两两相加

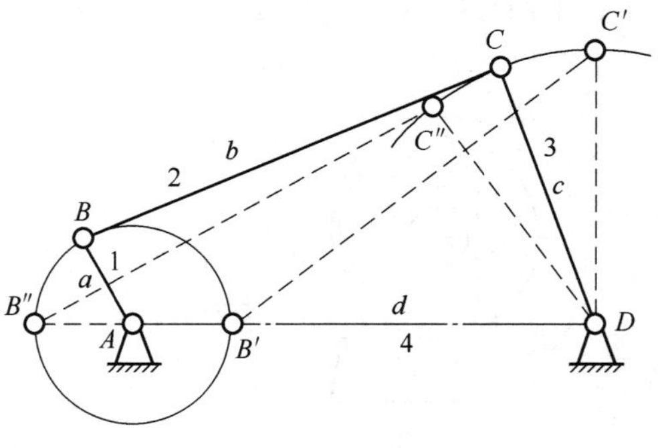

图 5-5　曲柄的存在条件分析

可得

$$a \leqslant b, \quad a \leqslant c, \quad a \leqslant d$$

上述关系说明，a 是最短杆；曲柄存在的必要条件是：机构中最短杆与最长杆长度之和（$a+d$）小于或等于其余两杆之和（否则运动链中没有周转副，则不存在曲柄）。

在图 5-5 的条件下，既然曲柄 1 可以整周回转，根据相对运动原理，杆 2 和杆 4 相对杆 1 也可以整周回转。同理，由于摇杆 3 只能摆动，则杆 2 和杆 4 相对杆 3 也只能做小于 360°的摆动。因此，当机构最长杆与最短杆长度之和小于或等于其余两杆之和时，取不同杆为机架，就可以得到不同类型的铰链四杆机构：取最短杆相邻的构件（杆 4 或杆 2）为机架时，只有最短杆 1 一个曲柄，故两种情况下均为曲柄摇杆机构；取最短杆为机架，做连架杆的杆 2 和杆 4 均为曲柄，故为双曲柄机构；取最短杆的对边杆 3 为机架，做连架杆的杆 2 和杆 4 均不能作曲柄，故为双摇杆机构。常用平面四杆机构的类型及简图见表 5-1。

表 5-1 常用平面四杆机构的类型及简图

机构类型	机构的名称及简图			
铰链四杆机构	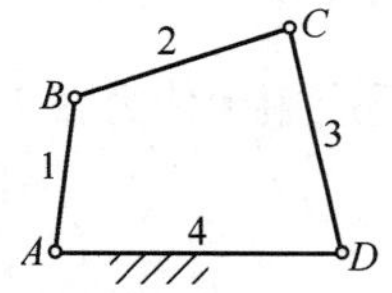 曲柄摇杆机构	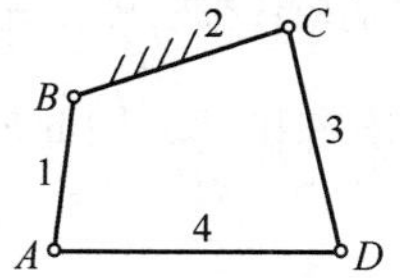 曲柄摇杆机构	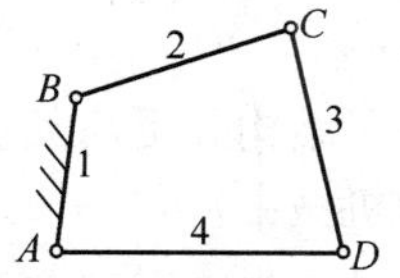 双曲柄机构	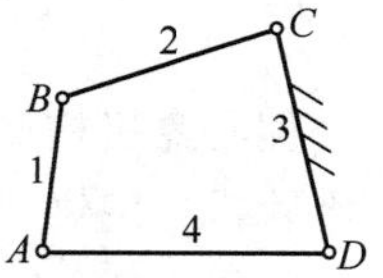 双摇杆机构
			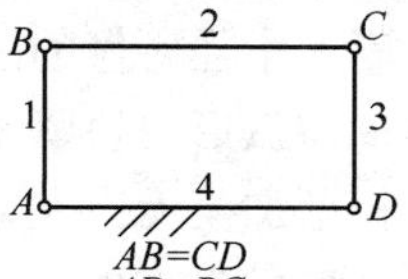 平行四杆机构	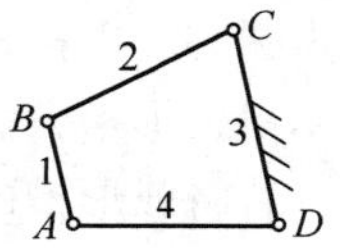 梯形机构
有一个滑块的四杆机构	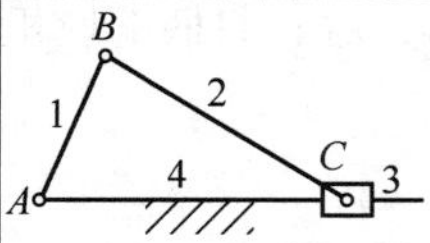 曲柄滑块机构	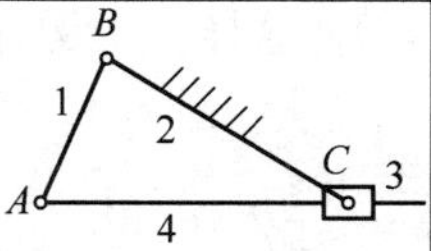 摇块机构	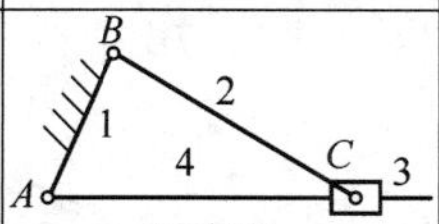 转动导杆机构	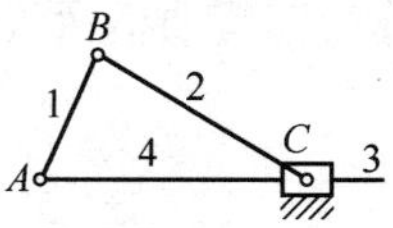 定块机构
	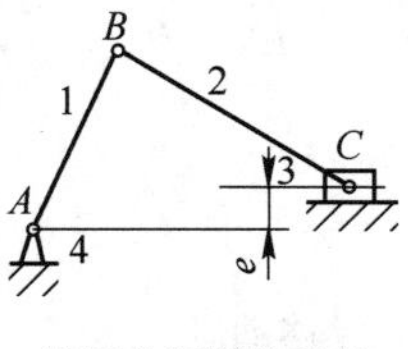 偏置曲柄滑块机构		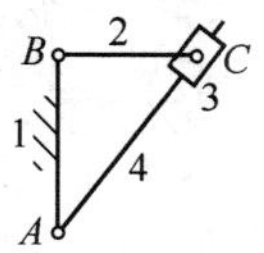 摆动导杆机构	
有两个滑块的四杆机构	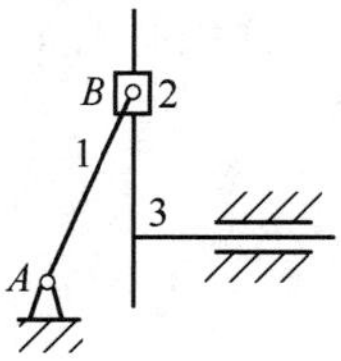 正弦机构	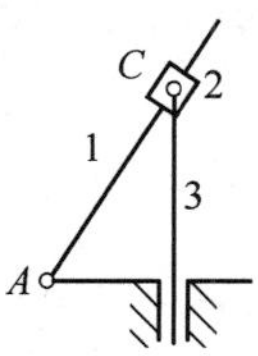 正切机构	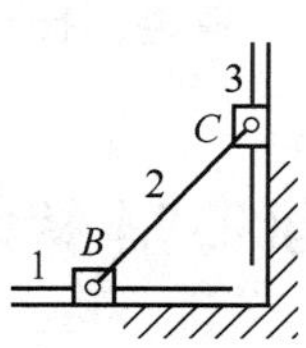 椭圆机构	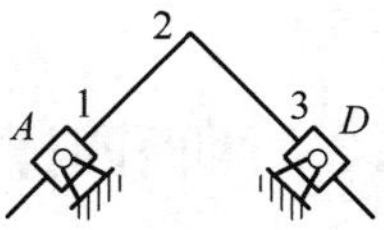 双导杆机构

由此说明，曲柄存在的充分条件是：最短杆做机架或连架杆。否则即使运动链中有周转副，而机架上没有周转副，也不存在曲柄。

5.2.2 转动副的演化

5.2.2.1 扩大转动副

当曲柄摇杆机构中的曲柄长度很小时，通常把曲柄做成偏心盘，如图 5-6 所示。即将转动副 B 的半径扩大，包含了转动副 A，A 点到转动副 B 的几何中心的距离为偏心距 e，即曲柄的长度。

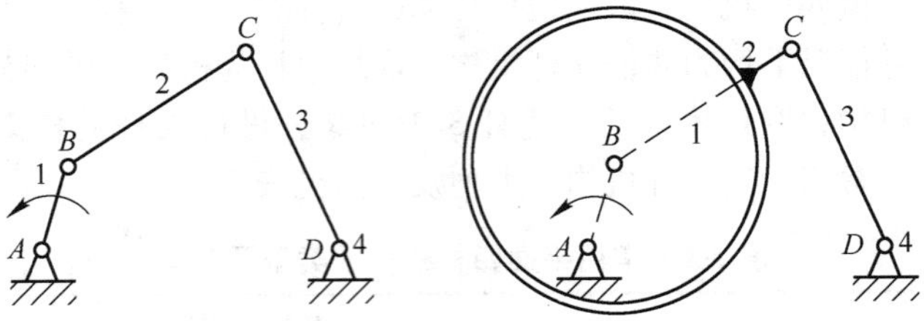

图 5-6 曲柄摇杆机构转动副 B 的扩大

偏心盘机构简化了结构并提高了强度和刚度，因此广泛应用于传力较大的剪床、冲床、颚式破碎机、内燃机等机械中。

5.2.2.2 转动副演化成移动副

在图 5-7a 所示曲柄摇杆机构中，当曲柄 1 绕轴 A 回转时，摇杆 3 上 C 点的运动轨迹是以 D 点为圆心、以摇杆长度为半径所做的圆弧。在图 5-7b 中，将摇杆 3 做成弧形滑块形式，在机架上作出弧形槽，弧形槽与弧形滑块紧密联接，以保证 C 点运动状态不发生变化。

若将弧形槽的半径增加至无穷大，见图 5-7c，转动副 D 的中心移至无穷远处，C 点的运动轨迹将变为直线，弧形槽成为直槽，转动副 D 转化成移动副，铰链四杆机构已演化为曲柄滑块机构。铰链 A 垂直于滑块移动导路的距离 e 称为偏置距，存在偏置距（$e \neq 0$）的曲柄滑块机构称为偏置曲柄滑块机构。图 5-7d 中，$e=0$，这样的机构称为对心曲柄滑块机构。

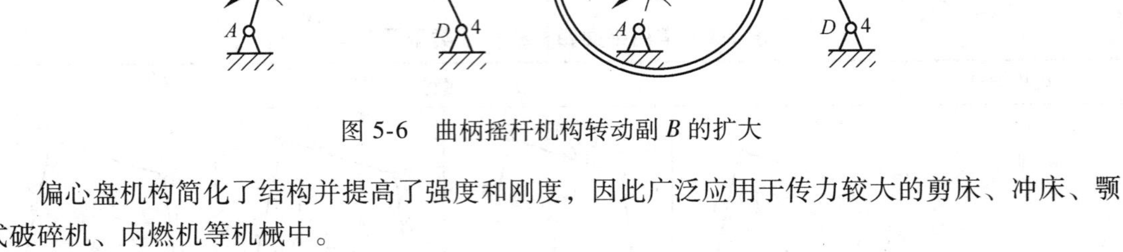

图 5-7 曲柄摇杆机构转动副 D 演化成移动副

若以两个移动副代替铰链四杆机构中的两个转动副，便可得到有两个滑块的四杆机构，见表 5-1。

5.3 平面四杆机构的基本特性

5.3.1 急回特性

以曲柄摇杆机构为例（图 5-8），设曲柄 AB 为原动件，以等角速度 ω 回转；则摇杆 CD 为从动件，在摆角 ϕ 的范围内摆动。

曲柄 AB 在回转时，摇杆 CD 所对应的两个极限位置 C_1D 和 C_2D 恰好运动一个来回。这两个极限位置对应曲柄位置所夹的锐角 θ 称为极位夹角。极位夹角 $\theta \neq 0$ 的平面四杆机构，其 C 点来回两个方向运动的平均速度 v_1 与 v_2 是不相等的，这种特性称为急回运动或急回特性。这种特性的大小，我们用 v_2 与 v_1 的比值即行程速比系数 K 来表示，则：

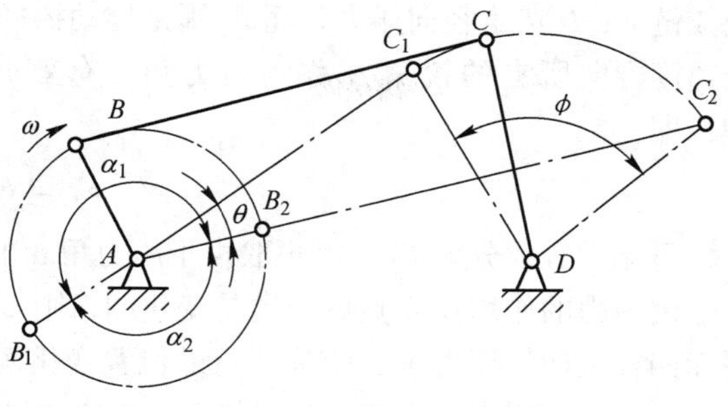

图 5-8　曲柄摇杆机构

$$K = \frac{v_2}{v_1} = \frac{\overset{\frown}{C_2C_1}/t_2}{\overset{\frown}{C_1C_2}/t_1} = \frac{t_1}{t_2} = \frac{\alpha_1}{\alpha_2} = \frac{180° + \theta}{180° - \theta} \tag{5-4}$$

而

$$\theta = 180° \frac{K-1}{K+1} \tag{5-5}$$

四杆机构有无急回运动，取决于有无极位夹角。当 $\theta = 0°$ 时无急回运动；当 $\theta \neq 0°$ 时则有急回运动，而且 θ 角越大，K 值越大，急回特性越明显。

图 5-9 所示偏置曲柄滑块和摆动导杆机构都具有急回运动的特性。对心曲柄滑块机构无极位夹角，故无急回运动。

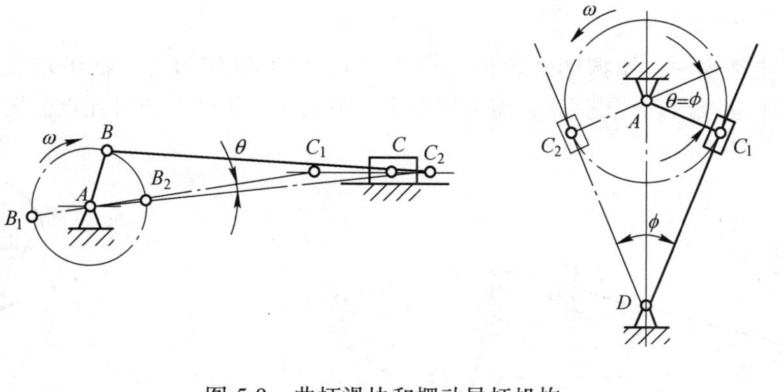

图 5-9　曲柄滑块和摆动导杆机构

四杆机构的这种急回特性，在机器中可以用来节省空回行程的时间，以提高工作效率。如牛头刨床、往复式输送机等。

5.3.2　压力角和传动角

在图 5-10 所示的曲柄摇杆机构中，曲柄 AB 通过连杆 BC 将作用力传递给摇杆 CD 上，力的作用点是 C 点。

C 点所受的力 F，是沿 BC 的方向作用的，它可以分解为沿 C 点的线速度方向的分力 F_t 和沿摇杆 DC 方向的分力 F_n。F_n 只能

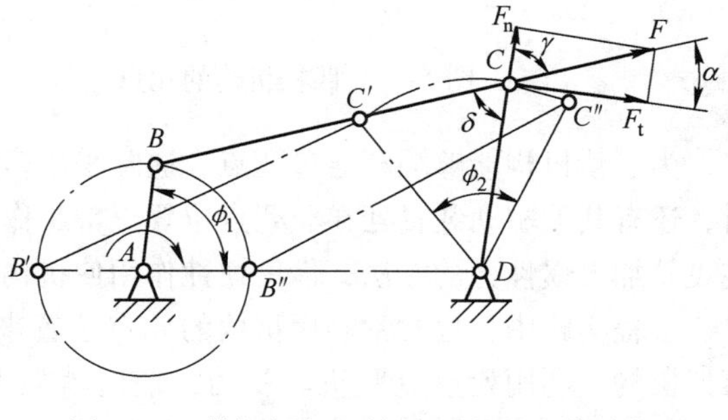

图 5-10　曲柄摇杆机构的压力角和传动角

使铰链 C、D 产生径向压力，而 F_t 则是推动摇杆运动的有效分力。物体的受力方向与其运动的线速度方向所夹的锐角 α 称为压力角，有效分力的大小等于作用力与压力角余弦值的乘积，即：

$$F_t = F\cos\alpha$$

可见，有效分力 F_t 的大小取决于压力角 α 的大小，α 越小，F_t 越大。

因为力的作用点 C 点的位置是变化的，则 C 点的受力方向和运动方向也是变化的。所以，平面四杆机构的压力角 α 随着 C 点的位置变化而变化。

在实际应用中，人们通常用传动角来描述机构的传力性能，传动角 γ 是连杆与从动件之间所夹的锐角，即压力角 α 的余角，则：

$$F_t = F\cos\alpha = F\sin(90° - \alpha) = F\sin\gamma$$

即：γ 越大，α 越小，F_t 越大。

曲柄摇杆机构的最小传动角 γ_{min} 只出现在曲柄与机架共线处，即：$\angle B''C''D$ 与 $(180° - \angle B'C'D)$ 之间最小者。且 $\gamma_{min} \geqslant [\gamma] = 40° \sim 50°$。

5.3.3　死点

图 5-11 所示的四杆机构中，在摇杆 CD 为主动件、曲柄 AB 为从动件的条件下，当摇杆 CD 处于两个极限位置时，连杆 BC 与曲柄 AB 共线（B_1AC_1 和 AB_2C_2），两点处出现了传动角 $\gamma = 0$ 的情况。机构的这种位置称为死点位置。

在死点位置时，主动件摇杆通过连杆作用于从动件曲柄的力恰好通过曲柄的回转中心，转矩等于零。

在生产和生活当中，如脚踏砂轮机（图 5-12）、家庭缝纫机等，都不难见到“死点”现象：启动时踏不动或出现“倒车”，需要借助手力扳动转动轮使其通过死点位置。

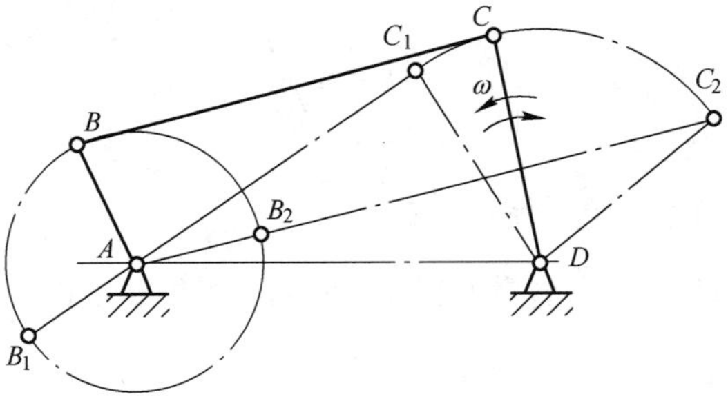

图 5-11　四杆机构的死点

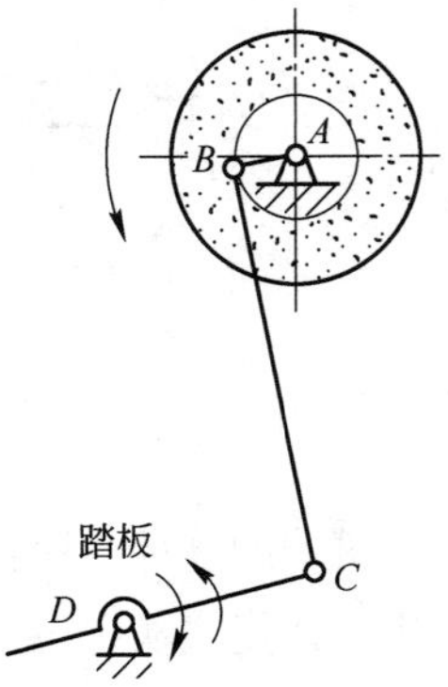

图 5-12　脚踏砂轮机

为了使机构能够顺利通过死点，通常采用多组机构联动的办法，在某组机构处于死点位置时，还有其他驱动装置处在非死点位置正常工作。不宜采用多组机构联动的场合，也可采用安装飞轮加大惯性力的办法，借助惯性作用使机构闯过死点。

工程实践中，也常常利用机构的死点位置来实现某些作业要求，如图 5-13 所示的飞机起落架机构，利用死点克服机轮受力，使起落架不会折回；图 5-14 所示的钻床工件夹紧机构，利用死点位置夹紧工件，使工件不会松脱。

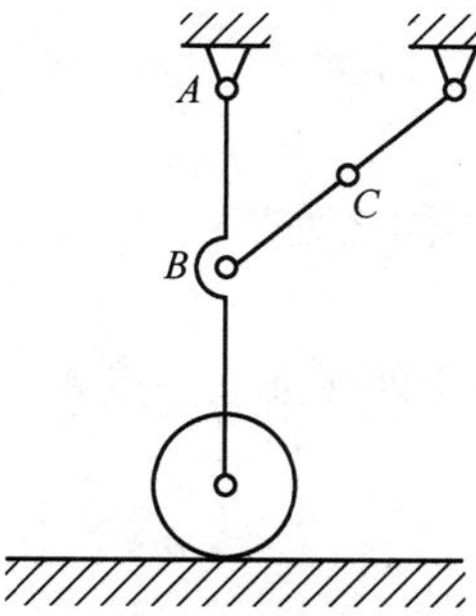

图 5-13 飞机起落架

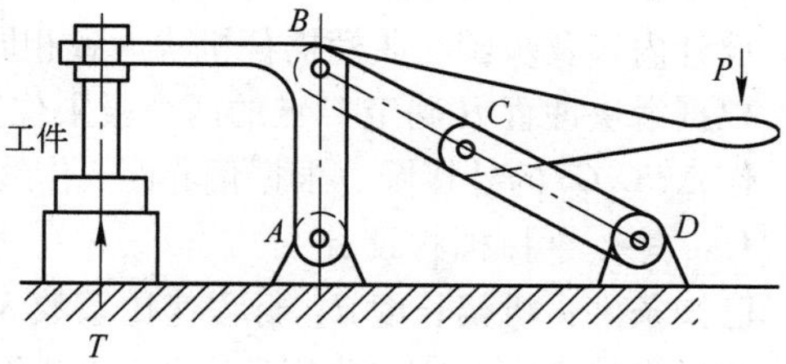

图 5-14 钻床夹紧机构

5.4 平面四杆机构的设计

平面四杆机构常用的设计方法有解析法、实验法和图解法。解析法的优点是可以得到比较精确的设计结果；实验法主要是用于按照预定轨迹要求来设计比较复杂的四杆机构的场合。图解法尽管尺寸精度较差，但比较直观、易懂，本节将主要介绍图解法，解析法和实验法只举例做简单介绍。

5.4.1 图解法

利用图解法设计平面四杆机构，主要是按给定的行程速比系数或按给定的连杆位置确定机构运动简图的参数。

5.4.1.1 *按给定的行程速比系数 K 设计四杆机构*

以三种常见的急回机构的设计方法和步骤为例进行介绍。

A 曲柄摇杆机构设计

已知条件：摇杆的长度 l_{CD}、摆角 ϕ 和行程速比系数 K。

主要设计内容：确定曲柄回转中心 A 点的位置、曲柄长度 l_{AB}，以及其他杆长 l_{BC} 和 l_{AD}。

设计步骤（见图 5-15）：

（1）由给定的行程速比系数 K 计算极位夹角 θ，$\theta = 180°[(K-1)/(K+1)]$；确定合适的作图比例；

（2）在图面适当位置确定摇杆回转中心 D，并根据已知的 l_{CD}、ϕ 确定 C 点的两个极限位置 C_1、C_2；

（3）连接 C_1、C_2 两点。过 C_2 点作一直线，与线段 C_1C_2 夹角成 $90° - \theta$，过 C_1 点作线段 C_1C_2 的垂线，两线交于 P 点，即 $\angle C_1PC_2 = \theta$；

（4）作 $\triangle PC_1C_2$ 的外接圆，在优弧上选择 A 点的位置；

（5）联接 A 点与 C_1、C_2 两点。确定 B_1、B_2 点：使

$$AB = \frac{\overline{AC_2} - \overline{AC_1}}{2} \qquad BC = \overline{AC_2} - AB$$

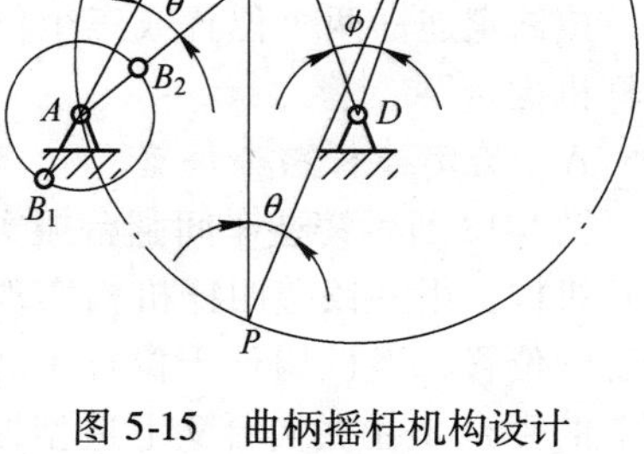

图 5-15 曲柄摇杆机构设计

（6）在图上量取 AD 长度，验证 $\gamma_{min} \geq [\gamma]$，并确定机构类型是否满足要求，再按比例计算出各杆件的实际

长度。

B　偏置曲柄滑块机构设计

已知条件：滑块冲程 H、偏心距 e、行程速比系数 K。

设计内容及步骤与曲柄摇杆机构大致相同（图 5-16），其不同之处是：

根据滑块冲程 H 确定 C 点的两个极限位置 C_1、C_2；

作 $\triangle PC_1C_2$ 的外接圆。根据偏心距 e 作线段 C_1C_2 的平行线交外接圆上一点 A。

C　摆动导杆机构设计

已知条件：机架长度 d、行程速比系数 K。

主要设计内容：确定曲柄长度 AC 和摆角 ϕ。

设计步骤（图 5-17）：

（1）由给定的行程速比系数 K 计算极位夹角 θ；（由图 5-17 可证：极位夹角与摆角大小相等，即 $\theta=\phi$）确定合适的作图比例；

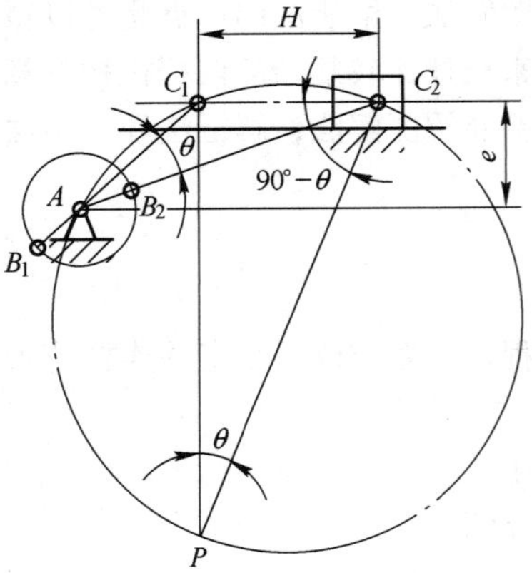

图 5-16　上偏置曲柄滑块机构设计

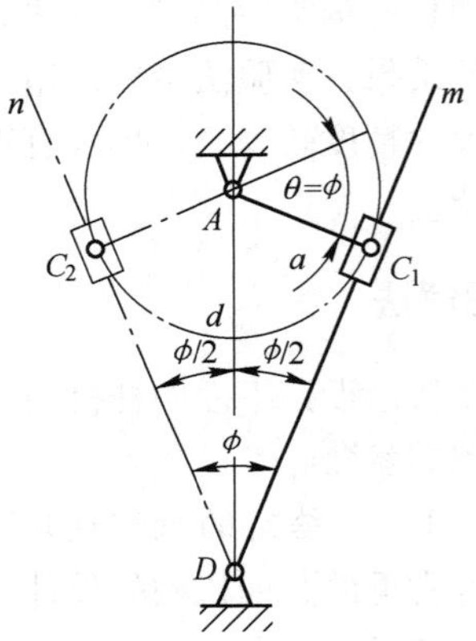

图 5-17　摆动导杆机构设计

（2）在图面适当位置确定摆杆铰链中心 D，作 $\angle mDn=\phi$；

（3）作摆角 ϕ 的平分线。根据机架长度 d 在角平分线上取 $DA=d$，A 点为曲柄回转中心；

（4）过 A 点作线段 Dn 与 Dm 的垂线 AC_1 与 AC_2，两垂线长度均为曲柄长度 a 即 AC；

（5）按比例将图面上线段长度计算成实际长度。

5.4.1.2　按给定的连杆位置设计四杆机构

主要设计内容：确定两连架杆的固定铰链位置及各杆件长度。

按给定连杆两个位置或三个位置时设计四杆机构。

A　给定连杆两个位置

图 5-18 所示铸造车间翻台振实造型机的翻转机构，用一铰链四杆机构实现翻台的两个工作位置。当机构处于位置Ⅰ时，放有砂箱 7 的翻台 8 在振实台 9 上造型振实；当活

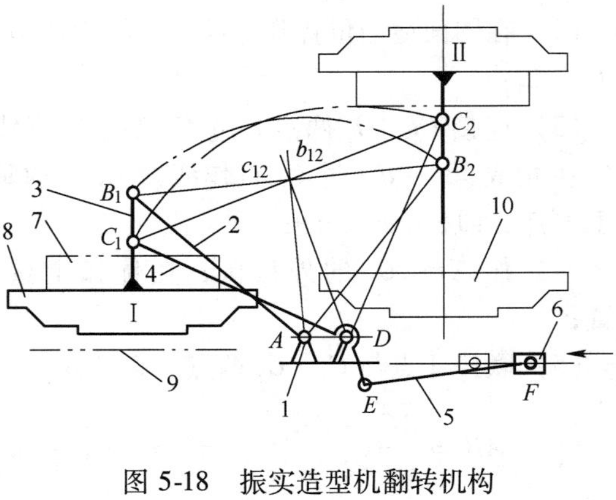

图 5-18　振实造型机翻转机构

1—机架；2，4—摇杆；3，5—连杆；6—活塞；7—砂箱；8—翻台；9—振实台；10—托台

塞6向左推动，通过连杆5使摇杆2摆动一定角度时，即可将翻台与砂箱转到位置Ⅱ；同时，托台10上升接住砂箱起模。连杆3与翻台固连。已知：连杆的两个工作位置 $\overline{B_1C_1}$ 和 $\overline{B_2C_2}$ 。

要求：确定两连架杆的固定铰链中心 A 和 D 的位置，并求出杆 AD、AB、CD 的长度。

分析：连杆3上 B、C 两点轨迹可以设计成圆弧曲线，其圆心 A、D 必在线段 B_1B_2 和 C_1C_2 的垂直平分线 b_{12}、c_{12}上，因此设计步骤如下：

（1）根据给定的已知条件，取适当比例画出连杆3的两个位置 $\overline{B_1C_1}$ 和 $\overline{B_2C_2}$；

（2）分别连接 B_1 和 B_2、C_1 和 C_2，并作其垂直平分线 b_{12}和 c_{12}；

（3）A 和 B 两点可分别在 b_{12}和 c_{12}两线上任意选取。在实际设计时，还应考虑其他辅助条件，如使机械在运转中的最小传动角、各杆尺寸所允许范围或其他结构上的要求等；

（4）连接 AB_1C_1D，即得所要求的四杆机构。

B 给定连杆三个位置

图5-19中，已知：连杆的三个工作位置 $\overline{B_1C_1}$、$\overline{B_2C_2}$、$\overline{B_3C_3}$，求作四杆机构。

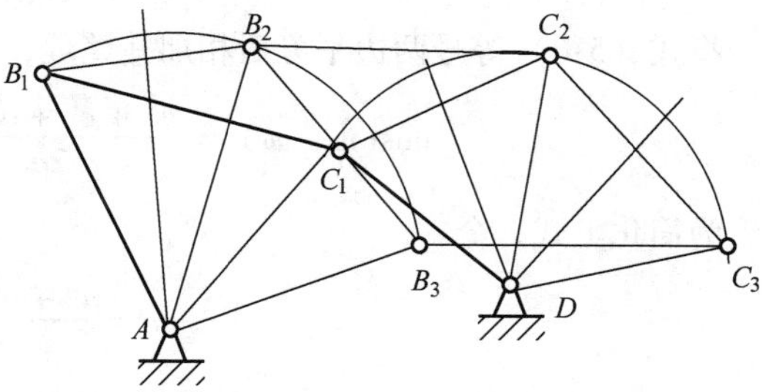

图 5-19 给定连杆三个位置设计四杆机构

由已知条件可知，活动铰链 B、C 两点的相对位置已定，所以四杆机构设计的主要任务仍然是求出两固定铰链 A 和 D 的位置。连杆上的铰链 B 和 C 的轨迹分别设计成圆弧曲线，而同时经过三点 B_1、B_2、B_3（或 C_1、C_2、C_3）的圆只有一个，因此 A 和 D 的位置是确定的。即线段 B_1B_2 和 B_2B_3 的垂直平分线的交点 A，以及线段 C_1C_2 和 C_2C_3 的垂直平分线的交点 D。连接 AB_1C_1D（或 AB_2C_2D、AB_3C_3D）即为所求的四杆机构运动简图。

5.4.2 解析法

用解析法设计平面四杆机构的任务是：当给定或导出从动件的运动规律 $\psi = F(\phi)$ 或某一轨迹 $Y = f(X)$ 以后，选择适当的机构参数（如杆长、铰链和导路中心位置等）以实现运动规律或轨迹。下面以给定两连架杆的对应位置设计四杆机构为例，来了解这一方法的应用（图5-20）。

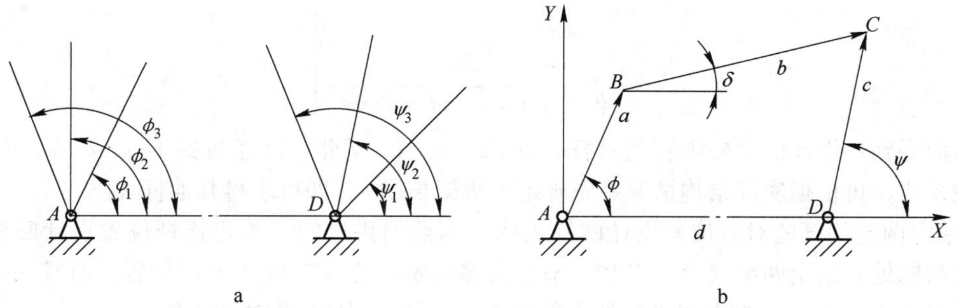

图 5-20 按给定连架杆对应位置设计四杆机构

已知连架杆 AB 和 CD 相对于机架 AD 的三组对应位置角 ϕ_1 与 ψ_1、ϕ_2 与 ψ_2、ϕ_3 与 ψ_3，如图5-20a，求作四杆机构。

设计的主要内容是求杆长 a、b、c、d。

图 5-20b 为假定的机构运动简图。首先分析其运动规律。

以机架 AD 为 X 轴取直角坐标系 XAY，令向量 a、b、c、d 分别代表各杆的长度和位置，各向量相对于 X 轴的夹角均沿逆时针方向度量；取各向量在 X 轴和 Y 轴上的投影，可得关系式：

$$\left.\begin{aligned} a\cos\phi + b\cos\delta &= d + c\cos\psi \\ a\sin\phi + b\sin\delta &= c\sin\psi \end{aligned}\right\}$$

即：

$$\left.\begin{aligned} b\cos\delta &= d + c\cos\psi - a\cos\phi \\ b\sin\delta &= c\sin\psi - a\sin\phi \end{aligned}\right\} \tag{5-6}$$

将式（5-6）等号两边平方后相加并整理，得：

$$\cos(\phi - \psi) = \frac{a^2 + c^2 + d^2 - b^2}{2ac} - \frac{d}{c}\cos\phi + \frac{d}{a}\cos\psi \tag{5-7}$$

为简化上式，令：

$$\left.\begin{aligned} m &= \frac{a^2 + c^2 + d^2 - b^2}{2ac} \\ n &= \frac{d}{c} \\ l &= \frac{d}{a} \end{aligned}\right\} \tag{5-8}$$

将其代入式（5-7）中，得

$$\cos(\phi - \psi) = m - n\cos\phi + l\cos\psi \tag{5-9}$$

式（5-9）便是解析法设计任务中提到的“以机构参数表达运动规律”的方程式。

若将已知的运动规律即三组对应位置角 ϕ_1 与 ψ_1、ϕ_2 与 ψ_2、ϕ_3 与 ψ_3 分别代入上式，就可以解出机构的三个未知参数 m、n、l。

再将求得的 m、n、l 代入式（5-8），得

$$\left.\begin{aligned} a &= \frac{d}{l} \\ c &= \frac{d}{n} \\ b &= \sqrt{a + c + d - 2acm} \end{aligned}\right\} \tag{5-10}$$

前面提到：设计的主要内容是求杆长 a、b、c、d。至此，已经找到了 a、b、c、d 之间的计算关系式，再根据实际结构情况首先确定出机架长度 d，即可求得其他杆长。

“给定两连架杆的对应位置设计四杆机构”与前面讲过的“给定连杆位置设计四杆机构”有一个共同处：给定两组（个）位置，有无穷多组解；给定三组（个）位置，有唯一一组解；给定四组（个）位置，前两种方法便不能使用，必须采用别的方法去求解。

5.4.3　实验法

本章介绍的实验法是用复杂多样的“连杆曲线”来吻合已知轨迹的一种直观设计方法。

四杆机构在运动时，连杆做平面复合运动。连杆上任意点的轨迹通常为封闭曲线，其形状随连杆上点的位置以及各构件的相对尺寸不同而变化，可谓多种多样。工程上通常利用“连杆

曲线图谱”查找与已知曲线吻合或接近的线样，直接查出对应的四杆机构尺寸，设计便完成。

如果图谱中没有所需曲线，也可利用连杆曲线仪自行设计机构尺寸。

绘制“连杆曲线图谱”的连杆曲线仪如图 5-21 所示。仪器中，以曲柄长度 *AB* 为一单位长度，各杆长度相对于单位长度均为可调。连杆 *BC* 上固定一块不透明的薄板，板上按一定规律排布许多小孔来作为连杆平面上不同点的位置。当曲柄转动时，板上每个孔的运动轨迹就是一条连杆曲线。为了记录这些曲线，利用光束照射的办法将孔的轨迹印在感光纸上，这样就得到了一组连杆曲线。

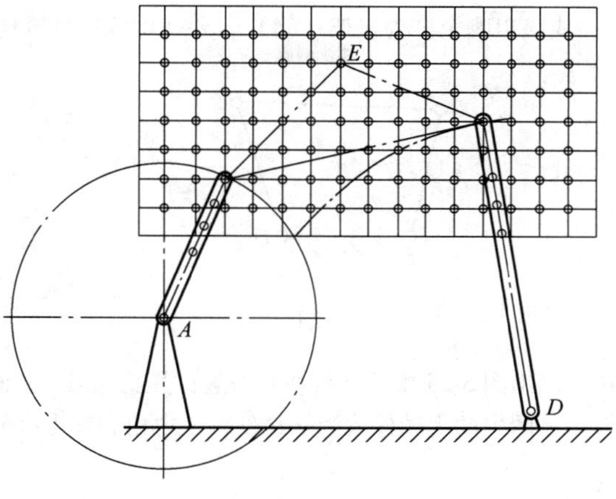

图 5-21 连杆曲线仪

依次改变各杆的长度比例，可作出许多组连杆曲线，将它们按顺序整理编排成册，即成一本连杆曲线图谱。

四杆机构各构件相对尺寸变化无穷，图谱很难将这些变化尺寸用尽。所谓利用连杆曲线仪自行设计四杆机构，是指改变图谱中所用的构件相对尺寸，再行实验，直到得出满足设计要求的四杆机构为止。

复习思考题

5-1 铰链四杆机构有哪几种形式？

5-2 四杆机构具有曲柄的必要条件和充分条件是什么？

5-3 何谓“曲柄”，“曲柄就是最短杆”的说法对否？

5-4 何谓行程速比系数，何谓急回特性，何谓极位夹角，三者之间关系如何？

5-5 何谓压力角和传动角，四杆机构的 γ_{min} 在何位置发生？

5-6 是否所有四杆机构都存在死点，什么情况下出现死点？

5-7 根据图 5-22 中注明判断各铰链四杆机构的类型。

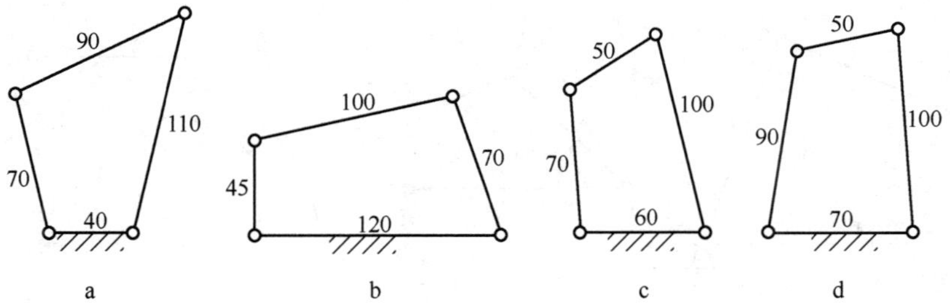

图 5-22

5-8 四杆机构分析（图 5-23），已知 $AB=40\text{mm}$，$BC=50\text{mm}$，$CD=45\text{mm}$，$DA=25\text{mm}$。（1）分析图示四杆机构有无曲柄及原因；（2）判断该铰链机构的类型（双曲柄机构、曲柄摇杆机构、双摇杆机构）；（3）如果杆 *AB* 做主动件，画出图示位置的压力角。

5-9 图 5-24 所示四杆机构中，$AB=55\text{mm}$，$BC=40\text{mm}$，$CD=50\text{mm}$，$AD=25\text{mm}$。请判断：（1）该机构

能否具有曲柄；（2）若要获得曲柄摇杆机构，应该以哪个杆为机架；（3）若要获得双曲柄机构，应该以哪个杆为机架；（4）若要获得双摇杆机构，应该以哪个杆为机架。

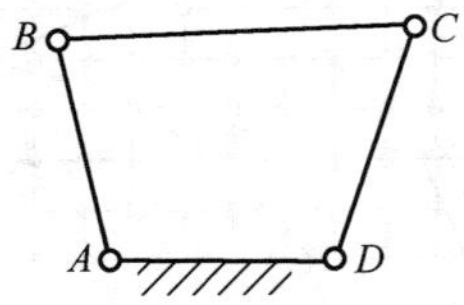

图 5-23

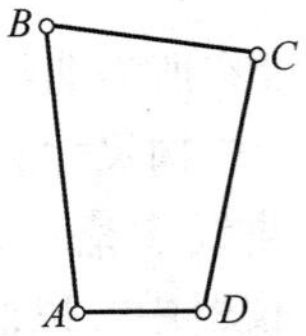

图 5-24

5-10　画出图 5-25 中从动件所示位置的压力角 α，判断有无死点。
将图中的主动件改为从动件，压力角和死点有何变化？

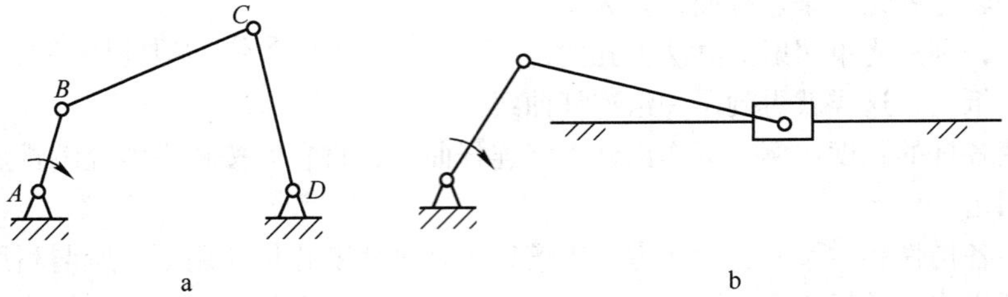

图 5-25

5-11　图 5-26 中杆 1 为主动件，判断机构有无急回并说明原因，画出极位夹角。

5-12　设计一曲柄摇杆机构。已知摇杆长度 $l_2 = 100\text{mm}$，摆角 $\phi = 30°$，行程速比系数 $K = 1.2$。根据最小传动角 $\gamma \geqslant 40°$ 的条件，确定其余三杆的尺寸。

5-13　设计一曲柄滑块机构。已知行程速比系数 $K = 1.5$，滑块的冲程 $H = 50\text{mm}$，偏心距 $e = 10\text{mm}$。

5-14　设计一铰链四杆机构（图 5-27）。已知摇杆 CD 的长度为 75mm，行程速比系数 $K = 1.5$，机架 AD 的长度为 100mm，摇杆的一个极限位置与机架的夹角为 $\psi = 45°$，试用图解法求曲柄的长度 AB 和连杆的长度 BC。

5-15　已知一翻料机构，连杆 BC 的长度为 400mm，连杆两个位置关系如图 5-28 所示，要求机架 AD 与 B_1C_1 平行，且在其下相距 35mm，试设计此机构。

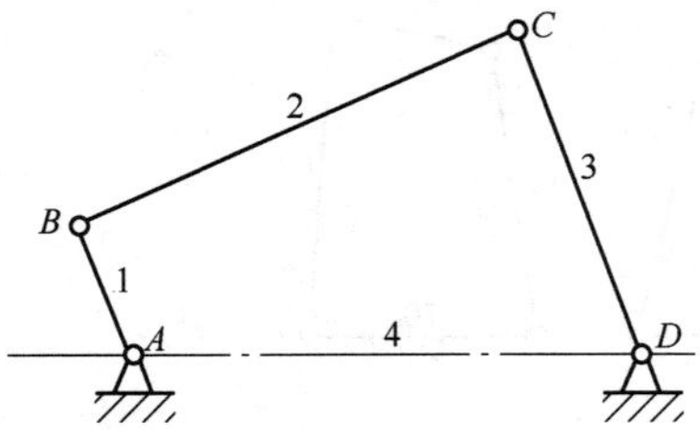

图 5-26

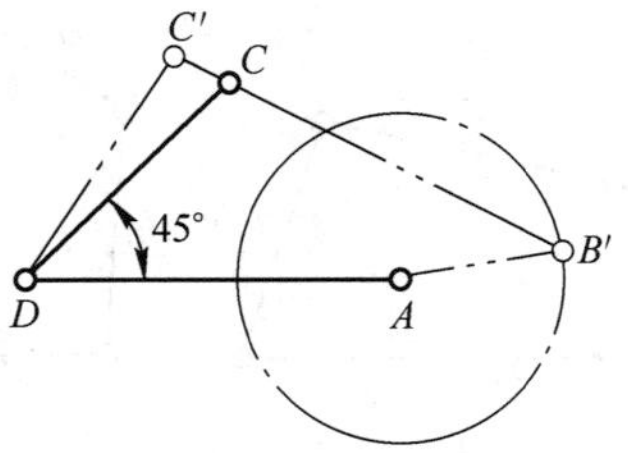

图 5-27

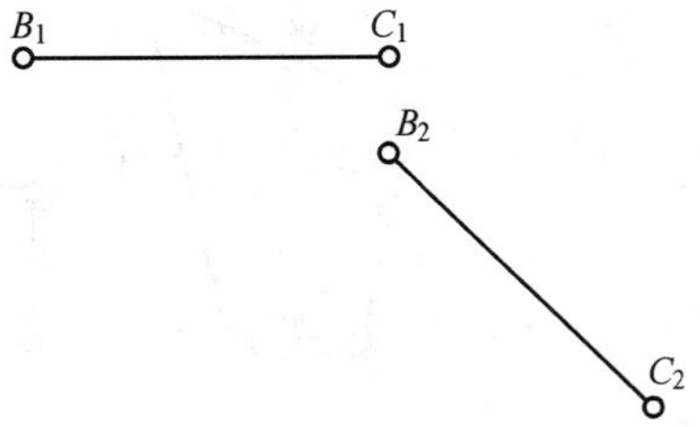

图 5-28

6 凸轮机构

凸轮机构是机械中的一种常用高副机构，在自动化、半自动化机械中应用较为广泛。本章主要介绍凸轮机构的特点、应用、分类及常用从动件运动规律和凸轮轮廓设计。

6.1 凸轮机构的特点、应用和分类

6.1.1 凸轮机构的特点

如图6-1所示，凸轮机构是由凸轮1、从动件2和机架3所组成的。当凸轮运动时，可以使从动件得到预定的运动规律。从图6-1中可以看出，通过使用不同形状的凸轮，较容易实现特殊的、不规律的运动，且结构紧凑。但凸轮机构中包含有高副，不宜传递较大的动力，同时由于凸轮具有曲线轮廓，它的加工制造比较复杂。

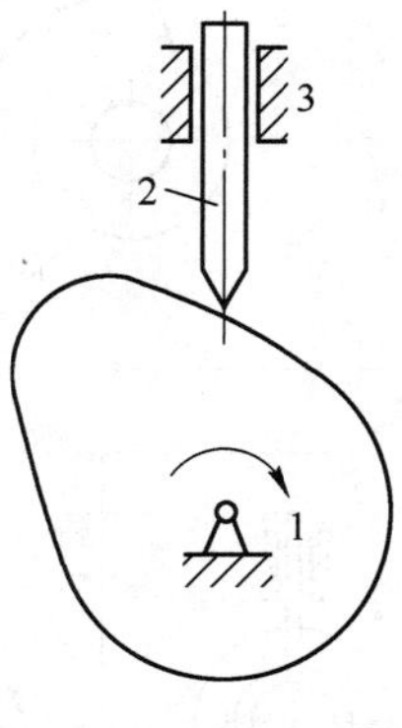

图6-1 凸轮机构

1—凸轮；2—从动件；3—机架

6.1.2 凸轮机构的应用

图6-2所示为内燃机的配气机构，1为凸轮，2为气门推杆，3为机架。当凸轮1转动时，由于凸轮轮廓与气门推杆平底保持接触，因此当接触点由凸轮小半径移向大半径时，推杆向下移动，气门开启；当接触点由凸轮大半径移向小半径时，推杆向上移动，气门关闭；当接触点在以凸轮回转中心为圆心的凸轮圆弧的轮廓上移动时，推杆静止不动。由此可见，气门的工作要求是靠凸轮轮廓来满足的。

图6-3所示为自动车床上使用的走刀机构，当圆柱凸轮1回转时，利用其曲线凹槽带动摆杆2绕固定轴往复摆动，再通过扇形齿轮和齿条的啮合转动，使刀架3按一定的规律运动。刀架的运动规律取决于凸轮凹槽的曲线形状。

此外，凸轮机构还应用于其他自动及半自动机械中，在此不一一列举。

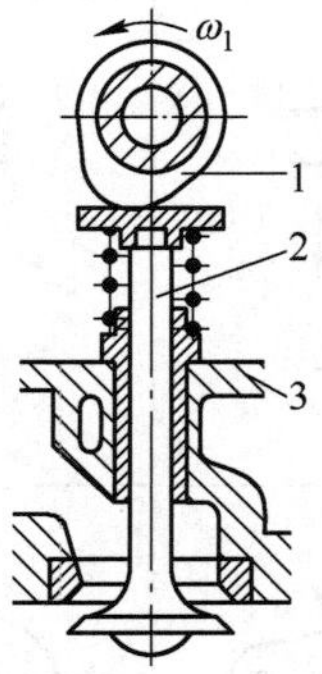

图6-2 内燃机配气机构

1—凸轮；2—气门推杆；3—机架

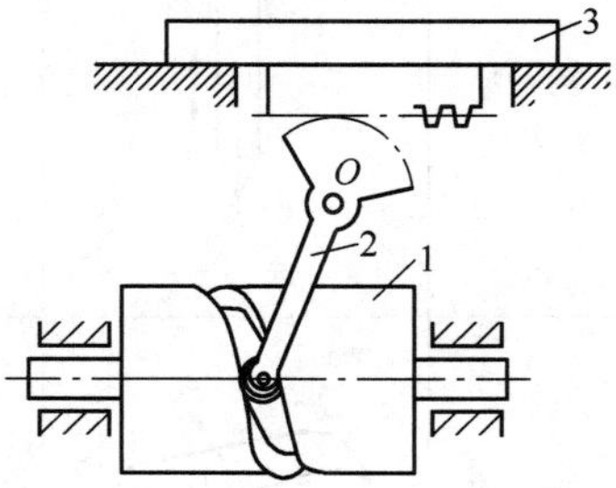

图6-3 自动车床走刀机构

1—圆柱凸轮；2—摆杆；3—刀架

6. 1. 3　凸轮机构的分类

凸轮机构的类型多种多样，其基本类型可由凸轮和从动件的形式来区分。

（1）按凸轮的形式分。按凸轮形式划分的各类凸轮机构如表 6-1 所示。

表 6-1　按凸轮形式划分的凸轮机构

盘状凸轮		圆柱凸轮		移动凸轮
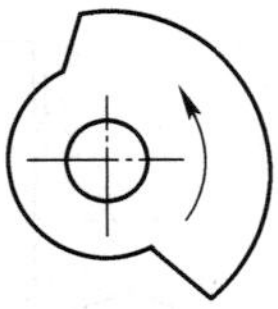		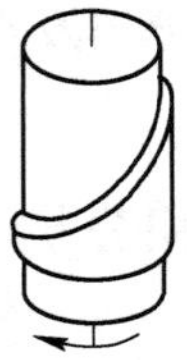		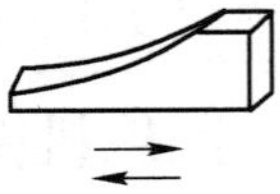
对应的凸轮机构				
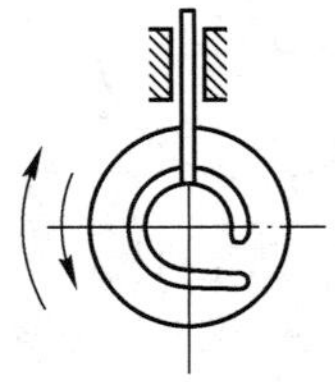	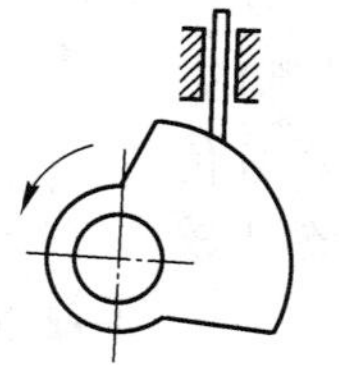	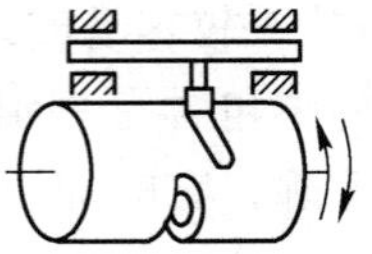	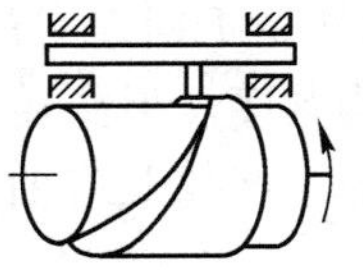	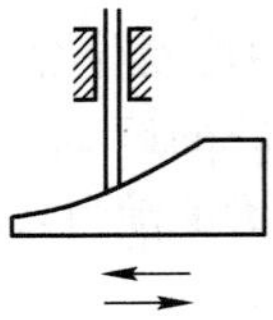
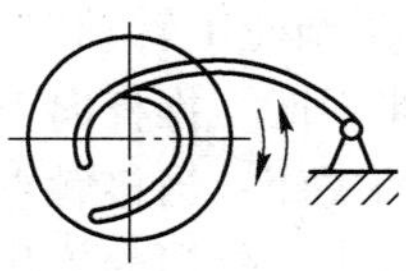	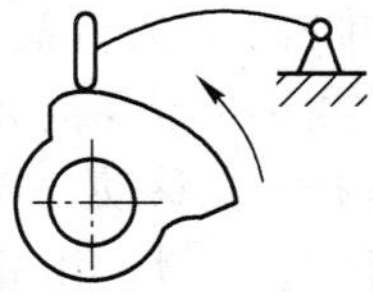	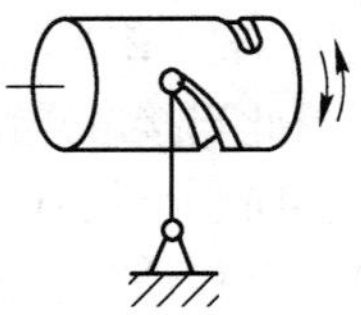	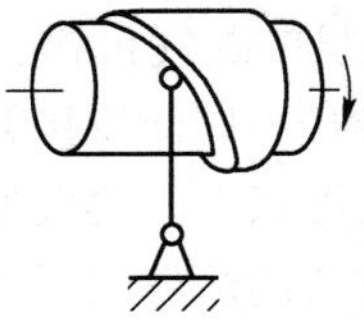	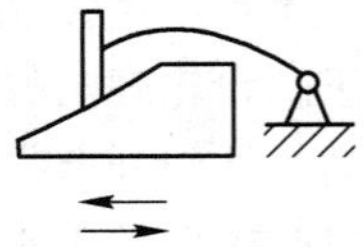

（2）按从动件的形式分。从动件的运动和端部形式基本类型如表 6-2 所示。

表 6-2　凸轮机构从动件的基本类型

工作端接触形式		尖　底	滚　子	平　底	曲　面
运动形式	移　动	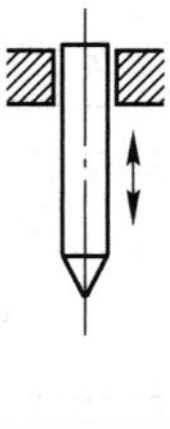	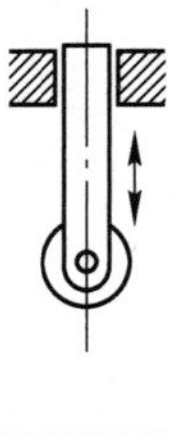	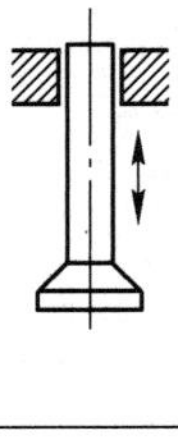	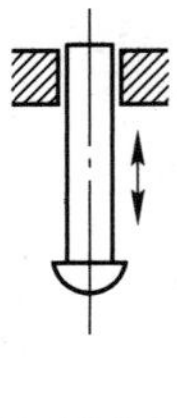
	摆　动	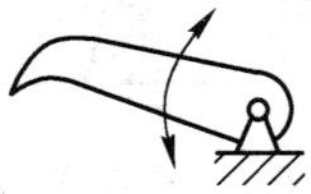	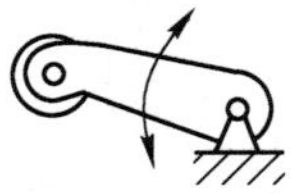	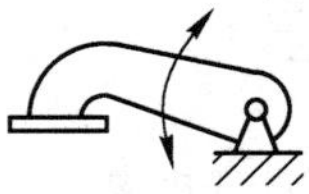	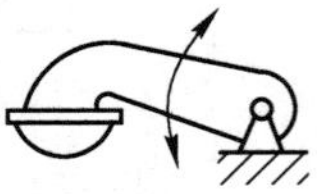

6.2 从动件的运动规律

6.2.1 凸轮机构的工作过程

图 6-4a 所示为对心尖顶移动从动件盘形凸轮机构。其中，以凸轮轮廓的最小向径 r_0 为半径所绘的圆称为凸轮的基圆。在图示位置，尖顶与凸轮轮廓上的 A 点（A 点为凸轮轮廓在基圆

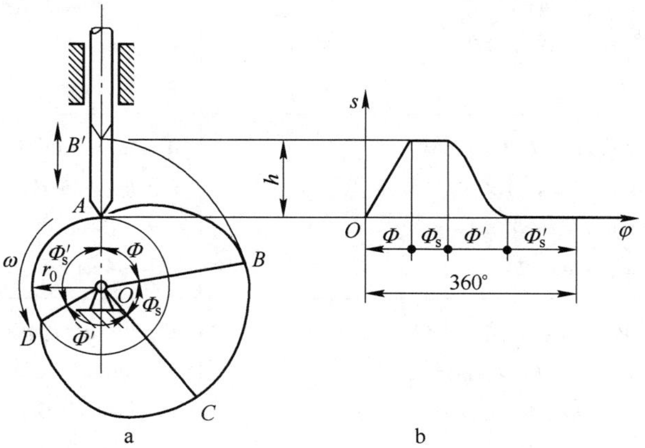

图 6-4 凸轮机构的运动过程及位移曲线
a—凸轮机构运动过程；b—凸轮机构位移曲线

上的起始点）相接触，此处为从动件上升的起始位置。当凸轮以 ω 等速沿逆时针方向回转 Φ 时，从动件尖顶被凸轮轮廓推动，以一定运动规律由离回转中心最近位置 A 到达最远位置 B 的过程称为推程，这时它所走过的距离 h 称为从动件的升程，而与推程对应的凸轮转角 Φ 称为推程运动角。当凸轮继续回转 Φ_s 时，以 O 点为中心的圆弧 BC 与尖顶相作用，从动件在最远位置停留不动，这一过程称为远休止，对应的凸轮转角 Φ_s 称为远休止角。当凸轮继续回转 Φ' 时，从动件在弹簧力或重力作用下以一定运动规律回到起始位置，这个过程称为回程，对应的转角 Φ' 称为回程运动角。当凸轮继续回转 Φ_s'时，从动件在最近位置停留不动，Φ_s'称为近休止角。当凸轮继续回转时，从动件重复上述运动。如果以直角坐标系的纵坐标代表从动件位移 S，横坐标代表凸轮转角 φ（因通常凸轮等速转动，故横坐标同时也代表时间 t），则可以画出从动件位移 S 与凸轮转角 φ 之间的关系曲线，它简称为从动件位移线图，见图 6-4b。

由以上分析可知，从动件的位移线图取决于凸轮轮廓曲线的形状。也就是说，要实现从动件的不同运动规律，要求凸轮具有不同的轮廓曲线。因此，设计凸轮时必须首先确定从动件的运动规律。从动件的运动规律通常是根据机械的工作要求确定的。

6.2.2 常用从动件的运动规律

6.2.2.1 等速运动

当凸轮等速回转时，从动件上升或下降的速度为一常数，这种运动称为等速运动。图 6-5 为从动件等速运动时，其位移 s、

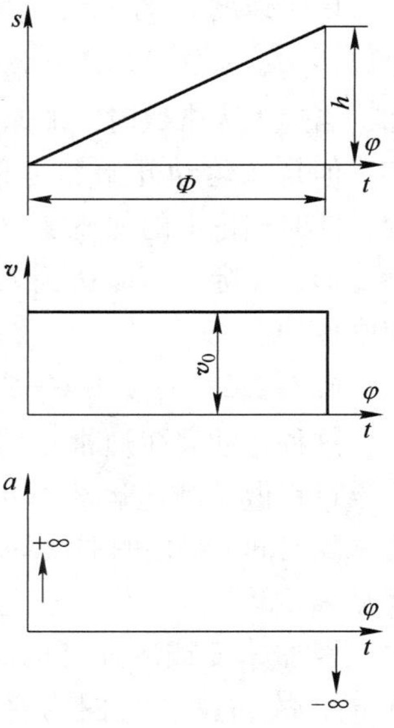

图 6-5 等速运动规律

速度 v 和加速度 a 随时间 t 变化的曲线（推程）。由于凸轮做等速运动时，$\varphi = \omega t$，故横坐标也可以用 φ 表示。其运动方程见表 6-3。

表 6-3　从动件运动方程

运动规律	运动方程	
	推程 $0° \leqslant \varphi \leqslant \Phi$	回程 $0° \leqslant \varphi' \leqslant \Phi'$
等速运动	$s = (h/\Phi)\varphi$ $v = h\omega/\Phi$ $a = 0$	$s = h - (h/\Phi')\varphi'$ $v = -h\omega/\Phi'$ $a = 0$
等加速 - 等减速运动	$0 \leqslant \varphi \leqslant \Phi/2$ $s = (2h/\Phi^2)\varphi^2$ $v = (4h\omega/\Phi^2)\varphi$ $a = 4h\omega^2/\Phi^2$	$0 \leqslant \varphi' \leqslant (\Phi'/2)$ $s = h - (2h/\Phi'^2)\varphi'^2$ $v = -(4h\omega/\Phi'^2)\varphi'$ $a = -4h\omega^2/\Phi'^2$
	$\Phi_0/2 < \varphi \leqslant \Phi$ $s = h - 2h(\Phi - \varphi)^2/\Phi^2$ $v = 4h\omega(\Phi - \varphi)/\Phi^2$ $a = -4h\omega^2/\Phi^2$	$\Phi'/2 < \varphi' \leqslant \Phi'$ $s = 2h(\Phi' - \varphi')^2/\Phi'^2$ $v = -4h\omega(\Phi' - \varphi')/\Phi'^2$ $a = 4h\omega^2/\Phi'^2$
余弦加速度运动（简谐运动）	$s = h/2[1 - \cos(\pi\varphi/\Phi)]$ $v = (\pi h\omega/2\Phi)\sin(\pi\varphi/\Phi)$ $a = (\pi^2 h\omega^2/2\Phi^2)\cos(\pi\varphi/\Phi)$	$s = h/2[1 + \cos(\pi\varphi'/\Phi')]$ $v = -(\pi h\omega/2\Phi')\sin(\pi\varphi'/\Phi')$ $a = -(\pi^2 h\omega^2/2\Phi'^2)\cos(\pi\varphi'/\Phi')$
正弦加速度运动（摆线运动）	$s = h[\varphi/\Phi - (1/2\pi)\sin(2\pi\varphi/\Phi)]$ $v = (h\omega/\Phi)[1 - \cos(2\pi\varphi/\Phi)]$ $a = (2\pi h\omega^2/\Phi^2)\sin(2\pi\varphi/\Phi)$	$s = h[1 - \varphi'/\Phi' + (1/2\pi)\sin(2\pi\varphi'/\Phi')]$ $v = -(h\omega/\Phi')[1 - \cos(2\pi\varphi'/\Phi')]$ $a = -(2\pi h\omega^2/\Phi'^2)\sin(2\pi\varphi'/\Phi')$

由于速度 v_0 为常数，所以从动件的速度线图为一平行于横轴的直线。对速度线图积分，可以得到 $s = v_0 t$，它是一条斜直线。又由图 6-5 可知，当速度为常数时，加速度为零，惯性力也等于零，但是在运动开始和终止的瞬间，由于速度突变，此时理论上的加速度为无穷大（由于材料有弹性变形，实际上不能达到无穷大），其惯性力将引起刚性冲击。

6.2.2.2　等加速-等减速运动

这种运动规律通常令前半行程做等加速运动，后半行程做等减速运动，其位移 s、速度 v 和加速度 a 随时间 t 变化的曲线如图 6-6 所示。其运动方程见表 6-3。

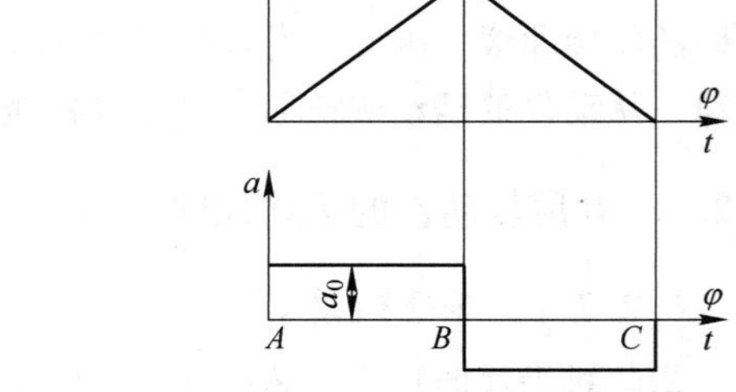

图 6-6　等加速-等减速运动规律

因加速度或减速度的绝对值相等，且等于常数 a_0，故加速度线图为平行于横坐标轴的直线图；因为 $v = a_0 t$，所以速度线图为两斜线；因为

$s=(2h/\Phi^2)\varphi^2$，位移与凸轮转角成正比，故位移线图由两段抛物线组成，见图 6-6。这种运动规律的特点是：加速度有突变，但因为一有限值，因而产生的惯性力也是有限的，结果对凸轮机构产生柔性冲击。

6.2.2.3 余弦加速度运动

质点在圆周上做匀速运动，它在这个圆的直径上的投影所构成的运动，加速度符合余弦规律，称为余弦加速度运动，又称简谐运动。其运动方程见表 6-3。

图 6-7 为余弦加速度运动规律图。由加速度线图可知，这种运动规律的从动件在始点、终点有柔性冲击。

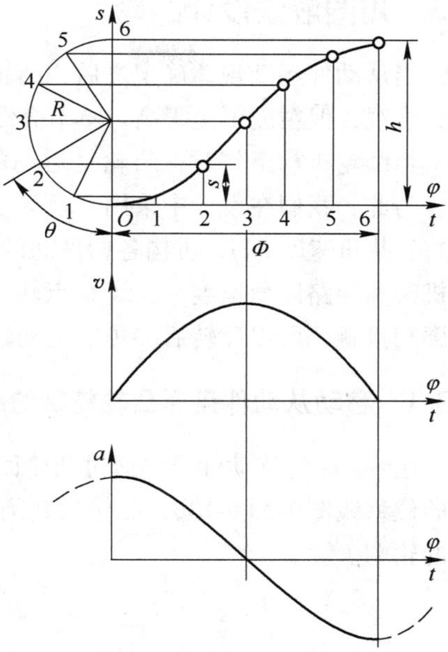

图 6-7 余弦加速度运动

6.2.2.4 正弦加速度运动

加速度按正弦规律变化的运动称为正弦加速度运动，如图 6-8 所示，其运动方程见表 6-3。

推杆做正弦加速运动时，其加速度没有突变，因而没有冲击，是较理想的变化规律。

6.2.2.5 组合型运动规律

采用多种运动规律组合可以改善机构的运动特性。如在工作中要求从动件做等速运动，然而等速运动有刚性冲击，这时可在行程始末端拼接正弦加速度运动，使其动力性能得到改善，如图 6-9 所示，从动件运动规律应根据机器的工作要求确定，并考虑动力性能、加工等因素。

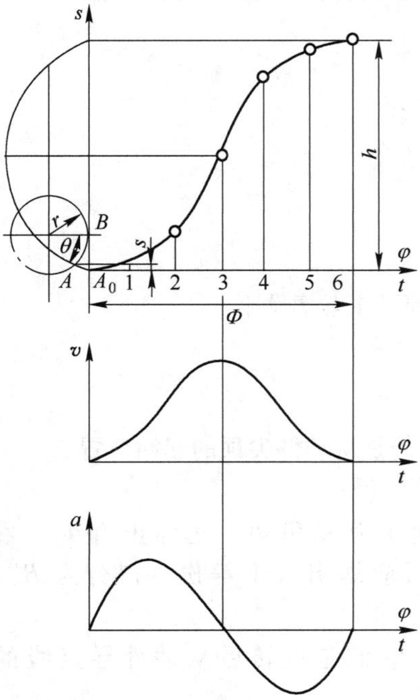

图 6-8 正弦加速度运动

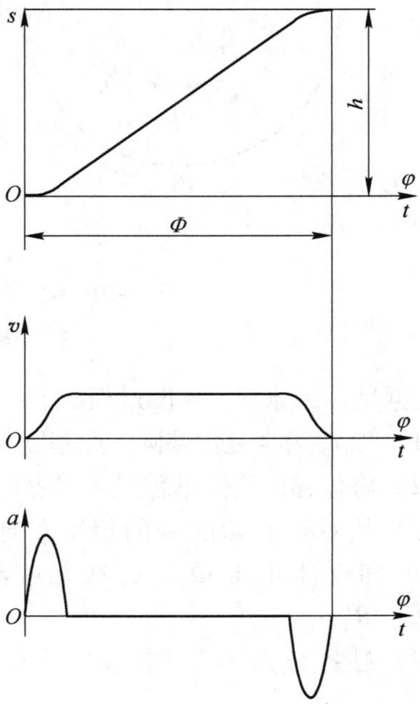

图 6-9 组合型运动规律

6.3　用图解法设计凸轮

当从动件运动规律确定之后，凸轮轮廓曲线便可以用图解法和解析法得到。图解法比较简便、直观，但精度不是很高。本节介绍用图解法绘制几种常见的凸轮轮廓。

当凸轮机构工作时，凸轮是运动的，而我们绘制凸轮轮廓时，却需要凸轮与图纸相对静止。为此，我们在设计中采用“反转法”。根据相对运动原理：如果给整个机构加绕凸轮轴心 O 的公共角速度 $-\omega$，机构各构件间的相对运动不变。这样一来，凸轮不动，而从动件一方面随机架和导路以角速度 $-\omega$ 绕 O 点转动，另一方面又在导路中往复移动。由于尖顶始终与凸轮轮廓相接触，所以反转后尖顶的运动轨迹就是凸轮轮廓。

6.3.1　移动从动件盘形凸轮轮廓的绘制

图 6-10a 为从动件导路通过凸轮回转中心、尖顶对心移动从动件盘形凸轮机构。已知从动件的位移线图为图 6-10b，凸轮的基圆半径为 r_0，且以等角速度 ω 顺时针回转，试绘制出此凸轮的轮廓。

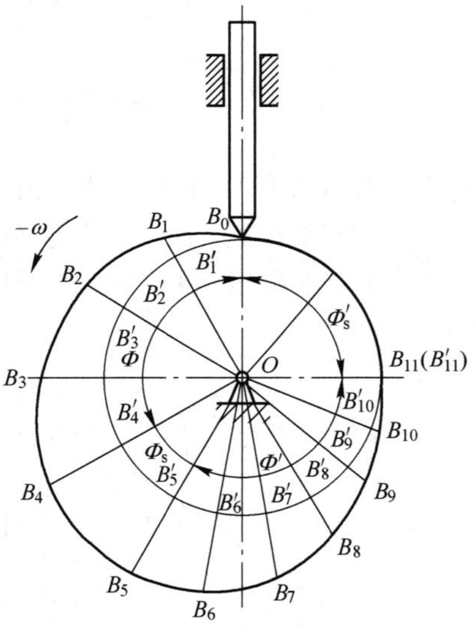

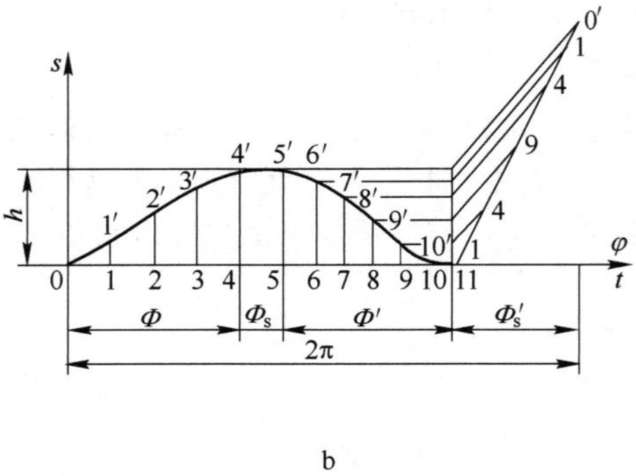

图 6-10　尖顶对心移动从动件盘形凸轮轮廓设计

a—凸轮机构；b—从动件位移线图

根据反转法原理，作图过程如下：

（1）以 r_0 为半径作基圆，此基圆与导路的交点 B_0 便是从动件尖顶的起始位置；

（2）将位移曲线的推程段和回程段分别划分成若干等份；

（3）从 OB_0 开始沿 ω 的相反方向在基圆上画出推程运动角 Φ 、远休止角 Φ_s、回程运动角 Φ' 和近休止角 Φ_s'，并在相应段与位移曲线对应划出若干等份，得分点 B_1'、B_2'、B_3'、…、B_{10}'；

（4）过各分点 B_1'、B_2'、B_3'、…、B_{10}' 作径向线，它们是反转后从动件导路线的各个位置；

（5）在以上的导路线上，从基圆开始往外量取各个位移量，即 $B_1B_1'=11'$、$B_2B_2'=22'$、

$B_3B'_3 = 33'$、…，得反转后尖顶的一系列位置 B_1、B_2、B_3、…、B_{10}；

（6）将 B_0、B_1、B_2、B_3、…、B_{10} 连成光滑的曲线，便得到所要求的凸轮轮廓。

当采用滚子从动件时，如图 6-11 所示，可以把滚子中心看作尖顶从动件的尖顶。按照上面的方法求出一条轮廓曲线 η，称为理论轮廓线，再以 η 上各点为中心、以滚子半径为半径画一系列圆，最后作这些圆的包络线 η'，它便是使用滚子从动件时凸轮的实际轮廓。由作图过程可知，凸轮的基圆半径 r_0 应当在理论轮廓上度量。

平底从动件的凸轮轮廓的绘制方法也与上述相似，如图 6-12 所示，首先在平底上选一固定点 B_0，按照尖顶从动件凸轮绘制的方法，求出理论轮廓上一系列点 B_1、B_2、B_3 …，其次过这些点画出各个位置的平底，然后作这些平底的包络线，便得到凸轮的实际轮廓曲线。

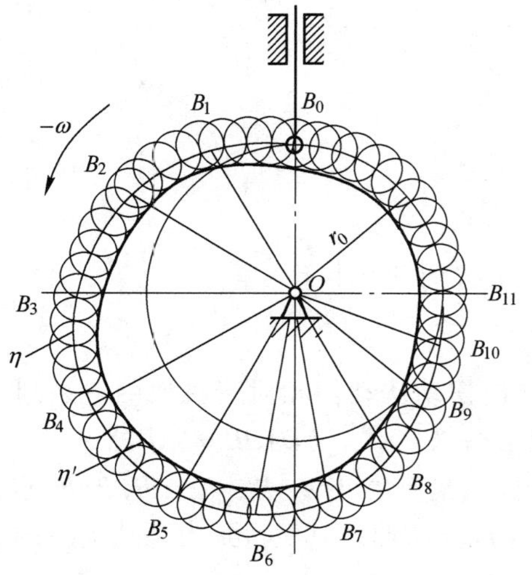

图 6-11　移动滚子从动件盘形凸轮轮廓设计

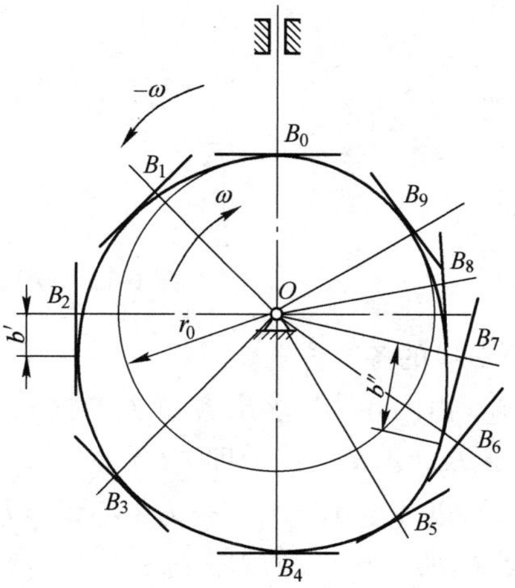

图 6-12　移动平底从动件盘形凸轮轮廓设计

本书只介绍从动件导路通过凸轮回转中心，即对心移动从动件盘形凸轮机构的轮廓设计，偏心移动从动件盘形凸轮机构的轮廓设计请参考有关资料。

6.3.2　摆动从动件盘形凸轮轮廓的绘制

从动件的角位移线图如图 6-13b 所示。已知凸轮与摆动从动件的中心距为 l_{OA}、摆动从动件长度为 l_{AB}、凸轮的基圆半径为 r_0，凸轮以等角速度 ω_1 顺时针回转，要求绘出此凸轮的轮廓。

仍用反转法求凸轮轮廓。给整个凸轮机构加以角速度 $-\omega_1$ 绕 O 点回转，结果凸轮不动而摆动从动件一方面随机架以等角速度 $-\omega_1$ 绕 O 点回转，同时又绕 A 点摆动。因此，尖顶摆动从动件盘形凸轮轮廓曲线的绘制可按以下步骤进行：

（1）根据 l_{OA} 定出 O 点与 A_0 点的位置，以 O 为圆心、以 r_0 为半径作基圆，再以 A_0 为中心，以 l_{AB} 为半径作圆弧交基圆于 B_0 点，该点即为从动件尖顶的起始位置。δ_2^0 称为从动件的初始角。

（2）以 O 点为中心、以 OA_0 为半径画圆，并沿 $-\omega_1$ 的方向取角 δ_t、δ_h、δ'_s，再将 δ_t、δ_h 各分为与图 6-13b 相对应的若干等份，得射线 OA_1、OA_2、OA_3 …，这些线即为机架 OA_0 在反转过

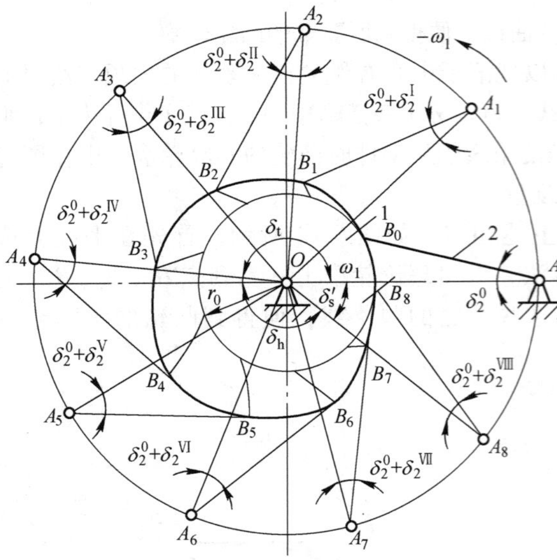

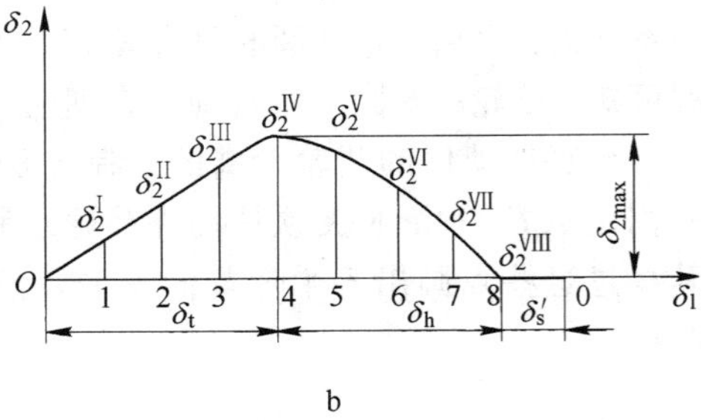

图 6-13　摆动从动件盘形凸轮轮廓的设计

程中所对应的各个位置。

（3）由图 6-13b 求出各位置的摆角 δ_2，据此画出摆动从动件相对于机架的一系列位置 A_1B_1、A_2B_2、A_3B_3、…，即 $\angle OA_1B_1=\delta_2^0+\delta_2^{I}$，$\angle OA_2B_2=\delta_2^0+\delta_2^{II}$，$\angle OA_3B_3=\delta_2^0+\delta_2^{III}\cdots$。

（4）以 A_1、A_2、A_3、…为中心，以 l_{AB} 为半径画圆弧截 A_1B_1 于 B_1 点，截 A_2B_2 于 B_2 点，截 A_3B_3 于 B_3 点，…，最后将 B_0、B_1、B_2、B_3、…点连成光滑曲线，便得到尖顶从动件的凸轮轮廓。

同上所述，如果采用滚子或平底从动件，那么上述凸轮轮廓即为理论轮廓。对于滚子凸轮，在理论轮廓上选一系列点作滚子中心，以滚子半径为半径作一系列圆，最后作它们的包络线，便可求出相应的实际轮廓曲线。对于平底凸轮，在理论轮廓上选一系列点作平底推杆的垂足，作推杆滑道的垂线，最后作垂线的包络线，便可求出相应的实际轮廓曲线。

6.3.3　圆柱凸轮的设计

图 6-14a 为直动从动件圆柱凸轮机构，在这种机构中，从动件运动的导路与凸轮的运动平面相垂直，所以它属于空间凸轮机构。表达空间凸轮曲面比较困难，如果将圆柱凸轮的圆柱面沿平均半径（即凹槽深度一半处）展开，圆柱凸轮的转动便可视为展开的平面凸轮的移动，因而可用设计平面凸轮的方法来绘制其展开轮廓。

已知凸轮以等角速度 ω_1 沿顺时针回转，凸轮的平均半径为 R，从动件的位移线图如图 6-14c所示，要求绘制此凸轮的展开轮廓。

如图 6-14b 所示，取长度 $2\pi R$ 的线段表示圆柱面展开的周长，按照反转法，将其上水平线段 OO 沿 $v_1=R\omega_1$ 相反方向分成与图 6-14c 对应的等份，得 1、2、3、…点，过这些点作一系列垂直于 OO 的直线表示反转时的从动件导路，并按照图 6-14c 截取对应的位移量，即可作出凸轮的理论轮廓；以理论轮廓上各点为圆心，以轮子半径为半径作许多小圆，然后作这些小圆的

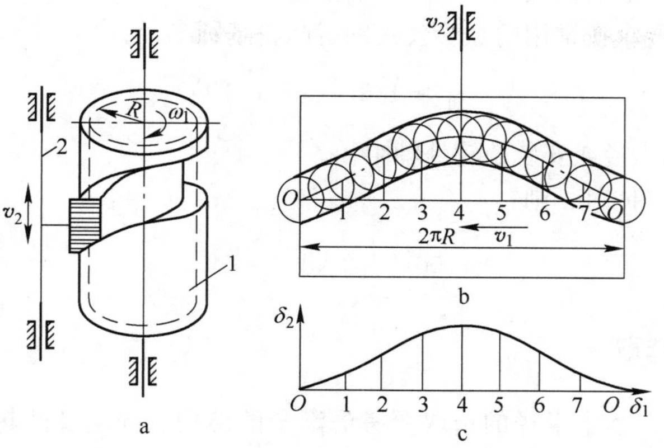

图 6-14　移动从动件圆柱凸轮轮廓设计

a—圆柱凸轮；b—从动件；c—位移曲线

上、下两条包络线，即得凸轮槽的实际轮廓曲线。

6.4　凸轮机构基本尺寸的确定

设计凸轮机构时，不仅要保证从动件实现预定的运动规律，还要求传力时性能良好，结构紧凑。这些要求与凸轮机构的压力角、基圆半径、滚子半径等有关。

6.4.1　凸轮机构压力角

凸轮机构中，从动件运动方向和它的受力方向所夹的锐角称为压力角。图 6-15 所示为对心尖顶直动从动件盘形凸轮机构，当不考虑摩擦时，凸轮施于从动件的力 F_n 是沿法线方向的，将其分成两个分力，则 $F_x = F_n\sin\alpha$，$F_r = F_n\cos\alpha$。其中 α 称为压力角，是从动件在接触点所受的力的方向与该点的速度方向的夹角（锐角）。F_r 为有效分力，由它推动从动件运动；F_x 使导路受压，增加摩擦力，是有害分力。显然，压力角越小越好。当 α 大到某一数值时，F_r 将小于 F_x 所引起的摩擦力，这时，无论推力 F_n 多大，都不能使从动件运动，凸轮机构将发生自锁。

由以上分析可以看出，为了保证凸轮机构正常工作并具有一定的传动效率，必须对压力角加以限制。凸轮轮廓曲线上各点的压力角是变化的，在设计时就应使最大压力角不超过许用值。通常，对于移动从动件的凸轮机构，其推程的许用压力角 $[\alpha] = 30°$，对于摆动从动件的凸轮机构，其推程的许用压力角 $[\alpha] = 45°$。在回程中，从动件一般在弹簧力、重力等作用下返回，此时，凸轮轮廓与从动件受力的关系不大。因此，对于直动和摆动从动件凸轮机构，回程的许用压力角可取 $[\alpha] = 80°$。

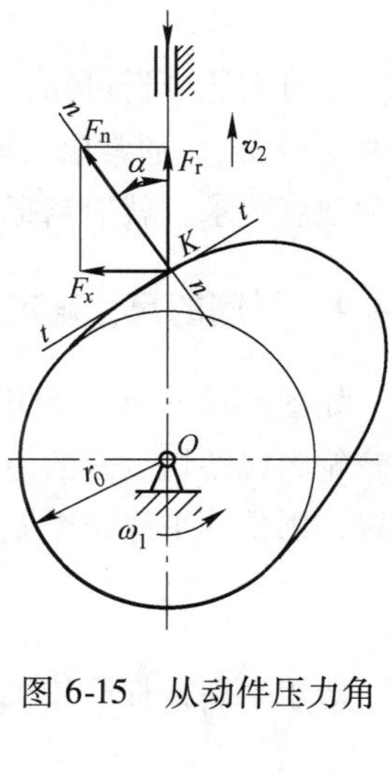

图 6-15　从动件压力角

6.4.2　基圆半径

如图 6-15 所示，在设计凸轮机构时，凸轮的基圆半径 r_0 取得越小，所设计的机构越紧凑，但基圆半径过小会引起压力角过大，致使机构工作情况变坏。因此，实际设计中，只能在保证凸轮轮廓最大压力角不超过许用值的前提下，考虑缩小凸轮的尺寸。

因而可根据结构要求按常用的经验公式确定凸轮基圆半径：

$$r_0 \geqslant 1.8r + (4 \sim 10) \tag{6-1}$$

式中　r——凸轮轴孔半径或安装凸轮处轴半径。

当凸轮与轴做成一体时，则：

$$r_0 \geqslant r + (4 \sim 10) \tag{6-2}$$

6.4.3　滚子半径的选取

采用滚子推杆时，滚子半径的选取要考虑滚子的结构、强度及凸轮轮廓曲线的形状等多方面的因素。从减小凸轮与从动件间的接触应力来看，滚子半径越大越好，但是滚子半径增大后对凸轮实际轮廓曲线有很大影响。若凸轮理论轮廓线内凹时，$\rho' = \rho_{min} + r_T$，不管滚子半径多大都可以作出实际轮廓线，如图 6-16a 所示，当理论轮廓线外凸时，最小曲率半径以 ρ_{min} 表示，滚子半径用 r_T 表示，则相应位置实际轮廓的曲率半径 $\rho' = \rho_{min} - r_T$。当 $\rho_{min} > r_T$ 时，如图 6-16b 所示，这时 $\rho' > 0$，实际轮廓为一平滑曲线。当 $\rho_{min} = r_T$ 时，如图 6-16c 所示，这时 $\rho' = 0$，在凸轮实际轮廓曲线上产生尖点，这种尖点极易磨损，磨损后就会改变原来的运动规律。当 $\rho_{min} < r_T$ 时，如图 6-16d 所示，这时 $\rho' < 0$，实际轮廓曲线发生相交，图中阴影部分的轮廓曲线在实际的加工时会被切去，使这一部分的运动规律无法实现，称为失真。

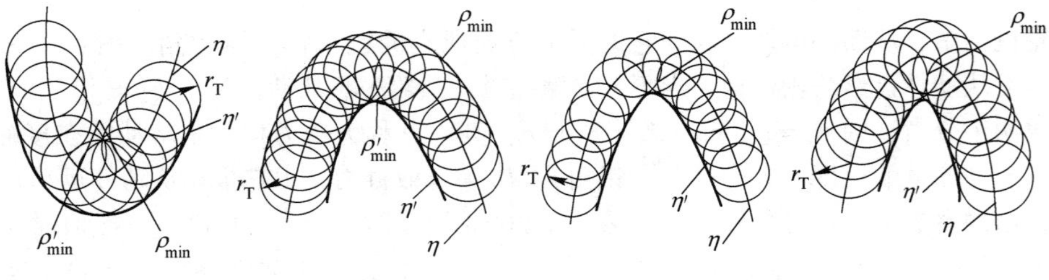

图 6-16　理论轮廓线与实际轮廓线的曲率半径

通过上述分析可知，对于外凸的凸轮轮廓曲线，应使滚子半径 r_T 小于理论轮廓线的最小曲率半径 ρ_{min}，通常取 $r_T \leqslant 0.8\rho_{min}$，若 ρ_{min} 过小，按上述条件选择的滚子半径太小而不能满足安装和强度要求，就应当把凸轮基圆尺寸加大，重新设计凸轮轮廓曲线。

6.4.4　平底的尺寸确定

如图 6-12 所示，当用作图法将凸轮轮廓线作出后，即可确定出推杆上点 B 至推杆平底与凸轮轮廓线的切点间的最大距离 b_{max}，图中位置 2、7 分别是平底与凸轮轮廓相切最左、最右的位置，则推杆平底长度 L(mm) 应取：

$$L = 2b_{max} + (5 \sim 7) \tag{6-3}$$

对于平底推杆凸轮机构，有时也会产生“失真”现象。为解决这类问题，可适当增大凸轮的基圆半径。

平底从动件不适于内凹凸轮轮廓。

6.5 用解析法设计凸轮

用图解法设计凸轮的轮廓曲线简便易行，但误差较大，所以对精度要求较高的凸轮，如高速凸轮、靠模凸轮、检验用的样板凸轮等用图解法设计往往不能满足要求，这时就需要用解析法进行设计。下面举例介绍凸轮轮廓曲线的解析法设计，所涉及的凸轮机构为最一般情况下的偏心凸轮机构。

图 6-17 所示盘形凸轮机构，设过凸轮转轴中心的坐标系为 xoy，B 点的坐标 x、y 为

$$\left.\begin{aligned} x &= (s_0 + s)\sin\varphi + e\cos\varphi \\ y &= (s_0 + s)\cos\varphi - e\sin\varphi \end{aligned}\right\} \tag{6-4}$$

式中，e 为偏心距，$s_0 = \sqrt{r_0^2 + e^2}$。

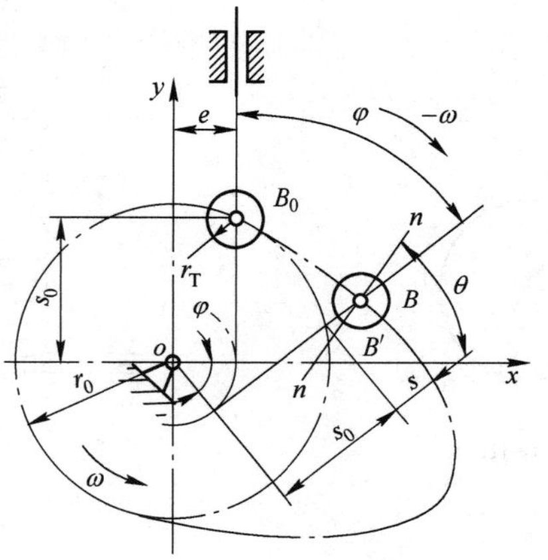

图 6-17 盘形凸轮轮廓的解析法设计

式（6-4）即为凸轮理论轮廓线的方程式，其速度和加速度可通过对式（6-4）求导得到，然后编程上机计算。

6.6 凸轮轮廓的加工

凸轮轮廓的加工方法通常有两种：（1）铣、锉削加工，应用反转法原理在未淬火凸轮轮坯上通过作图法绘制出轮廓曲线，采用铣床或用手工锉削的办法加工出凸轮。必要时可进行淬火处理，但用这种方法加工的凸轮变形难以得到修正。此种方法加工的凸轮适用于低速、轻载场合。（2）数控加工，即采用数控线切割机床对淬火凸轮轮坯进行加工，加工时应用解析法求出凸轮轮廓曲线的 x、y 坐标，并将 xoy 坐标系的原点（即转轴中心）换算成切割时的起点，而滚子半径相当于钼丝半径再加上放电间隙。为方便起见，轴孔和凸轮曲线可在一次安装条件下一起切割而成。此种加工方法是目前常用的一种凸轮加工方法。

复习思考题

6-1 试比较凸轮机构中尖顶、滚子和平底从动件的优缺点。

6-2 试从冲击的观点来比较等速、等加速-等减速、余弦加速度、正弦加速度四种常用运动规律。

6-3　滚子半径的选择与理论轮廓的曲率半径有何关系；作图如出现实际轮廓变尖或相交，可以采取哪些措施来加以解决？

6-4　何谓凸轮机构的压力角，压力角的大小与凸轮的尺寸有何关系，压力角的大小对凸轮机构的作用力和转动有何影响？

6-5　用反转法原理求图 6-18 中凸轮从图示位置转过 45°后，从动件与轮廓接触处的压力角值，并标注在图面上。

6-6　试设计一对心式直动滚子从动件的盘形凸轮，已知凸轮顺时针方向以等角速度回转，凸轮基圆半径为 40mm，滚子半径为 15mm，从动件的运动规律为：推程角 180°，做余弦运动，远休止角为 30°，回程角 120°做等加速-等减速运动，近休止角 30°，行程为 30mm，试作出从动件位移线图及凸轮轮廓曲线。

6-7　如图 6-19 所示为润滑油泵的示意图。活塞由一偏心轮驱动。（1）绘制活塞的位移曲线。（2）此凸轮机构的压力角有何特点，基圆半径为多少？（$D=50$mm，$e=10$mm）

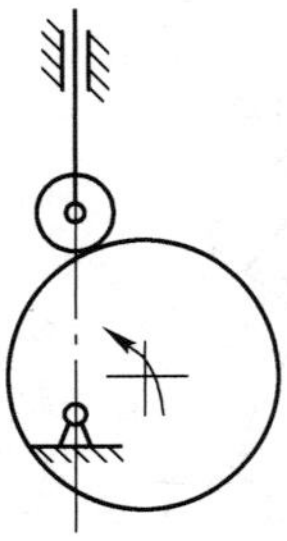

图 6-18

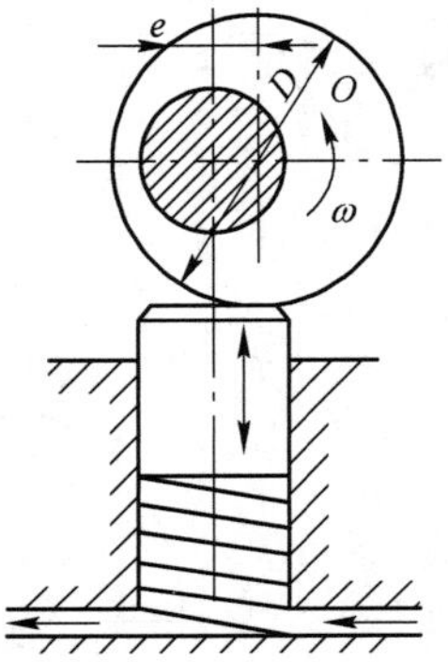

图 6-19

7 齿轮机构及传动

齿轮机构是现代机械、精密机器、仪器仪表及自动控制装置中最重要的传动机构之一，广泛用于传递任意两轴之间的运动和动力。本章主要介绍齿轮机构的传动原理和强度计算两部分内容。传动原理部分介绍齿廓曲线、啮合特性、啮合传动特点；强度计算部分介绍齿轮的材料、失效形式、设计准则及具体的设计计算方法。

7.1 齿轮机构的特点、应用和类型

7.1.1 齿轮机构的特点及应用

我国是世界上应用齿轮机构最早的国家，在公元前152年就有关于齿轮的记载，但齿形多为直线，极为简陋。随着生产的发展和科学技术水平的提高，现代齿轮机构已有了很大的发展，传动类型多、精度高，在工程上得到了广泛的应用。其优点是：（1）适用范围广（传递功率达1.25×10^5kW，圆周速度达300m/s，直径小到0.2mm、大到150m，可实现任意两轴间的传动）；（2）效率高（$\eta=0.94\sim0.995$）；（3）速比恒定，传动平稳；（4）结构紧凑、工作可靠、寿命长（可达10~20年）。其缺点是：（1）制造安装精度要求高，成本高；（2）两轴间距大时，采用一对齿轮传动较笨重；（3）齿数是整数，速比系列是有限的，不是无限连续的。

7.1.2 齿轮机构的类型

按照两齿轮轴线相对位置和齿向，齿轮机构的分类如表7-1所示。

表7-1 齿轮机构的类型

	直齿轮机构			斜齿轮机构	
	外啮合	内啮合	齿轮齿条啮合	外啮合	人字齿轮机构
平面齿轮机构（两轴平行）	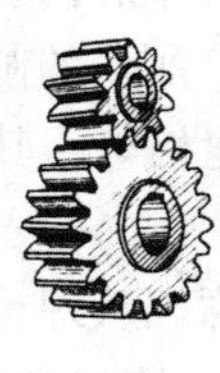	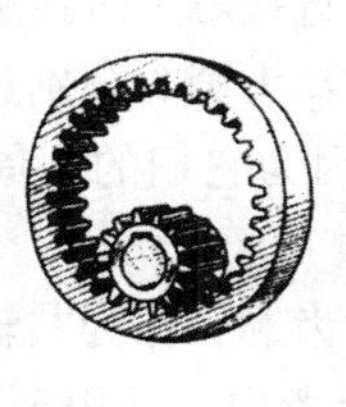	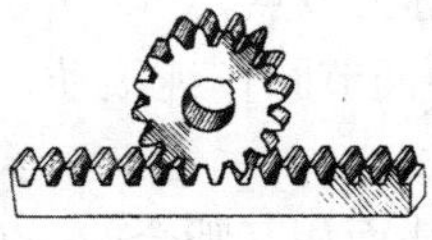		
	斜齿轮机构（交错轴）		圆锥齿轮机构（相交轴）		
	螺旋齿轮机构	蜗轮蜗杆机构	直齿圆锥齿轮机构	斜齿圆锥齿轮机构	曲齿圆锥齿轮机构
空间齿轮机构（两轴不平行）	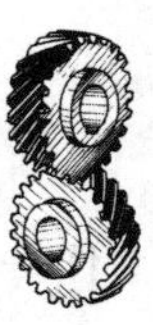	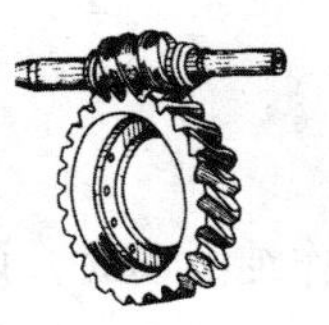	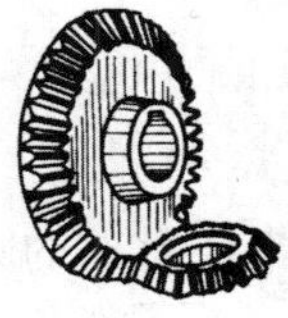	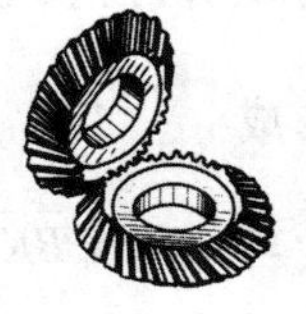	

7.2　齿廓啮合基本定律

齿轮机构两齿轮的角速度之比定义为齿轮机构的瞬时传动比，即 $i_{12}=\omega_1/\omega_2$，其中 ω_1 和 ω_2 分别为主、从动轮的角速度。为保证齿轮传动平稳，当主动轮以等角速度回转时，与之相啮合的从动轮也应以等角速度回转，否则就会产生惯性力。惯性力的存在不仅引起振动和噪声，而且还会影响齿轮的强度、传动精度和工作寿命。

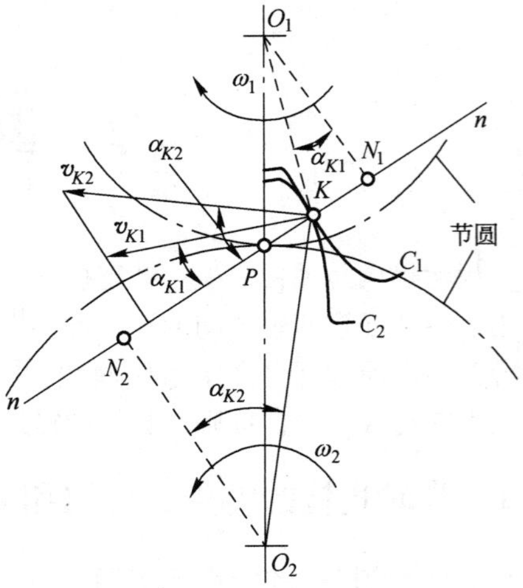

图 7-1　齿廓啮合基本定律示意图

如图 7-1 所示，若 C_1 和 C_2 代表在 K 点相啮合的两齿廓，则两齿廓在 K 点的速度分别为 v_{K1} 和 v_{K2}。过 K 点作两齿廓的公法线 $\overline{N_1N_2}$，与连心线 $\overline{O_1O_2}$ 交于点 P。为使两齿廓既不互相嵌入，又不互相分离，要求沿公法线方向的分速度相等，即 v_{K1} 和 v_{K2} 在公法线上的投影相等，则有 $v_{K1}\cos\alpha_{K1}=v_{K2}\cos\alpha_{K2}$，即 $\omega_1\cdot\overline{O_1K}\cdot\cos\alpha_{K1}=\omega_2\cdot\overline{O_2K}\cdot\cos\alpha_{K2}$，$\omega_1$、$\omega_2$ 分别为两轮的角速度。因此可得两轮的传动比 i 为：

$$i=\frac{\omega_1}{\omega_2}=\frac{\overline{O_2K}\cdot\cos\alpha_{K2}}{\overline{O_1K}\cdot\cos\alpha_{K1}} \tag{7-1}$$

过 O_1、O_2 分别作 $\overline{N_1N_2}$ 的垂线，垂足为 N_1、N_2，则有 $\angle KO_1N_1=\alpha_{K1}$，$\angle KO_2N_2=\alpha_{K2}$，由 $\triangle PO_1N_1\backsim\triangle PO_2N_2$，有 $\dfrac{\overline{O_2K}\cdot\cos\alpha_{K2}}{\overline{O_1K}\cdot\cos\alpha_{K1}}=\dfrac{\overline{O_2N_2}}{\overline{O_1N_1}}=\dfrac{\overline{O_2P}}{\overline{O_1P}}$，据此得，传动比 i 的表达式为：

$$i=\frac{\omega_1}{\omega_2}=\frac{\overline{O_2P}}{\overline{O_1P}} \tag{7-2}$$

式（7-2）表明，一对齿轮的传动比与其连心线 $\overline{O_1O_2}$ 被齿廓接触点公法线分割的两线段长度成反比。这就是齿廓啮合基本定律。

可以推论，欲使两齿轮瞬时角速度比恒定不变，必须使点 P 为连心线上一定点。或者说，欲使齿轮保持确定的角速度比，不论齿廓在任何位置接触，过接触点所作的齿廓公法线必须与连心线交于一定点 P（该点又称为节点）。以 O_1、O_2 为圆心分别过点 P 所作的圆称为节圆（节圆半径分别为 r'_1、r'_2)，传动中两节圆作纯滚动，因为它们的圆周速度相等，其传动比与两节圆半径成反比。

凡能满足齿廓啮合基本定律而相互啮合的一对齿廓，称为共轭齿廓。从理论上讲共轭齿廓有很多，但从设计、制造、安装和使用等方面综合考虑，常用渐开线、摆线和圆弧曲线齿廓，其中渐开线齿廓应用得最广。

7.3　渐开线齿廓的啮合特性

7.3.1　渐开线的形成

如图 7-2 所示，当一直线 $\overline{BK}$ 沿半径为 r_b 的圆作纯滚动时，该直线上任一点 K 的轨迹称为该圆的渐开线。该圆称为基圆，而直线 $\overline{BK}$ 称为渐开线的发生线。

7.3.2 渐开线的性质

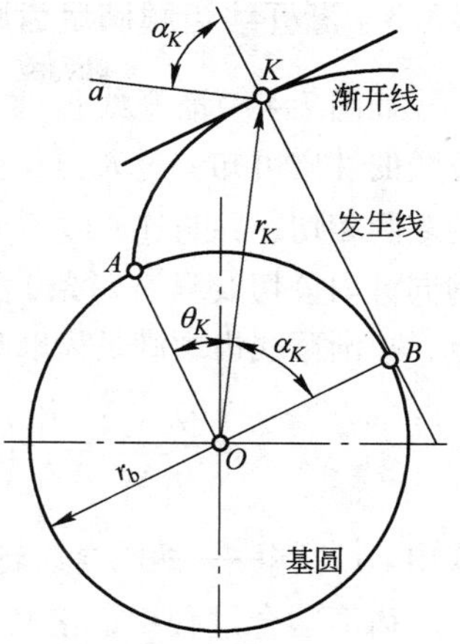

图 7-2 渐开线的形成

由渐开线的形成过程可知，渐开线具有下列性质：

（1）发生线沿基圆滚过的长度等于基圆与之相应滚过的弧长，即 $\overline{KB} = \overset{\frown}{AB}$。

（2）发生线恒切于基圆，并与渐开线在对应点处的切线垂直。因此，发生线 $\overline{BK}$ 是渐开线在任一点 K 的法线；反之，渐开线上任一点的法线恒切于基圆。

（3）发生线与基圆的切点 B 是渐开线上 K 点的曲率中心；$\overline{BK}$ 为渐开线上 K 点的曲率半径。渐开线上远离基圆的部分其曲率半径大，且愈平直；靠近基圆的部分其曲率半径小，也愈弯曲。

（4）渐开线的形状完全取决于基圆的大小。基圆大，渐开线平直；基圆小，渐开线弯曲；基圆相等，渐开线的形状相同；基圆无限大时，渐开线为一直线，如图 7-3a 所示。

（5）同一基圆上的渐开线间的距离处处相等，其值为所夹基圆的弧长，如图 7-3b 所示。

$$\overline{A_1B_1} = \overline{A_2B_2} = \overset{\frown}{AB},\ \overline{B_1E_1} = \overline{B_2E_2} = \overset{\frown}{BE}$$

（6）基圆内无渐开线。

（7）渐开线上各点的压力角是变化的。

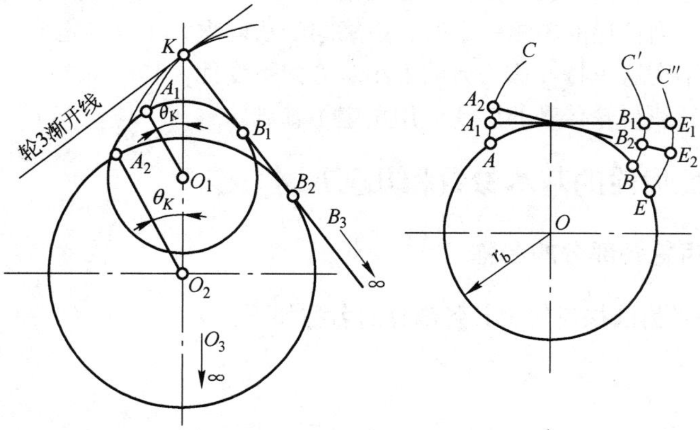

a b

图 7-3 渐开线的性质

a—不同基圆渐开线；b—同一基圆渐开线

若以图 7-2 中的渐开线为齿廓曲线，与共轭齿廓在 K 点接触，则齿廓上任一点 K 的压力角 α_K 为所受法向力 F_n 与该点速度 v_K 所夹的锐角，且 $\alpha_K = \angle BOK$。若齿廓上 K 点向径为 r_K，则

$$\cos\alpha_K = \frac{\overline{OB}}{\overline{OK}} = \frac{r_b}{r_K} \tag{7-3}$$

由式（7-3）可知，渐开线上远离基圆的点的压力角大，靠近基圆的点的压力角小，在基圆上的点的压力角为零。

7.3.3　渐开线齿廓满足齿廓啮合基本定律

如图7-4中渐开线齿廓在任意点 K 接触，根据渐开线的性质可知，过 K 点作两齿廓的公法线 $\overline{N_1N_2}$ 必与两基圆相切，并与连心线 $\overline{O_1O_2}$ 交于 P 点。由于两基圆的同旁内公切线只有一条，所以 P 点为连心线上一定点，故渐开线齿廓满足齿廓啮合基本定律。则有：

$$i = \frac{\overline{O_2N_2}}{\overline{O_1N_1}} = \frac{r_{b2}}{r_{b1}}\left(= \frac{\overline{O_2P}}{\overline{O_1P}} = \frac{r_2'}{r_1'}\right) \tag{7-4}$$

式中　r_1'，r_2'——两啮合齿轮的节圆半径。

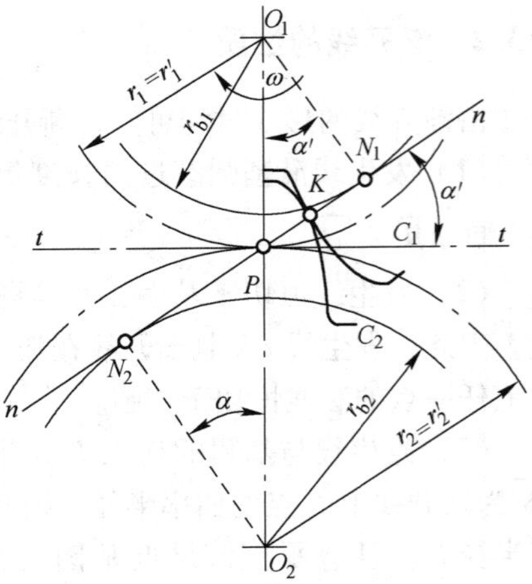

图7-4　渐开线齿廓的啮合

齿廓啮合过程中，接触点都在公法线 $\overline{N_1N_2}$ 段上，即线段 $\overline{N_1N_2}$ 为啮合点的轨迹，称为渐开线齿廓的啮合线。啮合线与过节点 P 的两节圆的公切线 $\overline{tt}$ 的夹角 α' 称为啮合角。啮合角为一定值，且等于节圆上的压力角。

7.3.4　渐开线齿轮的传动特性

由于渐开线齿轮加工好以后，基圆半径 r_b 为确定的值。由式（7-4）可知，传动比大小取决于基圆半径，因此，即使安装中心距与设计中心距存在着偏差，也不会影响齿轮的传动。渐开线齿轮传动的这一特性称为中心距的可分性。

若不计摩擦的影响，齿廓间的法向力总是沿着啮合线 $\overline{N_1N_2}$ 的方向作用，故渐开线齿廓间的法向力方向不变。当传递的转矩一定时，齿廓间的法向力大小也是定值。啮合齿廓间的法向力的大小、方向均不变这一特性称为力的大小、方向不变性。

这些特性为渐开线齿轮传动的广泛应用奠定了基础。

7.4　渐开线标准齿轮的基本参数和几何尺寸

7.4.1　直齿圆柱齿轮各部分的名称

图7-5a所示的直齿圆柱齿轮，其各部分的名称如下：

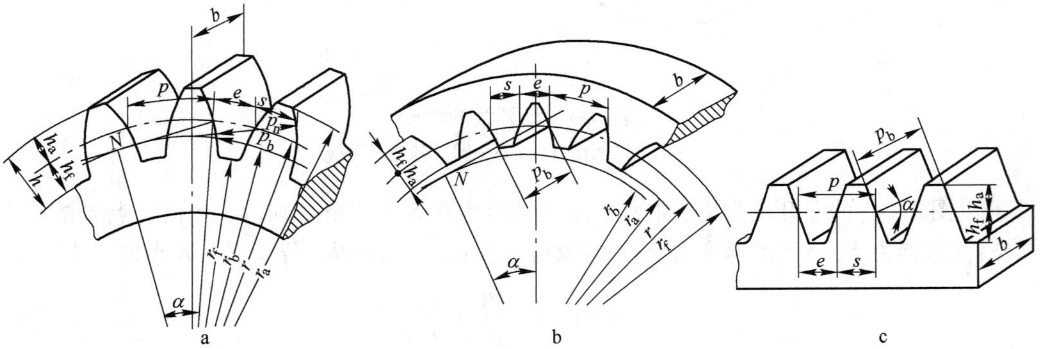

图7-5　齿轮的几何尺寸

a—外齿轮；b—内齿轮；c—齿条

(1) 齿顶圆。各轮齿顶部所在的圆称为齿顶圆，其直径、半径分别用 d_a、r_a 表示。

(2) 齿根圆。各齿槽底部所在的圆称为齿根圆，其直径、半径分别用 d_f、r_f 表示。

(3) 齿厚。轮齿在任意圆上的弧长称为任意圆齿厚，用 s_i 表示。

(4) 齿槽宽。齿槽在任意圆上的弧长称为任意圆齿槽宽，用 e_i 表示。

(5) 分度圆。齿顶圆和齿根圆之间的齿厚和齿槽相等的圆，其直径、半径分别用 d、r 表示，分度圆是齿轮制造的分齿基准和几何尺寸度量基准。分度圆上的齿厚和齿槽宽分别用 s 和 e 表示，$s=e$。

(6) 齿宽。轮齿在轴线方向上的长度称为齿宽，用 b 表示。

(7) 齿距。任意圆上相邻同侧齿廓间的弧长称任意圆齿距，用 p_i 表示；分度圆齿距用 p 表示。$p_i=s_i+e_i$，而 $s=e=p/2$。

(8) 齿顶高。分度圆到齿顶圆的距离，用 h_a 表示。

(9) 齿根高。分度圆到齿根圆的距离，用 h_f 表示。

(10) 全齿高。齿顶高和齿根高之和为全齿高，用 h 表示，$h=h_a+h_f$。

(11) 顶隙。齿轮啮合时，一个齿轮的齿顶圆与配对齿轮的齿根圆间的径向距离，用 c 表示。它可以保证齿顶与配对齿轮的齿根不相撞以及满足存储润滑油的要求，且 $c=h_f-h_a$。

内齿轮与外齿轮的区别：内齿轮的齿顶圆小于分度圆，但大于基圆；而齿根圆则大于分度圆；内齿轮齿形如图 7-5b 所示，其齿厚相当于外齿轮的齿槽宽，而其齿槽宽相当于外齿轮的齿厚。

图 7-5c 所示的齿条即 $r_b=\infty$ 的圆柱齿轮。齿条的齿形是直线，且同侧齿廓平行，故平行于分度线的各直线上有相等的齿距，即 $p_i=p$，但只有在分度线上才有 $s=e$。由于齿廓为直线，因此齿廓上各点的压力角相等，其值为齿条的齿形角 α。

7.4.2 直齿圆柱齿轮的基本参数

渐开线齿轮的齿形和几何尺寸都取决于模数 m、压力角 α、齿数 z、齿顶高系数 h_a^* 和顶隙系数 c^* 这五个基本参数，这些参数除齿数外均标准化了。

(1) 模数 m。分度圆和齿数、齿距的关系为 $\pi d=zp$ 或 $d=zp/\pi$，为了消除上式中无理数 π，把 p/π 取成有理数，称为模数，用 m 表示，则有：

$$d=z\cdot m \tag{7-5}$$

由式 (7-5) 可看出，模数是表示轮齿大小的，其单位为 mm。

为了便于齿轮设计和减少其制造刀具，我国已颁布了模数的标准系列值（表 7-2）。

表 7-2 模数 m 标准系列（摘自 GB/T 1357—1987）

第一系列	1, 1.25, 1.5, 2, 2.5, 3, 4, 5, 6, 8, 10, 12, 16, 20, 25, 32, 40, 50
第二系列	1.75, 2.25, 2.75, (3.25), 4.5, 5.5, (7.5), 7, 9, (11), 14, 18, 22, 28, (30), 36, 45

注：1. 对斜齿圆柱齿轮是指法面模数 m_n。

2. 应优先采用第一系列，其次是第二系列，括号内的数值尽可能不用。

3. $m<1$mm 属于小模数齿轮的模数系列，在此未列出。

(2) 压力角 α。渐开线齿廓上的压力角不应太大，否则不利于传动。为了便于设计、制造和维修，常将分度圆上的压力角规定为标准值，即 $\alpha=20°$。其他国家规定压力角除 20°外还有 14.5°、15°和 25°等标准值。由图 7-2 和式 (7-5) 可得

$$d_b = d\cos\alpha = zm\cos\alpha \tag{7-6}$$

（3）齿数 z。齿数与传动比有关。由式（7-6）可知，在模数、压力角一定时，基圆的大小取决于齿数的多少。不同基圆的齿轮其渐开线齿形不同，因此齿数对齿形是有影响的。

（4）齿顶高系数 h_a^*、顶隙系数 c^*。齿顶高、齿根高和顶隙是用模数乘上相应的系数表示的，即 $h_a = h_a^* m$，$c = c^* m$。齿根高 $h_f = h_a + c = h_a^* m + c^* m$。我国已将齿顶高系数、顶隙系数规定为两种标准制，一种是正常齿制：$h_a^* = 1$，$c^* = 0.25$；另一种是短齿制：$h_a^* = 0.8$，$c^* = 0.3$。

7.4.3 标准直齿圆柱齿轮的几何尺寸

标准齿轮是指模数 m、压力角 α、齿顶高系数 h_a^*、顶隙系数 c^* 均为标准值，且 $s = e$ 的齿轮。其几何尺寸计算公式见表 7-3。

表 7-3　标准渐开线直齿圆柱齿轮几何尺寸计算公式

项　目	名　称	符　号	计算公式
基本参数	模　数	m	根据强度计算由表 7-2 取值
	压力角	α	$\alpha = 20°$
	齿　数	z	
	齿顶高系数	h_a^*	正常齿 $h_a^* = 1$；短齿 $h_a^* = 0.8$
	顶隙系数	c^*	正常齿 $c^* = 0.25$；短齿 $c^* = 0.3$
几何尺寸	齿顶高	h_a	$h_a = h_a^* m$
	齿根高	h_f	$h_f = (h_a^* + c^*)m$
	全齿高	h	$h = h_a + h_f = (2h_a^* + c^*)m$
	顶　隙	c	$c = c^* m$
	分度圆直径	d	$d = zm$
	齿顶圆直径	d_a	$d_a = d \pm 2h_a$
	齿根圆直径	d_f	$d_f = d \mp 2h_f$
	基圆直径	d_b	$d_b = d\cos\alpha$
	齿　距	p	$p = \pi m$
	齿　厚	s	$s = \pi m/2$
	齿槽宽	e	$e = \pi m/2$
	基圆齿距	p_b	$p_b = \pi m\cos\alpha$
啮合参数	传动比	i	$i = \dfrac{\omega_1}{\omega_2} = \dfrac{n_1}{n_2} = \dfrac{r_2'}{r_1'} = \dfrac{r_{b2}}{r_{b1}} = \dfrac{r_2}{r_1} = \dfrac{z_2}{z_1}$
	中心距	a	$a = (d_2 \pm d_1)/2 = mz_1(i \pm 1)/2$

注：公式中上面的运算符号用于外齿轮和外啮合，而下面的运算符号用于内齿轮和内啮合。

7.5 渐开线齿轮的啮合传动

7.5.1 正确啮合条件

齿轮传动时，各轮齿交替啮合，如图 7-6 所示。两齿轮正确啮合时，啮合线上两齿轮相邻两齿同侧齿廓间的法向距离应相等，根据渐开线的性质可知，相邻同侧齿廓的法向距离应等于基圆上的齿距，即 $p_{b1}=p_{b2}$，又 $p_{b1}=\pi m_1\cos\alpha_1$，$p_{b2}=\pi m_2\cos\alpha_2$，所以齿轮正确啮合须满足：

$$\pi m_1\cos\alpha_1 = \pi m_2\cos\alpha_2 \tag{7-7}$$

由于模数和压力角已经标准化了，那么渐开线齿轮的正确啮合条件为：

$$m_1 = m_2 = m;\quad \alpha_1 = \alpha_2 = \alpha \tag{7-8}$$

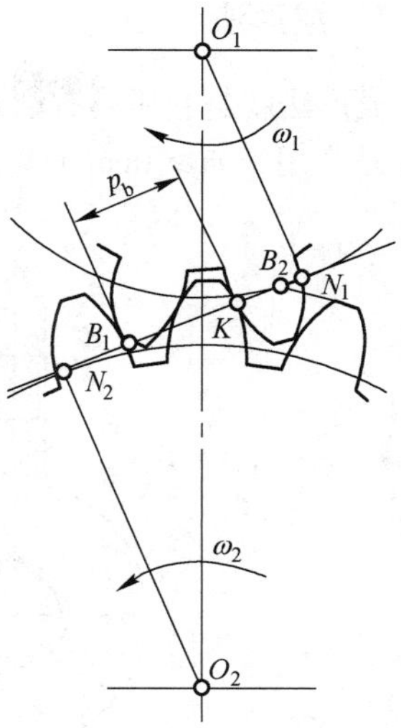

图 7-6　渐开线齿轮啮合传动

7.5.2　连续传动条件

如图 7-6 所示，一对轮齿的啮合过程为：从主动轮 1 的齿根推动从动轮 2 的齿顶开始，到主动轮 1 的齿顶推动从动轮 2 的齿根为止。因此，齿轮 1、2 的齿顶圆与理论啮合线 $\overline{N_1N_2}$ 的交点间的线段 $\overline{B_1B_2}$ 为实际啮合线，且 $\overline{B_1B_2}\leqslant\overline{N_1N_2}$。$B_2$ 点为起始啮合点，B_1 点为终止啮合点；N_1、N_2 为极限啮合点。由图 7-6 所示的啮合过程可以看出，要实现齿轮的连续传动，在前一对轮齿刚要退出但尚未退出啮合之前，后一对轮齿必须刚好或提前进入啮合，即 $\overline{B_1B_2}\geqslant p_b$。通常把实际啮合线长度与基圆齿距之比称为重合度，用 ε 表示。齿轮连续传动的条件是：

$$\varepsilon = \frac{\overline{B_1B_2}}{p_b}\geqslant 1 \tag{7-9}$$

为可靠起见，通常要取重合度 $\varepsilon>1$，ε 越大，表示双齿啮合的时间愈长，其承载能力也愈强，传动也愈平稳。渐开线标准齿轮的重合度恒大于 1。在一般机械中，常取 $\varepsilon=1.1\sim1.4$。重合度的计算可由图 7-6 推导而得：

$$\varepsilon = [z_1(\tan\alpha_{a1}-\tan\alpha')+z_2(\tan\alpha_{a2}-\tan\alpha')]/2\pi \tag{7-10}$$

7.5.3　标准中心距

为了避免齿轮传动正、反方向工作时产生冲击和噪声，就要使齿轮实现无侧隙啮合，即两齿轮节圆齿厚、齿槽宽应满足：$s_1'=e_2'$，$s_2'=e_1'$。

正确啮合的标准齿轮，其模数和压力角均相等，且分度圆齿厚、齿槽亦相等，即 $s_1=e_1=s_2=e_2=\pi m/2$。因此，当分度圆和节圆重合时便可满足无侧隙啮合条件。此时一对标准齿轮的中心距称为标准中心距，用 a 表示：

$$a=\frac{1}{2}(d_1'+d_2')=\frac{1}{2}(d_1+d_2)=\frac{1}{2}mz_1(1+i) \tag{7-11}$$

显然，该传动的啮合角 α' 就等于分度圆压力角 α。

应当指出，只有在按标准中心距安装标准齿轮时，节圆才与分度圆重合，啮合角才等于分度圆压力角，单个齿轮上没有节圆。在实际齿轮传动中，为了避免因制造和安装的误差、弹性变形和热膨胀引起卡齿，轮齿间必须有一定的齿侧间隙，齿侧间隙很小，通常是由轮齿的齿厚偏差来保证。

7.6　渐开线齿轮的切削加工

齿轮轮齿常用的加工方法为切削加工。切削加工分为成形法和范成法两大类。

7.6.1　成形法

成形法就是利用具有渐开线齿形的成形铣刀加工齿轮齿形的方法。常用的有盘形铣刀和指状铣刀（用于 $m \geqslant 8$mm 的齿轮加工）两种（图 7-7）。

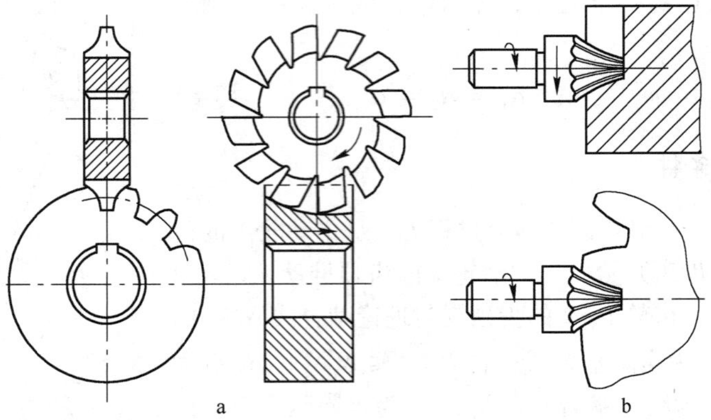

图 7-7　成形法加工齿轮

a—用盘形铣刀加工；b—用指状铣刀加工

加工时，铣刀绕其轴线旋转，同时轮坯沿轴线方向移动，铣出一个齿槽后则要退回，并将轮坯转过角度 $2\pi/z$，再铣第二个齿槽。这种加工方法，通常用一把刀具加工模数和压力角相同而齿数不同的齿轮，因此只能得到近似的渐开线齿形。但因使用机床和刀具廉价，所以适用于单件和小批量而精度要求不高的齿轮（9 级以下）的加工。

7.6.2　范成法

范成法就是利用一对齿轮（齿轮、齿条）相啮合的原理加工齿轮的一种方法。把齿轮（或齿条）做成刀具（为了便于加工出顶隙，应使刀顶高比齿轮的齿顶高出 $c^* m$），由机床保证刀具与轮坯间的啮合运动关系，即可在轮坯上加工出与刀具齿廓共轭的渐开线齿形。

范成法的种类很多，其中常用的是齿轮插刀插齿、齿条插刀插齿和齿轮滚刀滚齿。

（1）齿轮插刀插齿。如图 7-8a 所示，用齿轮插刀加工齿轮时，刀具沿轮坯轴线方向做往复切削运动，机床驱使刀具和轮坯严格保持齿轮的啮合运动关系，同时还有刀具的进给运动和防止刀具空程刮伤加工面的让刀运动。轮齿的范成过程如图 7-8b 所示。这种加工方法可以加工外齿轮、内齿轮和双联齿轮。

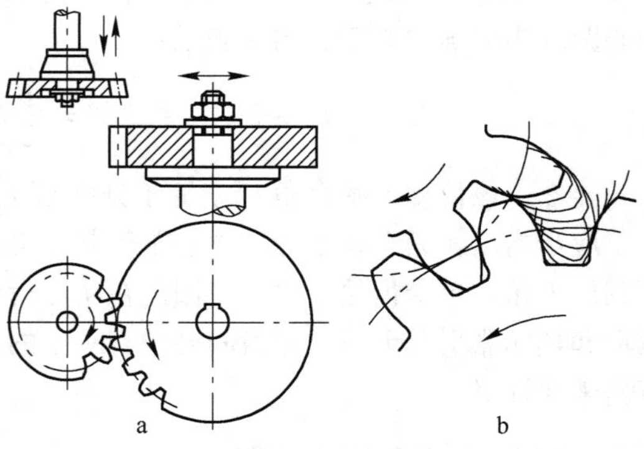

图 7-8　用齿轮插刀加工齿轮

a—切削运动；b—轮齿的范成过程

（2）齿条插刀插齿。当齿轮插刀的齿数增加到无穷多时，齿轮插刀则变为齿条插刀，渐开线齿廓也由曲线变成直线。利用齿条插刀插齿的原理与齿轮插刀插齿相同，只不过是啮合运动变为轮坯回转，齿条刀水平移动，轮坯的分度圆圆周速度与齿条刀的移动速度相等，见图7-9。

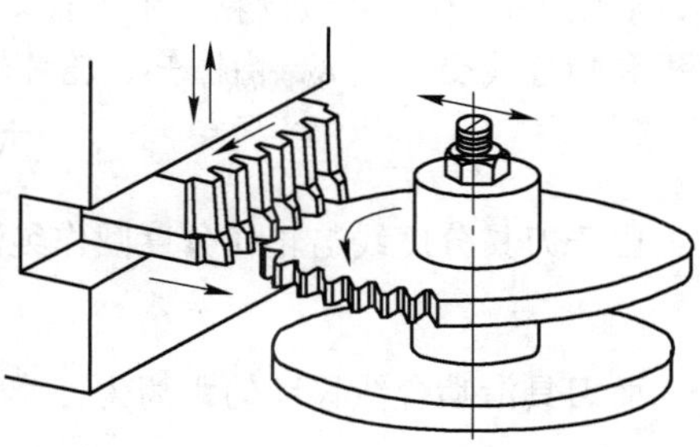

图 7-9 用齿条插刀加工齿轮

（3）齿轮滚刀滚齿。滚刀像轴向开有斜槽的螺杆，其轴向剖面为直线齿廓的齿条，如图 7-10 所示。用滚刀加工齿轮时，轮坯和滚刀分别绕其轴线运动，但必须保证刀刃和轮坯具有齿轮与齿条啮合运动关系。此外，滚刀应沿着轮坯的轴向进刀（垂直进给运动），以便将轮齿全加工出来。因为滚刀刃有螺旋升角 λ，加工时为保证刀刃与被加工的齿向一致，应将滚刀轴线倾斜 λ 角。

滚刀切齿是连续进行的，没有让刀运动，生产率高，加工的齿轮精度可达 6 ~ 7 级。

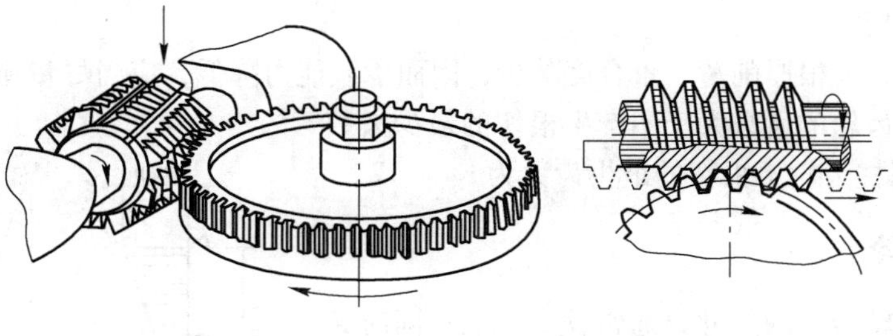

图 7-10 用滚刀加工齿轮

7.7 变位齿轮概述

7.7.1 根切现象和最少齿数

利用范成法加工齿数太少的齿轮时，会出现齿根部的渐开线齿廓被切去一部分的现象，称为根切，如图 7-11 所示，用标准齿条刀切制标准齿轮时，刀具的分度线与轮坯的分度圆相切于点 P，由齿轮的啮合过程可知，N_1B_1 为啮合线，亦即刀刃切削渐开线齿廓时切削点的轨迹所在的直线，刀刃从 B_1 点开始切削齿廓，切到 N_1 点时，齿廓的渐开线部分已完全切出，但此时，刀具没有脱离切削，范成运动仍在进行，齿条刀的移动速度与轮坯分度圆的圆周速度相

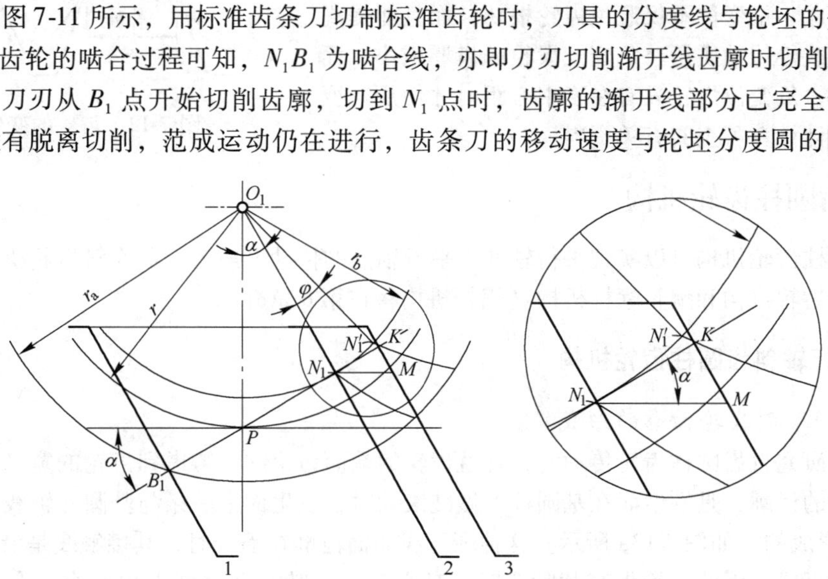

图 7-11 齿轮的根切

同，如图 7-11 所示，假设轮坯由位置 2 再转过一个角度 φ，刀具相应地由位置 2 移到位置 3，刀刃和啮合线交于点 K，由图知，轮坯转过角 φ 时，其基圆转过的弧长为：

$$\widehat{N_1N_1'} = r_b\varphi = r\varphi\cos\alpha \tag{7-12}$$

由于刀具分度线与轮坯分度圆作纯滚动，所以刀具相应的位移为：

$$\overline{N_1M} = r\varphi \tag{7-13}$$

而刀具沿啮合线移动的距离为：

$$\overline{N_1K} = \overline{N_1M}\cos\alpha = r\varphi\cos\alpha \tag{7-14}$$

所以有 $\widehat{N_1N_1'} = \overline{N_1K} > \overline{N_1N_1'}$，由此可以看出，齿廓曲线上的点 N_1' 必定落在刀刃的左下方而被切掉，造成齿轮根切。由上面的分析可以知道根切的原因：刀具的齿顶线超过了极限啮合点 N_1，且在轮坯的渐开线齿廓完全切制出来之后没有退出切削，由机床所保证的范成运动进行强制切削而产生根切。

根切的齿轮，齿根厚削薄，重合度减少，因而承载能力降低，应当尽量避免。为了避免根切，应使所设计齿轮的齿数大于不产生根切的最少齿数 $z_{\min}$。标准直齿圆柱齿轮不根切的最少齿数为 $z_{\min}=17$。

7.7.2　变位齿轮

为了减小齿轮传动的尺寸，通常使 $z<z_{\min}$；同时又要避免根切，就需将刀具分度线相对被加工齿轮分度圆向外移 xm 而使刀顶刚好通过极限啮合点或低于极限啮合点 N_1，如图 7-12 所示。用这种方法加工的齿轮称为变位齿轮。$x>0$ 时为正变位，刀具分度线与被加工齿轮分度圆相分离；$x<0$ 时为负变位，刀具分度线与被加工齿轮分度圆相割。正变位齿轮的齿厚增大，而齿槽宽减小。因此，正变位不仅避免齿轮根切，而且能提高承载能力和改善传动质量。负变位齿轮的齿厚减小，而齿槽宽增大，负变位齿轮只有在凑中心距时才使用。变位齿轮的设计计算可查阅有关资料。

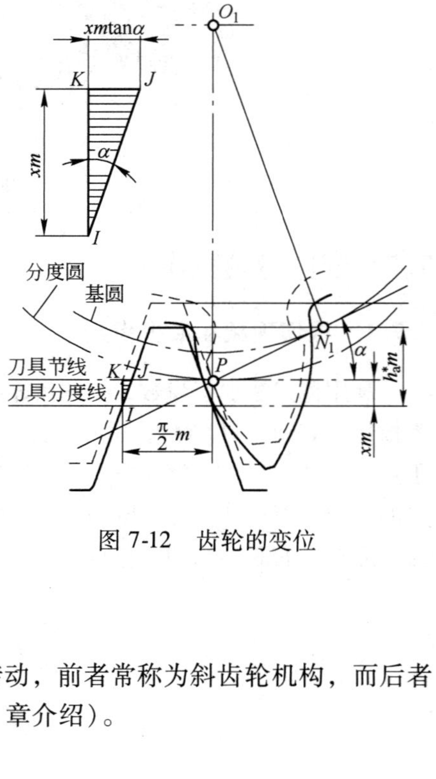

图 7-12　齿轮的变位

7.8　斜齿圆柱齿轮机构

斜齿圆柱齿轮机构可以实现平行轴和不平行轴间的传动，前者常称为斜齿轮机构，而后者可分为螺旋齿轮机构和蜗轮蜗杆机构（蜗杆机构将在第 8 章介绍）。

7.8.1　平行轴斜齿圆柱齿轮机构

7.8.1.1　斜齿轮齿廓的形成

前面在研究直齿圆柱齿轮传动时，是就齿轮的端面讨论的。考虑到齿轮的宽度，渐开线直齿圆柱齿轮的齿廓，是发生面在基圆柱上做纯滚动时，发生面上一条与基圆柱轴线平行的直线 KK 运动而形成的，如图 7-13a 所示。这种渐开线曲面齿廓在啮合时，其接触线是沿全齿宽且平行于轴线的直线。因此，轮齿交替啮合时，是突然进入啮合和突然退出啮合，会产生冲击和振动。

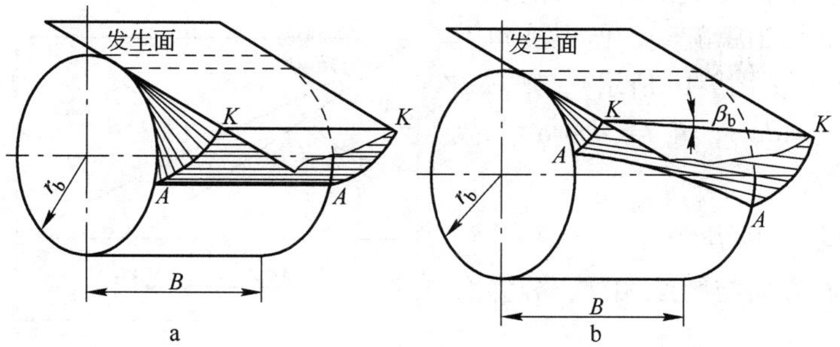

图 7-13　齿廓曲面的形成

a—直齿轮；b—斜齿轮

斜齿轮齿廓曲面的形成原理与直齿轮类似，如图 7-13b 所示，只是发生面上形成渐开线曲面的直线 KK 不平行于基圆柱轴线，而是与其有一个夹角 β_b。当发生面在基圆柱上做纯滚动时，直线 KK 上各点的轨迹即渐开线螺旋面，该曲面与基圆柱和分度圆柱的交线均为螺旋线，其螺旋角分别用 β_b 和 β 表示，通常 $\beta = 8° \sim 20°$，设计时初选 $8° \sim 12°$。

由斜齿轮廓的形成可知，一对斜齿轮在啮合时其接触线与轴线成 β_b 角，而其长度是变化的，即由点到线再由线变为点，这是直齿圆柱齿轮所不具备的。

7.8.1.2　基本参数及几何尺寸

斜齿轮的端面齿形为渐开线形，而轴向轮齿则呈螺旋形。斜齿轮通常利用加工直齿轮的刀具切齿。加工时，刀具应沿轮齿螺旋线的切向进刀，故斜齿轮的法面（垂直于轮齿的平面）齿形取决于刀具的参数。斜齿轮在法面上具有标准的参数，但计算端面几何尺寸时，要把法面参数转换为端面参数。

（1）模数。将斜齿轮的分度圆柱面展开，如图 7-14 所示，可得法面齿距 p_n、端面齿距 p_t 的关系为：

$$p_n = p_t \cos\beta \tag{7-15}$$

将法面齿距 $p_n = \pi m_n$、端面齿距 $p_t = \pi m_t$ 代入式（7-15）可得法面模数 m_n、端面模数 m_t 的关系为

$$m_t = m_n / \cos\beta \tag{7-16}$$

（2）压力角。图 7-15 所示为斜齿条。$\triangle abc$ 在端面内，$\triangle a'b'c$ 在法面内，不论在法面内还是在端面内，全齿高应相等，即 $\overline{ab} = \overline{a'b'}$。由图可得 $\tan\alpha_n = \overline{a'c}/\overline{a'b'}$，$\tan\alpha_t = \overline{ac}/\overline{ab}$，$\overline{a'c} = \overline{ac}\cos\beta$，故：

$$\tan\alpha_t = \tan\alpha_n / \cos\beta \tag{7-17}$$

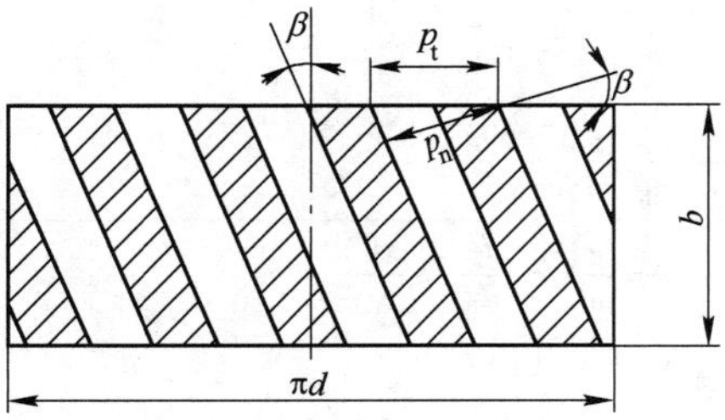

图 7-14　斜齿轮沿分度圆柱面展开图

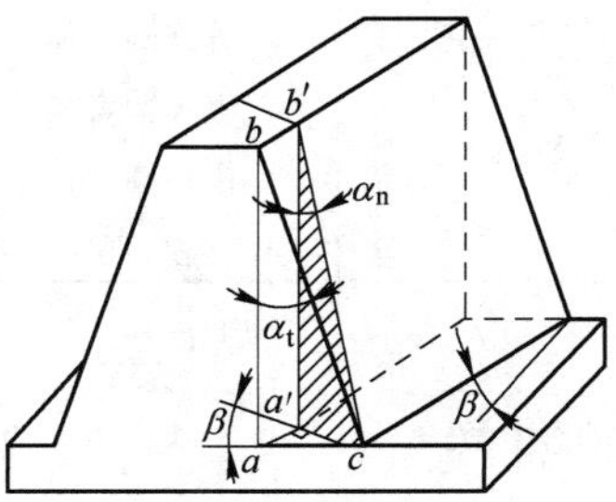

图 7-15　斜齿条

(3) 螺旋角。斜齿轮上不同直径的圆柱面与齿廓的截交线均为螺旋线，但螺旋角不同，而导程 s 相等（如图 7-16 所示），则 $\tan\beta = \pi d/s$，$\tan\beta_b = \pi d_b/s$，$d_b = d\cos\alpha_t$，故可得：

$$\tan\beta_b = \tan\beta\cos\alpha_t \tag{7-18}$$

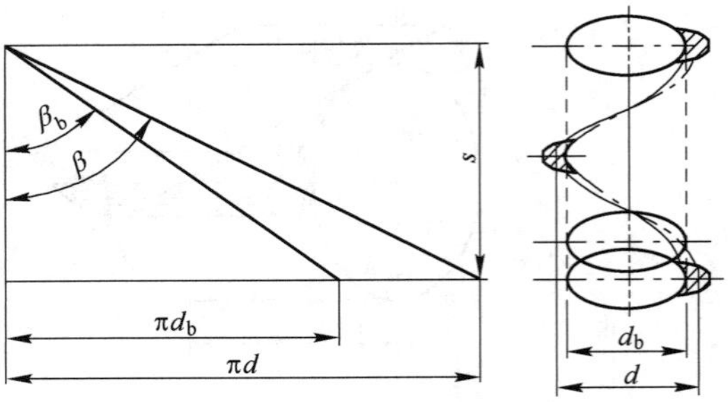

图 7-16　斜齿轮螺旋角

斜齿轮的螺旋方向与螺纹相同，分为左旋和右旋两种。

(4) 齿顶高系数、顶隙系数。因为法面和端面上的全齿高相等，相应的齿顶高、齿根高和顶隙均相等：$h_{an}^* m_n = h_{at}^* m_t$，$c_n^* m_n = c_t^* m_t$，故得法面上的齿顶高系数 h_{an}^*、顶隙系数 c_n^* 和端面上的齿顶高系数 h_{at}^*、顶隙系数 c_t^* 的关系为

$$h_{at}^* = h_{an}^*\cos\beta \tag{7-19}$$

$$c_t^* = c_n^*\cos\beta \tag{7-20}$$

斜齿轮法面参数的取值与直齿轮相同。

(5) 斜齿轮的几何尺寸。根据上述的参数关系，仿照直齿轮圆柱几何尺寸计算公式，标准斜齿圆柱齿轮的基本参数和几何尺寸计算公式列于表 7-4 中。

表 7-4　标准斜齿圆柱齿轮几何尺寸计算公式

项　目	名　称	符　号	公　式
基本参数	法面模数	m_n	根据强度计算，按表 7-2 取值
	法面压力角	α_n	$\alpha_n = 20°$
	齿　数	z	
	法面齿顶高系数	h_{an}^*	正常齿 $h_{an}^* = 1.0$，短齿 $h_{an}^* = 0.8$
	法面顶隙系数	c_n^*	正常齿 $c_n^* = 0.25$，短齿 $c_n^* = 0.3$
	分度圆螺旋角	β	$\beta = 8° \sim 20°$
几何尺寸	端面模数	m_t	$m_t = m_n/\cos\beta$
	端面压力角	α_t	$\tan\alpha_t = \tan\alpha_n/\cos\beta$
	端面齿顶高系数	h_{at}^*	$h_{at}^* = h_{an}^*\cos\beta$
	端面顶隙系数	c_t^*	$c_t^* = c_n^*\cos\beta$
	齿顶高	h_a	$h_a = h_{at}^* m_t = h_{an}^* m_n$
	齿根高	h_f	$h_f = (h_{at}^* + c_t^*) m_t = (h_{an}^* + c_n^*) m_n$
	顶　隙	c	$c = c_t^* m_t = c_n^* m_n$
	分度圆直径	d	$d = m_t z$
	齿顶圆直径	d_a	$d_a = d + 2h_a$
	齿根圆直径	d_f	$d_f = d - 2h_f$
	基圆直径	d_b	$d_b = d\cos\alpha_t$
啮合参数	传动比	i	$i = \frac{\omega_1}{\omega_2} = \frac{d_2}{d_1} = \frac{z_2}{z_1}$
	啮合角	α'	$\alpha' = \alpha_t$
	中心距	a	$a = \frac{d_1 + d_2}{2} = \frac{z_1 m_t(i+1)}{2} = \frac{z_1 m_n(i+1)}{2\cos\beta}$

7.8.1.3 斜齿轮的正确啮合条件和重合度

（1）正确啮合条件。斜齿轮传动中，在端面上的啮合与直齿轮相同。但为使两轮轴线平行，其螺旋角必须大小相等方向相反。故斜齿轮的正确啮合条件为

$$\begin{aligned} m_{t1} &= m_{t2} \quad (m_{n1} = m_{n2} = m_n) \\ \alpha_{t1} &= \alpha_{t2} \quad (\alpha_{n1} = \alpha_{n2} = \alpha_n) \\ \beta_1 &= \mp \beta_2 \end{aligned} \tag{7-21}$$

式中，“－”用于外啮合传动；“＋”用于内啮合传动。

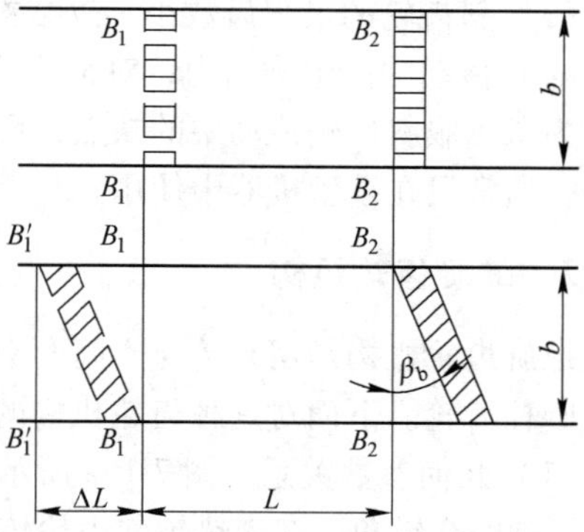

图 7-17 斜齿轮重合度

（2）重合度。为便于讨论斜齿轮的重合度，现将端面齿数及齿宽相同的直齿轮传动和斜齿轮传动进行比较，如图 7-17 所示。对于直齿轮，由 $\overline{B_2B_2}$ 进入啮合，在 $\overline{B_1B_1}$ 退出啮合，啮合是沿整个齿宽同时进行的；而对于斜齿轮，也是由 $\overline{B_2B_2}$ 进入啮合，但不是沿整个齿宽同时进行的，而是由轮齿的一端先进入啮合，在 $\overline{B_1B_1}$ 退出啮合时也是由一端先退出啮合。因此，斜齿轮的啮合线为 $\overline{B_2B_1} + \overline{B_1B_1'}$，显然其重合度 ε 要比直齿轮的大，为：

$$\varepsilon = \frac{\overline{B_2B_1}}{p_{bt}} + \frac{\overline{B_1B_1'}}{p_{bt}} = \varepsilon_\alpha + \varepsilon_\beta \tag{7-22}$$

$$\varepsilon_\beta = \frac{\overline{B_1B_1'}}{p_{bt}} = \frac{b\tan\beta_b}{p_t\cos\alpha_t} = \frac{b\tan\beta\cos\alpha_t}{\pi m_t\cos\alpha_t} = \frac{b\sin\beta}{\pi m_n} \tag{7-23}$$

式中 ε_α——斜齿轮端面重合度，与直齿轮相同，见式（7-10）；

ε_β——纵向重合度，它随齿宽和螺旋角的增大而增大。

7.8.1.4 斜齿轮的当量齿数

为了选择切齿刀具和进行强度计算等，需要研究当量齿数的计算。当量齿轮是具有斜齿轮法面齿形的一个假想的直齿圆柱齿轮，它所具有的齿数即为当量齿数。

如图 7-18 所示，过斜齿轮分度圆柱上一点 C 作轮齿的法面 nn，则该法面与分度圆的截交线为一椭圆。其长轴为 $a = d/(2\cos\beta)$；短轴为 $b = d/2$，椭圆在 C 点的曲率半径为：

$$\rho = \frac{a^2}{b} = \frac{d}{2\cos^2\beta} \tag{7-24}$$

若以 2ρ、m_n、α_n 为当量齿轮的直径、模数、压力角，显然这个假想的直齿轮的齿形与斜齿轮在 C 点附近的法面齿形非常相近。由此可求得当量齿数：

$$z_v = \frac{2\rho}{m_n} = \frac{d}{m_n\cos^2\beta} = \frac{z}{\cos^3\beta} \tag{7-25}$$

式中 z——斜齿轮的实际齿数。

因此当 $z_{vmin} = 17$ 时，可求出不根切斜齿轮的最少齿数：

$$z_{min} = z_{vmin}\cos^3\beta \tag{7-26}$$

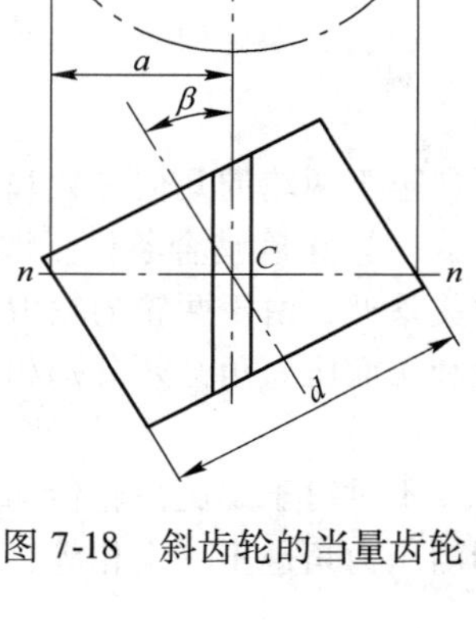

图 7-18 斜齿轮的当量齿轮

7.8.1.5　斜齿轮传动的特点

斜齿圆柱齿轮传动与直齿圆柱齿轮相比，具有如下特点：

(1) 啮合性能好。斜齿轮的啮合线是斜直线，且是由点到线而又由线到点变化的，是逐渐进入啮合、逐渐退出啮合，故传动平稳，冲击和噪声小。

(2) 重合度较大。一般可以达到多对轮齿同时啮合，故承载能力高，运转平稳，适合高速重载的传动。

(3) 斜齿轮的最少齿数小，故结构更紧凑。

(4) 传动中产生轴向力，对轴承的组合设计带来麻烦，产生有害的轴向摩擦损失。

为了克服斜齿轮传动中的缺点，可以采用人字齿轮将轴向力抵消。但人字齿轮的制造比较困难，通常只在重型机器中使用。

7.8.2　螺旋齿轮机构

螺旋齿轮机构是用来传递空间两交错轴之间的运动的。如前所述，就其单个齿轮来说，是斜齿圆柱齿轮。下面对这种齿轮机构的特点作一简要介绍。

(1) 几何参数关系。图 7-19a 所示为一对螺旋齿轮机构，两齿轮的分度圆柱相切于 P 点。Σ 为两轴的交错角。在交错轴斜齿轮传动中，由于两齿轮啮合的齿向必须一致，所以两轮螺旋角 β_1、β_2 与两轴交错角 Σ 的关系为：

$$\Sigma = |\beta_1 + \beta_2| \tag{7-27}$$

式中，β_1、β_2 为代数值，两轮的螺旋角方向既可以相同，见图 7-19a，也可以相反，见图 7-19b；它们的大小可以相等，也可以不等。若 $\beta_1 = -\beta_2$，则 $\Sigma = 0$，这时该传动就成为传递两平行轴之间的斜齿轮传动了。

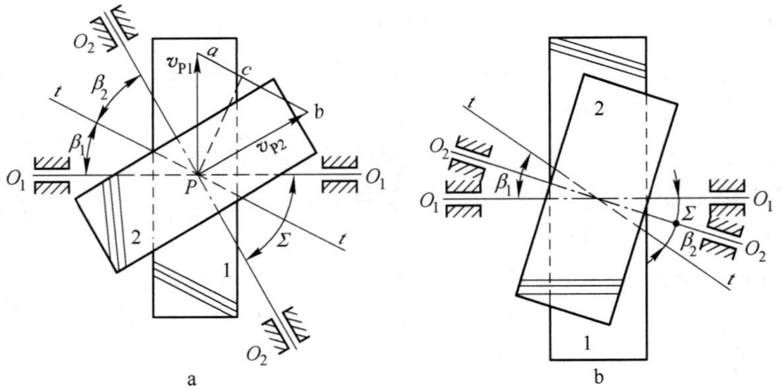

图 7-19　螺旋齿轮机构

a—螺旋角方向相同；b—螺旋角方向相反

至于两轮的几何参数和尺寸，可完全按平行轴斜齿轮计算。

(2) 正确啮合条件。螺旋齿轮传动，除了两轮的螺旋角与两轴交错角之间需满足式(7-27)的关系外，由于两轮的轮齿是在法面内相啮合的，所以为使两轮能够正确啮合，两轮的法面模数和法面压力角必须分别相等（均为标准值），即：

$$m_{n1} = m_{n2}, \alpha_{n1} = \alpha_{n2} \tag{7-28}$$

不过对于螺旋齿轮传动来说，因为两轮的螺旋角大小不一定相等，所以它们的端面模数及端面压力角也不一定相等，这是与平行轴斜齿轮传动不同的地方。

（3）优缺点及适用场合。因为 $z = d/m_t = d\cos\beta/m_n$ ，于是螺旋齿轮机构的传动比 $i = \omega_1/\omega_2 = z_2/z_1 = d_2\cos\beta_2/(d_1\cos\beta_1)$ 。由此可见，在传动比较大的条件下，可通过适当选择两轮螺旋角的方法使两轮分度圆直径近似相等，从而接近等强度，这是螺旋齿轮传动的优点。

而螺旋齿轮传动的主要缺点是：

1）螺旋齿轮传动啮合轮齿间除了与其他齿轮一样有沿齿高方向的相对滑动外，还有沿齿长方向更大的相对滑动，故轮齿的磨损较快，传动的机械效率较低。

2）两轮啮合齿面之间为点接触。故在同样载荷条件下，轮齿上的接触应力大，这也是促使轮齿磨损快的一个原因。

除上述两主要缺点之外，在螺旋齿轮传动中，也会产生轴向力。由于上述缺点，所以螺旋齿轮传动不宜用于高速大功率的传动，通常仅用于仪表或载荷不大的辅助传动中。

7.9 圆锥齿轮机构

圆锥齿轮机构主要用于两相交轴间的传动，通常两轴交角为 $\Sigma=90°$。圆锥齿轮有直齿、斜齿和曲齿之分。

7.9.1 齿廓曲面的形成及当量齿轮

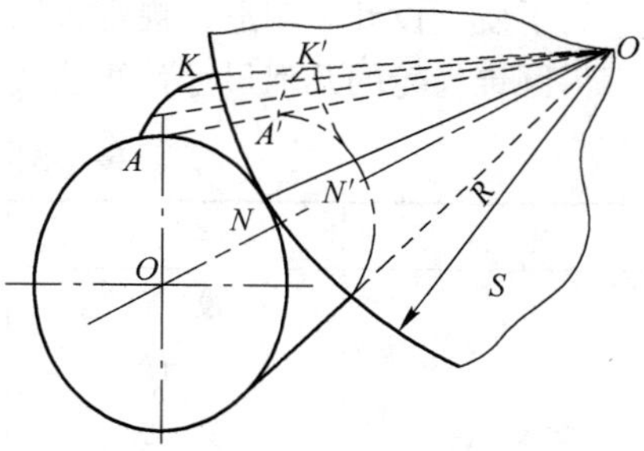

图 7-20 锥齿轮齿廓曲面的形成

直齿圆锥齿轮齿廓曲面的形成与圆柱齿轮相似，其区别就是用基圆锥代替基圆柱，如图7-20所示。当与基圆锥相切的扇形平面 S（扇形平面的曲率中心与锥顶点重合于 O 点）沿基圆锥做纯滚动时，过锥顶 O 的直线段 $\overline{OK}$ 上各点在空间的轨迹为球渐开线曲面，即 AK 为球半径 $R = \overline{OK}$ 的球面上的渐开线。

球面为不可展曲面，致使球面渐开线的设计复杂，制造困难，通常用圆锥曲面代之。如图7-21所示的锥齿轮传动，其分度圆锥 AOC 和 BOC 相切于 $\overline{OC}$ ，过 C 点作 $\overline{OC}$ 的垂线则与两轮轴

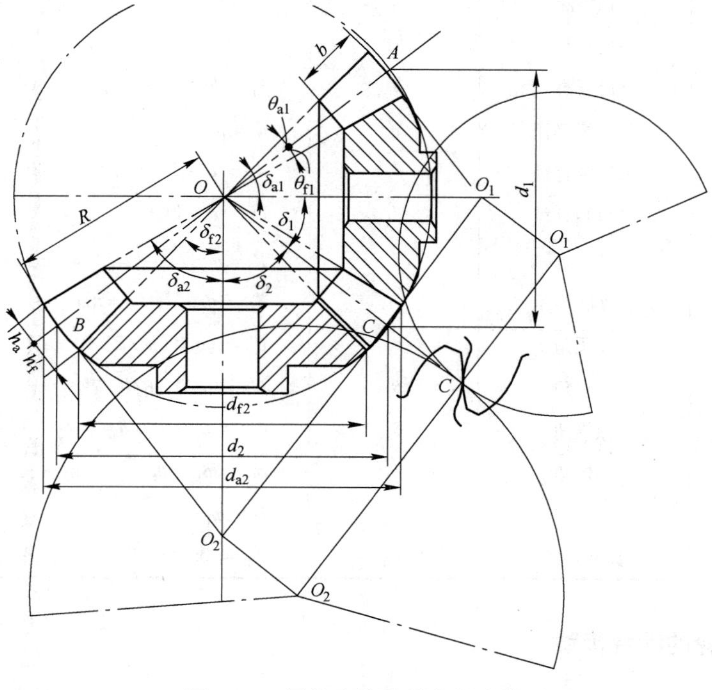

图 7-21 圆锥齿轮及其当量齿轮

线交于 O_1 和 O_2。若以 $\overline{O_1O}$ 和 $\overline{O_2O}$ 为轴线、以 $\overline{O_1C}$ 和 $\overline{O_2C}$ 为母线旋转一周，则得到背锥 AO_1C 和 BO_2C 及与球面切于锥齿轮的大端分度圆。在大端分度圆附近球面和背锥面十分相近，故可把球面渐开线齿形投到背锥面上，背锥上的齿形与球面渐开线齿形相差很小。以背锥上的齿廓作为锥齿轮的近似齿廓，可用下述办法办得：将背锥展成平面，两扇形齿轮分度圆半径 $r_{v1}=\overline{O_1C}$，$r_{v2}=\overline{O_2C}$，其齿形是以圆锥齿轮大端模数和大端分度圆压力角为准的圆柱齿轮齿形，并以此齿形把扇形齿轮补成假想的圆柱齿轮，该齿轮为圆锥齿轮的当量齿轮，其齿数称为当量齿数。两圆锥齿轮的当量齿数为：

$$z_{vi}=2r_{vi}/m=z_i/\cos\delta_i \qquad i=1,2 \tag{7-29}$$

7.9.2　基本参数及几何尺寸

为了便于设计和制造，规定大端上的参数为标准值，并以此计算圆锥齿轮的几何尺寸。标准直齿圆锥齿轮的几何尺寸计算公式见表 7-5。

表 7-5　标准直齿圆锥齿轮的几何尺寸

项　目	名　称	代　号	基 本 公 式
基本参数	模　数	m	由计算确定，按表 7-2 取值
	压力角	α	$\alpha=20°$
	齿　数	z	
	齿顶高系数	h_a^*	$h_a^*=1.0$
	顶隙系数	c^*	$c^*=0.2$
几何尺寸	轴线交角	Σ	$\Sigma=\delta_1+\delta_2$
	传动比	i	$i=z_2/z_1=\tan\delta_2=\cot\delta_1$
	顶　隙	c	$c=c^*m$
	齿顶高	h_a	$h_a=h_a^*m$
	齿根高	h_f	$h_f=h_a+c=(h_a^*+c^*)m$
	分度圆直径	d	$d=mz$
	齿顶圆直径	d_a	$d_a=d+2h_a\cos\delta$
	齿根圆直径	d_f	$d_f=d-2h_f\cos\delta$
	锥　距	R	$R=m\sqrt{z_1^2+z_2^2}/2=mz_1/2\sin\delta_1=mz_2/2\sin\delta_2$
	分度圆锥角	δ	$\delta_1=\cot^{-1}i$，$\delta_2=\tan^{-1}i$
	齿顶角	θ_a	$\theta_a=\tan^{-1}(h_a/R)$
	齿根角	θ_f	$\theta_f=\tan^{-1}(h_f/R)$
	顶锥角	δ_a	$\delta_{a1}=\delta_1+\theta_a$，$\delta_{a2}=\delta_2+\theta_a$
	根锥角	δ_f	$\delta_{f1}=\delta_1-\theta_f$，$\delta_{f2}=\delta_2-\theta_f$
	齿　宽	b	$b=\phi_R R$
	齿宽系数	ϕ_R	$\phi_R=0.25\sim0.3$

7.9.3　圆锥齿轮的啮合传动

（1）正确啮合条件。直齿圆锥齿轮传动的正确啮合条件，由当量齿轮即可得到，两轮大端模数和分度圆压力角分别相等，且轴线交角为两轮的锥角和，即 $\Sigma = \delta_1 + \delta_2$。

（2）传动比。圆锥齿轮传动中，其节圆锥做纯滚动，对于标准圆锥齿轮传动，节圆锥与分度圆锥相重合，由几何关系可得到传动比：

$$i = \frac{\omega_1}{\omega_2} = \frac{d_2}{d_1} = \frac{z_2}{z_1} = \frac{R\sin\delta_2}{R\sin\delta_1} = \frac{\sin\delta_2}{\sin\delta_1} \tag{7-30}$$

当交角 $\Sigma = \delta_1 + \delta_2 = 90°$ 时，传动比：

$$i = \frac{\sin\delta_2}{\sin\delta_1} = \tan\delta_2 = \cot\delta_1 \tag{7-31}$$

7.10　齿轮传动的失效形式和计算准则

齿轮传动按工作条件划分，可分为开式传动、半开式传动以及闭式传动。开式传动的齿轮完全暴露在外边，因此杂物易于侵入，润滑不良，齿面容易磨损，通常用于低速传动。半开式传动装有简单的防护装置，工作条件有一定的改善。闭式传动的齿轮安装在封闭的箱体内，润滑及防护条件最好，常用于重要的场合。

7.10.1　齿轮传动的失效形式

研究齿轮失效的目的是找出齿轮失效的原因，分析失效的机理和特征，进而提出防止失效的措施和拟订计算准则。当齿轮传动的瞬时传动比不能保证是常数或齿轮不能正常工作时，即为失效。齿轮传动的失效主要发生在轮齿。常见的失效形式有：轮齿折断、齿面磨损、齿面点蚀、齿面胶合和塑性变形。

（1）轮齿折断。当齿轮的齿面比较脆硬时，容易出现轮齿折断。轮齿折断的失效机理有两种：疲劳折断和过载折断。悬臂梁状态的轮齿，在载荷的多次作用下，当具有较大应力集中的齿根过渡圆角处的弯曲应力超过材料的弯曲疲劳极限应力时，就会在齿根最薄弱的部位产生疲劳裂纹，裂纹在应力的反复作用下逐渐扩展，导致疲劳折断，这种机理的失效主要出现在硬齿面（齿面硬度 >350HBS）轮齿上。用脆性材料铸铁、淬火钢制成的齿轮，轮齿短时过载或受冲击载荷或磨薄后容易发生突然折断。齿宽较小的直齿圆柱齿轮易发生全齿折断，齿宽较大的直齿圆柱齿轮在制造安装不良时会出现端角折断，斜齿圆柱齿轮的轮齿接触线倾斜会发生局部倾斜折断，如图 7-22a 所示。轮齿折断是齿轮传动最危险的失效形式之一，折断的齿块可能碰伤轴或轴承等其他零部件，甚至导致更大的故障。

提高轮齿抗折断能力的措施有：增大齿根过渡圆角半径及消除加工刀痕；增大轴及支承的刚性；采用合理的热处理方法使齿芯具有足够的韧性；进行喷丸、滚压等表面强化处理；采用变位齿轮。

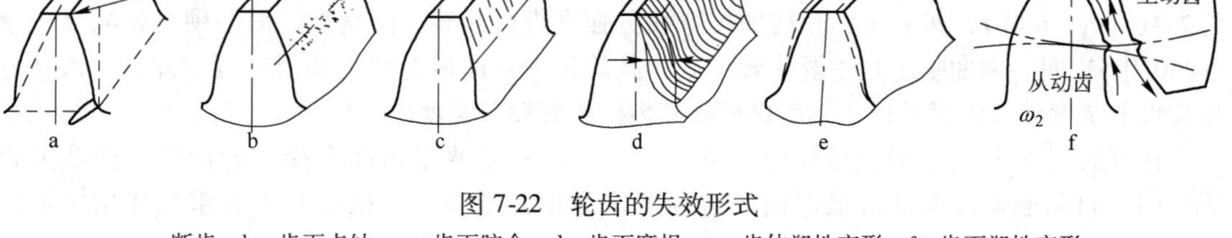

图 7-22　轮齿的失效形式

a—断齿；b—齿面点蚀；c—齿面胶合；d—齿面磨损；e—齿体塑性变形；f—齿面塑性变形

（2）齿面点蚀。齿面点蚀是闭式齿轮传动的主要失效形式，特别是在软齿面（齿面硬度≤350HBS）上更容易产生。开式传动中，由于齿面磨损严重，不会产生点蚀。轮齿受载时，工作表面上的啮合处产生接触应力，运转过程中该应力是按脉动循环变化的，在接触应力的反复作用下，轮齿表面出现微小的疲劳裂纹，裂纹不断扩展，导致金属表面脱落，形成麻点状小坑，即齿面点蚀。由于轮齿在节线附近啮合时，同时啮合的齿对数少，齿面接触应力较大，并且齿面相对滑动速度较小，且速度方向有变化，齿面间不易形成油膜，所以点蚀首先出现在节线附近的齿根表面上，如图 7-22b 所示。严重的安装不良或齿轮轴变形较大时，点蚀也可能出现在齿顶部位。齿面出现点蚀，齿廓遭到破坏，会使传动中引起的振动和噪声加大，使传动性能恶化乃至失效。

提高齿面抗点蚀能力的措施有：提高齿轮材料的硬度、降低表面粗糙度等，采用黏度大的润滑剂可以减缓点蚀的发生。

（3）齿面胶合。在高速重载的齿轮传动中，齿面间压力大，润滑油易被挤出，相对滑动速度大，摩擦生热多。瞬时产生的高温将两齿面“焊”住，在继续转动时，较软的齿面被撕出沟纹，即齿面胶合，如图 7-22c 所示。在航空齿轮传动中易出现齿面胶合。另外低速重载的重型齿轮传动也会产生齿面胶合失效，因没有明显的高温现象，故又称冷胶合。齿面胶合使传动性能严重恶化，振动和噪声加剧，会很快导致齿轮失效。

提高齿面抗胶合能力的措施：提高齿面硬度和降低齿面粗糙度值；选用减摩性、极压性能好的润滑油；配对齿轮选用不同硬度或不同牌号的材料等。

（4）齿面磨损。齿面磨损是开式齿轮传动的主要失效形式之一。当灰砂、金属屑末等硬质异物落到齿面上，齿面将逐渐磨损，失去渐开线齿形，使侧隙增大引起冲击和振动。磨损严重时会导致轮齿突然折断，如图 7-22d 所示。

改用闭式齿轮传动是避免齿面磨损的最有效方法。提高齿面硬度、降低齿面粗糙度及采用清洁的润滑油也可减轻齿面磨损。

（5）塑性变形。用软钢或其他材料制成的齿轮，在低速重载与频繁启动的传动中，因突然过载引起轮齿的歪斜，称为“齿体塑性变形”，见图 7-22e；因过载使油膜破坏，摩擦力剧增，进而使齿面表层材料沿摩擦力方向流动，主动轮节线处凹下，从动轮节线处凸起，称为“齿面塑性变形”。如图 7-22f 所示。塑性变形使轮齿失去正确的位置和形状，因而不能正确啮合传动。

提高轮齿抗塑性变形能力的措施：提高齿面硬度；采用高黏度的或减摩性好的润滑油等。

7.10.2　设计准则

目前设计一般的工业用齿轮传动时，通常只按保证齿根弯曲疲劳强度及保证齿面接触疲劳强度两准则进行计算。

在闭式齿轮传动中，一般应先按接触疲劳强度设计，计算出齿轮的分度圆直径及其主要几何参数（d_1、b 等），然后对其轮齿的抗弯疲劳强度进行校核。但是当齿面的硬度较高（硬度 >350HBS）时，弯曲折断是主要失效形式，其轮齿的弯曲疲劳强度相对较弱，此时一般按轮齿齿根的抗弯疲劳强度设计，然后再校核其齿面接触疲劳强度。

在开式（半开式）齿轮传动中，齿轮的失效形式主要是齿面磨损和轮齿的弯曲疲劳折断，因此目前通常以保证齿根弯曲疲劳强度作为设计准则，并根据具体要求适当增大齿轮的模数。

7.11 齿轮材料、热处理及加工工艺过程

制造齿轮的材料主要是各种牌号的钢，其次是铸铁，在特殊的条件下，也可采用有色金属或非金属材料，见表7-6。

表7-6 齿轮常用材料及其力学性能

材料牌号	热处理方法	强度极限 σ_b/MPa	屈服极限 δ_s/MPa	硬 度
45	正 火	580	290	162~217HBS
	调 质	640	350	217~255HBS
	表面淬火			40~50HRC
40Cr	调 质	700	500	241~286HBS
	表面淬火			48~55HRC
38SiMnMo	调 质	700	550	217~269HBS
	表面淬火			45~55HRC
20Cr	渗碳、淬火	650	400	56~62HRC
20CrMnTi	渗碳、淬火	1100	850	56~62HRC
16MnCr5	渗碳、淬火	780~1080	590	45~62HRC
17CrNiMo6	渗碳、淬火	1080~1320	785	45~62HRC
38CrMoAlA	调 质	1000	850	
	氧 化			>850HV
ZG310~570	正 火	570	310	163~197HBS
ZG340~640		640	340	179~207HBS
HT250	人工时效	250		170~240HBS
HT300		300		187~255HBS
HT350		350		179~269HBS
QT500-5	正 火	500	320	170~230HBS
QT600-2		600	370	190~270HBS
QT700-2		700	420	225~305HBS
布基酚醛层压板		100		30~50HBS
MC 尼龙				21HBS

合理选择齿轮材料的基本原则：齿面层有足够的硬度和耐磨性以抵抗点蚀、胶合、磨损和塑性变形等失效；齿芯有足够的强度和韧性，以抵抗循环载荷和冲击载荷作用下引起的齿根处的折断失效。此外，还要有良好的工艺性和热处理性，以达到所要求的精度，还要有低廉的

价格。

（1）钢。钢分为锻钢和铸钢。钢的强度高、韧性好，耐冲击，还可以通过热处理改善其力学性能、提高其硬度。一般齿轮都用锻钢，大型齿轮（直径 $d \geqslant 400$mm）用铸钢。

对锻钢材料，软齿面齿轮一般采用正火或调质处理，然后进行切齿。在确定配对齿轮的硬度时应注意使小齿轮的齿面硬度比大齿轮的高 30～50HBS。这是因为在单位时间内小齿轮受载荷作用次数比大齿轮的多，为使两齿轮的轮齿接近等强度，小齿轮的齿面要比大齿轮的齿面硬一些。硬齿面齿轮（用于重要的场合）通常是先切齿，然后进行表面硬化处理（如表面淬火、渗碳、氮化等），再进行精加工。

对铸钢材料，常采用退火与正火处理，必要时可进行调质。

（2）铸铁。铸铁的加工性能、抗点蚀、抗胶合性能均较好，但强度低，耐冲击和抗弯曲性能差。主要用于制造低速和不重要的开式齿轮及传递功率不大的场合。铸铁强度差，为避免载荷集中引起的齿端折断，设计时应取较小的齿宽。球墨铸铁的力学性能较高，有时可代替铸钢。

（3）非金属材料。非金属材料有塑料、夹布胶木和尼龙等，常用于高速、轻载及精度不高的场合。

7.12　齿轮传动的计算载荷

7.12.1　名义载荷

在齿轮传动中，由传动的功率 P(kW) 计算出的转矩 T 和圆周力 F_t 称为名义载荷，有：

$$T = 9.55 \times 10^6 \frac{P}{n} \tag{7-32}$$

$$F_t = \frac{2T}{d} \tag{7-33}$$

式中　n ——齿轮的转速，r/min；

d ——齿轮的分度圆直径，mm。

7.12.2　计算载荷

在齿轮传动中，齿轮承受的载荷应考虑原动机、工作机的性能和齿轮的制造安装误差，以及支承部件刚度与精度诸因素的影响而产生的动载荷和载荷的集中。因此实际齿轮承受的载荷大于名义载荷。设计齿轮时应按计算载荷进行。计算载荷 F_{tc} 即将名义载荷 F_t 乘以载荷系数 K，有：

$$F_{tc} = KF_t \tag{7-34}$$

式中，载荷系数 K 由使用系数 K_A、动载系数 K_v、齿向载荷分布系数 K_β 和齿间载荷分配系数 K_α 构成，即：

$$K = K_A K_v K_\beta K_\alpha \tag{7-35}$$

（1）使用系数 K_A。使用系数 K_A 是考虑齿轮啮合时外部因素引起的动力过载影响的系数，它取决于原动机和从动机械的特性、质量比、联轴器类型以及运行状态等，其值见表 7-7。

表 7-7 使用系数 K_A

原动机的工作性质及其系列	工作机特性及示例			
	均匀平稳	轻微冲击	中等冲击	严重冲击
	如发电机，皮带或板式输送机，螺旋输送机，轻型升降机，机床送给机构，通风机，轻型离心机，离心泵，均匀密度材料搅拌机，剪切机①，冲压机②	如机床主轴，重型升降机，起重机回转机构，非匀速度带或板式输送机，重型离心泵，变密度材料搅拌机，多缸活塞泵等	如压胶机，橡胶和塑料搅拌机，轻型球磨机，木材加工机，精轧机，提升机构，单缸活塞泵，钢坯初轧机②	如挖掘机，重型球磨机，橡胶搓揉机，破碎机，冶金机械重型给水泵，旋转钻机，压砖机，碾碎机
平稳：如匀速电动机、汽轮机、燃汽轮机	1.00	1.25	1.50	1.75
轻微冲击：如汽轮机、燃汽轮机、液压马达、启动力矩较大的电机	1.10	1.35	1.60	1.85
中等冲击：如多缸内燃机	1.25	1.50	1.75	2.00 或更大
严重冲击：如单缸内燃机	1.50	1.75	2.00	2.25 或更大

注：1. 表中数值只适用于在非共振速度区运转的齿轮装置；
2. 对于增速传动，根据经验建议取表中值的 1.1 倍；
3. 当外部机械与齿轮装置之间有挠性联接时，通常 K_A 值可适当减小。
①额定转矩 = 最大切削转矩；②额定转矩 = 最大压制转矩。

（2）动载系数 K_v。动载系数 K_v 是考虑齿轮本身啮合误差引起的内部附加动载荷影响的系数，它与齿轮的制造精度、装配误差以及圆周速度等因素相关。可根据齿轮的精度等级和节线速度由图 7-23 查取，对锥齿轮传动按节线速度 v_m 查取，v_m 为锥齿轮平均分度圆处的圆周速度。

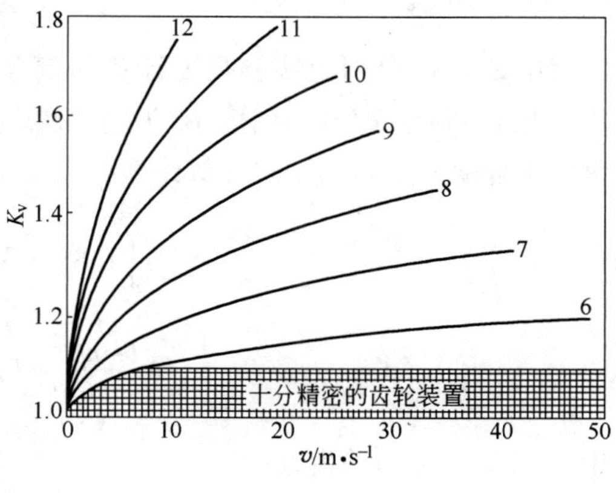

图 7-23 动载荷系数 K_v

（6～12 为齿轮精度等级）

（3）齿向载荷分布系数 K_β。齿向载荷分布系数 K_β 是考虑载荷沿齿宽方向分布不均匀影响的系数，它与轴承的安装位置、轴的刚度、轴的扭转变形、轴承与支座的变形以及制造、装配的误差等因素相关。提高齿轮的制造、装配精度，提高支承系统的刚度，适当减小齿宽，将轮齿做成鼓形，如图 7-24 所示，可以改善载荷沿齿向分布不均匀的现象。对于

8 级精度（第Ⅱ公差组）一般工业用齿轮传动，可由简化的图 7-25，根据齿轮布置方式，齿宽系数 $\phi_d = b/d_1$ 和齿面硬度查取。当精度高于 8 级时，K_β 降低 5% ~10%，反之增大 5% ~10%。

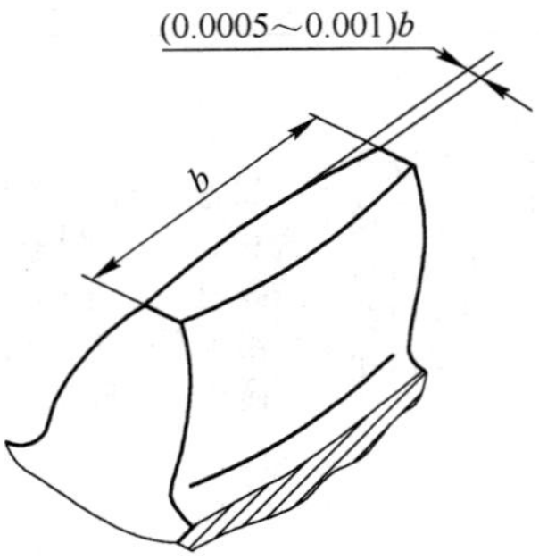

图 7-24　鼓形齿

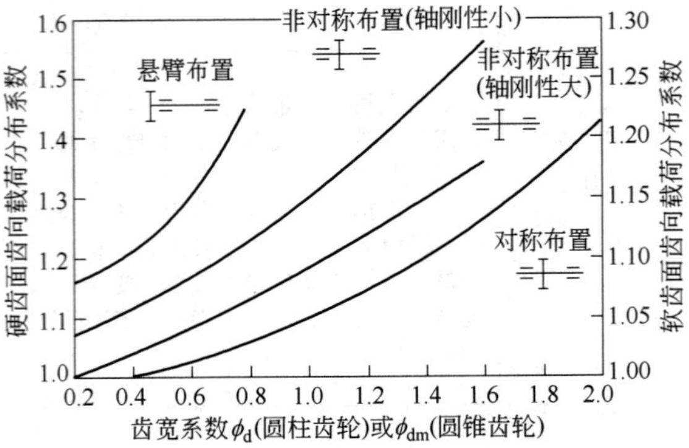

图 7-25　齿向载荷分布系数 K_β

（4）齿间载荷分配系数 K_α。齿间载荷分配系数 K_α 是考虑同时啮合的齿对之间载荷分配不均匀的影响系数，它与齿轮的啮合重合度、制造精度以及啮合刚度、载荷大小等多种因素有关。一般工业用齿轮，可由表 7-8 选取 K_α 的值。

表 7-8　齿间载荷分配系数 K_α

精度等级（Ⅱ组）		5	6	7	8	9	
直齿轮	未经表面硬化	1.0	1.0	1.0	1.1	1.2	
	经表面硬化	1.0	1.0	1.1	1.2	接触	$1/Z_\varepsilon^2 \geqslant 1.2$
						弯曲	$1/Y_\varepsilon \geqslant 1.2$
斜齿轮	未经表面硬化	1.0	1.0	1.1①	1.2	1.4	
	经表面硬化	1.0	1.1	1.2	1.4	$\dfrac{\varepsilon}{\varepsilon_\alpha Y_\varepsilon} \geqslant \varepsilon_\alpha/\cos^2\beta_b \geqslant 1.4$	

①对修形齿轮 $K_\alpha = 1.0$。

表中 Z_ε、Y_ε 分别为接触强度计算的重合度系数和弯曲强度计算的重合度系数。可由图 7-26、式（7-50）选取、计算。β_b 为基圆螺旋角，ε 为重合度，$\varepsilon = \varepsilon_\alpha + \varepsilon_\beta$，对于端面重合度 ε_α 和纵向重合度 ε_β，可由下式近似计算：

$$\varepsilon_\alpha = \left[1.88 - 3.2\left(\frac{1}{z_1} + \frac{1}{z_2}\right)\right]\cos\beta \tag{7-36}$$

$$\varepsilon_\beta = \frac{b\sin\beta}{\pi m_n} \approx 0.3183\phi_d z_1 \tan\beta \tag{7-37}$$

式中　z_1，z_2——齿轮齿数；

β——分度圆螺旋角；

ϕ_d——齿宽系数。

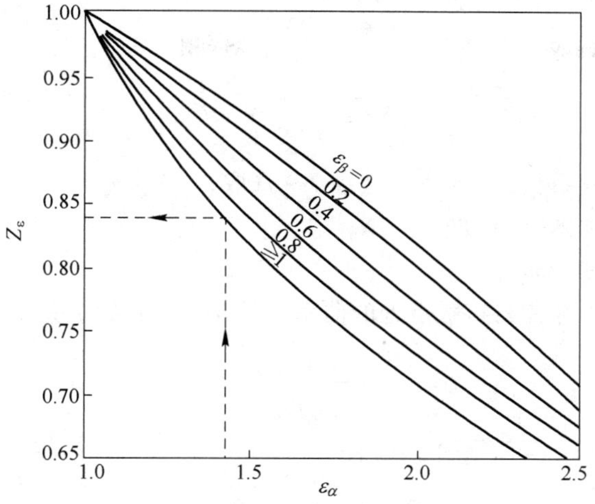

图 7-26 重合度系数 Z_ε

7.13 标准直齿圆柱齿轮传动的强度计算

7.13.1 受力分析

图 7-27 所示为标准直齿圆柱齿轮传动，若忽略啮合轮齿间的摩擦力，则沿啮合线作用、垂直于齿面的法向力 F_n 可分解为两个相互垂直的分力，即圆周力 F_t 和径向力 F_r（图 7-27a），在节点 P 处啮合时有：

$$F_t = 2T_1/d_1$$
$$F_r = F_t\tan\alpha \qquad (7\text{-}38)$$
$$F_n = F_t/\cos\alpha$$

式中 T_1——小齿轮传递的转矩，N · mm；

d_1——小齿轮的节圆直径，对标准齿轮传动即为分度圆直径，mm；

α——啮合角，(°)。

作用在主、从动轮上的各力均相互对应，即大小相等、方向相反。其中各分力的方向可这样判定：主动轮上的圆周力 F_t 是阻力，与转动方向相反；从动轮上的圆周力 F_t 是驱动力，与转动方向相同；径向力 F_r 分别指向各自的轮心（内齿轮的径向力 F_r 背离轮心）。

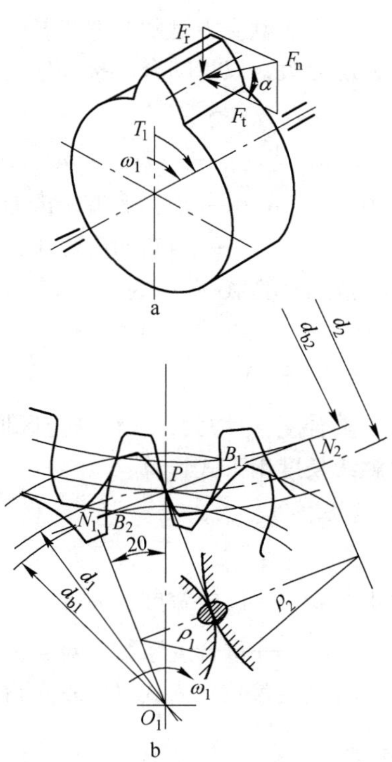

图 7-27 直齿圆柱齿轮传动受力分析及齿面接触应力

7.13.2 齿面接触疲劳强度计算

为了防止在使用寿命期限内出现齿面点蚀，在进行齿轮设计时要计算齿面接触疲劳强度。齿面接触疲劳强度与齿面接触应力和齿轮材料的许用接触应力有关。一对渐开线齿轮啮合时，相当于轴线平行的两圆柱体接触（如图

2-2所示），只是在啮合过程中，曲率半径 ρ_1、ρ_2 是变化的，如图 7-27b 所示。其齿面接触疲劳强度可用赫兹公式描述：

$$\sigma_H = Z_E\sqrt{\frac{F_n}{L\rho}} \leqslant [\sigma_H] \tag{7-39}$$

式中　Z_E——材料的弹性系数，$\sqrt{\text{MPa}}$，按表 7-9 选取；

F_n——作用在圆柱体上的均布力，N；

L——接触线长度，mm；

ρ——综合曲率半径，与接触点处的曲率半径 ρ_1、ρ_2 有如下关系：

$$\rho = \frac{\rho_2 \pm \rho_1}{\rho_1\rho_2} \tag{7-40}$$

式中，“+”用于外啮合，“-”用于内啮合。

表 7-9　弹性系数 Z_E

小齿轮		大齿轮			
材　料	E/MPa	灰铸铁	球墨铸铁	铸　钢	锻　钢
锻　钢	20.6×10^4	162.0	181.4	188.9	189.8
铸　钢	20.2×10^4	161.4	180.5	188.0	
球墨铸铁	17.14×10^4	156.6	173.9		
灰铸铁	11.8×10^4	143.7			

齿面接触应力是随曲率半径 ρ_1、ρ_2 的变化而变化的，同时也受重合度的影响。单齿啮合区接触应力大，双齿啮合区接触应力小。为简化计算，通常按节点 P 处计算。所以有：

$$\frac{1}{\rho} = \frac{1}{\rho_1} \pm \frac{1}{\rho_2} = \frac{\rho_2 \pm \rho_1}{\rho_1\rho_2} = \frac{2(d_2 \pm d_1)}{d_1 d_2 \sin\alpha} = \frac{2(u \pm 1)}{d_1 u \sin\alpha} \tag{7-41}$$

式中　ρ_1，ρ_2——小、大齿轮齿面接触曲率半径，$\rho_1 = 1/2d_1\sin\alpha$，$\rho_2 = 1/2d_2\sin\alpha$；

u——两轮的齿数比，$u = z_2/z_1 \geqslant 1$ 。

法向计算载荷 F_{nc} 为：

$$F_{nc} = KF_n = \frac{KF_t}{\cos\alpha} = \frac{2KT_1}{d_1\cos\alpha} \tag{7-42}$$

重合度 ε_α 增大，双齿啮合区增大，齿面接触强度提高。为考虑重合度对接触强度的影响，接触线长度用下式计算：

$$L = \frac{b}{Z_\varepsilon^2} \tag{7-43}$$

式中　b——齿轮宽度，mm；

Z_ε——重合度系数，对直齿轮 $Z_\varepsilon = \sqrt{(4-\varepsilon_\alpha)/3}$ ，也可查图 7-26。

将上述参数代入式（7-39）得齿面接触疲劳强度的校核公式为

$$\sigma_H = Z_H Z_E Z_\varepsilon\sqrt{\frac{2KT_1}{bd_1^2}\frac{u \pm 1}{u}} \leqslant [\sigma_H] \tag{7-44}$$

其中，节点区域系数 $Z_H = \sqrt{2/(\sin\alpha\cos\alpha)}$ ，取齿宽系数 $\phi_a = b/a$，又 $a = d_1(u \pm 1)/2$ ，代入

式（7-44），得中心距 a 的设计式为：

$$a \geqslant (u \pm 1) \sqrt[3]{\frac{KT_1}{2\phi_a u}\left(\frac{Z_E Z_H Z_\varepsilon}{[\sigma_H]}\right)^2} \tag{7-45}$$

式中，K 为载荷系数，“+”号用于外啮合；“-”用于内啮合。注意：按式（7-45）设计齿轮传动时，因 K 和 Z_ε 不能预先确定，一般初取 $K_0 Z_{\varepsilon 0}^2 = 0.8 \sim 1.5$，则可计算出 a_0，在进一步确定各个参数后，再用式（7-45）进行校核计算。如果校核强度不够，应重新估取 $K_0 Z_{\varepsilon 0}^2$，重新计算。许用接触应力 $[\sigma_H]$ 应取小轮 $[\sigma_H]_1$ 与大轮 $[\sigma_H]_2$ 两者中的较小值。

7.13.3 齿根弯曲疲劳强度计算

为了防止轮齿根部的疲劳折断，在进行齿轮设计时要计算齿根弯曲疲劳强度。齿根弯曲疲劳强度与齿根弯曲应力和齿轮材料的许用弯曲应力有关。将齿轮的轮齿视为一悬臂梁，其危险截面可用 30°切线法确定（即在端面上过轮齿的对称线上某一点作与之成 30°角直线并与齿根圆弧相切，两切点间的距离 s_F 与齿宽构成的截面为危险截面），即可计算齿根弯曲应力，如图 7-28 所示。

为简化计算，把法向力 F_n 作用在齿顶时作为最危险的状态（通过重合度系数进行修正），即载荷作用于齿顶时，齿根危险截面上产生的弯曲应力最大。法向力 F_n 可分解为互相垂直的两个分力 $F_n\cos\alpha_F$ 和 $F_n\sin\alpha_F$，前者对齿根产生弯曲应力，后者产生压缩应力，因压应力对疲劳裂纹产生的影响较小，故可忽略不计。

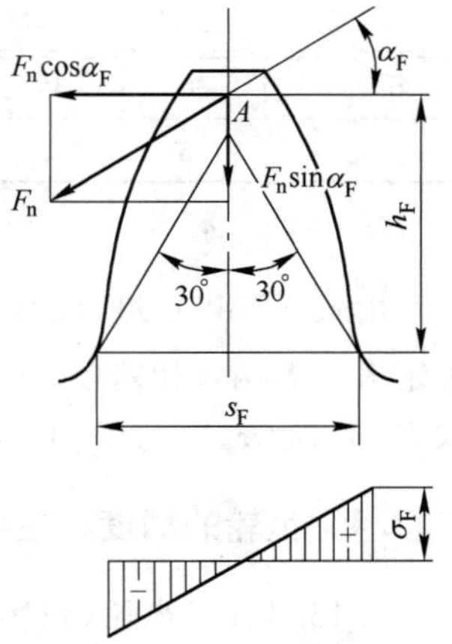

图 7-28 齿根弯曲应力

如图 7-28 所示，弯曲力臂为 h_F，危险截面齿厚为 s_F，齿宽为 b，载荷作用角为 α_F，则齿根弯曲应力为：

$$\sigma_F = \frac{M}{W} = \frac{F_n h_F \cos\alpha_F}{b s_F^2/6} = \frac{2KT_1}{d_1\cos\alpha}\frac{6(h_F/m)\cos\alpha_F}{b(s_F/m)^2 m} = \frac{2KT_1}{bd_1 m}Y_{Fa} \tag{7-46}$$

式中 M——齿根所受的弯矩；

W——齿根危险截面的抗弯截面模量；

Y_{Fa}——齿形系数，是一个无因次量，只与齿廓形状有关，而与模数大小无关。

$$Y_{Fa} = \frac{6(h_F/m)\cos\alpha_F}{(s_F/m)^2\cos\alpha} \tag{7-47}$$

引入应力修正系数 Y_{Sa} 和重合度系数 Y_ε，则齿根弯曲疲劳强度校核的公式为：

$$\sigma_F = \frac{2KT_1}{bd_1 m}Y_{Fa}Y_{Sa}Y_\varepsilon \leqslant [\sigma_F] \tag{7-48}$$

将 $b = \phi_a a = \phi_a \dfrac{mz_1(u \pm 1)}{2}$，$d_1 = mz_1$ 代入式（7-48），得设计式：

$$m \geqslant \sqrt[3]{\frac{4KT_1}{\phi_a(u \pm 1)z_1^2}\frac{Y_{Fa}Y_{Sa}Y_\varepsilon}{[\sigma_F]}} \tag{7-49}$$

式中，齿形系数 Y_{Fa} 可根据齿数 z 由表 7-10 查取；应力修正系数 Y_{Sa} 用以考虑齿根圆角处的应力集中，可由齿数根据表 7-11 查取；重合度系数 Y_ε 可用下式计算：

$$Y_{\varepsilon} = 0.25 + \frac{0.75}{\varepsilon_{\alpha}} \tag{7-50}$$

表 7-10　标准外齿轮的齿形系数 Y_{Fa}

$z(z_v)$	12	14	16	17	18	19	20	22	25	28
Y_{Fa}	3.47	3.22	3.03	2.97	2.91	2.85	2.81	2.75	2.65	2.58
$z(z_v)$	30	35	40	45	50	60	80	100	150	≥200
Y_{Fa}	2.54	2.47	2.41	2.37	2.35	2.30	2.25	2.18	2.16	2.14

注：$\alpha=20°$，$h_a^*=1.0$，$c^*=0.25$。

表 7-11　标准外齿轮的应力修正系数 Y_{Sa}

$z(z_v)$	12	14	16	17	18	19	20	22	25	28
Y_{Sa}	1.44	1.47	1.51	1.53	1.54	1.55	1.56	1.58	1.59	1.61
$z(z_v)$	30	35	40	45	50	60	80	100	150	≥200
Y_{Sa}	1.63	1.65	1.67	1.69	1.71	1.73	1.77	1.79	1.83	1.85

注：$\alpha=20°$，$h_a^*=1.0$，$c^*=0.25$。

由式（7-49）进行设计时，由于 K 无法确定，一般初取 $K_0=1.3\sim2.3$，选定各参数后再确定 K，若两者相差较大，应对模数进行修正 $m = m_0\sqrt{K/K_0}$。另外，式中的 $Y_{Fa}Y_{Sa}/[\sigma_F]$ 应取 $Y_{Fa1}Y_{Sa1}/[\sigma_F]_1$ 与 $Y_{Fa2}Y_{Sa2}/[\sigma_F]_2$ 两者中的较大值。

7.13.4　齿轮的精度和主要参数选择

7.13.4.1　齿轮的精度选择

渐开线圆柱齿轮精度等级的国标为 GB 10095—88，规定了 12 个精度等级，其中 1 级的精度最高，12 级的精度最低，常用的精度等级为 6～9 级。

在设计齿轮传动时，应根据齿轮的用途、使用条件、传递的圆周速度和功率大小等，选择齿轮的精度等级。一般工业用齿轮可由齿轮的圆周速度从表 7-12 中查取。

表 7-12　各种精度等级齿轮传动的最大圆周速度（m/s）

齿的形状	传动类型	齿面硬度 HBS	齿轮精度等级				
			3，4，5	6	7	8	9
直　齿	圆柱齿轮	≤350	>12	≤18	≤12	≤6	≤4
		>350	>10	≤15	≤10	≤5	≤3
	圆锥齿轮	≤350	>7	≤10	≤7	≤4	≤3
		>350	>6	≤9	≤6	≤3	≤2.5
斜、曲齿	圆柱齿轮	≤350	>25	≤36	≤25	≤12	≤8
		>350	>20	≤30	≤20	≤9	≤6
	圆锥齿轮	≤350	>16	≤24	≤16	≤9	≤6
		>350	>13	≤19	≤15	≤7	≤5

7.13.4.2　渐开线直齿圆柱齿轮的主要参数选择

（1）齿数比 u。强度计算时，引入的齿数比 $u = z_2/z_1 \geq 1$。齿数比不宜过大，否则结构尺寸过大。一般减速运动传动比 $i = u \leqslant 6 \sim 8$；增速运动传动比 $i = 1/u$。

（2）小齿轮齿数 z_1。当中心距 a 不变时，齿数增加可增大重合度，改善传动的平稳性；同时增加齿数，可以减小模数，降低齿高，减少金属切削量，降低制造成本，还可以减小磨损及产生胶合的可能性。但是当齿数增大时，模数变小，此时齿厚减薄，这样会降低轮齿的弯曲强度。因此在满足齿根弯曲疲劳强度的条件下，齿数宜取多一些。

对于闭式的齿轮传动，以齿数多一些为好，小齿轮的齿数推荐取 $z_1 = 20 \sim 40$。开式（或半开式）齿轮传动中，齿轮的失效形式主要为齿面磨损，为使轮齿不致过小，齿数不宜过多，通常推荐取 $z_1 = 17 \sim 20$。

另外为了避免根切，对于 $\alpha = 20°$ 的标准直齿圆柱齿轮，应取 $z_1 \geqslant 17$；对于周期性变化的载荷，为避免最大载荷总是作用在某一对或某几对轮齿上而使磨损过于集中，两轮齿数 z_1 和 z_2 最好互为质数。这样实际传动比可能与要求的传动比有出入，但一般情况下传动比误差在 ±5% 以内是允许的。

（3）模数 m。模数的大小影响轮齿的弯曲强度，设计时应在保证弯曲强度的条件下取较小的数值，但对传递动力的齿轮应保证 $m \geqslant 1.5 \sim 2$mm，可以按经验公式估取 $m = (0.007 \sim 0.02)a$，a 为齿轮传动的中心距。

（4）压力角 α。标准压力角为 $\alpha = 20°$，增大压力角有利于提高齿轮传动的弯曲强度与接触强度，但是增大压力角并不一定都对传动有利。

（5）齿宽系数 ϕ_d、ϕ_a 及齿宽 b。齿宽系数 $\phi_d = b/d_1$ 或 $\phi_a = b/a$。载荷一定时，加大齿宽可使分度圆直径 d_1、d_2 或中心距 a 减小；但是齿轮宽度越大，载荷沿齿宽分布越不均匀。因此，应合理选择齿宽系数。一般取 $\phi_a = 0.1 \sim 1.2$，闭式传动取 $\phi_a = 0.3 \sim 0.6$，常用 0.35 或 0.4；开式传动取 $\phi_a = 0.1 \sim 0.3$。齿宽 $b = \phi_a a$，然后根据计算得到的数值取其圆整值，为保证轮齿接触宽度，通常将小齿轮的齿宽 b_1 再增加 5 ~ 10mm。ϕ_d 可由表 7-13 查取。

表 7-13 齿宽系数 ϕ_d

齿轮支承轴的轴承布置	软齿面≤350HBS	硬齿面＞350HBS
对称布置	0.8 ~ 1.4	0.4 ~ 0.9
非对称布置	0.6 ~ 1.2	0.3 ~ 0.6
悬臂布置	0.3 ~ 0.4	0.2 ~ 0.25

注：1. 直齿圆柱齿轮宜取小值，斜齿圆柱齿轮可取大值，人字齿可增大到 2；
2. 载荷稳定，轴刚度大宜取大值，轴刚度小应取小值。

7.13.5 许用应力

齿轮强度计算中的许用应力是根据特定试验条件下得到的极限应力和考虑安全系数、寿命系数等情况下得到的。通常齿轮的疲劳极限是用 $\alpha = 20°$、$b = 10 \sim 50$mm、$m = 3 \sim 5$mm、$v = 10$m/s、齿面粗糙度约为 0.8μm 的直齿轮副试件，按失效率 1%，经持久疲劳试验确定的。

7.13.5.1 齿面接触疲劳许用应力

齿面许用接触应力按下式计算：

$$[\sigma_H] = \frac{\sigma_{Hlim}}{S_H} Z_N Z_X Z_W Z_{LVR} \tag{7-51}$$

式中　σ_{Hlim}——实验齿轮的齿面接触疲劳极限，MPa，可由图7-29查取，MQ代表有经验的工业齿轮制造者以合理的生产成本达到材料质量和热处理质量的中等要求时的取值线；

S_{H}——接触疲劳强度安全系数，一般按失效率为1%时取 $S_{\mathrm{H}}=1.0$，否则按表7-14确定；

表7-14　安全系数 S_{H}、S_{F} 参考值

额定失效率	S_{H}	S_{F}	额定失效率	S_{H}	S_{F}	额定失效率	S_{H}	S_{F}
0.1%	≥1.25	≥1.5	1%	≥1.0	≥1.25	10%	≥0.85	≥1.0

Z_N——接触疲劳强度寿命系数，考虑有限寿命时接触疲劳极限的提高，根据齿轮的应力循环次数 N，由图7-30查取。由齿轮的预期寿命 L_{h}(h)、转速 n(r/min) 和同一齿面每转应力循环次数 j 计算应力循环次数：

$$N = 60njL_{\mathrm{h}} \tag{7-52}$$

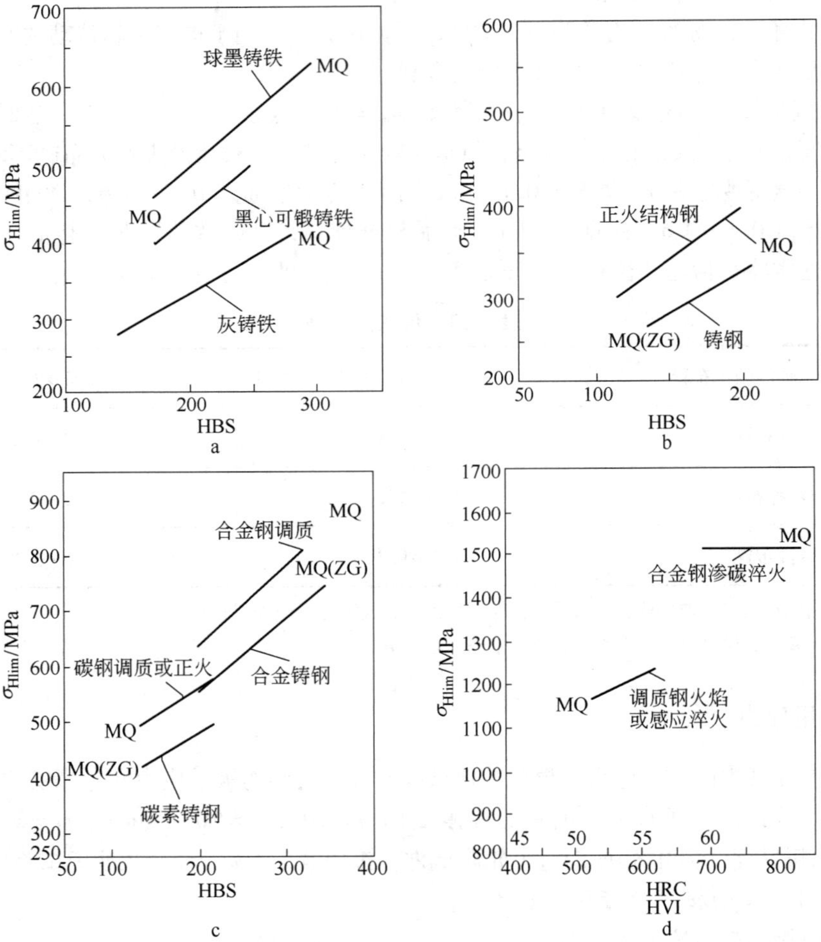

图7-29　齿轮的接触疲劳极限 σ_{Hlim}

a—铸铁；b—正火结构钢和铸钢；c—调质钢和铸钢；d—渗碳淬火和表面淬火钢

Z_X——接触疲劳强度计算的尺寸系数，考虑设计齿轮模数 m 大于试验齿轮模数时，由于尺寸效应使疲劳极限下降，根据模数 m 由图 7-31 确定；

Z_W——工作硬化系数，是考虑了经光整加工的硬齿面小齿轮与调质钢大齿轮啮合时产生冷作硬化，从而提高了大齿轮的疲劳极限值。当不符合上述条件时，取 $Z_W = 1.0$。调质钢或结构钢大齿轮（硬度在 130～470HBS 之间）与齿面光滑（粗糙度 $R_a \leqslant 1\mu m$）的硬化小齿轮啮合时，Z_W 用下式计算：

$$Z_W = 1.2 - \frac{HBS_2 - 130}{1700} \tag{7-53}$$

HBS_2——大齿轮的齿面布氏硬度值。当 $HBS_2 < 130$ 时，$Z_W = 1.2$；当 $HBS_2 > 470$ 时，$Z_W = 1.0$；

Z_{LVR}——润滑油膜影响系数。主要影响因素有润滑油黏度、齿面间相对滑动和齿面粗糙度。对于光整加工的齿轮 $Z_{LVR} = 1.0$；精加工齿轮 $Z_{LVR} = 0.92$；精度较低的齿轮 $Z_{LVR} = 0.85$。

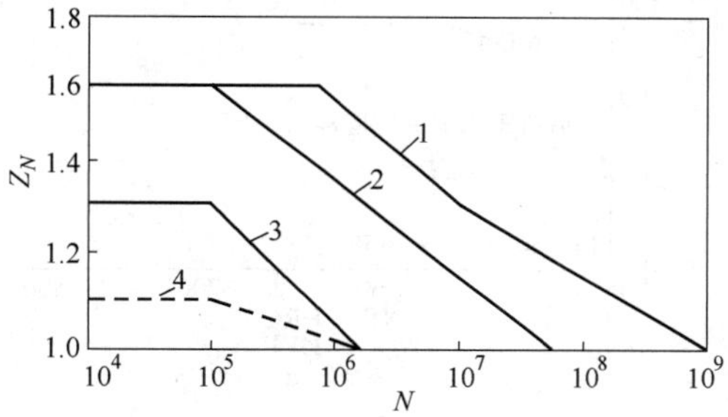

图 7-30 接触疲劳强度计算的寿命系数 Z_N

1—碳钢经正火、调质、表面淬火及渗碳淬火；球墨铸铁（允许一定点蚀）；2—同 1，不允许出现点蚀；3—碳钢调质后气体氮化，氮化钢气体氮化，灰铸铁；4—碳钢调质后液体氮化

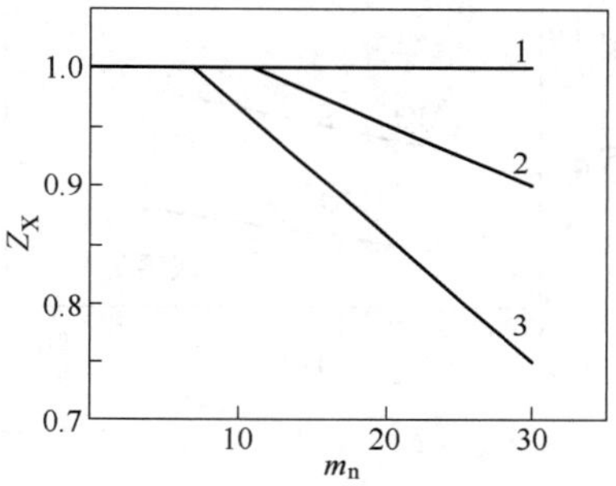

图 7-31 接触疲劳强度计算的尺寸系数 Z_X

1—调质钢、正火钢疲劳强度，静强度所有材料；2—短时间液体或气体氮化，长时间气体氮化钢；3—渗碳淬火、感应或火焰淬火表面硬化钢

7.13.5.2 齿根弯曲疲劳许用应力

齿根许用弯曲应力按下式计算：

$$[\sigma_F] = \frac{\sigma_{Flim}}{S_F} Y_N Y_X Y_{ST} \tag{7-54}$$

式中 σ_{Flim}——试验齿轮齿根弯曲疲劳极限，MPa，查图 7-32，图中的应力为单向弯曲时的极限值，双向弯曲时（如行星轮、介轮）乘以系数 0.7；

S_F——疲劳强度安全系数，一般按失效率为 1% 时取 $S_F = 1.25$，否则按表 7-14 确定；

Y_N——弯曲疲劳强度的寿命系数。考虑有限寿命时弯曲疲劳极限的提高，根据齿轮的应力循环次数 N，由图 7-33 查取；

Y_X——弯曲疲劳强度计算的尺寸系数，考虑尺寸效应对弯曲疲劳极限的影响，根据模数 m，由图 7-34 确定；

Y_{ST}——试验齿轮的应力修正系数，$Y_{ST} = 2.0$。

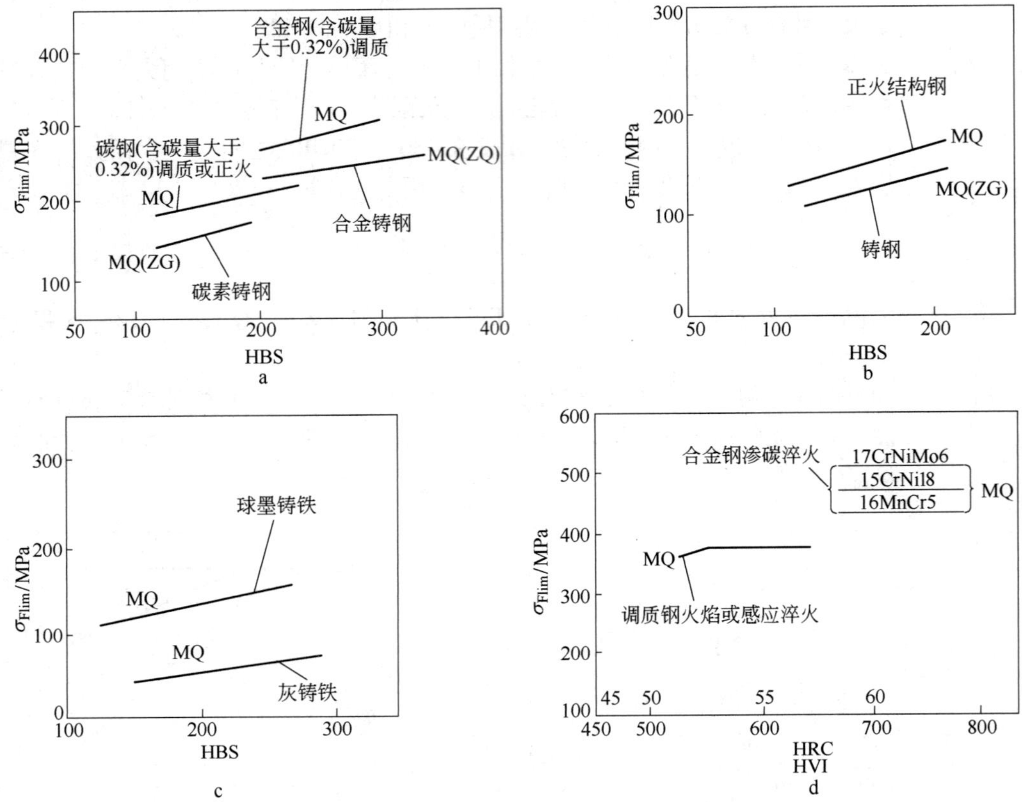

图 7-32　齿轮的弯曲疲劳极限 σ_{Flim}

a—调质钢和铸钢；b—正火结构钢和铸钢；c—铸铁；d—表面硬化钢

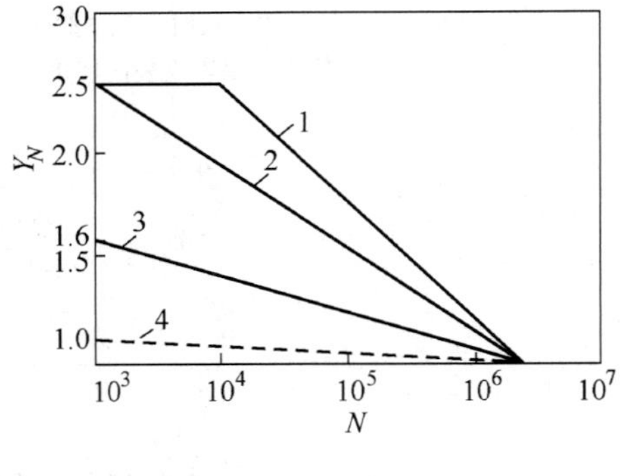

图 7-33　弯曲疲劳强度计算的寿命系数 Y_N

1—碳钢经正火、调质，球墨铸铁；2—碳钢经表面淬火及渗碳淬火；3—氮化钢气体氮化，灰铸铁；4—碳钢调质后气体氮化

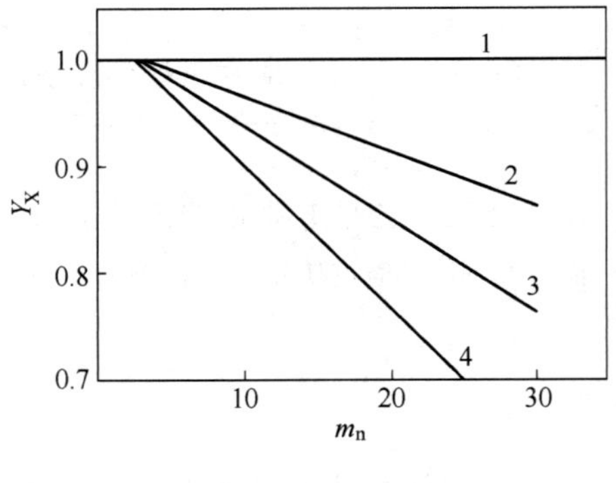

图 7-34　弯曲疲劳强度计算的尺寸系数 Y_X

1—静载荷下所有材料；2—结构钢、调质钢、球墨铸铁、珠光体可锻铸铁；3—表面硬化钢；4—灰铸铁

[例 7-1]　如图 7-35 所示，带式运输机由电机Ⅰ，带传动Ⅱ，齿轮减速器Ⅲ，联轴器Ⅳ和工作机Ⅴ组成。电机功率 $P=4\text{kW}$，$n=960\text{r/min}$。带的传动比 $i_1=2$，齿轮的传动比 $i_2=4.8$。工作载荷平稳，单向运转，单班制工作，每年工作 250 天，预期使用 10 年，大批量生产。试

设计直齿圆柱齿轮传动。

设计步骤：

（1）选择齿轮材料和精度等级。

由表7-6，小齿轮采用45钢，调质处理，硬度217～255HBS，大齿轮用45钢，正火处理，硬度162～217HBS。根据使用情况，估计速度$v\leqslant 6$m/s，初步选用8级精度的齿轮。

（2）按齿面接触强度确定中心距（软齿面材料齿轮的设计准则）。

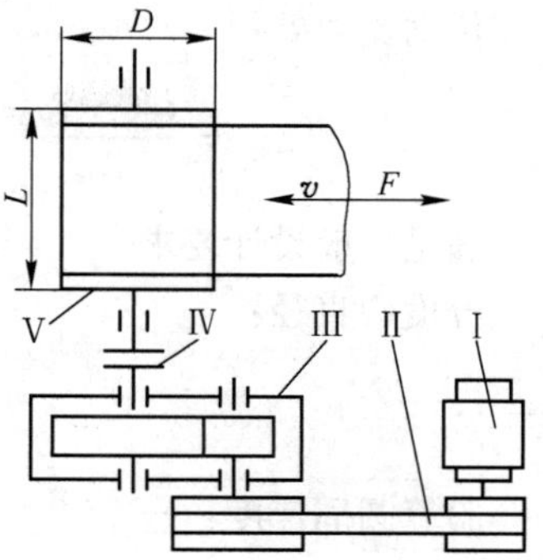

图7-35 例7-1图

小齿轮转速$n_1=n/i_1=960/2=480$r/min，应力循环次数：

$$N_1=60n_1jL_h=60\times 480\times 1\times 10\times 250\times 8=5.75\times 10^8$$

$$N_2=N_1/i_2=5.75\times 10^8/4.8=1.2\times 10^8$$

主、从动轮齿面硬度按230HBS和170HBS，由图7-29得$\sigma_{Hlim1}=580$MPa，$\sigma_{Hlim2}=525$MPa；查图7-30，$Z_{N1}=1.06$，$Z_{N2}=1.14$；查图7-31，$Z_{X1}=Z_{X2}=1.0$；取$Z_W=1.0$；取$Z_{LVR}=0.92$；取$S_H=1.0$。计算许用应力：

$$[\sigma_H]_1=\frac{\sigma_{Hlim1}}{S_H}Z_{N1}Z_{X1}Z_WZ_{LVR}=\frac{580}{1.0}\times 1.06\times 1.0\times 1.0\times 0.92=565.6\text{MPa}$$

$$[\sigma_H]_2=\frac{\sigma_{Hlim2}}{S_H}Z_{N2}Z_{X2}Z_WZ_{LVR}=\frac{525}{1.0}\times 1.14\times 1.0\times 1.0\times 0.92=550.62\text{MPa}$$

小齿轮的转矩：

$$T_1=9.55\times 10^6\frac{P_1}{n_1}=9.55\times 10^6\frac{4}{480}=79583.33\text{N}\cdot\text{mm}$$

直齿轮初取$K_0Z_{\varepsilon 0}^2=1.2$；齿宽系数$\phi_a=0.35$，则$\phi_d=\phi_a(u+1)/2=1.015$；查表7-9，$Z_E=188.9\sqrt{\text{MPa}}$；$Z_H=\sqrt{2/(\cos\alpha\sin\alpha)}=2.5$，确定中心距：

$$a_0\geqslant(u+1)\sqrt[3]{\frac{KT_1}{2\phi_a u}\left(\frac{Z_EZ_HZ_\varepsilon}{[\sigma_H]_2}\right)^2}$$

$$=(4.8+1)\sqrt[3]{\frac{1.2\times 79583.34}{2\times 0.35\times 4.8}\left(\frac{188.9\times 2.5}{550.62}\right)^2}$$

$$=159.78\text{mm}$$

取$a_0=165$mm。

初估模数$m=(0.007\sim 0.02)a_0=(0.007\sim 0.02)\times 165=1.155\sim 3.3$，区间内取标准模数$m=2.5$，于是齿轮的齿数：

$$z_1=\frac{2a}{m(u+1)}=\frac{2\times 165}{2.5(4.8+1)}=22.76$$

$$z_2=i_2z_1=22.76\times 4.8=109.25$$

取$z_1=23$，$z_2=109$。

实际传动比：

$$i_{2实}=z_2/z_1=109/23=4.739$$

传动比误差：

$$\Delta i_2 = \frac{i_{2理} - i_{2实}}{i_{2理}} \times 100\% = \frac{4.8 - 4.739}{4.8} \times 100\% = 1.27\% < \pm 5\%$$

满足一般设计要求。

分度圆直径：

$$d_1 = mz_1 = 2.5 \times 23 = 57.5\text{mm}$$

$$d_2 = mz_2 = 2.5 \times 109 = 272.5\text{mm}$$

验算圆周速度：

$$v = \frac{\pi d_1 n_1}{60 \times 1000} = \frac{3.14 \times 57.5 \times 480}{60 \times 1000} \approx 1.44\text{m/s} \leqslant 6\text{m/s}$$

选8级精度齿轮适用。

（3）系数修正。

因电机驱动，载荷平稳，查表7-7，$K_A = 1.0$；由于 $v = 1.44\text{m/s}$，8级齿轮，查图7-23，$K_v = 1.09$；单级软齿面齿轮传动，其轴上轴承对称布置，且 $\phi_d = 1.015$，由图7-25查得 $K_\beta = 1.05$；齿宽 $b = \phi_d d_1 = 1.015 \times 57.5 = 58.36\text{mm}$，取 $b = 60\text{mm}$，直齿轮螺旋角 $\beta = 0°$，由表7-8查得，$K_\alpha = 1.1$。载荷系数：

$$K = K_A K_v K_\beta K_\alpha = 1.0 \times 1.09 \times 1.05 \times 1.1 = 1.26$$

计算端面和纵向重合度：

$$\varepsilon_\alpha = \left[1.88 - 3.2\left(\frac{1}{z_1} + \frac{1}{z_2}\right)\right]\cos\beta = 1.71$$

$$\varepsilon_\beta = 0 \quad (\beta = 0°)$$

由 ε_α 和 ε_β 查图7-27，得 $Z_\varepsilon = 0.88$。

因为齿数比的误差非常小，可以忽略，故只需看 KZ_ε^2 的变化对强度的影响。因为实际的 $KZ_\varepsilon^2 = 1.26 \times 0.88^2 \approx 0.976 < K_0 Z_{\varepsilon 0}^2$，所以中心距 a 的选取偏大，中心距越大，接触疲劳强度越高，故接触疲劳强度足够。

（4）验算齿根弯曲疲劳强度。

根据材料热处理，查图7-32，$\sigma_{Flim1} = 220\text{MPa}$，$\sigma_{Flim2} = 200\text{MPa}$，取 $S_F = 1.25$。查图7-33、图7-34，得 $Y_{N1} = Y_{N2} = 1.0$，$Y_{X1} = Y_{X2} = 1.0$。取 $Y_{ST} = 2.0$，则计算出许用应力：

$$[\sigma_F]_1 = \frac{\sigma_{Flim1}}{S_F} Y_{N1} Y_{X1} Y_{ST} = \frac{220}{1.25} \times 1.0 \times 1.0 \times 2.0 = 352\text{MPa}$$

$$[\sigma_F]_2 = \frac{\sigma_{Flim2}}{S_F} Y_{N2} Y_{X2} Y_{ST} = \frac{200}{1.25} \times 1.0 \times 1.0 \times 2.0 = 320\text{MPa}$$

由表7-10、表7-11查得 $Y_{Fa1} = 2.72$，$Y_{Fa2} = 2.176$，$Y_{Sa1} = 1.583$，$Y_{Sa2} = 1.80$。由式(7-50)计算 $Y_\varepsilon = 0.69$。

验算弯曲疲劳强度：

$$\begin{aligned}\sigma_{F1} &= \frac{2KT_1}{bd_1 m} Y_{Fa1} Y_{Sa1} Y_\varepsilon \\ &= \frac{2 \times 1.26 \times 79583.33}{60 \times 57.5 \times 2.5} \times 2.72 \times 1.583 \times 0.69 \\ &= 69\text{MPa} \leqslant [\sigma_F]_1\end{aligned}$$

$$\sigma_{F2} = \frac{2KT_1}{bd_1 m} Y_{Fa2} Y_{Sa2} Y_{\varepsilon}$$
$$= \frac{2 \times 1.26 \times 79583.33}{60 \times 57.5 \times 2.5} \times 2.176 \times 1.80 \times 0.69$$
$$= 62.8\text{MPa} \leqslant [\sigma_F]_2$$

齿根弯曲疲劳强度足够。

（5）齿轮的主要参数和几何尺寸。

$z_1 = 23$, $z_2 = 109$, $u = 4.739$, $m = 2.5$, $\alpha = 20°$, $h_a^* = 1.0$, $c^* = 0.25$;

$d_1 = mz_1 = 2.5 \times 23 = 57.5\text{mm}$;

$d_2 = mz_2 = 2.5 \times 109 = 272.5\text{mm}$;

$d_{a1} = d_1 + 2mh_a^* = 57.5 + 2 \times 2.5 \times 1.0 = 62.5\text{mm}$;

$d_{a2} = d_2 + 2mh_a^* = 272.5 + 2 \times 2.5 \times 1.0 = 277.5\text{mm}$;

$d_{f1} = d_1 - 2m(h_a^* + c^*) = 57.5 - 2 \times 2.5 \times (1.0 + 0.25) = 51.25\text{mm}$;

$d_{f2} = d_2 - 2m(h_a^* + c^*) = 272.5 - 2 \times 2.5 \times (1.0 + 0.25) = 266.25\text{mm}$;

$a = \frac{d_1 + d_2}{2} = \frac{57.5 + 272.5}{2} = 165\text{mm}$;

$b_2 = b = 60\text{mm}$, $b_1 = b_2 + (5 \sim 10) = 65 \sim 70\text{mm}$，取 $b_1 = 68\text{mm}$。

7.14 标准斜齿圆柱齿轮传动的强度计算

7.14.1 受力分析

两标准斜齿圆柱齿轮在标准安装条件下的受力如图 7-36 所示。若不计摩擦时，可将作用在齿面上的法向力 F_n 分解为三个相互垂直的分力：圆周力 F_t、径向力 F_r 以及轴向力 F_a。

$$\begin{aligned} F_{t1} &= 2T_1/d_1 = -F_{t2} \\ F_{r1} &= F_{t1}\tan\alpha_n/\cos\beta \\ F_{a1} &= F_{t1}\tan\beta \\ F_n &= F_{t1}/(\cos\alpha_n\cos\beta) \end{aligned} \tag{7-55}$$

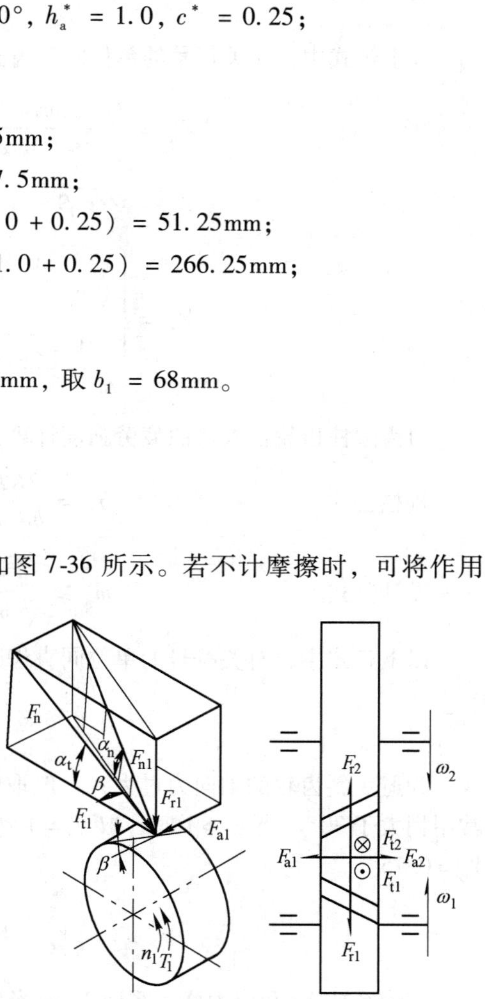

图 7-36 斜齿轮的受力分析

式中 β——节圆螺旋角，对标准斜齿轮即为分度圆螺旋角；

α_n——法面压力角，对标准斜齿轮 $\alpha_n = 20°$。

作用在主、从动轮上的各力均对应大小相等，方向相反。其中各分力的方向可如下判定：

圆周力 F_t 和径向力 F_r 方向的判断方法与直齿圆柱齿轮相同。主动轮上的轴向力 F_a 可用左右手法则来判断：当主动轮是右旋时用右手法则；主动轮是左旋时用左手法则。四指表示主动轮的转向，拇指张开所指的方向为主动轮上轴向力 F_a 的方向（注意以上左右手法则应用于主动轮）。从动轮的轴向力与主动轮的相反。

7.14.2 强度计算

标准斜齿圆柱齿轮传动的强度计算是在它的当量齿轮上进行的，其计算原理与直齿轮相似。由于轮齿倾斜，具有纵向重合度，使总的重合度增大，接触线增长，应力降低，从而承载能力提高。因此引入螺旋角系数 Z_β 和 Y_β 修正轮齿倾斜给强度带来的影响。

斜齿圆柱齿轮齿面接触疲劳强度计算：

校核公式
$$\sigma_H = Z_H Z_E Z_\varepsilon Z_\beta \sqrt{\frac{2KT_1}{bd_1^2}\frac{u \pm 1}{u}} \leqslant [\sigma_H] \tag{7-56}$$

设计公式
$$a \geqslant (u \pm 1)\sqrt[3]{\frac{KT_1}{2\phi_a u}\left(\frac{Z_E Z_H Z_\varepsilon Z_\beta}{[\sigma_H]}\right)^2} \tag{7-57}$$

以上各式中，有关符号的单位同直齿圆柱齿轮，其中 Z_H、Z_β、Z_ε 分别由下列公式计算：

$$Z_H = \sqrt{\frac{2\cos\beta_b}{\cos\alpha_t \sin\alpha_t}} \tag{7-58}$$

$$Z_\beta = \sqrt{\cos\beta} \tag{7-59}$$

$$Z_\varepsilon = \begin{cases} \sqrt{\dfrac{1}{\varepsilon_\alpha}} & \text{当 } \varepsilon_\beta \geqslant 1 \text{ 时} \\ \sqrt{\dfrac{4-\varepsilon_\alpha}{3}(1-\varepsilon_\beta) + \dfrac{\varepsilon_\beta}{\varepsilon_\alpha}} & \text{当 } \varepsilon_\beta < 1 \text{ 时} \end{cases} \tag{7-60}$$

斜齿圆柱齿轮齿根弯曲疲劳强度计算：

校核公式
$$\sigma_F = \frac{2KT_1}{bd_1 m_n} Y_{Fa} Y_{Sa} Y_\varepsilon Y_\beta \leqslant [\sigma_F] \tag{7-61}$$

设计公式
$$m_n \geqslant \sqrt[3]{\frac{4KT_1\cos^2\beta}{\phi_a(u \pm 1)z_1^2}\frac{Y_{Fa} Y_{Sa} Y_\varepsilon Y_\beta}{[\sigma_F]}} \tag{7-62}$$

以上各式中，有关符号的单位同直齿圆柱齿轮，其中 Y_β、Y_ε 分别由下列公式计算：

$$Y_\beta = 1 - \varepsilon_\beta \frac{\beta}{120°} \tag{7-63}$$

为避免斜齿轮的轴向力过大，一般取螺旋角 $\beta = 8° \sim 15°$；人字齿轮一般取 $\beta = 25° \sim 40°$，常用稍大于 30°。当 $\varepsilon_\beta > 1$ 时，取 $\varepsilon_\beta = 1$ 计算；$\beta > 30°$时，取 $\beta = 30°$计算；当 $Y_\beta < 0.75$ 时，取 $Y_\beta = 0.75$。

$$Y_\varepsilon = 0.25 + \frac{0.75\cos^2\beta_b}{\varepsilon_\alpha} \tag{7-64}$$

齿形系数 Y_{Fa} 和应力修正系数 Y_{Sa} 按当量齿数 $z_v = z/\cos^3\beta$ 分别由表 7-10 和表 7-11 查取。

对于闭式软齿面齿轮传动，由设计式计算出中心距 a，并选定模数 m_n，初选螺旋角 β，则可计算齿数：

$$z_1 = \frac{2a\cos\beta}{m_n(u \pm 1)} \tag{7-65}$$

$$z_2 = uz_1 \tag{7-66}$$

z_1 和 z_2 取整后，对螺旋角 β 进行修正：

$$\beta = \arccos\frac{m_n(z_2 \pm z_1)}{2a} \tag{7-67}$$

对于闭式硬齿面齿轮传动，初选螺旋角 β 、小齿轮齿数 z_1 ，再根据设计式计算模数 m_n（取标准值），然后计算中心距 a（往大圆整为以 0 或 5 结尾的数字），最后修正螺旋角 β 。

[例 7-2] 单级闭式斜齿圆柱齿轮传动的设计计算。已知传递的功率 $P = 14.82\text{kW}$，传动比 $i = 4.78$，主动轮转速 $n_1 = 970\text{r/min}$。工作中有轻微冲击，单向运转，两班制工作，每年工作 250 天，预期使用 10 年。

设计步骤：

（1）选择齿轮材料和精度等级。

由表 7-6，小齿轮采用 45 钢，表面淬火，硬度 45 ~ 50HRC；大齿轮采用 45 钢，表面淬火，硬度 40 ~ 45HRC。根据使用情况，估计速度 $v \leqslant 6\text{m/s}$，初步选用 8 级精度的齿轮。

（2）按齿根弯曲疲劳强度确定中心距（硬齿面材料齿轮的设计准则）。

应力循环次数：

$$N_1 = 60 n_1 j L_h = 60 \times 970 \times 1 \times 10 \times 250 \times 16 = 2.328 \times 10^9$$

$$N_2 = N_1 / i = 2.328 \times 10^9 / 4.78 = 4.87 \times 10^8$$

主、从动轮齿面硬度按 50HRC、45HRC，由图 7-32 得 $\sigma_{\text{Flim1}} = 340\text{MPa}$、$\sigma_{\text{Flim2}} = 300\text{MPa}$；查图 7-33、图 7-34，得 $Y_{N1} = Y_{N2} = 1.0$，估 $Y_{X1} = Y_{X2} = 0.99$。取 $Y_{ST} = 2.0$，$S_F = 1.25$，则许用应力：

$$[\sigma_F]_1 = \frac{\sigma_{\text{Flim1}}}{S_F} Y_{N1} Y_{X1} Y_{ST} = \frac{340}{1.25} \times 1.0 \times 0.99 \times 2.0 = 538.56\text{MPa}$$

$$[\sigma_F]_2 = \frac{\sigma_{\text{Flim2}}}{S_F} Y_{N2} Y_{X2} Y_{ST} = \frac{300}{1.25} \times 1.0 \times 0.99 \times 2.0 = 475.2\text{MPa}$$

小齿轮的转矩：

$$T_1 = 9.55 \times 10^6 \frac{P_1}{n_1} = 9.55 \times 10^6 \frac{14.82}{970} = 145908\text{N} \cdot \text{mm}$$

硬齿面斜齿轮有轻微冲击，初取 $K_0 = 2.0$ ，螺旋角 $\beta = 12°$，闭式传动取 $z_1 = 20$，齿宽系数 $\phi_a = 0.3$，则：

$$z_2 = u z_1 = 95.6, \text{取 } z_2 = 96$$

实际传动比：

$$i_{\text{实}} = z_2 / z_1 = 96/20 = 4.8$$

传动比误差：

$$\Delta i = \frac{i_{\text{理}} - i_{\text{实}}}{i_{\text{理}}} \times 100\% = \frac{4.78 - 4.8}{4.78} \times 100\% = -0.42\% < \pm 5\%$$

满足一般设计要求。

当量齿数：

$$z_{v1} = z_1 / \cos^3\beta = 20/\cos^3 12° = 21.37$$

$$z_{v2} = z_2 / \cos^3\beta = 96/\cos^3 12° = 102.58$$

根据当量齿数查表 7-10、表 7-11，得 $Y_{Fa1} = 2.77$，$Y_{Fa2} = 2.18$，$Y_{Sa1} = 1.57$，$Y_{Sa2} = 1.79$。

端面和纵向重合度：

$$\varepsilon_\alpha = \left[1.88 - 3.2\left(\frac{1}{z_1} + \frac{1}{z_2}\right)\right]\cos\beta = \left[1.88 - 3.2\left(\frac{1}{20} + \frac{1}{96}\right)\right]\cos 12° = 1.65$$

$$\varepsilon_\beta = 0.3183\phi_d z_1 \tan\beta = 0.3183 \times 0.867 \times 20 \times \tan12° = 1.173$$

根据式（7-63），螺旋角系数 $Y_\beta = 1 - \varepsilon_\beta \dfrac{\beta}{120°} = 1 - 1.173 \times \dfrac{12°}{120} = 0.8827$

$$\alpha_t = \arctan(\tan\alpha_n / \cos\beta) = \arctan(\tan20° / \cos12°) = 20.41°$$

$$\beta_b = \arctan(\tan\beta \times \cos\alpha_t) = \arctan(\tan12° \times \cos20.41°) = 11.27°$$

由式（7-64）计算 $Y_\varepsilon = 0.25 + 0.75\cos^2\beta_b / \varepsilon_\alpha = 0.6872$。

将 $Y_{Fa1}Y_{Sa1}/[\sigma_F]_1$ 与 $Y_{Fa2}Y_{Sa2}/[\sigma_F]_2$ 中较大者代入设计式（7-62）确定齿轮模数：

$$m_n \geqslant \sqrt[3]{\frac{4KT_1\cos^2\beta}{\phi_a(u \pm 1)z_1^2} \frac{Y_{Fa2}Y_{Sa2}Y_\varepsilon Y_\beta}{[\sigma_F]_2}}$$

$$= \sqrt[3]{\frac{4 \times 2.0 \times 145908 \times \cos^2 12°}{0.3(4.78 + 1) \times 20^2} \times \frac{2.18 \times 1.79 \times 0.6872 \times 0.8827}{475.2}}$$

$$= 2.03\text{mm}$$

取 $m_n = 2.5$。

确定中心距：

$$a = \frac{m_n z_1(u + 1)}{2\cos\beta} = \frac{2.5 \times 20 \times (4.8 + 1)}{2\cos12°} = 148.2\text{mm}$$

取 $a = 150$mm。

修正螺旋角：

$$\beta = \arccos\frac{m_n(z_2 + z_1)}{2a} = \arccos\frac{2.5 \times (96 + 20)}{2 \times 150} = 14.84°$$

分度圆直径：

$$d_1 = m_n z_1 / \cos\beta = 2.5 \times 20 / \cos14.84° = 51.724\text{mm}$$

$$d_2 = m_n z_2 / \cos\beta = 2.5 \times 96 / \cos14.84° = 248.276\text{mm}$$

验算圆周速度：

$$v = \frac{\pi d_1 n_1}{60 \times 1000} = \frac{3.14 \times 51.724 \times 970}{60 \times 1000} \approx 2.62\text{m/s} \leqslant 6\text{m/s}$$

选 8 级精度齿轮适用。

(3) 修正系数。

当量齿数：

$$z_{v1} = z_1 / \cos^3\beta = 20 / \cos^3 14.84° = 22.14$$

$$z_{v2} = z_2 / \cos^3\beta = 96 / \cos^3 14.84° = 106.28$$

根据当量齿数查表 7-10、表 7-11，齿形系数 Y_{Fa} 与应力修正系数 Y_{Sa} 变化很小，可忽略。

端面和纵向重合度：

$$\varepsilon_\alpha = \left[1.88 - 3.2\left(\frac{1}{z_1} + \frac{1}{z_2}\right)\right]\cos\beta = \left[1.88 - 3.2\left(\frac{1}{20} + \frac{1}{96}\right)\right]\cos14.84° = 1.63$$

$$\varepsilon_\beta = 0.3183\phi_d z_1 \tan\beta = 0.3183 \times 0.867 \times 20 \times \tan14.84° = 1.462$$

根据式（7-63），螺旋角系数：

$$Y_\beta = 1 - \varepsilon_\beta \frac{\beta}{120^\circ} = 1 - 1.462 \times \frac{14.84^\circ}{120} = 0.8192$$

而 $\alpha_t = \arctan(\tan\alpha_n/\cos\beta) = \arctan(\tan20^\circ/\cos14.84^\circ) = 20.63^\circ$，$\beta_b = \arctan(\tan\beta/\cos\alpha_t) = \arctan(\tan14.84^\circ \times \cos20.63^\circ) = 13.93^\circ$

由式（7-64）计算 Y_ε

$$Y_\varepsilon = 0.25 + \frac{0.75\cos^2\beta_b}{\varepsilon_\alpha} = 0.6835$$

因电机驱动，有轻微冲击，查表 7-7，$K_A = 1.25$；由于 $v = 2.62\text{m/s}$，8 级齿轮，查图 7-23，$K_v = 1.15$；单级硬齿面齿轮传动，其轴上轴承对称布置，且 $\phi_d = \phi_a(u+1)/2 = 0.87$，由图 7-25 查得 $K_\beta = 1.07$；齿宽 $b = \phi_d d_1 = 0.87 \times 51.724 = 45.000\text{mm}$，取 $b = 46\text{mm}$。由表 7-8 查得，$K_\alpha = 1.4$。

计算载荷系数：

$$K = K_A K_v K_\beta K_\alpha = 1.25 \times 1.15 \times 1.07 \times 1.4 = 2.15$$

与初估值相差不大。

由于模数的选取值与计算值相差较大，而系数的变化较小，故模数不需要修正。

（4）计算齿面接触疲劳强度。

查图 7-29，得 $\sigma_{\text{Hlim1}} = 1150\text{MPa}$，$\sigma_{\text{Hlim2}} = 1080\text{MPa}$，查图 7-30，$Z_{N1} = 1.0$，$Z_{N2} = 1.07$；查图 7-31，$Z_{X1} = Z_{X2} = 1.0$；取 $Z_W = 1.0$；取 $Z_{LVR} = 0.92$；取 $S_H = 1.0$。计算许用应力

$$[\sigma_H]_1 = \frac{\sigma_{\text{Hlim1}}}{S_H} Z_{N1} Z_{X1} Z_W Z_{LVR}$$

$$= \frac{1150}{1.0} \times 1.0 \times 1.0 \times 1.0 \times 0.92$$

$$= 1058\text{MPa}$$

$$[\sigma_H]_2 = \frac{\sigma_{\text{Hlim2}}}{S_H} Z_{N2} Z_{X2} Z_W Z_{LVR}$$

$$= \frac{1080}{1.0} \times 1.07 \times 1.0 \times 1.0 \times 0.92$$

$$= 1063.15\text{MPa}$$

由表 7-9 查得，$Z_E = 189.8\sqrt{\text{MPa}}$；$Z_H = \sqrt{2\cos\beta_b/(\cos\alpha_t \sin\alpha_t)} = 2.43$；由 ε_α 和 ε_β 查图 7-27，得重合度系数 $Z_\varepsilon = 0.784$；$Z_\beta = \sqrt{\cos\beta} = \sqrt{\cos14.84^\circ} = 0.983$，因此得：

$$\sigma_H = Z_H Z_E Z_\varepsilon Z_\beta \sqrt{\frac{2KT_1}{bd_1^2} \frac{u \pm 1}{u}}$$

$$= 2.43 \times 189.8 \times 0.784 \times 0.983 \times \sqrt{\frac{2 \times 2.15 \times 145908}{46 \times 51.724^2} \times \frac{4.8 + 1}{4.8}}$$

$$= 882.2\text{MPa} \leqslant [\sigma_H]_1$$

接触疲劳强度足够。

（5）齿轮的主要参数和几何尺寸。

$z_1 = 20$，$z_2 = 96$，$u = 4.8$，$m = 2.5$，$\alpha = 20^\circ$，$\beta = 14.84^\circ$，$h_{an}^* = 1.0$，$c_n^* = 0.25$，

$d_1 = mz_1/\cos\beta = 2.5 \times 20/\cos 14.84° = 51.724\text{mm}$,

$d_2 = m_n z_2/\cos\beta = 2.5 \times 96/\cos 14.84° = 248.276\text{mm}$,

$d_{a1} = d_1 + 2m_n h_{an}^* = 51.724 + 2 \times 2.5 \times 1.0 = 56.724\text{mm}$,

$d_{a2} = d_2 + 2m_n h_{an}^* = 248.276 + 2 \times 2.5 \times 1.0 = 253.276\text{mm}$,

$d_{f1} = d_1 - 2m_n(h_{an}^* + c_n^*) = 51.724 - 2 \times 2.5 \times (1.0 + 0.25) = 45.474\text{mm}$,

$d_{f2} = d_2 - 2m_n(h_{an}^* + c_n^*) = 248.276 - 2 \times 2.5 \times (1.0 + 0.25) = 242.026\text{mm}$,

$a = \dfrac{d_1 + d_2}{2} = \dfrac{51.724 + 248.276}{2} = 150\text{mm}$,

$b_2 = b = 46\text{mm}$，$b_1 = b_2 + (5 \sim 10) = 51 \sim 56\text{mm}$，取 $b_1 = 54\text{mm}$。

7.15　标准直齿圆锥齿轮传动的强度计算

7.15.1　受力分析

标准直齿圆锥齿轮的受力情况如图 7-37 所示。忽略齿间摩擦，齿面上的法向力 F_n 集中作用在平均分度圆上，即齿宽的中点，可分解为三个相互垂直的分力：圆周力 F_t、径向力 F_r 以及轴向力 F_α。

$$
\begin{aligned}
F_{t1} &= \frac{2T_1}{d_{m1}} = -F_{t2} \\
F_{r1} &= F_{t1}\tan\alpha\cos\delta_1 = -F_{a2} \\
F_{a1} &= F_{t1}\tan\alpha\sin\delta_1 = -F_{r2} \\
F_{n1} &= \frac{F_{t1}}{\cos\alpha} = -F_{n2}
\end{aligned}
\tag{7-68}
$$

式中　T_1 ——小圆锥齿轮传递的转矩，N · mm；

d_{m1}——小圆锥齿轮的平均分度圆直径，$d_{m1} = d_1(1 - 0.5\phi_R)$，mm；

δ_1 ——小圆锥齿轮的分锥角。

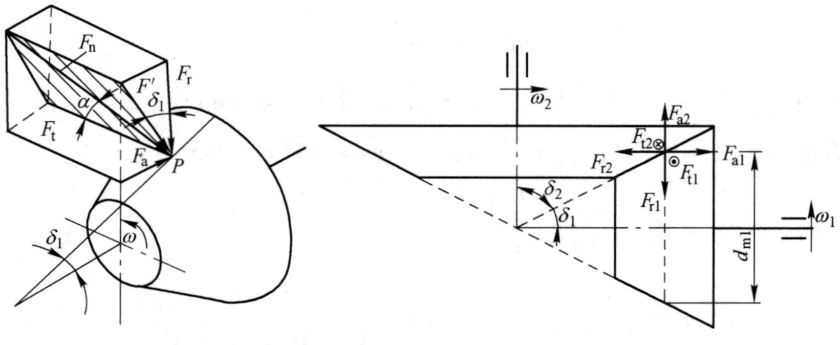

图 7-37　直齿圆锥齿轮的受力分析

各分力的方向可按如下方法判定：主动轮上的圆周力 F_t 是阻力，与转动方向相反；从动轮上的圆周力 F_t 是驱动力，与转动方向相同；径向力 F_r 分别指向各自的轮心；轴向力 F_a 分别指向各自的大端（注意 F_{r1} 与 F_{a2}、F_{a1} 与 F_{r2} 大小相等，方向相反）。

7.15.2　强度计算

直齿圆锥齿轮传动的失效形式与圆柱齿轮传动一样，为了简化计算，直齿圆锥齿轮的强度按平均分度圆处（即齿宽中点）的当量直齿圆柱齿轮来计算。但是由于锥齿轮的制造精度低，基于安全可靠性考虑，强度计算时，认为传动中只有一对齿参与啮合，故可不计入齿间载荷分配系数 K_α 和重合度系数 Y_ε、Z_ε 的影响，那么载荷系数 $K=K_AK_vK_\beta$。在选取 K_β 时，用 b/d_{m1} 代替 b/d_1。

直齿圆锥齿轮传动齿面接触疲劳强度计算：

校核公式
$$\sigma_H=Z_EZ_H\sqrt{\frac{4KT_1}{\phi_R(1-0.5\phi_R)^2d_1^3u}}\leqslant[\sigma_H] \tag{7-69}$$

设计公式
$$d_1\geqslant\sqrt[3]{\frac{4KT_1}{\phi_R(1-0.5\phi_R)^2u}\left(\frac{Z_EZ_H}{[\sigma_H]}\right)^2} \tag{7-70}$$

式中　ϕ_R——圆锥齿轮的齿宽系数，$\phi_R=b/R$，一般取 $\phi_R=0.2\sim0.35$，常用的值为 $\phi_R=1/3$。

直齿圆锥齿轮传动齿根弯曲疲劳强度计算：

校核公式
$$\sigma_F=\frac{2KT_1}{bd_1m(1-0.5\phi_R)}Y_{Fa}Y_{Sa}\leqslant[\sigma_F] \tag{7-71}$$

设计公式
$$m\geqslant\sqrt[3]{\frac{4KT_1}{\phi_R(1-0.5\phi_R)^2z_1^2\sqrt{u^2+1}}\frac{Y_{Fa}Y_{Sa}}{[\sigma_F]}} \tag{7-72}$$

齿形系数 Y_{Fa} 和应力修正系数 Y_{Sa} 按当量齿数 $z_v=z/\cos\delta$ 分别由表 7-10 和表 7-11 查取。

在设计圆锥齿轮传动时，应初取载荷系数 $K_0=1.2\sim1.6$，待基本参数确定后再进行修正；齿数比 $u\leqslant3$，最大可达 5～7.14；选取 z_1 时保证当量齿数 $z_{v1}\geqslant17$；在确定许用应力 $[\sigma_H]$ 和 $[\sigma_F]$ 时，Z_X、Y_X 应按平均直径 d_m 上的模数 $m_m=m(1-0.5\phi_R)$ 由图 7-31、图 7-34 查取。

7.16　齿轮的结构设计

进行齿轮的结构设计时，必须综合考虑齿轮的几何尺寸、毛坯、材料、加工工艺、使用要求以及经济性等因素。通常是先按齿轮的直径大小选定合适的结构形式，然后再根据经验数据来完成结构设计。

另外齿轮的结构设计还要考虑齿轮与轴的联接问题。一般来说，齿轮与轴可采用单键联接；但是当齿轮转速较高时，应采用花键或双键联接；对于沿轴滑移的齿轮，可采用花键或双导键联接。

常用的齿轮结构形式见表 7-15。

表 7-15　齿轮结构

名　称		结构形式	结构尺寸
锻造齿轮	实心式	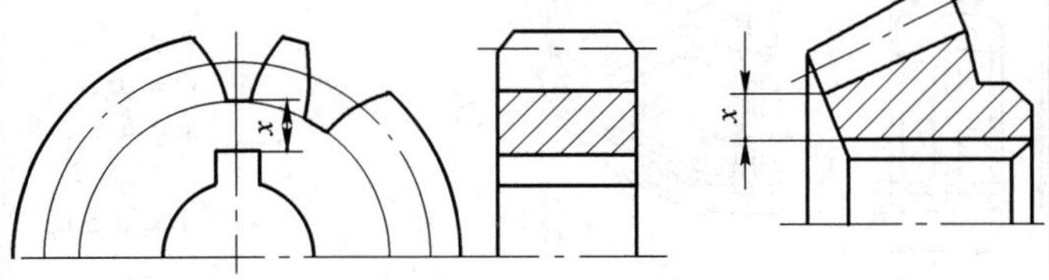 a　　b	适用 $d_a\leqslant200$mm 圆柱齿轮 $x>(2\sim2.5)$mm 圆锥齿轮 $x>(1.6\sim2)$mm x：齿根圆与键槽底部的距离

续表 7-15

名称		结构形式	结构尺寸
锻造齿轮	轴齿轮	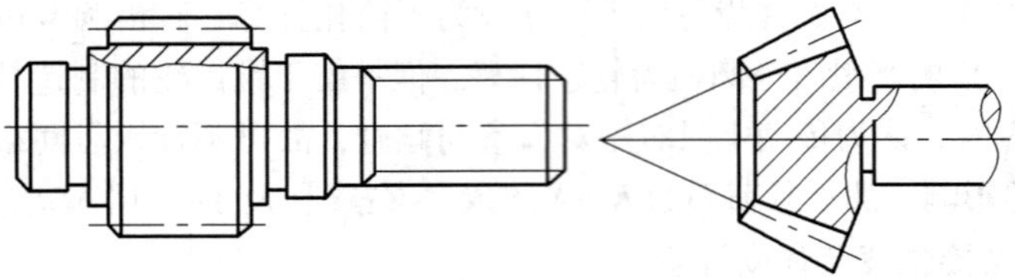 a　　　　b	圆柱齿轮 $x \leqslant (2 \sim 2.5)$mm 圆锥齿轮 $x \leqslant (1.6 \sim 2)$mm
	腹板式圆柱齿轮	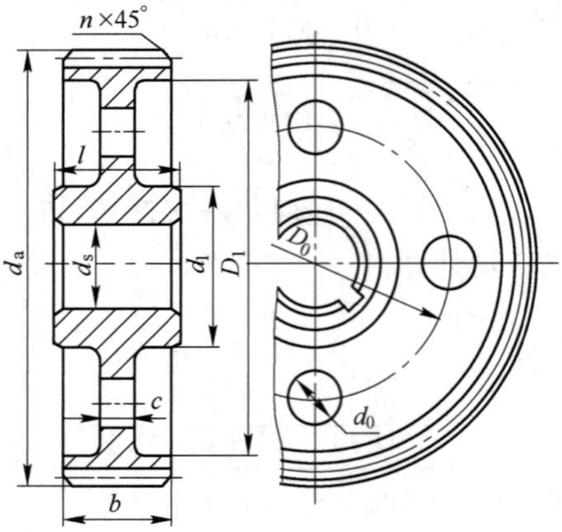	200mm < $d_a \leqslant$ 500mm $d_1 = 1.6d_s$（d_s 为轴径） $D_0 = 0.5(D_1 + d_1)$ $D_1 = d_a - (10 \sim 12)m_n$ $d_0 = 0.25(D_1 - d_1)$ $c = 0.3b$ $l = (1.2 \sim 1.3)d_s \geqslant b$ $n = 0.5m_n$ 圆角 r = 5mm
	腹板式圆锥齿轮	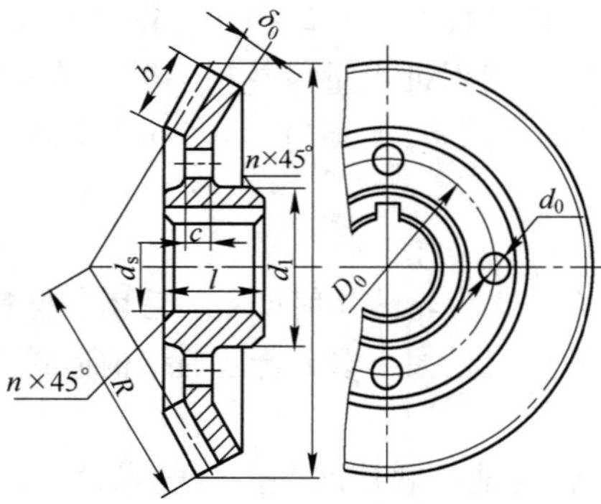	200mm < $d_a \leqslant$ 500mm $d_1 = 1.6d_s$（铸钢） $d_1 = 1.8d_s$（铸铁） $l = (1 \sim 1.2)d_s$ $c = (0.1 \sim 0.17)l$，但不小于10mm $\delta_0 = (3 \sim 4)$m，但不小于10mm D_0、d_0，按结构确定
铸造齿轮	轮辐式圆柱齿轮	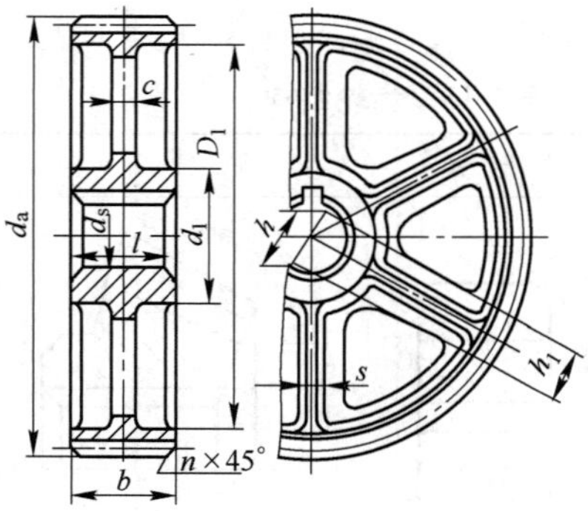	d_a > 400mm $d_1 = 1.6d_s$（铸钢） $d_1 = 1.8d_s$（铸铁） $D_1 = d_a - (10 \sim 12)m_n$ $h = 0.8d_s$ $h_1 = 0.8h$ $c = 0.2h$ $s = h/6$，但不小于 10mm $l = (1.2 \sim 1.5)d_s$ $n = 0.5m_n$

续表 7-15

名　称		结 构 形 式	结构尺寸
铸造齿轮	轮辐式圆锥齿轮	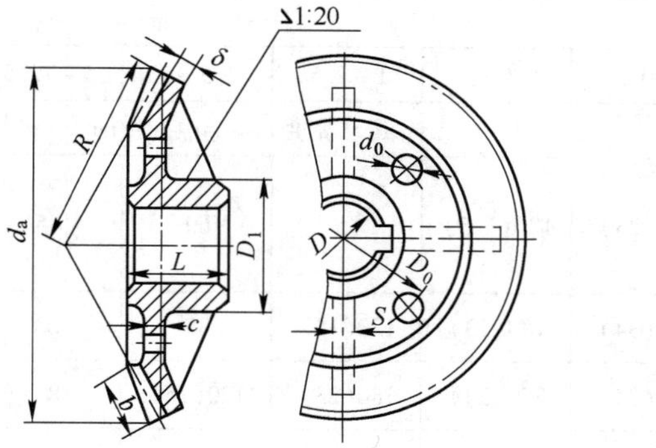	d_a > 300mm D_1 = 1.6D（铸钢） D_1 = 1.8D（铸铁） L = (1 ~ 1.2)D δ = (3 ~ 4)m，但不小于10mm c = (0.1 ~ 0.17)R，但不小于10mm S = 0.8c，但不小于10mm D_0、d_0，按结构确定

7.17 齿轮传动的润滑设计

7.17.1 齿轮传动的润滑方式

齿轮传动时，齿面间存在相对滑动，产生摩擦和磨损，高速传动时尤为突出。良好的润滑能减摩、散热、防腐蚀并能提高齿轮传动的效率。

（1）开式及半开式齿轮传动的润滑。开式及半开式齿轮传动通常采用人工周期性加润滑油或润滑脂的润滑方式。

（2）闭式齿轮传动的润滑。闭式齿轮传动的润滑方式主要根据齿轮的圆周速度大小而定。当齿轮圆周速度 $v \leqslant 12$m/s 时，可采用浸油润滑方式，如图 7-38 所示，将大齿轮的轮齿浸入油池，借助齿轮转动将油带入啮合齿面；浸油深度约为一个齿高，最大深度不超过大齿轮分度圆半径的 1/3，且要保证齿顶距离箱体底部内表面大约 30 ~ 50mm。油池中的油量根据传递功率大小确定，对单级传动，油量为 0.35 ~ 0.70L/kW，多级传动按级数成倍增加。

当齿轮圆周速度较高（$v > 12$m/s）时，应采用喷油润滑方式，如图 7-39 所示，通过油路把具有一定压力（202 ~ 252.5kPa）的润滑油喷到轮齿的啮合面上。

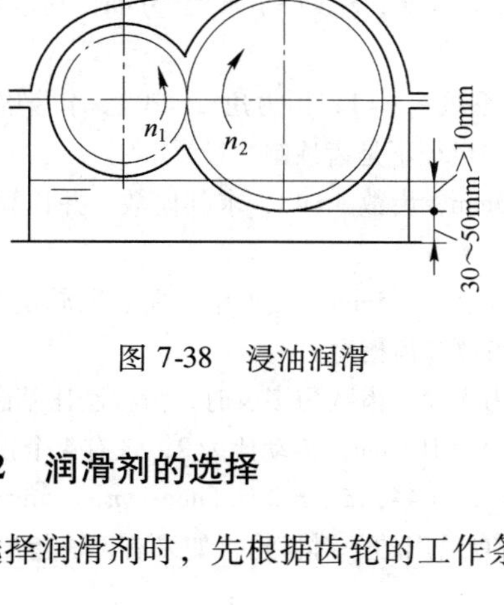

图 7-38　浸油润滑

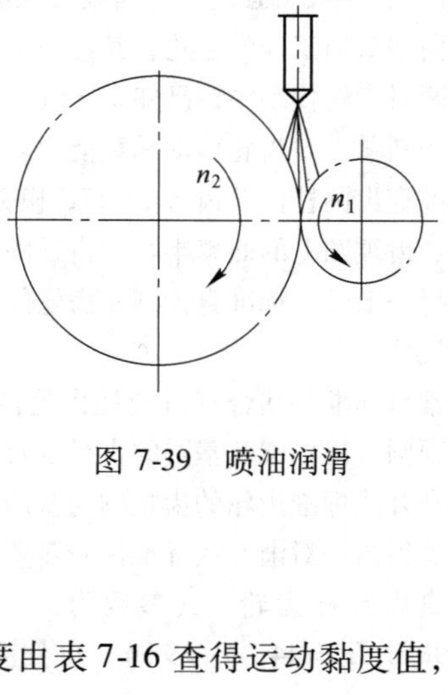

图 7-39　喷油润滑

7.17.2 润滑剂的选择

选择润滑剂时，先根据齿轮的工作条件以及圆周速度由表 7-16 查得运动黏度值，再根据选定黏度确定润滑油的牌号。

表 7-16　齿轮传动润滑油黏度荐用值

齿轮材料	强度极限 σ_B /MPa	圆周速度 v/m·s^{-1}						
		<0.5	0.5~1	1~2.5	2.5~5	5~12.5	12.5~25	>25
		运动黏度 $\nu_{50℃}$($\nu_{100℃}$)/mm^2·s^{-1}						
塑料、青铜、铸铁	—	180(23)	120(1.5)	85	60	45	34	—
钢	450~1000	270(34)	180(23)	120(15)	85	60	45	34
	1000~1250	270(34)	270(34)	180(23)	120(15)	85	60	45
渗碳或表面淬火钢	1250~1580	450(53)	270(34)	270(34)	180(23)	120(15)	85	60

注：1. 多级齿轮传动按各级所选润滑油黏度的平均值来确定润滑油；

2. 对于 σ_B >800MPa 的镍镉钢齿轮（不渗碳），润滑油黏度取高一档的数值。

复习思考题

7-1　齿廓应符合什么条件才能使传动比保持不变，常用的共轭齿廓有哪几种？

7-2　渐开线是怎样形成的，它有哪些性质，渐开线齿廓的啮合特点是什么？

7-3　渐开线齿轮传动的正确啮合条件和连续传动条件是什么，渐开线齿轮为什么要有最少齿数的限制？

7-4　分度圆、节圆、模数、压力角、啮合角、重合度的基本含义是什么，单个齿轮上是否存在节圆？

7-5　各种齿轮机构的传动特点是什么？

7-6　平行轴斜齿圆柱齿轮法面参数与端面参数的关系是什么，哪一面的参数为标准值，其当量齿数如何计算？

7-7　圆锥齿轮以哪端参数为标准，其几何尺寸的计算以哪端为基准，其当量齿轮是什么样的齿轮，当量齿数如何计算？

7-8　齿轮的失效形式和计算准则是什么？

7-9　齿轮的接触疲劳强度和弯曲疲劳强度主要与哪些参数有关？

7-10　单向和双向工作的齿轮，其许用工作应力取值是否相同，为什么？

7-11　在两对齿轮传动中，已知 $z_1=21$，$z_2=64$，$m_{12}=4$mm；$z_3=26$，$z_4=69$，$m_{34}=3$mm，其他均相同，试判断哪一对齿轮传动承载能力高。

7-12　标准直齿圆柱齿轮齿数 $z=27$，模数 $m=3$mm，齿顶高系数 $h_a^*=1$，压力角 $\alpha=20°$。求齿廓在分度圆、齿顶圆上的曲率半径和齿顶圆压力角（提示：曲率半径不是齿顶圆半径）。

7-13　测得一渐开线标准直齿圆柱齿轮的齿顶圆直径 $d_a=200$mm，齿数 $z=48$，求其模数，并计算主要几何尺寸。

7-14　正常齿标准外啮合直齿圆柱齿轮传动中，$i=3$，$z_1=30$，$m=5$mm。试求中心距、两轮的分度圆、齿顶圆、齿根圆、基圆的直径以及齿距、基圆齿距、齿厚和齿槽宽。

7-15　当渐开线标准齿轮的齿根圆与基圆重合时，其齿数应为多少；齿数为多少时，齿根圆比基圆大？

7-16　减速器内一对渐开线标准齿轮需要更换，已知两轴间距为165mm，传动比为2，现有4个正常齿标准直齿圆柱齿轮，其参数为：$z_1=22$，$d_{a1}=96$mm；$z_2=44$，$d_{f2}=207.5$mm；$m_3=5$mm，$d_3=110$mm；$z_4=44$，$h_4=9$mm。试分析这四个齿轮中是否有适用的一对齿轮，如果有，请指出是哪两个，为什么？

7-17 一对渐开线齿廓在 K 点啮合，如图 7-40 所示，试求：

（1）啮合线如图所示，当 2 轮主动时，试确定两齿轮的转动方向。

（2）用阴影线标出两齿廓的工作段。

（3）在图上标出两齿轮的节圆 r_1'、r_2' 和啮合角 α'，并说明啮合角与节圆压力角间的关系。

7-18 一对标准直齿圆柱齿轮机构部分轮齿啮合情况如图 7-41 所示，

（1）画出 2 轮主动时的啮合线 $\overline{N_1N_2}$；

（2）标出 A 齿以及与 A 齿相啮合的轮齿的齿廓工作段；

（3）此时共有几对轮齿承受载荷？

（4）在图中标出法向齿距 p_n 与基圆齿距 p_b。

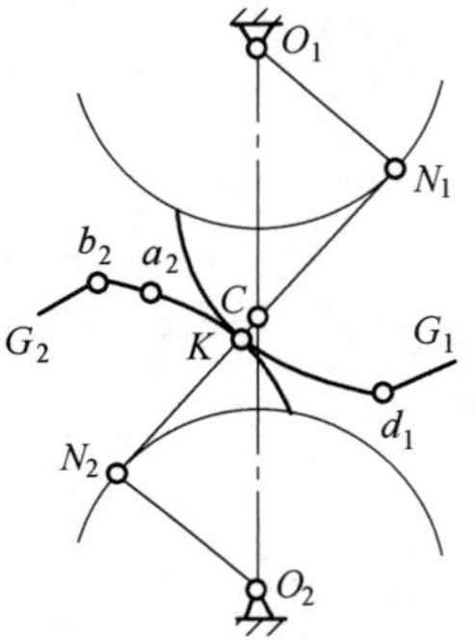

图 7-40

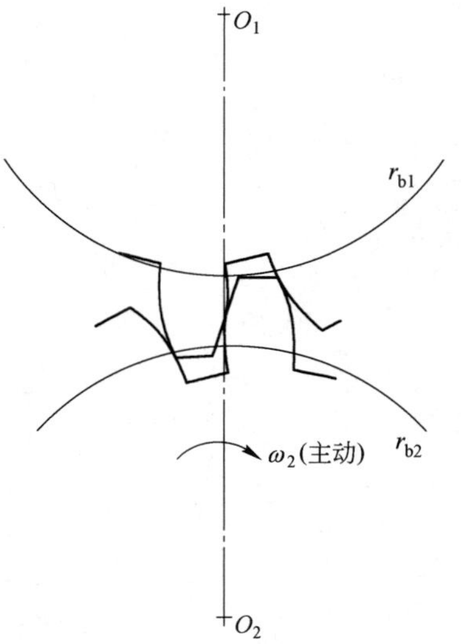

图 7-41

7-19 正常齿标准外啮合斜齿圆柱齿轮传动中，齿数 $z_1=27$，$z_2=100$，法面模数 $m=3\text{mm}$，螺旋角 $\beta=15°$。试求两轮的分度圆直径、齿顶圆直径、齿根圆直径和中心距。

7-20 已知一对正常齿渐开线标准斜齿圆柱齿轮 $a=250\text{mm}$，$z_1=23$，$z_2=98$，$m_n=4\text{mm}$，试计算其螺旋角、端面模数、端面压力角、当量齿数、分度圆直径、齿顶圆直径和齿根圆直径。

7-21 正常齿圆锥齿轮传动的 $\Sigma=90°$，$z_1=20$，$z_2=43$，$m=4\text{mm}$，试求两轮的分度圆直径、齿顶圆直径、齿根圆直径、分度圆锥角、顶锥角、根锥角和当量齿数。

7-22 已知一对内啮合正常齿标准直齿圆柱齿轮的 $z_1=20$，$z_2=60$，$m=4\text{mm}$，试参照图 7-5b 计算该对齿轮的中心距和内齿轮的分度圆直径、齿顶圆直径和齿根圆直径。

7-23 如图 7-42 所示，二级斜齿圆柱齿轮减速器中，已知主动轮的螺旋线方向及转向，试求：（1）确定各轮的转向。（2）其他齿轮的旋向如何配置才能使中间轴上的轴向力抵消一部分？

7-24 如图 7-43 所示，圆锥圆柱齿轮减速器中，试分析使中间轴上的轴向力抵消一部分时各齿轮的受力和转向。

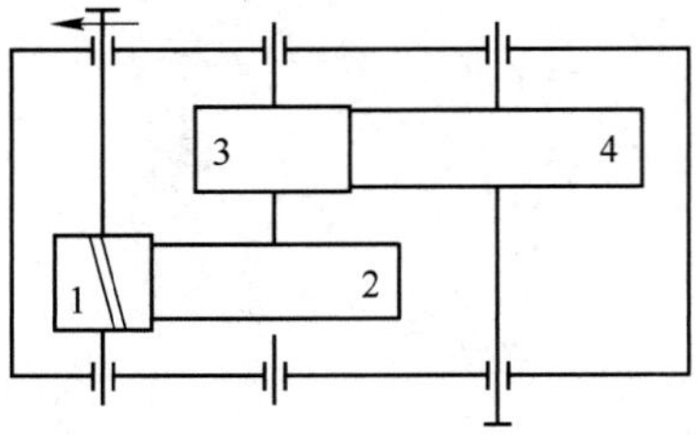

图 7-42

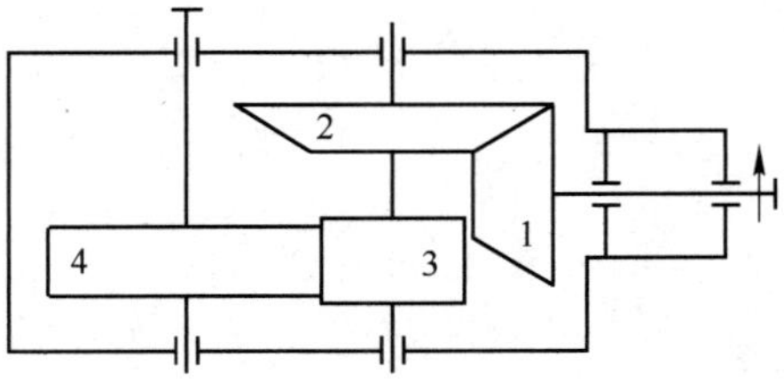

图 7-43

7-25　设计闭式直齿圆柱齿轮传动，已知传动功率 $P_1=7\mathrm{kW}$，$n_1=1450\mathrm{r/min}$，$n_2=700\mathrm{r/min}$，两班制工作，运行 8 年，齿轮位于轴承中间，传动平稳，电机驱动。

7-26　设计闭式斜齿圆柱齿轮传动，已知传动功率 $P_1=10\mathrm{kW}$，$n_1=960\mathrm{r/min}$，传动比 $i=3.5$，单班制工作，运行 10 年，电机单向驱动，载荷稍有波动。

7-27　试设计直齿圆锥齿轮传动，轴交角 $\Sigma=90°$，传动功率 $P_1=7\mathrm{kW}$，$n_1=970\mathrm{r/min}$，传动比 $i=3$，电机单向驱动，长期运转，载荷平稳。

8 蜗杆机构及传动

蜗杆机构用来传递交错轴间的运动和动力，其运动实质是螺旋传动，通常交错角为 $\Sigma=90°$，由蜗杆带动蜗轮转动。蜗杆传动在各类机床、设备和仪器中被广泛应用。本章重点介绍蜗杆机构的特点及参数选择，以及蜗杆传动的计算准则、强度计算、结构形式和热平衡计算。

8.1 蜗杆机构的类型、特点及参数选择

8.1.1 蜗杆机构的类型

蜗杆传动机构主要由蜗杆和蜗轮组成（图 8-1）。

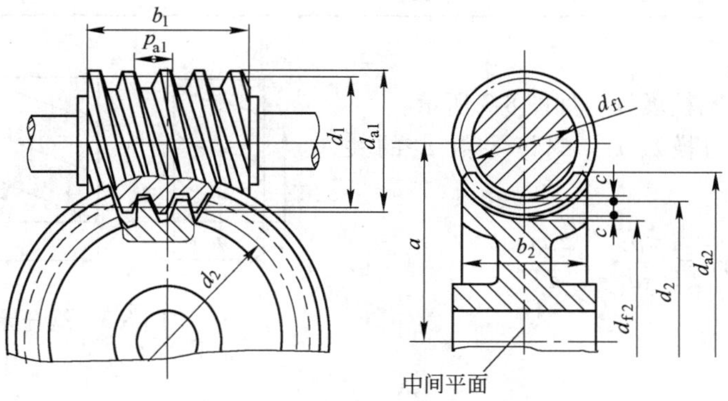

图 8-1 圆柱蜗杆传动的几何尺寸

蜗杆机构的类型一般按蜗杆形状划分，可分为圆柱蜗杆、圆弧面（也称环面）蜗杆和锥蜗杆。

圆柱蜗杆按其轴向剖面齿廓形状可分为普通圆柱蜗杆和圆弧齿圆柱蜗杆。

普通圆柱蜗杆按其端面齿廓曲线又可分为阿基米德蜗杆、渐开线蜗杆和延伸渐开线蜗杆。

由于阿基米德蜗杆具有加工简便的优点，在机械中应用最广。作为普通圆柱蜗杆的代表，本章只讨论阿基米德蜗杆（图8-2）及其传动。

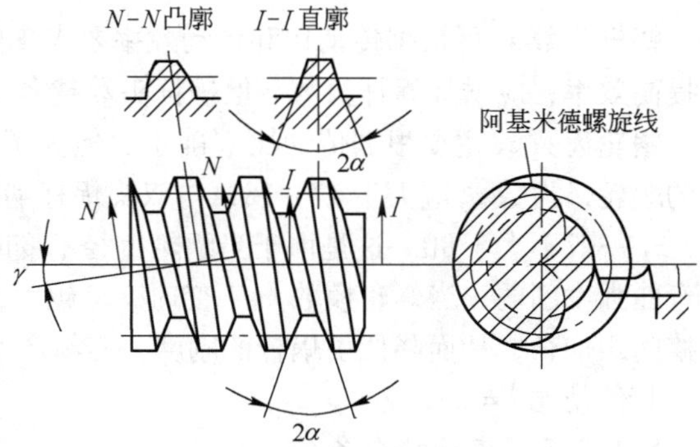

图 8-2 阿基米德圆柱蜗杆

蜗杆又根据螺旋线的旋向分为左旋蜗杆和右旋蜗杆（一般多采用右旋）；根据螺旋线的条数分为单头蜗杆和多头蜗杆。

蜗杆可看作是连续不断的齿条，与蜗轮

的啮合由逐渐进入到逐渐退出，啮合齿对多，故冲击载荷小。

8.1.2　蜗杆机构的基本参数、正确啮合条件、各部分尺寸计算

8.1.2.1　蜗杆机构的基本参数

A　中间平面和标准齿形

通过蜗杆轴线，垂直蜗轮轴线的平面称为中间平面，如图 8-1 所示。在该平面内，蜗杆传动的运动关系及几何关系可视为齿条与齿轮啮合。在中间平面上，蜗杆和蜗轮具有标准齿形、标准参数。

蜗杆轴面（中间平面）为直线齿廓，其参数为：$\alpha_{a1}=20°$（下标 a1 代表蜗杆轴面，因为一般蜗杆为主动件），m_{a1} 为标准值（蜗杆模数系列与齿轮模数系列有所不同，见表 8-1），$h^*_{aa1}=1.0$，$c^*_{a1}=0.2$；蜗轮端面（中间平面）参数为 $\alpha_{t2}=20°$（下标 t2 为蜗轮端面），m_{t2} 为标准值（与蜗杆模数 m_{a1} 相同），$h^*_{at2}=1.0$，$c^*_{t2}=0.2$。

表 8-1　蜗杆模数系列

第一系列	1，1.25，1.6，2，2.5，3.15，4，5，6.3，8，10，12.5，16，20，25，31.5，40
第二系列	1.5，3，3.5，4.5，5.5，6，7，12，14

B　导程角 γ_1

将蜗杆的分度圆柱展开，如图 8-3 所示。

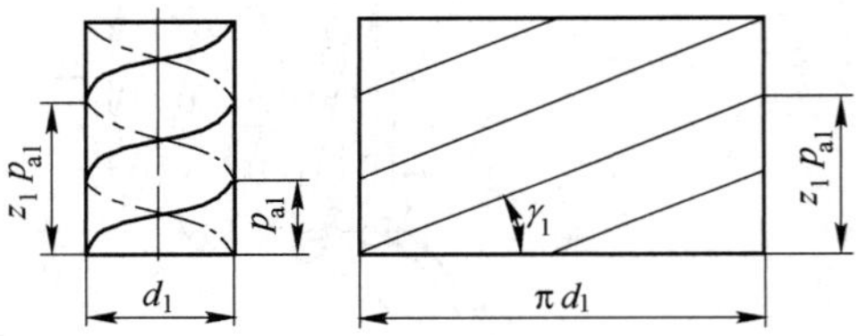

图 8-3　蜗杆导程角

其导程角 γ_1 与模数 m、蜗杆头数 z_1 的关系为

$$\tan\gamma_1=\frac{z_1 p_{a1}}{\pi d_1}=\frac{z_1 m}{d_1} \tag{8-1}$$

则蜗杆分度圆直径为

$$d_1=\frac{z_1 m}{\tan\gamma_1} \tag{8-2}$$

分析上式，加工同一模数的蜗轮，若对蜗杆螺旋升角 γ_1 不加限制，则会有无数个蜗杆分度圆直径 d_1。那么加工一个模数的蜗轮，需要配备无数把滚刀，这显然是办不到的。所以，为了实现刀具标准化，对应一个模数的蜗杆传动规定了几个标准蜗杆分度圆直径 d_1，其标准见表 8-2。

C　蜗杆头数 z_1、蜗轮齿数 z_2 和传动比 i

蜗杆头数 z_1 可根据传动比和传动效率要求来选定。蜗杆头数少，传动比大，但效率较低。要提高效率，应增加蜗杆头数。但蜗杆头数越多，加工越困难。所以可取 $z_1=1\sim6$。

蜗轮齿数 z_2 主要根据传动比来确定。但为了避免切制蜗轮齿时产生根切，与单头蜗杆啮合的蜗轮，齿数 z_2 应大于 17～18；与双头蜗杆啮合的蜗轮，齿数 z_2 应大于 27。用于动力传动时，z_2 一般不大于 80。这是由于当蜗轮直径不变时，z_2 越大，模数 m 就越小，这将使蜗轮根部的弯曲强度削弱；当蜗轮模数 m 不变时，z_2 越大，蜗轮尺寸就越大，这会使与之相啮合的蜗杆支撑间距加长，从而降低了蜗杆的刚度，容易产生挠曲变形而影响正常啮合。

其传动比 $i=z_2/z_1$。

8.1.2.2　正确啮合条件

蜗杆传动正确啮合条件是既要保证中间平面上的正确啮合，又要使啮合处蜗杆和蜗轮的轮

齿方向一致，具体条件为

$$m_{a1} = m_{t2} \quad \text{（标准模数）}$$

$$\alpha_{a1} = \alpha_{t2}$$

$$\gamma_1 = \beta_2 \quad \text{（交错角为 } 90^\circ\text{）}$$

8.1.2.3　各部分尺寸计算

设计蜗杆传动时，一般先根据传动的功用和传动比要求选择蜗杆头数 z_1 和蜗轮齿数 z_2，然后再按强度计算确定模数 m 和蜗杆分度圆直径 d_1。当两轴交角为 90°，标准传动时，上述参数确定后，可根据表 8-2 计算出蜗杆与蜗轮的其他尺寸。

表 8-2　普通圆柱蜗杆传动的几何尺寸计算

名　称	计　算　公　式	
	蜗　杆	蜗　轮
分度圆直径	d_1（标准值）	$d_2 = mz_2$
齿顶高	$h_{a1} = h^*_{aa1}m$	$h_{a2} = h^*_{at2}m$
齿根高	$h_{f1} = (h^*_{aa1} + c^*_{a1})m$	$h_{f2} = (h^*_{at2} + c^*_{t2})m$
顶圆直径	$d_{a1} = d_1 + 2h_{a1}$	$d_{a2} = d_2 + 2h_{a2} = m(z_2 + 2h^*_{at2})$
根圆直径	$d_{f1} = d_1 - 2h_{f1}$	$d_{f2} = d_2 - 2h_{f2} = m[z_2 - 2(h^*_{at2} + c^*_{t2})]$
齿　宽	$b_1 \geqslant (11 + 0.06z_2)m$，当 $z_1 = 1,2$ 时 $b_1 \geqslant (12.5 + 0.09z_2)m$，当 $z_1 = 4$ 时	$b_2 \leqslant 0.7d_{a1}$，当 $z_1 = 1,2$ 时 $b_2 \leqslant 0.67d_{a1}$，当 $z_1 = 4$ 时
蜗杆轴向齿距 蜗轮端面齿距	$p_{a1} = p_{t2} = p = \pi m$	
径向顶隙	$c = c^*_{a1}m = c^*_{t2}m$	
中心距	$a = 0.5(d_1 + d_2)$	

注：经磨削的蜗杆，其齿宽 b_1（即螺旋部分长度 L）需将表中公式计算值加长：当 $m < 10$mm 时，增加 25mm；当 $m = 10 \sim 16$mm 时，增加 35 ~ 40mm；当 $m > 16$mm 时，增加 50mm。

8.1.3　蜗杆传动的主要参数选择

在图 8-1 所示的中间平面内，蜗轮与蜗杆的啮合，相当于渐开线齿轮与齿条的啮合，蜗杆传动的设计计算以蜗杆轴面的参数和几何关系为准。

（1）模数 m、压力角 α。圆柱蜗杆传动中，蜗杆的轴面模数 $m_{a1}\left(m_{a1} = \dfrac{p}{\pi}\right)$ 被规定为标准值。模数 m 应按强度要求确定，并按表 8-3 选取标准值。

蜗杆轴面压力角 α_{a1} 即蜗杆轴面齿形角 α，α 规定为 20°。

（2）传动比 i、蜗杆头数 z_1、蜗轮齿数 z_2。当蜗杆转动一周时，蜗轮所转过的齿数等于蜗杆的头数 z_1，即蜗轮转过 z_1/z_2 周。通常，取 $z_1 = 1$、2、4。z_1 取小值时效率低，反之效率增加；z_2 为蜗轮齿数，$z_2 = iz_1$。为避免蜗轮轮齿发生根切，z_2 不应过少；为避免结构尺寸过大，z_2 也不宜过多，按表 8-4 选取。

表 8-3　蜗杆基本参数和尺寸

m/mm	d_1/mm	m^2d_1 /mm^3	z_1	γ	m/mm	d_1/mm	m^2d_1 /mm^3	z_1	γ
4	40	640	1	5°42′38″	10	90	9000	1	6°20′25″
			2	11°18′36″				2	12°31′44″
			4	21°48′05″				4	23°57′45″
	71	1136	1	3°13′28″		160	16000	1	3°34′35″
5	50	1250	1	5°42′38″	12.5	112	17500	1	6°22′06″
			2	11°18′36″				2	12°34′59″
			4	21°48′05″				4	24°03′26″
	90	2250	1	3°10′47″		200	31250	1	3°34′35″
6.3	63	2500	1	5°42′38″	16	140	35840	1	6°31′11″
			2	11°18′36″				2	12°52′30″
			4	21°48′05″				4	24°34′02″
	112	4445	1	3°13′10″		250	64000	1	3°39′43″
8	80	5120	1	5°42′38″	20	160	64000	1	7°07′30″
			2	11°18′36″				2	14°02′10″
			4	21°48′05″				4	26°33′54″
	140	8960	1	3°16′14″		315	12600	1	3°17′59″

蜗杆头数 z_1、蜗轮齿数 z_2 和传动比 i 的推荐值见表 8-4。

表 8-4　z_1、z_2 和 i 的推荐值

传动比 $i=z_1/z_2$	7～13	14～27	28～40	≥40
蜗杆头数 z_1	4	2	1～2	1
蜗轮齿数 z_2	28～52	28～54	28～80	≥40

（3）蜗杆螺旋升角 γ、蜗轮蜗杆分度圆直径 d、蜗轮螺旋角 β。蜗杆分度圆直径以 d_1 表示（蜗杆上齿厚与齿槽宽相等的圆柱称为蜗杆分度圆柱），d_1 被规定为标准值（表 8-2、表 8-3）；而蜗轮分度圆直径类似于斜齿轮，以 d_2 表示，$d_2=mz_2$。

蜗杆分度圆柱上的螺旋升角 γ 值为：$\gamma = \tan^{-1}(z_1m/d_1)$，其标准值见表 8-3。

在两轴交错角为 90°的蜗杆传动中，蜗轮分度圆上的螺旋角 β 应等于蜗杆螺旋升角 γ，且二者旋向相同。

（4）中心距 a。中心距 a 的标准值见表 8-5。

表 8-5　中心距 a 及传动比 i（GB 10085—88 摘录）

a 优先选用	63	80	100	125	—	160	180	200	225	250	280	315	355	400	450	500
i 优先选用	5	7.5	10	12.5	15	20	25	30	40	—	50	60	70	80		

其他几何尺寸确定如前面所述，首先选择蜗杆头数 z_1 和蜗轮齿数 z_2，然后再通过强度计算确定模数 m 和蜗杆中圆直径 d_1。当上述参数确定后，参照8.1.2节给出的计算式，计算出蜗杆蜗轮在两轴交角为90°、标准传动时的几何尺寸（表8-2）。

8.2　蜗杆传动的计算准则及材料选择

8.2.1　失效形式

蜗杆传动的主要失效形式有胶合、点蚀、磨损和塑变等，大多发生在蜗轮轮齿表面。

由于蜗杆传动在齿面间有较大的相对滑动，产生热量，使润滑油因温度升高而变稀，润滑条件变坏，增大了胶合的可能性。在闭式传动中，如果不能及时散热，往往因胶合而影响蜗杆副的承载能力。在开式传动或润滑密封不良的闭式传动中，以磨损显得比较突出。轮齿的弯曲折断很少发生。

8.2.2　材料选择

由于蜗杆传动的特点，蜗杆副的材料不仅要求有足够的强度，更重要的是要有良好的减摩耐磨性能和抗胶合能力。因此，常采用青铜作蜗轮的齿圈，与淬硬磨削的钢制蜗杆相配。

（1）蜗轮材料。在重要、高速的蜗杆传动中，齿圈常用铸锡磷青铜ZCuSn10Pb1制造。它的抗胶合和耐磨性能好，允许的滑动速度可达25m/s，易于切削加工，但价格较高。在滑动速度小于12m/s的蜗杆传动中，可采用含锡量低一些的锡锌铅青铜ZCuSn5Pb5Zn5。在滑动速度小于6m/s的传动中，一般采用铝铁青铜ZCuAl10Fe3，它有足够的强度，铸造性能好，耐冲击，价格低，但切削性能差，抗胶合性能不如锡磷青铜。在滑动速度小于2m/s的传动中，可用灰铸铁HT150、HT200。一些非金属材料如尼龙或增强尼龙材料等，也用于某些场合的蜗轮制造。

（2）蜗杆材料。高速重载的蜗杆常用20Cr、20CrMnTi（渗碳淬火到HRC 56～62），或40Cr、38SiMnMo（表面淬火到HRC 45～55）。一般蜗杆可采用45、40等碳素钢调质处理（硬度为HBS 220～250）。在低速或人力传动中，蜗杆可不进行热处理。

8.2.3　计算准则

（1）强度计算。蜗杆传动多按齿面接触强度计算，针对不同的滑动速度，对许用接触应力进行调整修正。见表8-6、表8-7。其中：齿面间滑动速度 v_s 计算：设节点处蜗杆圆周速度为 v_1、蜗轮圆周速度为 v_2，由图8-4可得：

$$v_s = \sqrt{v_1^2 + v_2^2} = \frac{v_1}{\cos\gamma} \tag{8-3}$$

（2）热平衡计算。

（3）蜗杆轴强度与刚度计算。

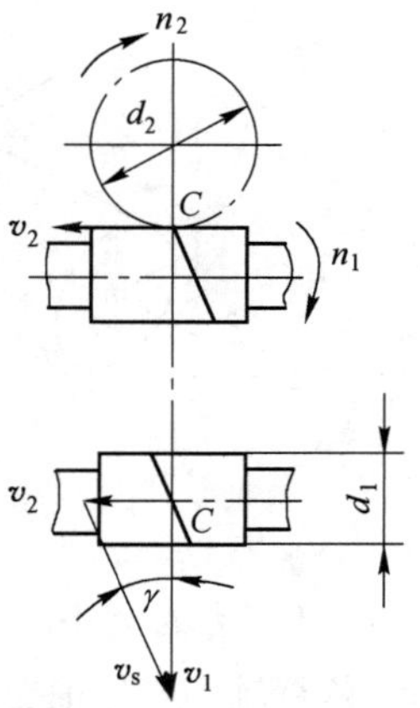

图8-4　滑动速度

表 8-6　锡青铜蜗轮的许用接触应力［σ_H］　　（N/mm^2）

蜗轮材料	铸造方法	适用的滑动速度 v_s /m·s^{-1}	蜗杆齿面硬度	
			HBS≤350	HRC＞45
ZCuSn10Pb1	砂　型	≤12	180	200
	金属型	≤25	200	220
ZCuSn5Pb5Zn5	砂　型	≤10	110	125
	金属型	≤12	135	150

表 8-7　铝铁青铜及铸铁蜗轮的许用接触应力［σ_H］　　（N/mm^2）

蜗轮材料	蜗杆材料	滑动速度 v_s/m·s^{-1}						
		0.5	1	2	3	4	6	8
ZCuAl10Fe3	淬火钢①	250	230	210	180	160	120	90
HT150，HT200	渗碳钢	130	115	90	—	—	—	—
HT150	调质钢	110	80	70	—	—	—	—

①未经淬火时，将表中［σ_H］值降低 20%。

8.3　蜗杆传动的强度计算及结构形式

8.3.1　受力分析

蜗杆传动的受力分析和斜齿轮相似，如图 8-5 所示，将齿面上的法向力 F_n 分解为三个相互垂直的分力：圆周力 F_t、轴向力 F_a 和径向力 F_r。

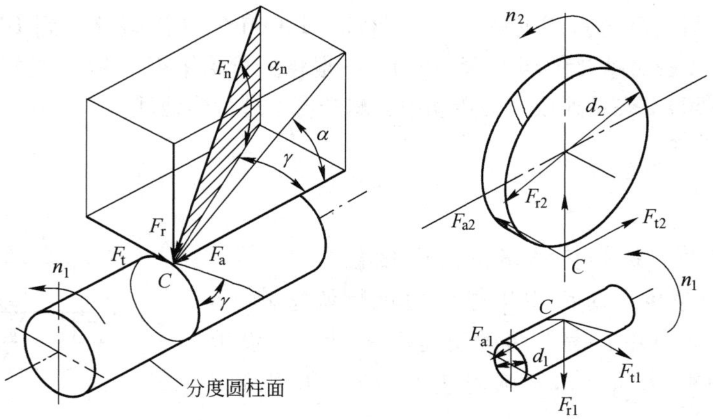

图 8-5　蜗杆与蜗轮的作用力

8.3.1.1　力的大小

由于蜗杆轴和蜗轮轴交错成90°，其法向作用力 F_n 分解成的三个分力：圆周力 F_t、径向力 F_r、轴向力 F_a。计算公式：

$$F_{t1} = \frac{2T_1}{d_1} = -F_{a2} \tag{8-4}$$

$$F_{a1} = \frac{2T_2}{d_2} = -F_{t2} \tag{8-5}$$

$$F_{r1} = F_{t2}\tan\alpha = -F_{r2} \tag{8-6}$$

式中 T_1，T_2——作用在蜗杆、蜗轮上的转矩，N · mm；$T_2 = T_1 i\eta$；

η——蜗杆传动效率（效率 η 计算见本章 8.4 节）。

8.3.1.2 力的方向

径向力 F_r 指向各轴心；主动轮圆周力 F_{t1} 的方向与作用点的线速度方向相反，从动轮圆周力 F_{t2} 的方向与作用点线速度方向相同。主动轮轴向力 F_{a1} 方向判断与斜齿轮“主动轮左右手法则”相同，从动轮的轴向力 F_{a2} 与 F_{t1} 反向。

8.3.2 强度计算

蜗轮齿面的接触强度计算、公式推导与斜齿轮相同，只要以蜗杆蜗轮在节点处啮合的相应参数代入，便可得到轮齿齿面接触强度的验算公式（适用于钢制蜗杆对青铜或铸铁蜗轮齿面）

$$\sigma_H = z_E\sqrt{\frac{10KT_2}{d_1 d_2^2}} = 500\sqrt{\frac{KT_2}{d_1 d_2^2}} \leqslant [\sigma_H] \tag{8-7}$$

式中，弹性模数 $z_E = 155 \sim 162$，$z_E\sqrt{10} \approx 500$。

将 $d_2 = mz_2$ 代入式（8-7），得设计公式

$$m^2 d_1 \geqslant KT_2\left(\frac{500}{z_2[\sigma_H]}\right)^2 \tag{8-8}$$

式中 σ_H，$[\sigma_H]$——齿面接触应力、许用接触应力，N/mm^2；

d_1，d_2——蜗杆分度圆直径、蜗轮分度圆直径，mm；

m——模数，mm；

z_2——蜗轮齿数；

K——载荷系数（载荷集中和动载荷），$K = 1.1 \sim 1.3$；

T_2——蜗轮轴转矩，N · mm。

$[\sigma_H]$ 数值的查取：当蜗轮齿圈用锡青铜制造时，其失效形式主要是疲劳点蚀，查表 8-6；当蜗轮齿圈用无锡青铜或铸铁制造时，其失效形式主要是胶合，根据滑动速度查表 8-7。

$m^2 d_1$ 数值由表 8-3 查取，同时确定合适的模数 m 和蜗杆分度圆直径 d_1。

8.3.3 结构形式

（1）蜗杆结构。蜗杆通常与轴做成一体，称为蜗杆轴，如图 8-6 所示。只有当蜗杆根圆直径较大（图中参数 $d_f/d \geqslant 1.7$）或蜗杆与蜗杆轴材料不同时，才将蜗杆也制成齿圈装配到轴上。

（2）蜗轮结构（图 8-7）。蜗轮的齿圈部分要求有良好的减摩耐磨和抗胶合的能力，轮辐和轮毂则要求具有一定的强度，齿圈与轮芯大多分体制作。针对不同的设计要求，有四种典型的蜗轮结构可供选择：

1）整体式。用于尺寸很小或滑动速度小于 2m/s 的场合。整个蜗轮用同一种材料（铸铁）制作。

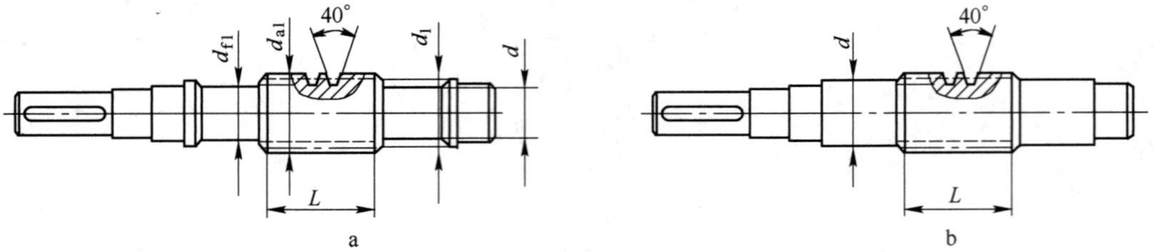

图 8-6　蜗杆的结构

a—车制蜗杆；b—铣制蜗杆

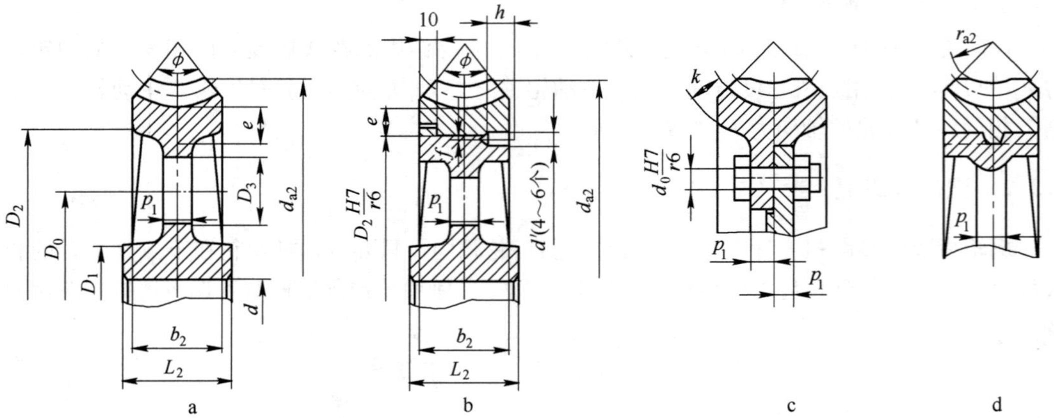

图 8-7　蜗轮的结构

a—整体式；b—轮箍式；c—螺栓联接式；d—镶铸式

2）轮箍式。用于尺寸不算太大、工作温度不算太高的场合。蜗轮结构为青铜齿圈、钢或铸铁轮芯。

3）螺栓联接式。用于尺寸较大或磨损后需要更换齿圈的场合。蜗轮结构为齿圈与轮芯之间用配合螺栓联接。

4）镶铸式。用于批量生产。蜗轮结构为在铸铁轮芯上直接浇铸青铜齿圈毛坯（结合面上带有纵横沟槽），再加工轮齿。

（3）尺寸计算（见表 8-8）。蜗杆螺纹部分长度 L：$z_1 = 1 \sim 2$ 时，$L \geqslant (11 + 0.06z_2)m$；$z_1 = 4$ 时，$L \geqslant (12.5 + 0.9z_2)m$；磨削蜗杆的加长量 ΔL：$m \leqslant 9$ 时，$\Delta L = 15 \sim 25$；$m = 10 \sim 14$ 时，$\Delta L = 35$；$m = 16 \sim 25$ 时，$\Delta L = 50$。

表 8-8　蜗杆蜗轮结构尺寸

蜗杆头数 z_1	1	2	4
蜗轮最大外径 d_{a2}	$d_{a2} + 2m$	$d_{a2} + 1.5m$	$d_{a2} + m$
轮缘宽 b_2	$0.75d_{a1}$		$0.67d_{a1}$
轮齿包角 ϕ	90° ~ 130°	辐板厚 p_1	$> 1.7m$
齿圈厚 e	$2m$	螺钉孔深 h	$3d_0'$ 或 $\approx (0.3 \sim 0.4)b_2$
轮毂宽 L_2	$(1.2 \sim 1.8)d$	螺钉直径 d_0'	$(1.2 \sim 1.5)m$
轮毂外径 D_1	$(1.6 \sim 2)d$	螺钉孔向轮芯偏移量 f	2 ~ 3mm
齿圈内径 D_2	计算确定	螺栓直径 d_0	计算确定
辐板孔位置直径 D_0	$\approx (D_1 + D_2)/2$	齿顶圆弧半径 r_{a2}	$0.5d_{f1} + 0.2m$
辐板孔径 D_3	$\approx D_0/4$	K	$= e$
蜗轮轴径 d	计算确定		

8.4 蜗杆传动的热平衡计算

8.4.1 传动效率

当蜗杆为主动件时，蜗杆传动总效率为

$$\eta = (0.95 \sim 0.97)\frac{\tan\gamma}{\tan(\gamma + \rho_v)} \tag{8-9}$$

式中 γ——蜗杆螺旋角；

ρ_v——蜗杆副当量摩擦角，$\rho_v = \arctan f_v$（f_v 为当量摩擦系数，见表 8-9）；

系数 0.95 ~ 0.97——考虑轴承效率和搅油损失，公式部分为传动啮合效率。

当 $\rho_v \geqslant \gamma$ 时，蜗杆传动具有自锁性。

总效率估算：闭式传动 $z_1 = 1$ $\eta = 0.70 \sim 0.75$

$z_1 = 2$ $\eta = 0.75 \sim 0.82$

$z_1 = 4$ $\eta = 0.87 \sim 0.92$

开式传动 $z_1 = 1$、2 $\eta = 0.60 \sim 0.70$

表 8-9 当量摩擦系数 f_v 和当量摩擦角 ρ_v

蜗轮材料	锡青铜				无锡青铜	
蜗杆齿面硬度	HRC >45		其他情况		HRC >45	
滑动速度 v/m · s^{-1}	f_v	ρ_v/(°)	f_v	ρ_v/(°)	f_v	ρ_v/(°)
0.01	0.11	6.28	0.12	6.48	0.18	10.2
0.10	0.08	4.75	0.09	5.14	0.13	7.4
0.50	0.055	3.15	0.065	3.72	0.09	5.14
1.00	0.045	2.58	0.055	3.15	0.07	4
2.00	0.035	2	0.045	2.58	0.055	3.15
3.00	0.028	1.6	0.035	2	0.045	2.58
4.00	0.024	1.37	0.031	1.78	0.04	2.29
5.00	0.022	1.26	0.029	1.66	0.035	2
8.00	0.018	1.03	0.026	1.49	0.03	1.72
10.00	0.016	0.92	0.024	1.37		
15.00	0.014	0.8	0.020	1.15		
24.00	0.013	0.74				

注：1. HRC >45 的蜗杆，其 f_v、ρ_v 值是指经过磨削和跑合并有充分润滑的情况。

2. 蜗轮材料为灰铸铁时，可按无锡青铜查取。

8.4.2 热平衡计算

对于连续工作的闭式蜗杆传动必须进行热平衡计算，以防止出现由于蜗杆传动发热量大而散热不及时所引起的箱内油温升高、润滑失效、轮齿磨损加剧甚至胶合等一系列问题。

这里所谓的热平衡，是靠机构壳体表面散去热量来平衡工作摩擦所产生的热量。当散热量 P_s 等于单位时间的产热量 P_c 时，能使油温稳定在规定的范围内，即满足热平衡条件。

摩擦所损耗的功率即产热量：

$$P_c = 1000P_1(1 - \eta)$$

式中　P_1——蜗杆传递的功率，kW。

以自然冷却方式从箱体外壁散去的热量：

$$P_s = KA(t_1 - t_2)$$

式中　K——散热系数，$K = 8.15 \sim 17.45 W/(m^2 \cdot ℃)$，通风环境好时取大值；

A——有效散热面积，m^2，指内表面能被润滑油浸溅到，外表面又接触流动空气的箱体表面面积，散热片凸缘的表面积按50%计算；

t_1——润滑油温度，℃；

t_2——环境空气温度，℃（不特殊说明时，$t_2 = 20℃$）。

当 $p_s = p_c$ 时

$$t_1 = \frac{1000P_1(1-\eta)}{KA} + t_2 \leqslant [t] \tag{8-10}$$

式中　$[t]$——润滑油允许温度，一般取 $[t] = 85℃$。

如果 t_1 超过许用值，工程上常在箱壳外面增加散热片或采用图8-8所示方法提高散热能力。

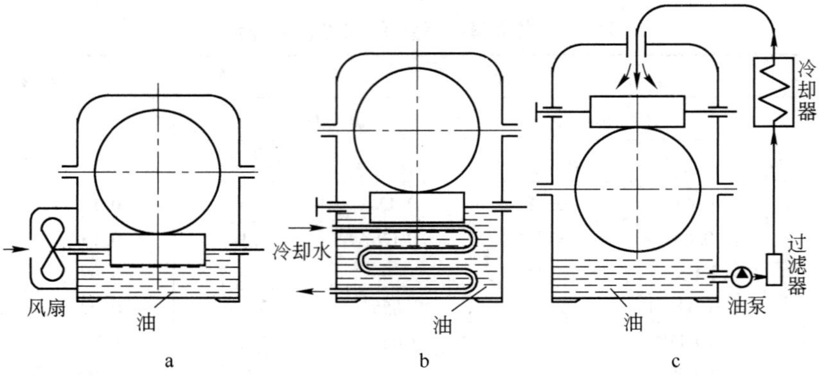

图8-8　蜗杆传动的冷却方法

a—在蜗杆轴上装设风扇；b—在减速器油池内装设蛇形冷却水管；
c—采用压力喷油循环润滑

8.4.3　润滑

蜗杆传动滑动速度较大，尽管前面已经考虑了材料选择、热平衡计算，但在不能保证良好润滑时，仍会发生胶合和过度磨损，润滑问题不能被忽视。

润滑剂一般选择黏度大的矿物油，并加入抗胶合的添加剂。润滑油的黏度、润滑方式、浸油深度、结构方式等问题均影响润滑效果，设计时可查阅有关资料，予以考虑。

[例8-1]　试设计一带式运输机的单级蜗杆减速器的蜗杆传动。电动机功率 $P_1 = 8kW$，转速 $n_1 = 735r/min$，传动比 $i = 19$，载荷平稳。

解：(1) 选择材料并确定许用应力。蜗杆选用45钢，表面淬火，HRC = 45 ~ 50，蜗轮选用ZCuAl10Fe3（电机转速不高，功率不算大）。类比相同情况估计滑动速度 $v_s = 4m/s$，查表8-7，$[\sigma_H] = 160N/mm^2$。

(2) 选择蜗杆头数 z_1。由传动比 $i = 19$，查表8-4，选取 $z_1 = 2$，$z_2 = iz_1 = 19 \times 2 = 38$。

（3）齿面接触强度计算。按式 8-8 计算。

$$m^2 d_1 \geqslant KT_2\left(\frac{500}{z_2[\sigma_H]}\right)^2$$

闭式传动，$z_1=2$，估算 $\eta=0.8$；并知 $P_1=8\text{kW}$、$n_1=735\text{r/min}$、$i=19$，则：

$$T_2 = 9.55\times10^6\frac{P_2}{n_2} = 9.55\times10^6\frac{P_1}{n_1}\eta i = 9.55\times10^6\times\frac{8}{735}\times0.8\times19 = 1579972\text{N}\cdot\text{mm}$$

取 $K=1.2$，将 K 及 T_2、z_2、$[\sigma_H]$ 代入式（8-8）：

$$m^2 d_1 = 1.2\times1579972\times\left(\frac{500}{38\times160}\right)^2 = 12822\text{mm}^3$$

查表 8-3，取 $m=12.5\text{mm}$，$d_1=112\text{mm}$，$\gamma=12°34'59''$。

（4）验算滑动速度 v_s

$$\begin{aligned}v_s &= v_1/\cos\gamma\\ &= \pi d_1 n_1/(60\times1000\cos\gamma)\\ &= \pi\times112\times735/(60\times1000\times\cos12°34'59'')\\ &= 4.41\text{m/s}\end{aligned}$$

故 $[\sigma_H]$ 取值合理。

（5）按表 8-2 确定主要尺寸。

蜗杆	蜗轮
$d_1 = 112\text{mm}$	$d_2 = 12.5\times38 = 475\text{mm}$
$d_{a1} = 112+2\times12.5 = 137\text{mm}$	$d_{a2} = 475+2\times12.5 = 500\text{mm}$
$d_{f1} = 112-2\times1.2\times12.5 = 82\text{mm}$	$d_{f2} = 475-2\times1.2\times12.5 = 445\text{mm}$

中心距 $a = 0.5(112+475) = 293.5\text{mm}$

（6）传动效率计算。由 $v_s=4.41\text{m/s}$ 查表 8-9，取 $f_v=0.037$、$\rho_v=2.12°$，则：

$$\begin{aligned}\eta &= (0.95\sim0.97)\tan\gamma/\tan(\gamma+\rho_v)\\ &= (0.95\sim0.97)\tan12.583°/\tan(12.583°+2.12°)\\ &= 0.80\sim0.82\end{aligned}$$

与估算相符。

（7）散热计算。类比相同情况，取有效散热面积 $A=2\text{m}^2$，散热系数 $K=15\text{W}/(\text{m}^2\cdot℃)$，则

$$t_1 = 1000P_1(1-\eta)/(KA)+t_2 = 1000\times8\times(1-0.8)/(15\times2)+20 = 73℃ < [t]$$

满足要求。

（8）结构设计（略）。

复习思考题

8-1 总结蜗杆与蜗轮正确啮合的三个条件。

8-2 蜗杆分度圆直径为什么要取与之相对应的标准值？

8-3 已知蜗杆传动的主要参数为：$m=10\text{mm}$，$d_1=160\text{mm}$，$z_1=1$，$z_2=50$，求 a、d_2、d_{a2}、d_{f2}、L。

8-4 如图 8-9 所示，蜗杆主动，$T_1=20\text{N}\cdot\text{m}$、$m=4\text{mm}$、$z_1=2$、$d_1=40\text{mm}$，蜗轮齿数 $z_2=50$，啮合效率 $\eta=0.75$。试确定：（1）蜗轮的转向；（2）蜗杆与蜗轮上作用力的大小和方向。

8-5　图 8-10 所示为蜗杆传动与圆锥齿轮传动组合。已知输出轴上的锥齿轮 z_4 的转向 n。(1) 试确定蜗杆传动的螺旋线方向和蜗杆的转向，并使中间轴上的轴向力能抵消一部分；(2) 在图中标出各轮轴向力的方向。

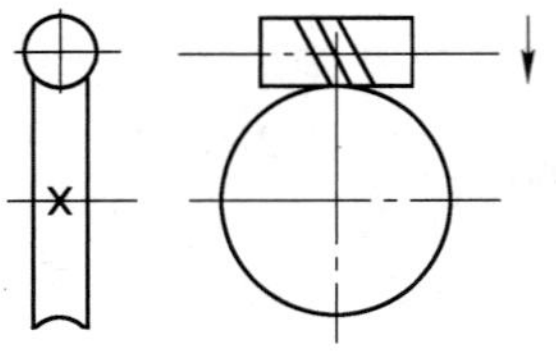

图 8-9

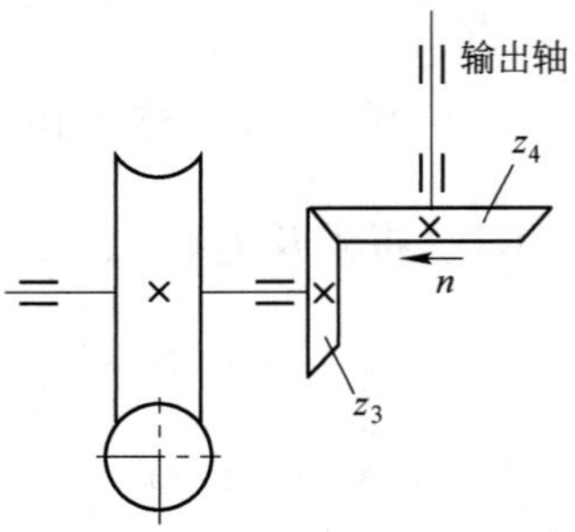

图 8-10

8-6　图 8-11 所示手动绞车采用蜗杆传动。已知 $m=8\text{mm}$、$d_1=80\text{mm}$、$z_1=1$、$z_2=40$，卷筒直径 $D=200\text{mm}$。问：(1) 欲使重物 Q 上升 1m，蜗杆应转多少转。(2) 蜗杆与蜗轮间的当量摩擦系数 $f_v=0.18$，该机构能否自锁。(3) 若重物 $Q=5\text{kN}$，手摇时施加的力 $F=100\text{N}$，手柄转臂的长度 L 应是多少。

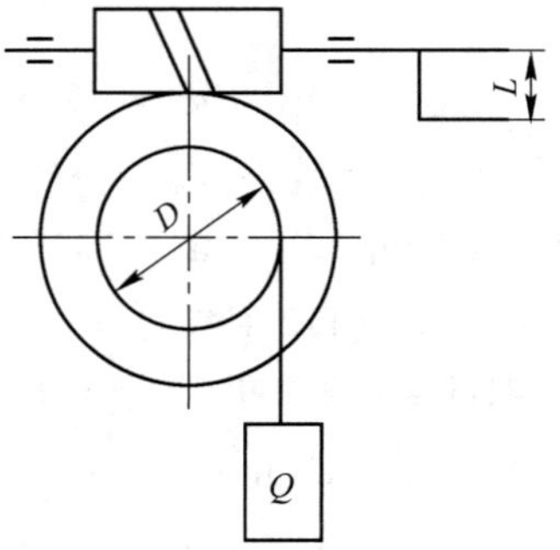

图 8-11

8-7　试设计一电机驱动的单级蜗杆减速器。电机功率为 10kW，转速为 960r/min，蜗轮轴转速为 60r/min，载荷平稳。

9 轮　　系

轮系是由一系列主从啮合的齿轮组成的系统。

由两个齿轮组成传动的有关问题已经讨论过，但为了获得大的传动比和实现换向等要求，需要对多对互相啮合的齿轮组成的传动系统进行研究。

9.1　轮系的类型

轮系一般分为定轴轮系和周转轮系两种。如果轮系中所有齿轮的轴线相对机架都是固定的，这种轮系称为定轴轮系（图 9-1）；如果轮系中某些齿轮（至少应有一个齿轮）的轴线并不固定，而是绕其他固定轴线转动，这种轮系称为周转轮系（图 9-2）。

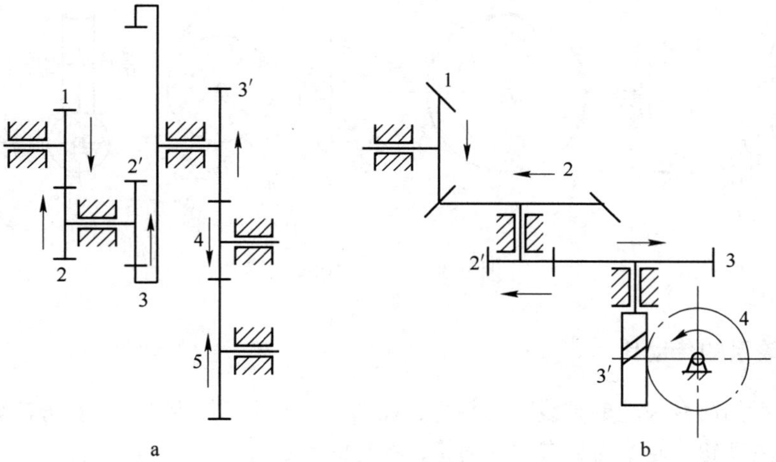

图 9-1　定轴轮系

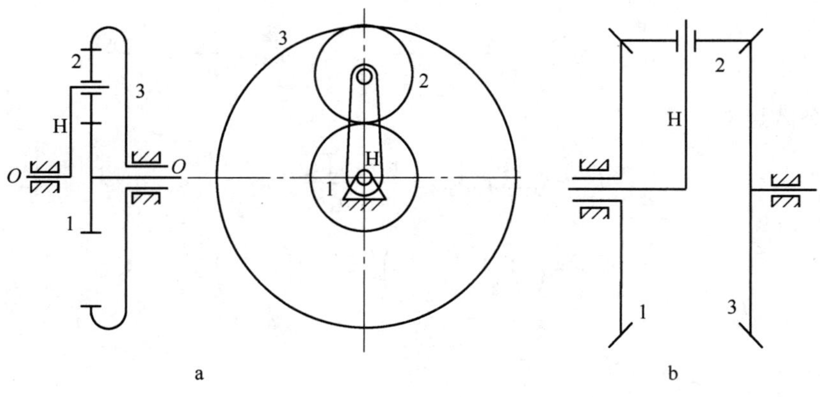

图 9-2　周转轮系

定轴轮系、周转轮系又都有平面轮系和空间轮系之分。各齿轮在同一平面上或在相互平行的平面内运动称为平面轮系；否则称为空间轮系。由定轴轮系和周转轮系或由周转轮系和周转轮系可组成混合轮系。

9.2 定轴轮系的传动比

轮系中的传动比是指轮系中的主动轴与最末一根从动轴的角速度之比。

9.2.1 一对齿轮的传动比

圆柱齿轮的传动比为

$$i_{12} = \frac{\omega_1}{\omega_2} = \frac{n_1}{n_2} = \pm \frac{z_2}{z_1}$$

如图 9-3a 所示，外啮合时，从动轮 2 和主动轮 1 转向相反，规定 i_{12} 取负号。如图 9-3b 所示，内啮合时，两轮的转向相同，规定 i_{12} 取正号。图 9-3c 和图 9-3d 所示锥齿轮和蜗轮蜗杆传动比计算时，将上式中负号去掉，只计算传动比的值，其转向用箭头法和左右手定则判定。

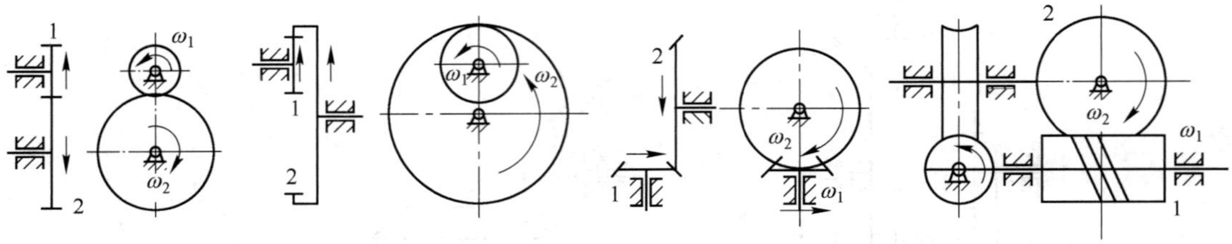

图 9-3　一对齿轮啮合

9.2.2 定轴轮系的传动比

若组成轮系的所有齿轮的轴线互相平行，如图 9-1 所示，其传动比计算方法如下。

设轮 1 为主动轮，轮 5 为最末的从动轮，各轮的齿数为 z_1、z_2、$z_{2'}$、z_3、$z_{3'}$、z_4 和 z_5 ，各轮的转速为 n_1、n_2、$n_{2'}$、n_3、$n_{3'}$、n_4 和 n_5 ，各对齿轮的传动比为

$$i_{12} = \frac{n_1}{n_2} = -\frac{z_2}{z_1} \qquad i_{2'3} = \frac{n_{2'}}{n_3} = +\frac{z_3}{z_{2'}}$$

$$i_{3'4} = \frac{n_{3'}}{n_4} = -\frac{z_4}{z_{3'}} \qquad i_{45} = \frac{n_4}{n_5} = -\frac{z_5}{z_4}$$

将上述各式连乘，得

$$\begin{aligned} i_{15} &= i_{12} i_{2'3} i_{3'4} i_{45} = \frac{n_1 n_2' n_3' n_4}{n_2 n_3 n_4 n_5} \\ &= \left(-\frac{z_2}{z_1}\right)\left(+\frac{z_3}{z_2'}\right)\left(-\frac{z_4}{z_3'}\right)\left(-\frac{z_5}{z_4}\right) \\ &= (-1)^3 \frac{z_2 z_3 z_5}{z_1 z_{2'} z_{3'}} \end{aligned}$$

因为 $n_2 = n_{2'}$，$n_3 = n_{3'}$ ，所以

$$i_{15}=i_{12}i_{2'3}i_{3'4}i_{45}=\frac{n_1}{n_5}=(-1)^3\frac{z_2z_3z_5}{z_1z_{2'}z_{3'}}$$

由上式可知，由 1 到 k 各齿轮组成的轮系的总传动比等于组成该轮系的各对齿轮传动比的连乘积，其数值等于所有从动轮齿数连乘积与所有主动轮齿数连乘积之比。传动比的正负号取决于外啮合的次数 m。故一般将首轮 1 与末轮 k 的传动比表示为：

$$i_{1k}=\frac{n_1}{n_k}=(-1)^m\frac{\text{各对齿轮中从动轮齿数的连乘积}}{\text{各对齿轮中主动轮齿数的连乘积}} \tag{9-1}$$

式中，m 为外啮合次数。m 为偶数表示 1 与 k 轮转向相同，m 为奇数表示 1 与 k 轮转向相反。

图 9-1 所示轮系中齿轮 4 与齿轮 3′和齿轮 5 的啮合中，既是前一级的从动轮，又是最后一级的主动轮，可以看出它对整个轮系传动比计算的数值并没有影响，但却起到了改变外啮合次数的作用，从而影响了从动轮的转向。这种既为从动轮又为主动轮，其齿数对传动比没有影响，只是改变轮系的转向的齿轮称为惰轮。

需要指出的是，如果轮系中包含圆锥齿轮、螺旋齿轮或蜗杆等轴线不平行的齿轮机构，如图 9-4 所示，其传动比的数值计算中采用式（9-1），但式中 $(-1)^m$ 不再适用，必须采用画箭头的方法来确定齿轮的转向。

[例 9-1] 图 9-1b 所示轮系，已知 $z_1=18$、$z_2=54$、$z_{2'}=20$、$z_3=40$、$z_{3'}=1$、$z_4=30$，若 $n_1=1800\text{r/min}$，求轮 4 转速及各轮的转向。

解：用式（9-1）计算传动比的大小为

$$i_{14}=\frac{n_1}{n_4}=\frac{z_2z_3z_4}{z_1z_{2'}z_{3'}}=\frac{54\times40\times30}{18\times20\times1}=180$$

所以 $$n_4=\frac{n_1}{i_{14}}=\frac{1800}{180}=10\text{r/min}$$

各轮转向用画箭头的方法来确定，如图 9-1b 所示。

9.3 基本周转轮系的传动比

9.3.1 基本周转轮系的组成

图 9-4a 所示轮系中，齿轮 2 的轴线 O_2 相对机架是运动的，它随构件 H 绕 O_1 轴转动（公转），同时还绕自身的轴线转动（自转），而齿轮 1、3 的轴线相对机架是固定的。这就是基本

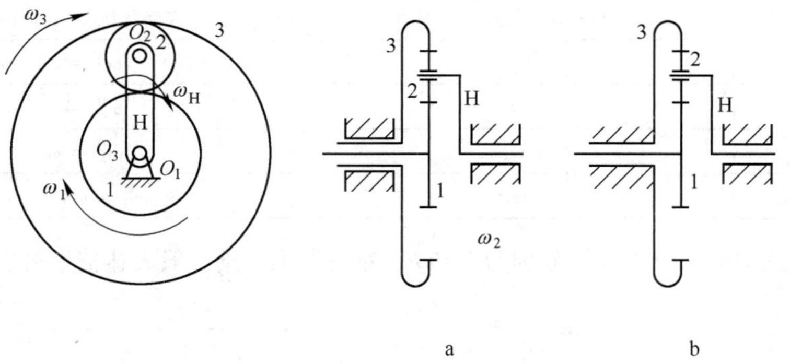

图 9-4 基本周转轮系的组成
a—差动轮系；b—行星轮系

周转轮系。

基本周转轮系的构成条件为：

（1）行星轮——轴线既自转又公转的齿轮，如图 9-4a 的齿轮 2。行星轮一般有 1 ~4 个。

（2）系杆——支承行星轮转动的构件，如图 9-4a 中的 H。系杆只有一个。

（3）中心轮——与行星轮相啮合，并绕固定轴线回转的齿轮，如图 9-4a 中齿轮 1 和 3。每个基本周转轮系中，中心轮数目不超过两个。

（4）系杆固定轴线与中心轮的固定轴线必须重合。

（5）如果有一个中心轮固定则为行星轮系，否则是差动轮系，如图 9-4b 所示。

9.3.2　基本周转轮系的传动比

根据理论力学中对运动反转原理，向系杆固定轴线加上公共角速度 $-\omega_H$，系杆 H 就可以看成不动，而其他各构件都获了 $-\omega_H$，则基本周转轮系就转化成定轴轮系了。这种经过转化所得的假想的定轴轮系，称为转化机构或转化轮系。

如图 9-5 所示，周转轮系的转化轮系的传动比就可以按定轴轮系传动比的计算方法来计算，得到周转轮系中各构件之间角速度的关系，进而求得所需该周转轮系的传动比。

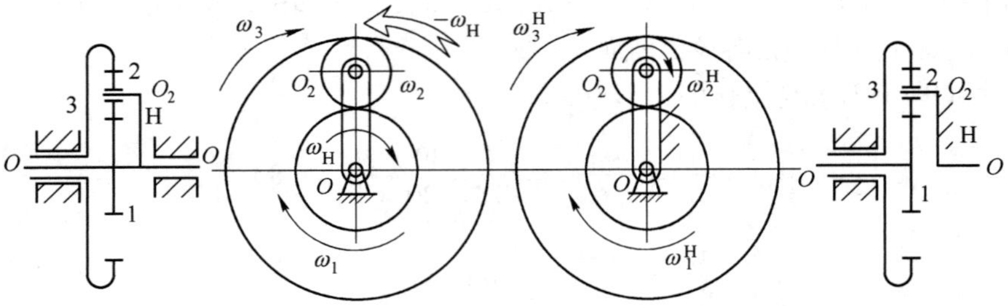

图 9-5　周转轮系的转化机构

由表 9-1 可见，计算转化机构的传动比方法和计算定轴轮系的传动比方法是相同的。转化机构中两中心轮 1、3 的传动比为：

$$i_{13}^H = \frac{\omega_1^H}{\omega_3^H} = \frac{\omega_1 - \omega_H}{\omega_3 - \omega_H} = -\frac{z_2 z_3}{z_1 z_2} = -\frac{z_3}{z_1}$$

表 9-1　转化机构各构件的角速度

构件代号	在原轮系中具有的角速度	在转化机构中具有的角速度
1	ω_1	$\omega_1^H = \omega_1 - \omega_H$
2	ω_2	$\omega_2^H = \omega_2 - \omega_H$
3	ω_3	$\omega_3^H = \omega_3 - \omega_H$
H	ω_H	$\omega_H^H = \omega_H - \omega_H = 0$

设周转轮系中的两个中心轮分别为 1 和 n，系杆为 H，则一般表达情形可以写成

$$i_{1n}^H = \frac{\omega_1^H}{\omega_n^H} = \frac{\omega_1 - \omega_H}{\omega_n - \omega_H} = (-1)^m \frac{z_2 \cdots z_n}{z_1 \cdots z_{n-1}} \tag{9-2}$$

上式为周转轮系的三个构件的角速度与轮系中有关齿轮齿数及外啮合次数间的关系式。ω_1、ω_n 和 ω_H 中任意两值为已知，即可求出第三个值。

同理，如果轮系中出现锥齿轮传动，计算公式同样适用，但转化机构传动比的正负号应该用画箭头的办法确定。

[例 9-2]　在图 9-5 所示轮系中，已知各轮齿数分别为 $z_1 = 40$，$z_2 = 20$，$z_3 = 80$，当齿轮 3 固定时，计算中心轮 1 和系杆的传动比 i_{1H}。

解：因为 $\omega_3 = 0$，由式（9-2）求得，所以

$$i_{13}^{H} = \frac{\omega_1 - \omega_H}{-\omega_H} = \frac{\omega_1}{-\omega_H} + 1 = 1 - i_{1H} = (-1)^n \frac{z_2 z_3}{z_1 z_2} = -\frac{80}{40} = -2$$

故
$$i_{1H} = 1 - i_{13}^{H} = 1 - (-2) = 3$$

[例 9-3]　图 9-6 所示行星轮系中，已知各轮齿数为：$z_1 = z_{2'} = 100$，$z_2 = 99$，$z_3 = 101$，计算系杆 H 与中心轮 1 的传动比 i_{H1}。

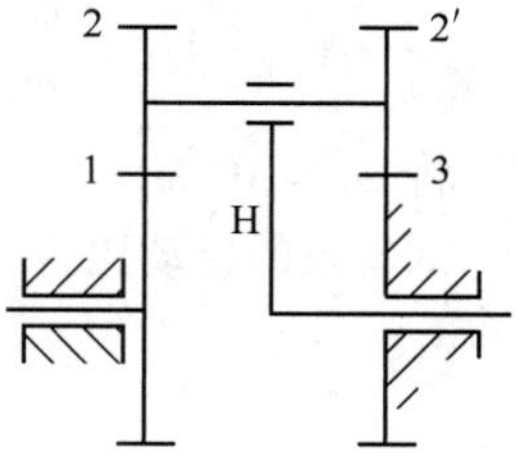

图 9-6　行星轮

解：因为 $\omega_3 = 0$，所以

$$i_{13}^{H} = \frac{\omega_1 - \omega_H}{-\omega_H} = 1 - \frac{\omega_1}{-\omega_H} = 1 - i_{1H} = (-1)^2 \frac{z_2 z_3}{z_1 z_{2'}}$$

$$= \frac{90 \times 101}{100 \times 100} = \frac{9999}{10000}$$

$$i_{1H} = 1 - i_{13}^{H} = 1 - \frac{9999}{10000} = \frac{1}{10000}$$

故
$$i_{H1} = \frac{1}{i_{1H}} = 10000$$

上式表明，当系杆转 10000 转时，轮 1 才转一转。

[例 9-4]　图 9-7 所示锥齿轮组成空间周转轮系，已知各轮齿数为：$z_1 = 20$，$z_2 = 30$，$z_{2'} = 50$，$z_3 = 80$ 求传动比 i_{1H}。

解：在锥齿轮组成的轮系中，齿轮 1、3 和系杆 H 的轴重合，所以可以利用圆柱齿轮组成的基本周转轮系进行计算：

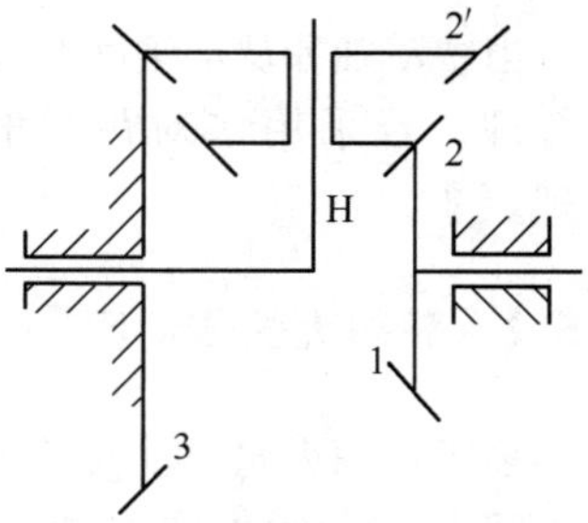

图 9-7　空间基本周转轮系

$$i_{13}^{H} = \frac{\omega_1 - \omega_H}{-\omega_H} = -\frac{z_2 z_3}{z_1 z_{2'}}$$

$$i_{1H} = \frac{\omega_1}{\omega_H} = 1 + \frac{z_2 z_3}{z_1 z_{2'}} = 1 + \frac{30 \times 80}{20 \times 50} = 3.4$$

1、3 和 H 共轴线，i_{1H} 为正号表示 1、3 转向相同。由于行星轮 2-2′的轴线和中心轮 1、3 和系杆 H 的轴线不平行，不能用上对运动反转法求得行星轮 2-2′与其他齿轮的传动比。

9.4　混合轮系的传动比

在机械传动中，经常遇到既有定轴轮系又有基本周转轮系或由基本周转轮系与基本周转轮系组成的混合轮系。在计算混合轮系的传动比时，必须把混合轮系中的定轴轮系部分和基本周转轮系部分分开，建立各自的传动比计算方程式，最后联立求解。

关键问题在于找出混合轮系中的基本周转轮系。找基本周转轮系的方法是：先找出行星轮，即找出几何轴线不固定的齿轮；再找出支持行星轮的系杆和直接与行星轮相啮合的齿轮，即中心轮。把基本周转轮系分出来后，剩余部分就是定轴轮系或几部分定轴轮系。

[例 9-5]　在图 9-8 所示的轮系中，已知各齿轮的齿数 $z_1 = 20$，$z_2 = 40$，$z_{2'} = 20$，$z_3 = 30$，

$z_4 = 80$，试求其传动比 i_{1H}。

解：这是一个混合轮系。轮 3 的轴线是运动的，支持它的 H 杆是系杆，与行星轮 3 相啮合的齿轮 2′和 4 是中心轮，故 2′、3、4 和 H 组成基本周转轮系，剩下齿轮 1 和 2 组成定轴轮系。

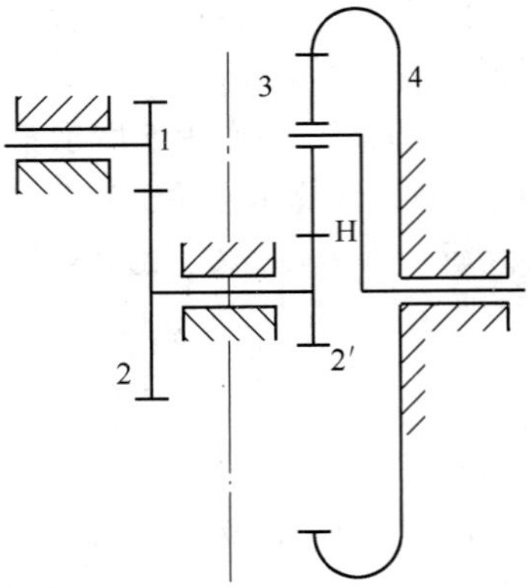

图 9-8　混合轮系的传动比

定轴轮系的传动比：

$$i_{12} = \frac{\omega_1}{\omega_2} = -\frac{z_2}{z_1} = -\frac{40}{20} = -2$$

基本周转轮系部分的传动比：

$$i_{2'4}^{H} = \frac{\omega_{2'} - \omega_H}{\omega_4 - \omega_H} = -\frac{z_4}{z_{2'}} = \frac{80}{20}$$

将 $\omega_4 = 0$，$\omega_{2'} = 2$ 代入：

则轮系的传动比为：

$$i_{1H} = i_{12} \cdot i_{2'H} = (-2) \times 5 = -10$$

因 i_{1H}为负值，表示轮 1 与系杆的转向相反。

9.5　轮系的功用

9.5.1　实现相距较远两轴间的传动

当主动轴和从动轴间距离较远时，仅采用一对齿轮传动，齿轮尺寸一定很大，既占空间又不合理，若采用多对齿轮相互啮合（图 9-9），则比较合理。

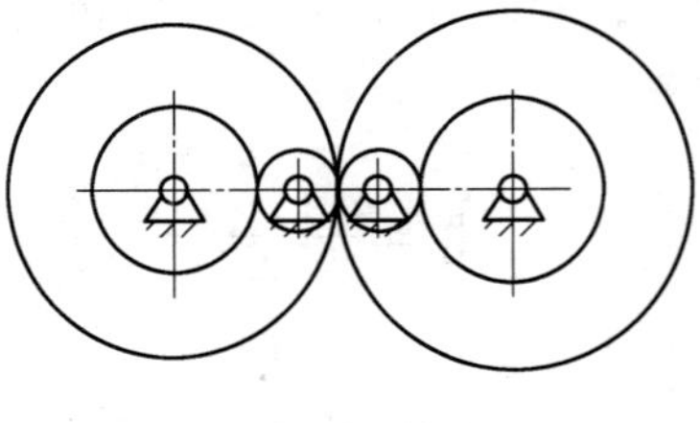
图 9-9　轮系实现较远距离两轴传动

9.5.2　获得大的传动比

多级定轴齿轮传动总传动比等于各级传动比之积，当两轴间需要较大的传动比时，可以采用多级定轴传动，虽然齿轮数增多，但相对单级齿轮传动来说，齿轮尺寸较小。也可以采用周转轮系传动，则只需很少的齿轮相互啮合即可实现，如例 9-3。但须注意，这种类型的传动，机械传动效率低，只用于传递功率较小的仪器仪表中，如用于增速时则可能发生自锁。

9.5.3　实现变速运动

当主动轴转速不变时，利用轮系可使从动轴获得多种不同的转速。图 9-10a 所示，轴 Ⅰ 和轴 Ⅱ 分别为主动轴和从动轴，齿轮 1′、2′和 3′固定在 Ⅱ 轴上，齿轮 1、2 和 3 为一整体，可在 Ⅰ 轴上滑动，即滑移齿轮。当齿轮 1 与 1′相啮合时，Ⅱ 轴可得到一个角速度；当 2 与 2′及 3 与 3′相啮合时都可获得不同的角速度，从而达到变速的目的。

变速运动也可用周转轮系来实现。图 9-10b 所示即为一周转轮系，通过分别固定中心轮 3 或 6 而获得不同的传动比，可以实现从动轴 H 得到两种不同的转速。

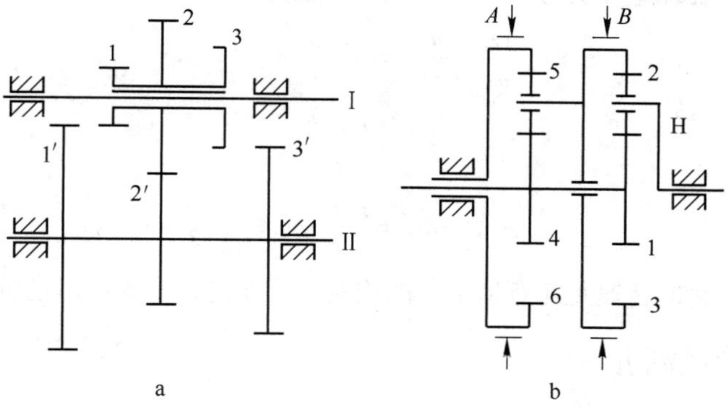

图 9-10 轮系实现变速运动

a—定轴轮系；b—周转轮系

9.5.4 合成与分解运动

如果周转轮系中两个中心轮相对机架都不固定，可以给定包括系杆 H 三个基本构件中的任意两个转动的转速，即可合成一个转速，实现运动的合成。

图 9-11 为汽车后轴差速器。汽车发动机通过传动轴驱动齿轮 5、齿轮 4 上固连着系杆 H，系杆上装有行星轮 2，故齿轮 1、2、3 及系杆 H 组成一基本周转轮系。

当汽车沿直线行驶时，两个后轮所走的路程相同，故要求后轮 1、3 角速度相等，即 $\omega_1 = \omega_3$；当汽车转弯时，两个后轮所走的路程不同，处于弯道内侧的后轮走的是小圆弧，处于外侧的后轮走的是大圆弧，故后轮 1、3 应有不同的角速度，即 $\omega_1 \neq \omega_3$。

设汽车向左转弯行驶，如图 9-12 所示，汽车两前轮在转向机构（*ABCD* 的四杆机构）的操纵下，其轴线与汽车两后轴的轴线相交于点 *P*，这时整个汽车可看成是绕着点 *P* 回转。又设汽车轮子在地面上不打滑，则两轮的角速度与弯道半径成正比，则由图可得：

$$\frac{\omega_1}{\omega_3} = \frac{r - L}{r + L}$$

式中 r——弯道平均半径；

L——后轮距之半。

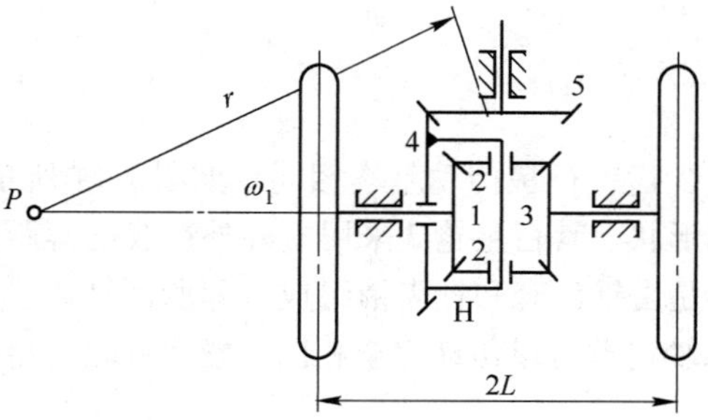

图 9-11 汽车后轴差速器

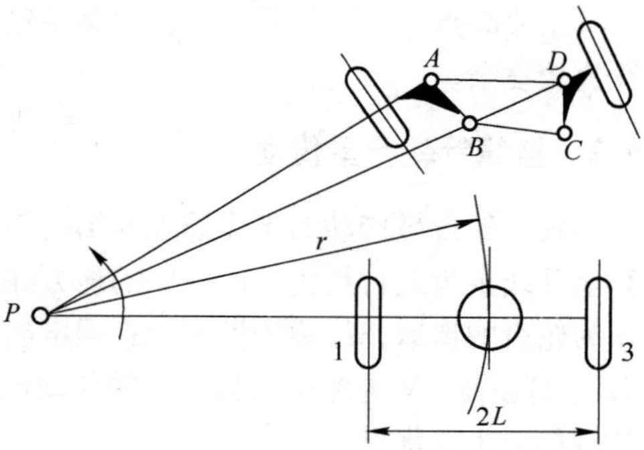

图 9-12 汽车转弯时的车轮运动

故可得汽车两后轮转速分别为

$$\frac{\omega_1 - \omega_H}{\omega_3 - \omega_H} = -\frac{z_3}{z_1} = -1$$

$$\omega_1 = \frac{r-L}{r}\omega_H$$

$$\omega_3 = \frac{r+L}{r}\omega_H$$

上述说明，两后轮的转速是随弯道半径的改变而改变的，实现了运动分解的功能。

9.6　特殊行星轮系简介

9.6.1　渐开线少齿差行星传动

图 9-13 所示为渐开线少齿差行星传动的工作原理图。它是由内齿轮 1、行星轮 2、行星架 H 和输出轴 V 所组成。因内齿轮 1 和行星轮 2 的齿数上差很少，一般上差 1 ~ 4 个齿，故称为少齿差。输出轴 V 的转速就是行星轮 2 的绝对转数。

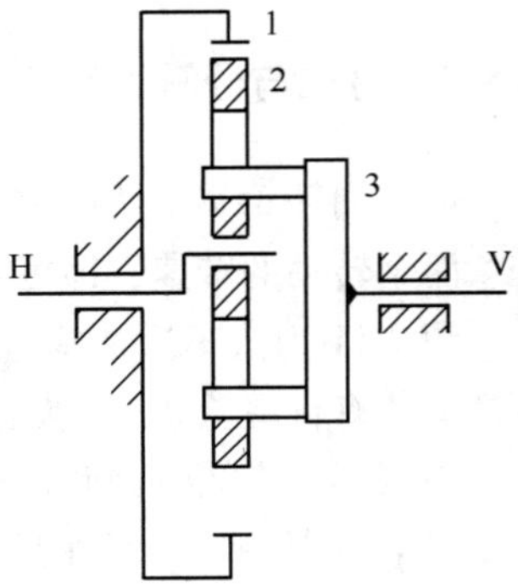

图 9-13　少齿差行星传动

这种轮系的传动比为：

$$\frac{n_2 - n_H}{n_1 - n_H} = \frac{z_1}{z_2}$$

因 $n_1 = 0$ ，解得：

$$i_{2H} = 1 - \frac{z_1}{z_2} = \frac{z_2 - z_1}{z_2} = -\frac{z_1 - z_2}{z_2}$$

故：

$$i_{HV} = i_{H2} = \frac{1}{i_{2H}} = -\frac{z_2}{z_1 - z_2}$$

由上式可知，两轮齿轮差越少，传动比越大。当齿数差 $z_1 - z_2 = 1$ 时，称为一齿差行星传动，这时传动比为

$$i_{HV} = -z_2$$

渐开线少齿差行星传动具有下列主要优点。

（1）传动比大，单级传动的减速器 i_{HV} 可达 135，两级传动可达 1000 以上。

（2）结构紧凑，体积小，重量轻。

（3）加工方便，维修容易，效率高。

其主要缺点是：因齿数差少，为避免轮齿发生干涉现象，必须采用变位齿轮，其几何尺寸计算比较复杂。

9.6.2　摆线针轮行星传动

摆线针轮行星传动的工作原理和结构与渐开线少齿差行星传动基本相同。如图 9-14 所示，它和渐开线少齿差行星传动所不同的地方在于齿廓形状。其行星轮 2 采用短幅外摆线的等距曲线作为轮齿的齿廓，故称为摆线轮；固定的中心轮是由针齿套和针齿销组成，即所谓针齿。系杆 H 为偏心轴，V 为输出机构，它的传动比计算与少齿差行星传动完全相同。摆线针轮行星传动具有如下主要优点。

（1）传动比大，传动效率高，单级传动中达 $\eta = 0.90 \sim 0.97$。

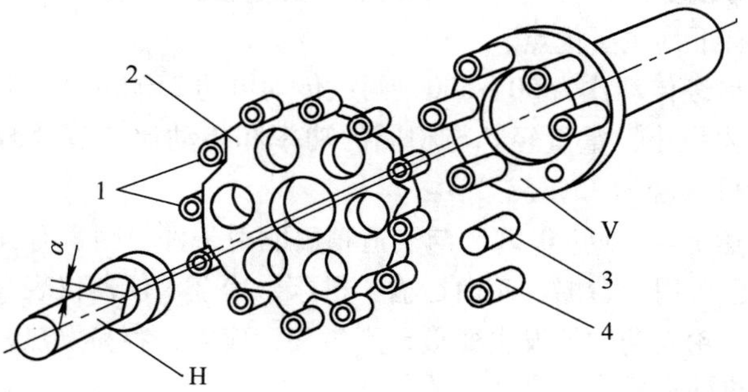

图 9-14 摆线针轮行星传动

(2) 体积小，重量轻。

(3) 承载能力大，耐冲击，传动平稳，无噪声。使用寿命长，与普通齿轮减速器相比，寿命提高 2 ~ 3 倍。

摆线针轮行星传动的主要缺点是加工工艺较复杂、精度要求高，必须用专用机床和刀具来加工摆线齿轮。

9.6.3 谐波齿轮传动

图 9-15 所示为谐波齿轮传动工作原理图，它是依靠柔性零件产生弹性波来传递动力和运动的一种行星传动。

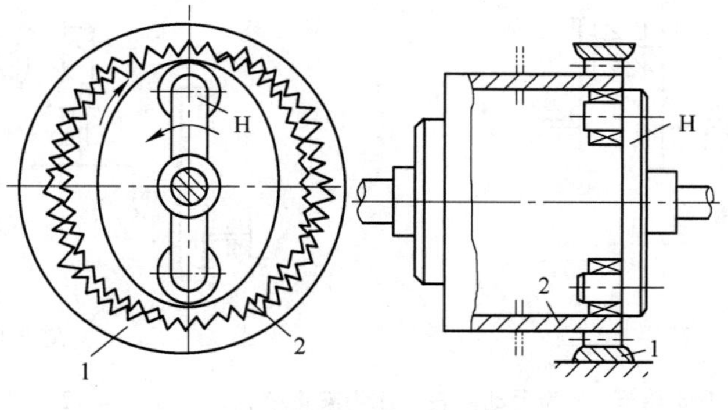

图 9-15 谐波齿轮传动

它的组成主要有：波发生器 H，它相当于行星轮系中的系杆；刚轮 1，它相当于中心轮；柔轮 2，带有外齿，它相当于行星轮，产生较大的弹性变形。波发生器 H 的两端装上滚动轴承构成滚轮，与柔轮 2 的内壁相互压紧，柔轮变成了椭圆形。在椭圆长轴两端附近，柔轮的外齿和刚轮的内齿相啮合；而在椭圆短轴两端附近，两轮的齿则完全脱离，不啮合；其他各处则处于啮合和脱离的过渡阶段。

按照发生器上装的滚轮数不同，谐波传动可分为单波、双波和三波等，其中最常用的是双波，图 9-15 所示即为双波传动。由于柔轮比刚轮少 $(z_1 - z_2)$ 个齿，所以当波发生器转一周时，柔轮相对刚轮沿相反方向转 $(z_1 - z_2)$ 个齿的角度，即反转 $\frac{z_1 - z_2}{z_2}$ 周，因此得传动比 i_{H2} 为

$$i_{H2} = \frac{1}{-(z_1 - z_2)/z_2} = -\frac{z_2}{z_1 - z_2}$$

可见，该式和渐开线少齿差行星传动的传动比公式完全一样。

谐波齿轮传动具有下列主要优点。

（1）传动比大，单级传动比为 50～500，两级传动可达 2500～25000。

（2）结构简单，体积小，重量轻。与相同的功率和传动比的普通减速器相比较，零件数目可减少 50%，重量可减轻约 85%。

（3）效率高，可达 $\eta = 0.69 \sim 0.96$，与制造精度润滑条件等因素有关。

目前，谐波传动已应用于造船、矿山运输、机床、冶金、仪器仪表和军事设备中。谐波齿轮传动的主要缺点是柔轮周期性地发生变形，产生交变应力，容易发热，需用抗疲劳强度很高的材料，且对加工、热处理要求较高，工艺复杂。

复习思考题

9-1　如何计算定轴轮系的传动比，怎样确定平面定轴轮系及空间定轴轮系传动比的正负号，传动比的正负号说明了什么？

9-2　周转轮系传动比的符号及其转化轮系传动比的符号有什么区别，各用什么方法确定？

9-3　在一个混合轮系中，为什么必须区分出定轴轮系和各基本周转轮系才能求解，怎样区分？

9-4　如图 9-16 所示轮系中，已知各标准齿轮的齿数为 $z_1 = z_2 = 20$，$z_{3'} = 26$，$z_4 = 30$，$z_{4'} = 22$，$z_5 = 34$，试计算齿轮 3 的齿数及传动比 i_{15}。

9-5　如图 9-17 所示的手摇提升装置，各轮齿数分别为 $z_1 = 20$，$z_2 = 50$，$z_{2'} = 15$，$z_3 = 30$，$z_{3'} = 1$，$z_4 = 40$，$z_{4'} = 18$，$z_5 = 52$，试求传动比 i_{15}，并指出当提升重物时手柄的转向。

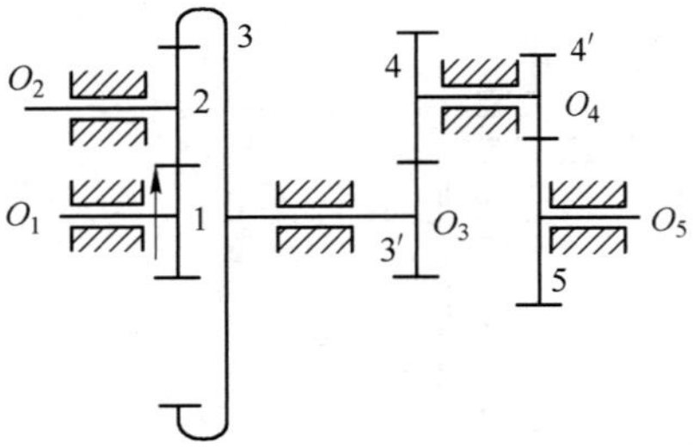

图 9-16

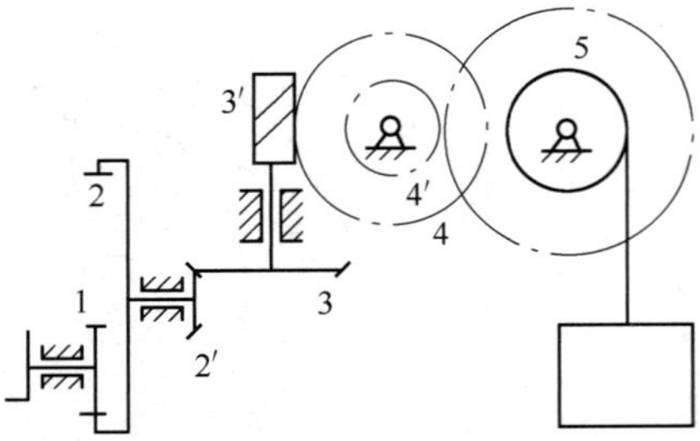

图 9-17

9-6　如图 9-18 所示的手动葫芦，S 为手动链轮，H 为起重链轮，已知 $z_1 = 12$，$z_2 = 28$，$z_{2'} = 14$，$z_3 = 60$，求传动比 i_{SH}。

9-7　如图 9-19 所示轮系，已知各齿轮的齿数为 $z_1 = 15$，$z_2 = 25$，$z_{2'} = 20$，$z_3 = 60$，$n_1 = 200\text{r/min}$，$n_3 =$

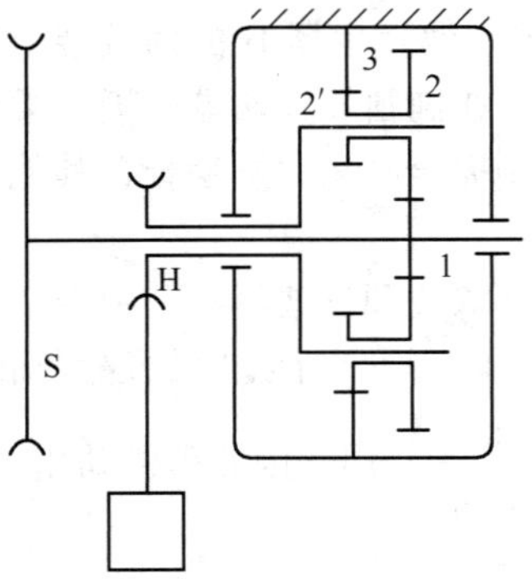

图 9-18

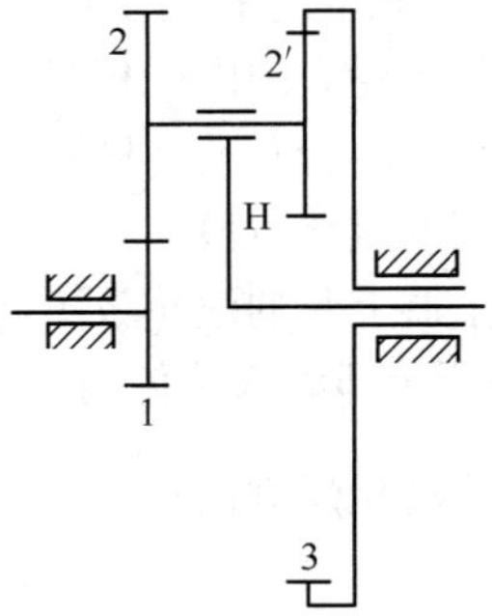

图 9-19

50r/min。试求系杆 H 的转速 n_H 的大小和方向；（1）n_1，n_3 转向相同；（2）n_1，n_3 转向相反。

9-8 如图 9-20 所示的轮系中，$z_1 = 60$，$z_2 = 40$，$z_{2'} = z_3 = 20$，若 $n_1 = n_3 = 120$r/min，并设 n_1 与 n_3 转向相反，求 n_H 的大小及方向。

9-9 如图 9-21 所示的周转轮系中，已知各轮齿数为 $z_1 = 18$，$z_2 = 33$，$z_{2'} = 27$，$z_3 = 84$，$z_4 = 78$，试求传动比 i_{14}。

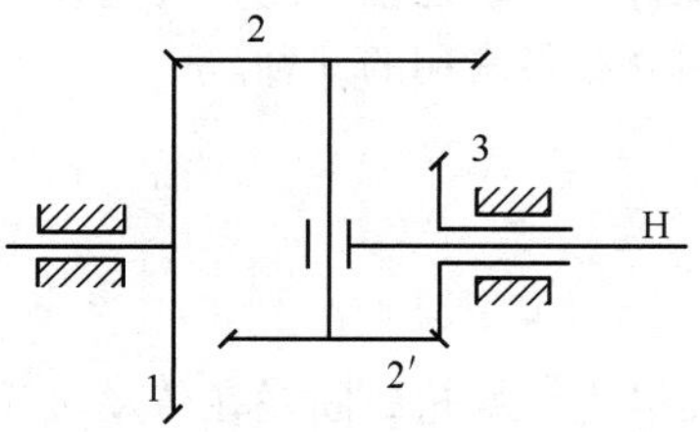

图 9-20

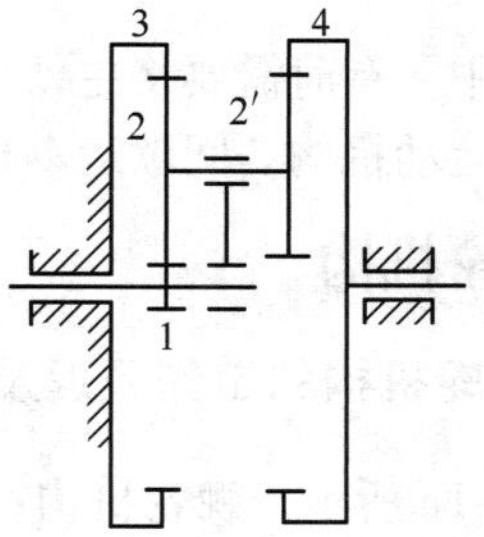

图 9-21

9-10 如图 9-22 所示为一小型起重机构。一般工作情况下，单头蜗杆 5 不转，动力由电动机 M 输入，带动卷筒 N 转动。当电动机发生故障或需慢速起吊时，电动机停转并刹住，用蜗杆传动。已知 $z_1 = 53$，$z_{1'} = 44$，$z_2 = 48$，$z_{2'} = 53$，$z_3 = 58$，$z_{3'} = 44$，$z_4 = 87$，$z_5 = 1$，求一般工作情况下传动比 i_{H4} 和慢速吊重时的传动比 i_{54}。

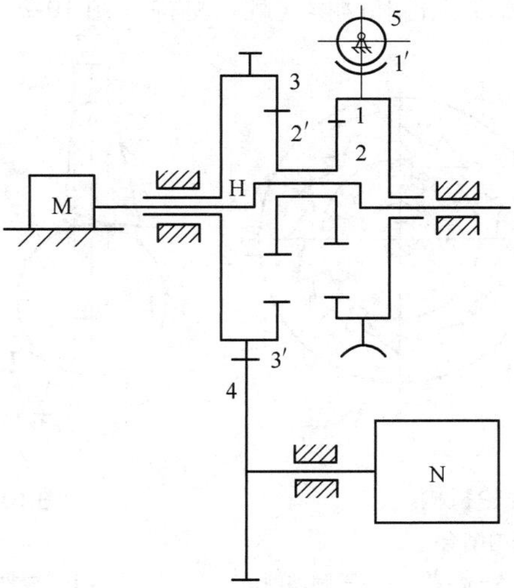

图 9-22

10 间歇运动机构

在机械中，有时需要将主动件的连续运动转换成从动件的间歇运动，能实现这种运动的机构称为间歇运动机构。间歇运动机构的类型很多，本章只介绍最常用的几种。

10.1 棘轮机构

10.1.1 棘轮机构的工作原理及类型

如图 10-1a 所示，棘轮机构主要由棘轮、棘爪和机架组成。棘轮 2 固联在传动轴 4 上，摇杆 1 空套在轴 4 上。当原动杆 1 顺时针方向摆动时，铰接于其上的驱动棘爪 3 便借助弹簧或自重插入棘轮的齿槽内，推动棘轮 2 转过一定的角度。当原动杆 1 逆时针转动时，驱动棘爪 3 在棘轮的齿背上滑过，此时制动棘爪 5 将阻止棘轮做逆时针反转，棘轮静止不动。所以，当原动件 1 做连续的往复摆动时，棘轮 2 只做单向的间歇运动。

棘轮机构的类型很多。按棘轮啮合方式可分为外啮合式棘轮机构（图 10-1a）和内啮合式棘轮机构（图 10-1b）；按棘轮可转动方向不同可分为单向传动棘轮机构和双向传动棘轮机构；按棘轮传动方式可分为齿式棘轮机构和摩擦式棘轮机构（图 10-2）等。

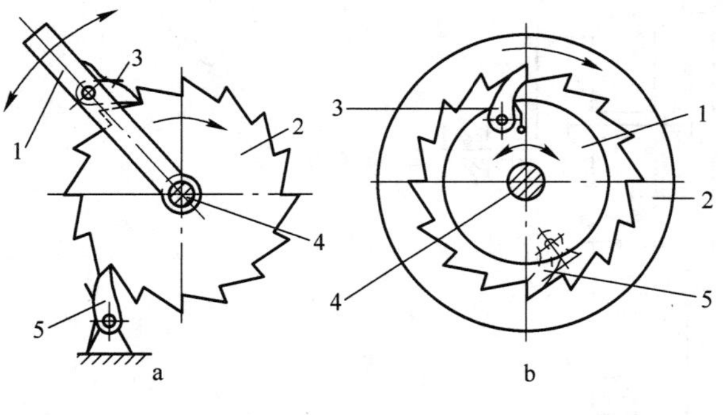

图 10-1　齿式棘轮机构

a—外啮合；b—内啮合

1—摇杆；2—棘轮；3—驱动棘爪；4—传动轴；5—制动棘爪

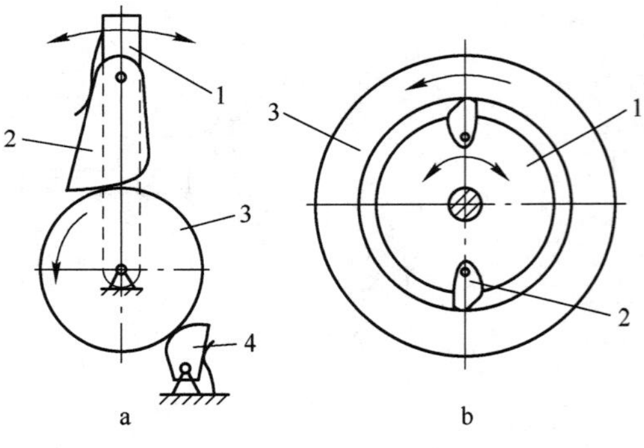

图 10-2　摩擦式棘轮机构

a—外啮合；b—内啮合

1—摇杆；2，4—棘爪；3—棘轮

图 10-3 为双向传动棘轮机构，棘齿为矩形。当棘爪 2 在实线位置时，摇杆 1 往复摆动可使棘轮 3 做单向逆时针方向转动；当棘爪 2 在虚线位置时，摇杆 1 往复摆动可使棘轮 3 做单向顺时针方向转动。

图 10-4 为双动式棘轮机构，即摇杆 1 来回摆动时都能使棘轮向同一方向转动。主动摆杆 1 上装有两个主动棘爪 2 和 2′，且主动摆杆 1 不是绕棘轮 3 中心 O_3 摆动，而是绕 O_1 摆动，在其往复摆动过程中分别带动棘爪 2 和 2′，两次推动棘轮转动。

上述棘轮机构，棘轮的转角都是相邻两齿所夹中心角的倍数。也就是说，棘轮的转角是有级性改变的。要实现无级性改变棘轮转角，则可采用如图 10-2 所示的摩擦式棘轮机构。图 10-2a中，当摇杆 1 往复摆动时，棘爪 2 和棘轮 3 之间产生摩擦力，带动棘轮 3 做间歇转动，棘爪4起制动棘轮反转作用。它克服了齿啮式棘轮机构冲击噪声大的缺点，但其接触表面容易发生滑动，故运动准确性较差。

棘轮机构通常用来防止机构的逆转，称为棘轮停止器或制动器，如图10-5所示。这种机构常用在卷扬机、起重提升机等提升或牵引机构中。棘轮机构具有结构简单、转角大小可调等优点，但传递的动力不大，平稳性较差，一般用于低速和转角不大的场合。

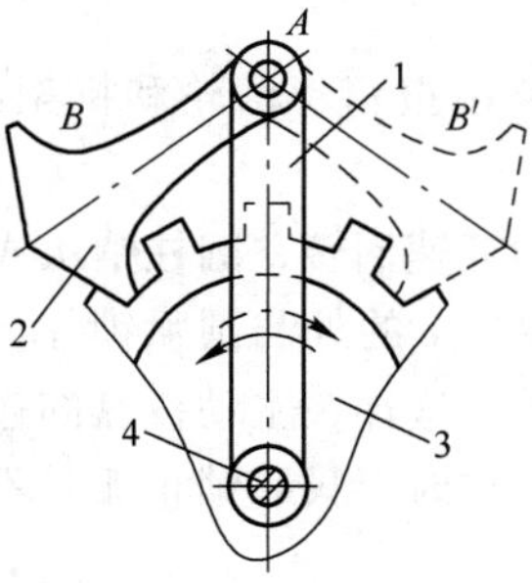

图10-3 双向传动棘轮机构

1—摇杆；2—棘爪；3—棘轮；4—传动轴

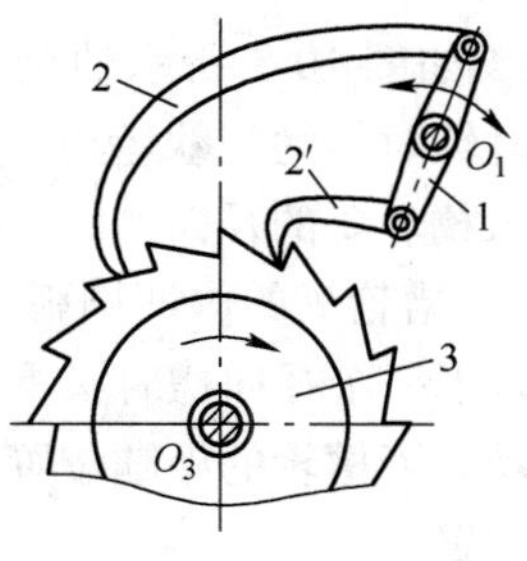

图10-4 双动式棘轮机构

1—摇杆；2，2′—棘爪；3—棘轮

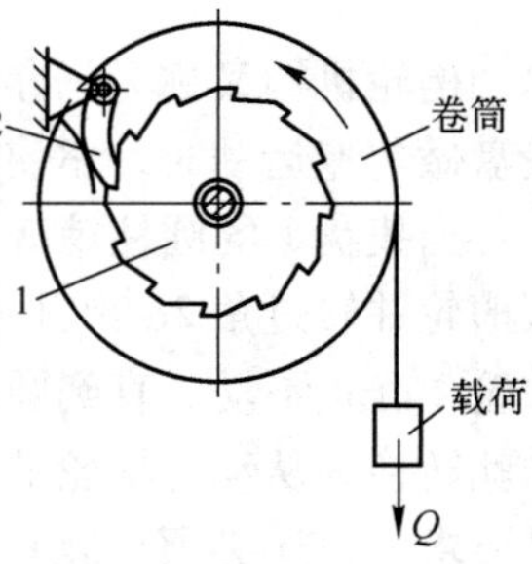

图10-5 棘轮停止器图

1—棘轮；2—棘爪

10.1.2 棘爪的工作条件

在设计棘轮机构时要使棘爪顺利插入齿槽并自动压紧齿根而不滑脱。棘轮机构受力分析如图10-6所示，为了使棘爪受力最小，应使棘爪回转中心 O_1 与棘轮齿顶 A 的连线垂直于棘轮半径 O_2A，即 $\angle O_1AO_2=90°$。当棘爪与棘轮的轮齿在 A 点开始接触时，棘爪受到法向反力 N 和摩擦力 F 的作用。为了保证棘爪能顺利地进入棘轮的齿根而不向外滑脱，则必须使法向反力 N 对棘爪轴心 O_1 的力矩大于摩擦力 F 对轴心 O_1 的力矩，即：

$$N\,\overline{O_1A}\sin\alpha > F\,\overline{O_1A}\cos\alpha \tag{10-1}$$

又

$$F = Nf = N\tan\varphi \tag{10-2}$$

则

$$\tan\alpha > \tan\varphi$$

即

$$\alpha > \varphi$$

式中 α——棘轮齿面与棘齿尖顶半径线间夹角，称为工作倾角或棘轮齿面倾斜角；

f——棘爪与棘齿接触面间的摩擦系数，一般 f 取0.15~0.2；

φ——棘爪与棘齿接触面间的摩擦角，$\varphi=\arctan f$。

10.1.3 棘轮、棘爪的几何尺寸

如图10-7所示，棘轮机构的主要尺寸有：顶圆直径，$d_a=mz$；根圆直径，$d_f=d_a-2h$；齿

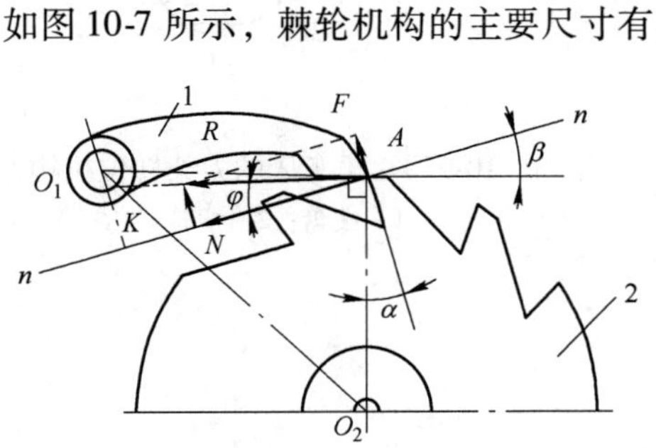

图10-6 棘轮机构受力分析图

1—棘爪；2—棘轮

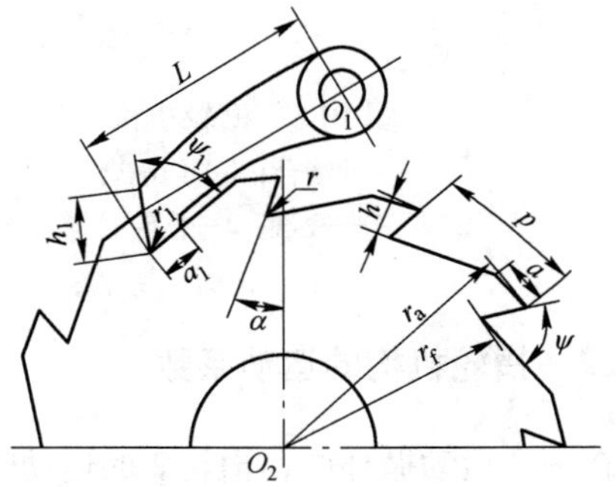

图10-7 棘轮机构的几何尺寸

距，$p=\pi m$；轮宽，$b=(1\sim4)m$；棘爪长度，$m\geq3$ 时，$L=2p$，$m<3$ 时，按结构确定。其余几何尺寸见机械设计手册。

10.2　槽轮机构

10.2.1　槽轮机构的工作原理及类型

槽轮机构又称为马尔他机构。如图 10-8 所示的槽轮机构主要由拨盘、槽轮和机架组成。拨盘做匀速运动时，驱使槽轮做时转时停的间歇运动。

当拨盘 1 的圆柱销 A 开始进入槽轮 2 的径向槽时，推动槽轮做变速回转，圆柱销从 A 点进入槽轮并转过角 2α 离开径向槽后，槽轮 2 的内凹圆弧表面便被拨盘 1 的外凸圆弧锁住，此时槽轮 2 静止不动。直到圆柱销进入下一个径向槽时又重复上述运动。这样，主动拨盘的连续转动就转换为从动件槽轮的间歇运动。当槽轮的停歇位置需高精度定位时，只靠锁止弧是不能满足要求的，还必须加装其他定位装置。

槽轮机构有两种形式：一种是外啮合槽轮机构，如图 10-8a 所示，其主动件与从动件转向相反；另一种是内啮合槽轮机构，如图 10-8b 所示，其主动件与从动件转向相同。通常外啮合槽轮机构应用较广。

槽轮机构结构简单，外形尺寸小，机械效率高，运转较平稳，因此广泛应用于自动化机械中，但在运动过程中，加速度变化较大，圆柱销与径向槽之间冲击严重，所以不宜用于高速转动的场合。

图 10-9 为六角车床的刀架转位机构，刀架上装有 6 把刀具，它们是按照零件加工工艺要求的顺序安装的，与刀架相连的槽轮上有 6 个径向槽，拨盘 1 上有一个圆柱销 A。每当拨盘转动一周，圆柱销 A 便进入槽轮一次，带动槽轮 2 转过 60°角，即转过一个工位，将下一道工序所需要的刀具转换到工作位置上来。

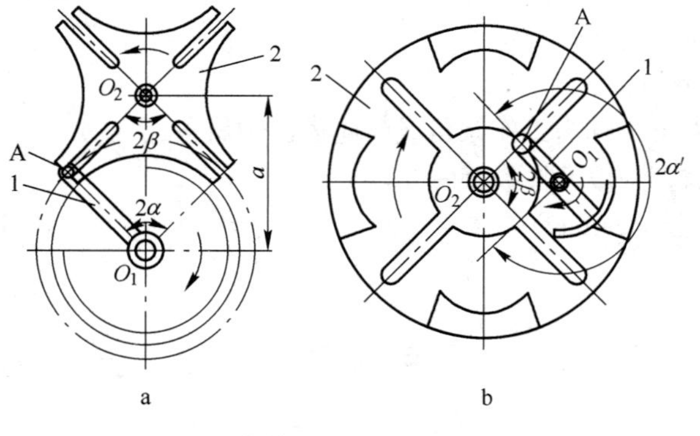

图 10-8　槽轮机构

a—外啮合；b—内啮合

1—拨盘；2—槽轮

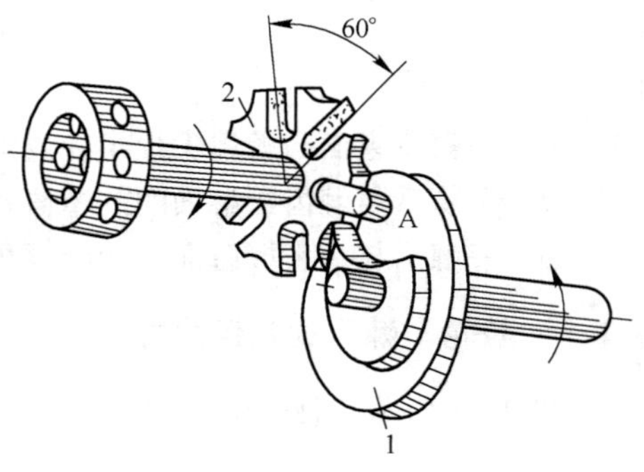

图 10-9　六角车床的刀架转位机构

1—拨盘；2—槽轮

10.2.2　槽轮机构的运动系数

在一个运动循环中，槽轮 2 的运动时间 t_2 与拨盘 1 的运动时间 t_1 之比，称为槽轮机构的运动系数，用 τ 表示，即：

$$\tau = \frac{t_2}{t_1} \tag{10-3}$$

为了使槽轮在开始转动瞬间和终止转动瞬间的角速度为零，以避免刚性冲击，圆柱销 A 开始进入或离开径向槽时，径向槽的中心线应切于圆柱销中心的运动圆周（即 $O_1A \perp O_2A$）。设 Z 为均布的径向槽数目，K 为拨盘上的圆柱销数目。则由图 10-8a 可知，槽轮每转过 2β 的角度，对应于拨盘 1 转角为

$$2\alpha = \pi - 2\beta = \pi - \frac{2\pi}{Z} \tag{10-4}$$

当拨盘做等角速度回转时，槽轮机构的运动系数也可用其转角比来表示，即：

$$\tau = \frac{t_2}{t_1} = \frac{2\alpha}{2\pi} = \frac{\pi - \frac{2\pi}{Z}}{2\pi} = \frac{Z-2}{2Z} = \frac{1}{2} - \frac{1}{Z} \tag{10-5}$$

要使槽轮运动，τ 要大于零，所以槽数 Z 至少为 3，一般常用 4～6 个槽。

当圆柱销数为 K 个时，

$$\tau = \frac{K(Z-2)}{2Z} \tag{10-6}$$

因 τ 应小于 1，即 $\frac{K(Z-2)}{2Z} < 1$，由此得：

$$K < \frac{2Z}{Z-2} \tag{10-7}$$

由式（10-7）可知，槽数 Z 与圆柱销数 K 之间有如下关系：$Z=3$ 时，$K=1\sim5$；$Z=4$ 时，$K=1\sim3$；$Z\geqslant6$ 时，$K=1\sim2$。

同理，可导出内槽轮机构的运动系数为：

$$\tau = \frac{Z+2}{2Z} = \frac{1}{2} + \frac{1}{Z} \tag{10-8}$$

圆柱销数与槽数的关系为：

$$K < \frac{2Z}{Z+2} \tag{10-9}$$

由式（10-8）和式（10-9）可知，内槽轮机构的运动系数 $0.5 < \tau < 1$，因此，径向槽数 $Z\geqslant3$，圆柱销数 K 只能取 1。

10.2.3　几何尺寸计算

当给定槽数 Z，选定槽轮机构中心距 a 和圆柱销半径 r 后，尺寸计算见表 10-1。

表 10-1　槽轮机构主要参数计算

序　号	参数或项目	符　号	外　接	内　接
1	槽　数	Z	$3\leqslant Z\leqslant18$，Z 多时机构尺寸大，Z 少时动力性能不好，运动系数等机构特性也与 Z 直接相关，故应根据工作要求全面考虑而定	
	中心距	a	a 和 r 根据结构选定	
	圆柱销半径	r		

续表 10-1

序　号	参数或项目	符　号	外　接	内　接
2	槽轮每次转位时，主动件 1 的转角	2α ($2\alpha'$)	$2\alpha = 180°\left(1 - \frac{2}{Z}\right)$	$2\alpha' = 180°\left(1 + \frac{2}{Z}\right)$
3	槽间角	2β	$2\beta = \frac{360°}{Z} = 180° - 2\alpha$	$2\beta = \frac{360°}{Z} = 2\alpha' - 180°$
4	主动件圆柱销中心半径	R_1	$R_1 = a\sin\beta$	
5	R_1 与 a 的比值	λ	$\lambda = \frac{R_1}{a} = \sin\beta$	
6	槽轮外圆半径	R_2	$R_2 = \sqrt{(a\cos\beta)^2 + r^2}$	
7	槽轮槽深	h	$h \geqslant a(\lambda + \cos\beta - 1) + r$	$h \geqslant a(\lambda - \cos\beta + 1) + r$
8	主动件轮毂直径	d_0	$d_0 < 2a(1 - \cos\beta)$	按结构选定
9	槽轮轮毂直径	d_k	$d_k < 2a(1 - \lambda) - 2r$	
10	锁止弧半径	R_x	$R_x < R_1 - r$	$R_x > R_1 + r$
11	锁止凸弧张角	γ	$\gamma = 360° - 2\alpha$(当 $k = 1$ 时)	$\gamma = 360° - 2\alpha'$
12	圆柱销个数	K	$K < \frac{2Z}{Z - 2}$	$K = 1$
13	动停比（槽轮每次转位时间 t_d 与停歇时间 t_j 之比）	k	$K = \dfrac{Z - 2}{\frac{2Z}{K} - (Z - 2)}$（当 K 个圆柱销均布时）	$K = \frac{Z + 2}{Z - 2} > 1$

10.3　凸轮式间歇运动机构

棘轮机构和槽轮机构是目前应用较为广泛的间歇运动机构，但由于其结构、运动和动力性能的限制，它们的运动速度都不能太高，一般不宜高于 200 次/min，否则将会产生过大的载荷，引起较强烈的冲击和振动，机构的工作精度就难以保证。随着科学技术的发展，高速自动机械日益增多，要求机构动作频率越来越高，例如电机矽钢片的冲槽机，冲槽速度已高达 1200 次/min。为了适应这种需要，凸轮式间歇运动机构的应用逐渐增多。

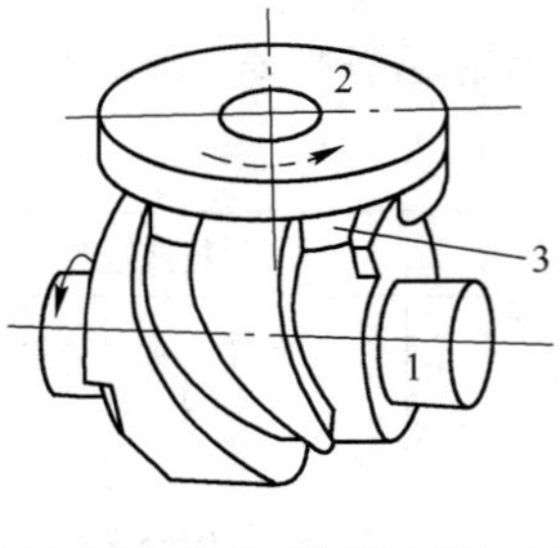

图 10-10　凸轮式间歇运动机构
1—圆柱凸轮；2—转盘；3—圆柱销

凸轮式间歇运动机构由圆柱凸轮 1、转盘 2 及机架组成。其主动轮为具有曲线沟槽或曲线凸脊的圆柱凸轮，从动件为均布圆柱销 3 的转盘。当凸轮转动时，凸轮上的曲线沟槽（或凸脊）拨动圆柱销，使从动转盘做间歇运动。从动转盘的运动完全取决于主动凸轮的轮廓曲线形状，只要适当设计凸轮的轮廓，就可使从动转盘获得预期的运动规律。凸轮式间歇运动机构结构简单、运动可靠、转位精确，无需专门的定位装置。该机构最大的优点是通过选择适当的运动规律来减小负荷和避免冲击，以适应高速运转的要求；其缺点为精度要求高，加工比较复杂，安装调整比较困难。凸轮式间歇运动机构常用于两相错轴间的分度运动，并多使用于高速场合。

10.4 不完全齿轮机构

不完全齿轮机构是由齿轮机构演变而来的一种间歇传动机构。这种机构的主动轮 1 为只有一个齿或 n 个齿的不完全齿轮，从动轮 2 可以是普通的完整齿轮，也可以是由正常齿和带锁止弧的厚齿彼此相间组成的齿轮。

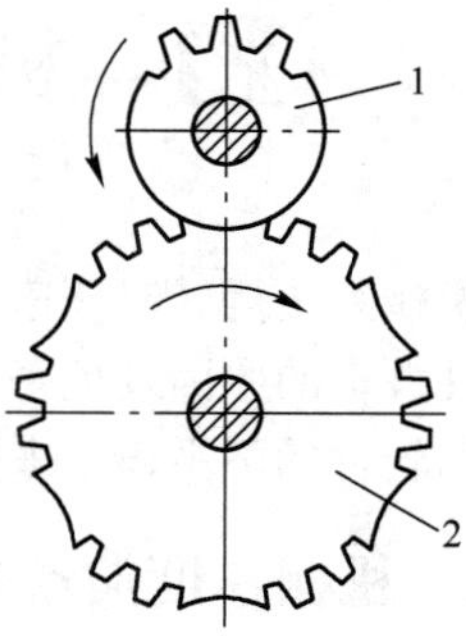

图 10-11 不完全齿轮机构
1—主动轮；2—从动轮

在不完全齿轮机构中，主动轮 1 连续转动，当轮齿进入啮合时，从动轮 2 开始转动。当轮 1 上的轮齿退出啮合后，由于两轮的凸凹锁止弧的定位作用，使从动轮 2 停止不动，因而当主动轮连续转动时，从动轮获得时转时停的间歇运动。

不完全齿轮机构的结构简单，工作可靠，很易实现一个运动周期的多次动、停时间不等的间歇运动。缺点是有较大冲击，不宜用于高速传动。

复习思考题

10-1 试述单向传动棘轮机构的工作原理。

10-2 什么是棘轮齿面倾斜角 α，α 应如何选取？

10-3 槽轮机构有什么特点，何谓运动系数 τ，为什么 τ 必须大于 0 而小于 1？

10-4 试述单销槽轮机构的工作原理。

10-5 设计外啮合棘轮机构，已知棘轮的模数 $m=10$mm，棘轮的最小转角 $\theta_{min}=12°$。试求：（1）棘轮的 Z，d_a，p；（2）棘爪的长度 L。

10-6 已知外槽轮机构的槽数 $z=6$，圆柱销数 $K=1$，若拨盘转速为 $n=60$r/min，求槽轮的运动时间 t_m 以及运动系数 τ 的大小。

11 机械速度波动的调节及机械平衡

机械系统运转时，速度波动的调节及回转件的平衡是两个重要的问题。本章主要分析速度周期性波动的原因及危害，介绍常用的速度波动调节方法以及飞轮的设计计算方法。本章也将分析回转件的不平衡带来的危害，介绍静平衡和动平衡的计算方法及实验方法。

11.1 机械速度波动的原因和调节方法

11.1.1 机械运转的过程

机械的启动到停止是经过三个阶段，如图 11-1 所示。

（1）启动阶段。主动件的速度由零上升到正常工作速度；

（2）稳定运转阶段。主动件保持常速（如电机驱动的鼓风机）或在平均速度上下工作周期性波动（如内燃机、压缩机等）。这是一般机械的工作阶段。

（3）停车阶段。主动件的速度从正常速度下降到零。

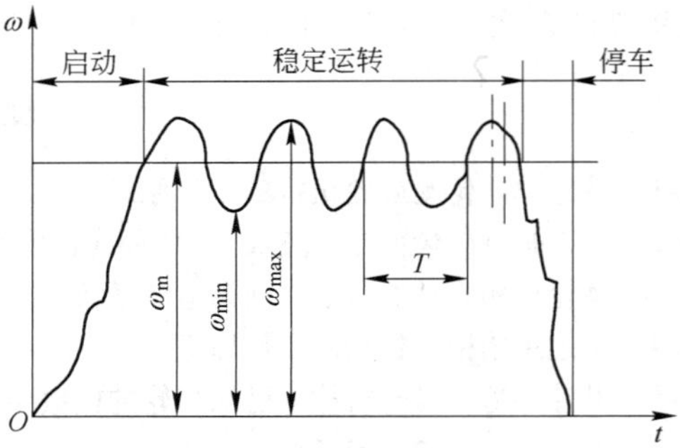

图 11-1 机械的运转过程

11.1.2 机械速度波动的原因和影响

机械是在驱动力和阻力作用下运转时，如果驱动力的功在每一段时间内都等于阻力的功，则机械的主轴将保持匀速转动。然而，有许多机械工作时，其驱动力的功在某一段时间内不等于阻力的功。如果驱动力的功大于阻力所做的功，将出现盈功，使机械动能增加；如果驱动力的功小于阻力的功时，将出现亏功，导致机械动能减少。动能的变化，必将造成机械运转速度的波动，从而导致惯性力和惯性力偶，引起机械振动，降低机械效率和工作的可靠性，影响零件的强度和寿命，影响机械的精度和工艺性能，使产品质量下降，因此，为减少前述不良影响，对机械的速度波动必须进行调节。

11.2 机械速度波动的调节

机械速度波动的类型分为周期波动和非周期波动两种。

11.2.1 周期性速度波动

机械运转中，当外力做周期性变化时，其功能的增减做周期性变化，机械主轴的角速度也做周期性的波动。如图 11-2 所示，主轴的角速度由某一原始值在经过一个运动周

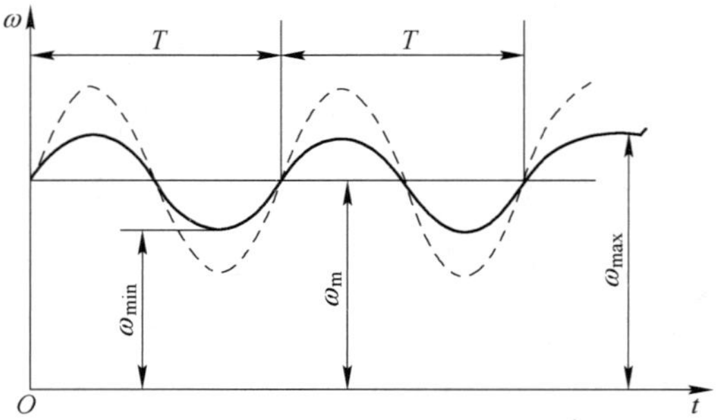

图 11-2 周期性速度波动

期 T 后又回复到该原始值的过程，其动能没有增减。但是，在周期中的某段时间内，驱动力的功与阻力的功是不相等的，因而出现速度的波动。这种有规律的周期波动，称为周期性速度波动。

调节周期性速度波动的方法是在机械中加上一个转动惯量很大的回转件——飞轮。由于飞轮的转动惯量 J 很大，盈功能使飞轮的动能增加，亏功能使飞轮的动能减少。飞轮的功能变化为 $\Delta E = \frac{1}{2}J(\omega^2 - \omega_m^2)$ 。

可见，动能变化相同的情况下，飞轮的转动惯量 J 越大，角速度 ω 的波动越小，所以利用飞轮可以减小周期性速度波动的幅度。它能将多余的功转化成动能贮存起来；也可将贮存的能量释放出来。由此可见，安装飞轮不仅可以避免机械运转速度发生过大的波动，而且可以选择功率小的原动机。

11.2.2　非周期性速度波动

机械在运转中，如果驱动力的功在很长一段时间内总是大于阻力的功时，则机械运转的速度将不断升高，直至超越机械所允许的极限转速而导致机械损坏；反之，若驱动力的功总是小于阻力的功，则机械运转的速度将不断下降，直至停车。例如，汽轮发电机组，当供汽量不变，而用电量却无规律地增减时就会出现上述情况。这种机械速度的波动是无规律的，没有一定的周期，因此称之为非周期性速度波动。

非周期性速度波动不能依靠飞轮调节，需要采用专门的调速器。

11.2.3　平均速度和不均匀系数

如图 11-2 所示，已知机械主轴的角速度变化规律为 $\omega = f(t)$ ，一个周期内的实际平均角速度 ω_m 为：

$$\omega_m = \frac{1}{T}\int_0^T \omega \mathrm{d}t \tag{11-1}$$

由于角速度的变化规律比较复杂，工程中往往采用算术平均值来代替实际平均值，即：

$$\omega_m = \frac{\omega_{max} + \omega_{min}}{2} \tag{11-2}$$

式中　ω_{max}，ω_{min}——最大角速度和最小角速度。

我们采用不均匀系数 δ 来表示机械速度波动的相对程度。即

$$\delta = \frac{\omega_{max} - \omega_{min}}{\omega_m} \tag{11-3}$$

若已知 ω_m 和 δ ，由式（11-2）和式（11-3）可得

$$\omega_{max} = \omega_m\left(1 + \frac{\delta}{2}\right) \tag{11-4}$$

$$\omega_{min} = \omega_m\left(1 - \frac{\delta}{2}\right) \tag{11-5}$$

由上式可知，当 ω_m 一定时，δ 愈小，则 ω_{max} 和 ω_{min} 的差值就越小，转动越均匀。δ 值是根据机械的工作性质和工作要求确定的。表 11-1 列出了几种常见机械的不均匀系数 δ 的许用值。

表 11-1 几种常用机械 δ 许用值

机械名称	δ	机械名称	δ
交流发电机	0.002 ~ 0.003	金属切削机床	0.02 ~ 0.05
直流发电机	0.005 ~ 0.01	农业机械	0.02 ~ 0.20
内燃机	0.007 ~ 0.0125	压缩机和水泵	0.03 ~ 0.05
船用发动机	0.007 ~ 0.05	轧钢机	0.04 ~ 0.10
纺纱机	0.01 ~ 0.017	冲、剪、锻床	0.05 ~ 0.15
减速机	0.015 ~ 0.020	破碎机	0.10 ~ 0.20

11.3 飞轮的设计

11.3.1 飞轮设计的基本原理

飞轮设计的基本问题，是根据平均角速度 ω_m 和许用的不均匀系数 δ 来确定飞轮的转动惯量 J。

在飞轮设计中，通常将机械中各活动构件的质量和转动惯量忽略不计，这是因为与飞轮转动惯量相比，其值甚小。在近似设计中，可以认为飞轮的动能就是整个机械的动能。飞轮处于最大动能 E_{max} 和最小动能 E_{min} 时，飞轮分别处于最大角速度 ω_{max} 和最小角速度 ω_{min} 位置。E_{max} 与 E_{min} 之差，表示一个周期内动能的最大变化量，即

$$A_{max} = E_{max} - E_{min} = \frac{1}{2}J(\omega_{max}^2 - \omega_{min}^2) = J\omega_m^2\delta \tag{11-6}$$

式中 A_{max} ——最大剩余功，又称最大盈亏功。

将飞轮平均速度 $\omega_m = \frac{n\pi}{30}$ 代入上式得：

$$J = \frac{A_{max}}{\omega_m^2\delta} = \frac{900A_{max}}{\pi^2 n^2\delta}$$

由上式可知：

(1) 当 A_{mcax} 与 ω_m 一定时，飞轮转动惯量 J 与不均匀系数 δ 之间的关系为一等边双曲线，如图 11-3 所示，δ 越小则 J 激增。因此，不应过分地追求机械运转的均匀性，否则会使飞轮过于笨重，增加成本。

(2) 当 J 与 ω_m 一定时，A_{max} 与 δ 成正比，即最大盈亏功越大，机械运转越不均匀。

(3) 当 A_{max} 与 δ 一定时，J 与 ω_m 的平方成反比，所以为了减小飞轮的转动惯量，最好将飞轮安装在高速轴上。主轴的刚性好，通常将飞轮安装在机械的主轴上。

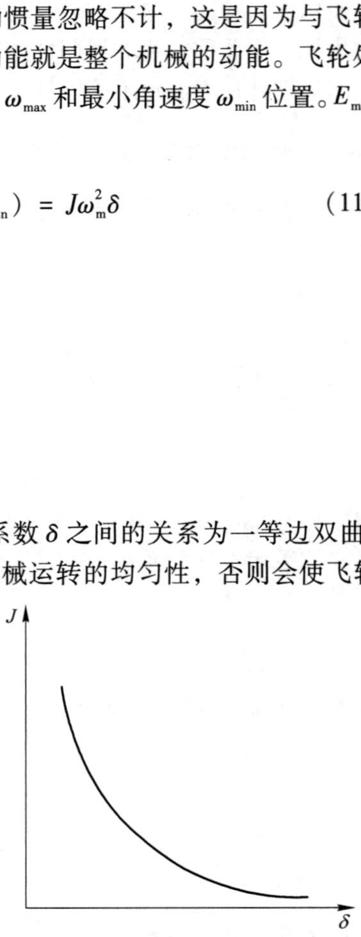

图 11-3 J 与 δ 的关系

11.3.2 最大盈亏功的确定

确定飞轮转动惯量 J 的关键是求出最大盈亏功 A_{max}。

图11-4a所示为某一蒸汽机在一个运动循环中驱动力矩（$M_d = M_{ed}$）变化曲线，阻力矩为常数，且 $M_r = M_{er} = 7500N \cdot m$，平均转速为 $n = 3000r/min$，运转的不均匀系数 $\delta = 0.001$，试计算飞轮的转动惯量 J。

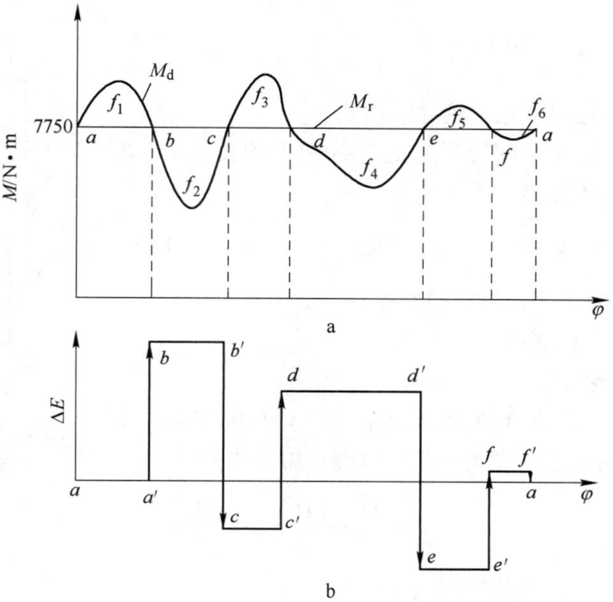

图11-4　力矩和功、能示意图

曲线内所围的面积所代表的功分别为 $f_1 = 1400J$，$F_2 = 1900J$，$f_3 = 1400J$，$f_4 = 1800J$，$f_5 = 930J$，$f_6 = 30J$，a、b、c、d、e、f 各点的功的增量 ΔA 值见表11-2。

表11-2　盈亏功

位 置	a	b	c	d	e	f	a
ΔA/J	0	1400	1400 − 1900 = −500	−500 + 1400 = 900	900 − 1800 = −900	−900 + 930 = 30	30 − 30 = 0

由此可知，b 点处的增量 ΔA 最大，e 点处 ΔA 最小，故 b、e 之间功的增量应为最大的盈亏功，即

$$A_{max} = \Delta A_{max} - \Delta A_{min} = 1400 - (-900) = 2300J$$

故飞轮的转动惯量为：

$$J = \frac{A_{max}}{\omega_m^2 \delta} = \frac{2300}{\left(\frac{2\pi \times 3000}{60}\right) \times 0.001} = 23.3kg \cdot m^2$$

由此可知，通过功、能示意图不难求出最大盈亏功 A_{max}，可确定飞轮的转动惯量 J。

11.3.3　飞轮主要尺寸的确定

确定飞轮的转动惯量后，需确定飞轮的有关几何尺寸。如图11-5所示，飞轮常做成圆形，它由轮缘 a、轮辐 b 和轮毂 c 所组成。与轮缘比较，轮辐及轮毂的转动惯量较小，故常略去不

计。设轮缘的平均直径为 D_m，飞轮的质量 m 集中在轮缘上，则

$$J = m\left(\frac{D_m}{2}\right)^2 = \frac{mD_m^2}{4} \tag{11-7}$$

$$D_m = \frac{1}{2}(D_1 + D_2) \tag{11-8}$$

式中　D_1，D_2——飞轮的外径和轮缘的内径。

当按照机器的结构和空间位置选定轮缘的平均直径 D_m 之后，可根据式（11-10）算出飞轮的质量

$$m = V \cdot \rho = \pi D_m HB\rho \tag{11-9}$$

式中　V，ρ——轮缘的体积，材料的密度；

B——飞轮的宽度；

H——飞轮轮缘厚度。

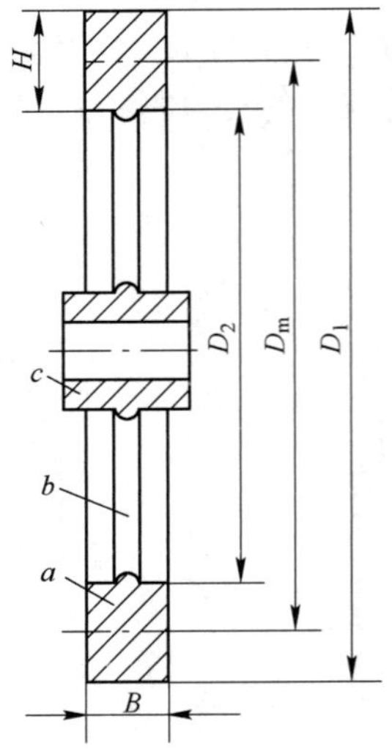

图 11-5　飞轮的结构尺寸

a—轮缘；b—轮辐；c—轮毂

选定飞轮的材料与比值 H/B 之后，轮缘的截面尺寸即可求出。对于外径为 D_1 的实心圆盘式飞轮，由理论力学可知

$$J = \frac{1}{2}m\left(\frac{D_1}{2}\right)^2 = \frac{mD_1^2}{8}$$

圆盘直径 D_1 确定后，飞轮的质量为

$$m = V \cdot \rho = \left(\frac{\pi D_1^2}{4}\right)B^2 \cdot \rho$$

B 在选定材料后确定。

飞轮安装在主轴上，转速较高，所受的离心力也大，一旦超过强度极限，轮缘有破裂的危险。为了安全，应对飞轮的圆周速度加以限制：

对于铸铁飞轮　$v_{max} < 36\text{m/s}$；

对于铸钢飞轮　$v_{max} < 50\text{m/s}$。

在设计时，有时飞轮不一定是外加专门构件。有些机械往往用增大皮带轮（或齿轮）的尺寸和质量的方法，使它们起到飞轮的作用。

11.4　回转件平衡的目的和方法

机械中的许多构件是绕固定轴线回转的，这类作回转运动的构件称为回转件（或转子）。

如果回转件质心不在回转轴线上（或偏心质量分布在不同回转平面内），称为回转质量不平衡。回转质量不平衡的回转件，在运转时会产生有害的离心惯性力（偶）（专门利用这一性能的特殊机械除外）本章将对这一问题作以分析。

11.4.1　回转件平衡的目的

每个回转件都可以看成是由若干质量点组成的。由于材料缺陷或设计、制造、安装缺陷的影响，可造成回转件质心不在回转轴线上。由理论力学可知，一个偏心距为 r 的回转质量 m，当以角速度 ω 作等速转动时，将产生离心力 P，其大小为

$$P = mr\omega^2 = mr\left(\frac{\pi n}{30}\right)^2 \tag{11-10}$$

可见离心惯性力 P 与角速度 ω（或转速 n）的平方成正比，并随质量 m、质心偏距 r 的增大而增大。

离心惯性力的方向随着回转件的转动发生周期性变化，致使在轴承中产生附加动压力，不仅会增加运动副中的摩擦、磨损，影响构件的强度并降低机械效率，而且使整个机械及其基础发生周期性振动，引起机械工作精度和可靠性的降低。特别是较大离心惯性力的振动频率接近系统的固有频率时，将引起共振，破坏厂房建筑。

所以，对于高速、重型和精密机械，以及高层建筑中的机械，平衡问题必须十分注意。在机械的设计与制造中，应尽量使回转件的质量分布合理，使其在运动中的离心惯性力及惯性力系达到平衡，避免有害影响。

11.4.2　回转件平衡的方法

回转件的平衡，所要解决的是回转件上各质量所产生的离心惯性力系的平衡。

宽度不大的回转件，可以认为其偏心质量位于同一回转平面内。这时发生不平衡，是由于回转件的质心不在回转轴线上的缘故。这类不平衡称为静不平衡。宽度较大，偏心质量分布在不同的几个平面内的回转件，即使质心在其回转轴线上，回转时，由于是空间力系，也会形成惯性力偶，这类不平衡称为动不平衡。

在机械中，由于各构件的运动形式不同，所产生的惯性力的平衡方法也不同。对于绕固定轴线转动的回转件，若已知组成该回转件各质量的大小和位置，其惯性力就可以用在构件上配置质量的方法予以平衡。在回转件上增加或去除一部分平衡质量，调整其分布情况，使其在回转时，所产生的惯性力形成一平衡力系。这样，运动副中不再引起附加的动压力和周期性机械振动。

在机械工业中，如精密机床主轴、电动机转子、发动机曲轴、一般汽轮机转子和各种回转式泵的叶轮等，都需要进行平衡。

本章只讨论刚性回转件的平衡问题。

11.5　回转件平衡计算

若回转件轴向宽度为 b，外径为 D，当 $b/D<0.2$ 时，进行静平衡计算；当 $b/D\geqslant 0.2$ 时，需进行动平衡计算。

11.5.1　回转件的静平衡计算

宽度不大（$b/D<0.2$）的回转件上所有回转质量可看作分布于同一回转平面内，因而它的离心惯性力偶矩等于零。这类回转件只要求满足静平衡，其平衡条件是

$$P=\Sigma P_i=0 \tag{11-11}$$

当这类回转件以角速度 ω 回转时，各质量所产生的离心惯性力构成一平面力系。若合力 ΣP_i 不等于零，则该构件是不平衡的。由汇交力系平衡条件可知，欲使其平衡，只要在同一回转平面内加上一个平衡质量（或在其相反方向减去一个平衡质量），使其产生的离心惯性力 P_b 与 ΣP_i 之和为零即可。即

$$P=\Sigma P_i+P_b=0$$

上式可改写成

$$mr\omega^2=\Sigma m_i r_i\omega^2+m_b r_b\omega^2=0$$

消去公因子 ω^2，可得

$$mr = \Sigma m_i r_i + m_b r_b = 0 \tag{11-12}$$

式中　m_i，r_i——回转平面内原有各质量所具有的质量（kg）及其质心向径（mm）；

m_b，r_b——平衡质量（kg）及其质心向径（mm）；

m，r——构件的总质量（包括平衡质量 m_b在内）及其质心向径。

上述质量与向径的乘积称为质径积，它是一个向量，表示各相应质量所产生的离心惯性力的大小和方向。

回转件经平衡后，其总质心与回转轴线重合，即 $r=0$，构件的总质量 m 对回转中心的静力矩为零，回转件可以在任何位置保持静止，不会自行转动，这种平衡称为静平衡。可见，若使回转件达到静平衡，必须使分布于该回转件上的各个质量的离心惯性力的向量和等于零或质径积的向量和等于零。举例说明如下：

已知同一回转平面内的不平衡质量 m_1、m_2、m_3、m_4及其质心向径 r_1、r_2、r_3、r_4。如图 11-6a所示，求其达到静平衡时的平衡质量 m_b及其质心向径 r_b。

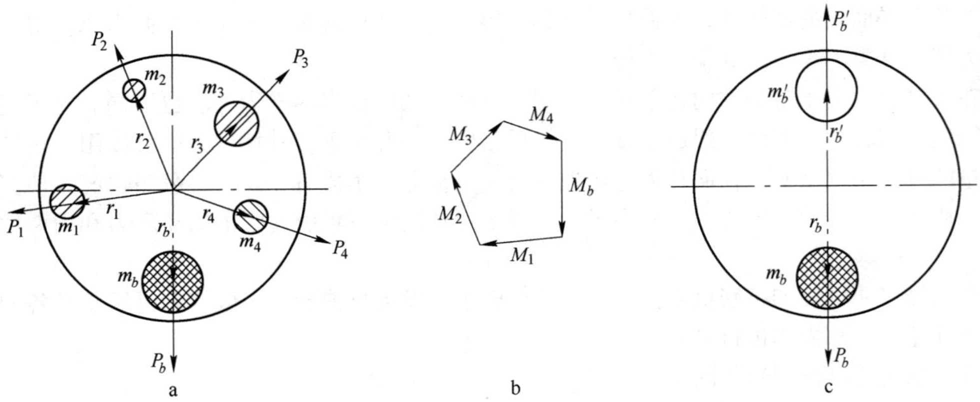

图 11-6　回转件的静平衡计算

当此回转构件以角速度 ω 回转时，各偏心质量所产生的离心惯性力分别为：

$$P_1 = m_1\omega^2 r_1;P_2 = m_2\omega^2 r_2;P_3 = m_3\omega^2 r_3;P_4 = m_4\omega^2 r_4$$

为平衡这些离心惯性力而在此回转构件上添加平衡质量 m_b，所产生的离心惯性力应与 P_1、P_2、P_3、P_4 相平衡，即：

$$\Sigma P = P_b + P_1 + P_2 + P_3 + P_4 = m_b\omega^2 r_b + m_1\omega^2 r_1 + m_2\omega^2 r_2 + m_3\omega^2 r_3 + m_4\omega^2 r_4 = 0$$

消去公因子 ω^2，得

$$m_b r_b + m_1 r_1 + m_2 r_2 + m_3 r_3 + m_4 r_4 = 0 \tag{11-13}$$

在这个向量方程中，$m_b r_b$为未知量，可用图解法求得，如图 11-6b 所示。首先，选定质径积比例尺，确定出代表各已知质径积 $m_b r_b$、$m_1 r_1$、$m_2 r_2$、$m_3 r_3$、$m_4 r_4$的线段长 M_1、M_2、M_3、M_4；然后按向径 r_1、r_2、r_3、r_4 的方向依此首尾相接地作向量 $\boldsymbol{M}_1$、$\boldsymbol{M}_2$、$\boldsymbol{M}_3$、$\boldsymbol{M}_4$；最后连成向量封闭多边形，其封闭边 M_b即代表所求平衡质径积 $m_b r_b$。

$m_b r_b$的数值求得后，还要选定适当的 r_b值，才可确定平衡质量 m_b的值。

当然，根据转子的结构条件，也可在平衡质心向径的对方 r'_b处去掉一部分质量 m'_b。见图

11-6c来使构件得到平衡，只要保证 $m_b r_b = m_b' r_b'$ 即可。

11.5.2 回转件的动平衡计算

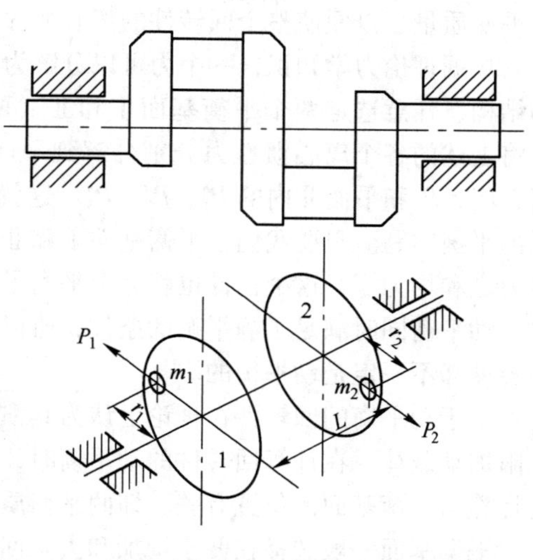

图 11-7 回转质量分布在不同平面内的回转件

轴向尺寸较大（$b/D \geq 0.2$）的回转件，如多缸发动机的曲轴、电动机转子、汽轮机转子以及一些机床主轴等，其质量的分布不能再近似地认为是位于同一回转平面内，而应看作是分布于沿轴向的许多互相平行的回转平面内，见图11-7。回转件转动时所产生的离心力系不再是平面汇交力系，而是空间力系。这类回转件单靠在某一回转平面内加（减）一平衡质量的静平衡方法，并不能解决它在转动时的不平衡问题，必须进行动平衡计算。就是不仅要使转子在运动时各偏心质量产生的离心惯性力之和为零，而且要使这些惯性力所构成的惯性力偶矩之和也为零。即：

$$\begin{aligned} P &= \Sigma P_i = 0 \\ M &= \Sigma M_i = 0 \end{aligned} \quad (i = 1、2、3 、\cdots) \qquad (11\text{-}14)$$

如图 11-8a 所示，设回转件的不平衡质量分布在 1、2、3 三个回转平面内，因此以质量 m_1、m_2、m_3 表示，它们的向径各为 r_1、r_2、r_3。当回转件绕其轴线回转时，它们的离心惯性力 P_1、P_2、P_3 即组成一个空间力系。欲使该力系得以平衡，一般应在回转件中适当位置加入若

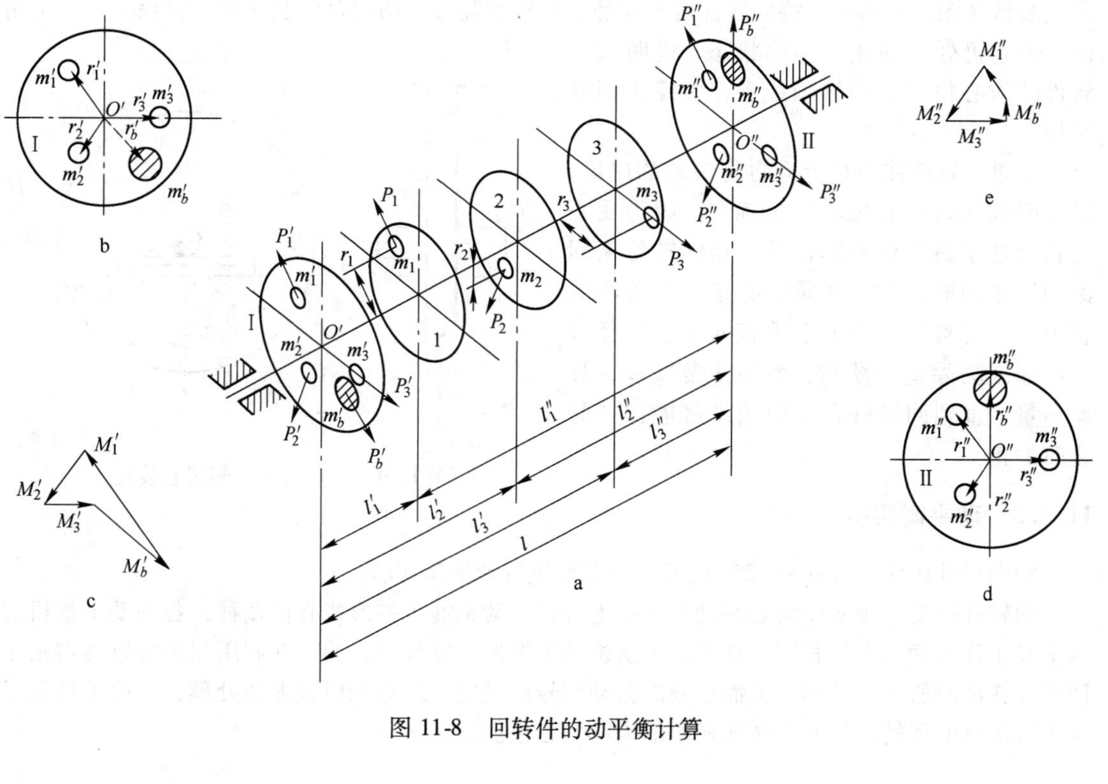

图 11-8 回转件的动平衡计算

干平衡质量，以便使整个回转件的离心惯性力系的合力 P 和合力矩 M 均为零。

根据理论力学知识，一个力可以分解为与它相平行的两个分力。因此，可以根据该回转件的结构，任意选定两个平衡基面Ⅰ和Ⅱ（两平面必须是平行的）作为安装平衡质量的平面，并将上述的各个离心惯性力分别分解到平面Ⅰ和Ⅱ内，即将 P_1、P_2 及 P_3 分解为平面Ⅰ内的 P_1'、P_2'、P_3'和平面Ⅱ内的 P_1''、P_2''、P_3''。这就把空间力系的平衡问题转化为两个平面上的汇交力系的平衡问题。只要我们在平衡基面Ⅰ和Ⅱ内适当地各加入一个平衡质量，使两个平面内的惯性力之和均为零，这个构件也就完全平衡了。

动平衡同时满足了静平衡的条件，所以经过动平衡的回转件一定是静平衡的。但静平衡的回转件却不一定是动平衡的。

由于动平衡的回转件在理论上认为其惯性力系得到完全的平衡，因而在轴承和机架上不存在附加动载荷，在计算回转件的动平衡时，不必考虑支承点的位置问题。但必须注意，动平衡的计算与平衡基面的位置有关，即两平衡质径积的大小方向随平衡基面的位置而变化。

平衡基面一般选择在便于增加和去除回转件质量的位置上。

11.6　平衡实验

回转件通过动、静平衡计算处理，理论上已经完全平衡了，但是由于多方面的原因，实际上往往还是不平衡。因此，当零件制造好或部件装配好后，还需用实验的手段加以检测，确定出不平衡质量的大小和方位。

平衡实验也和平衡计算一样，分为静平衡实验和动平衡实验两种。

11.6.1　静平衡实验

轴向尺寸很小（$b/D<0.2$）的回转件一般只需进行静平衡实验。图 11-9 为刀口式静平衡实验装置简图，实验时，将回转件放置在静平衡实验装置的钢制刀口上，使其轻轻滚动一个角度，若它仍处于静止不动的状态，说明该回转件的质心位于其回转轴线上，已经达到静平衡。

如果回转件在刀口上有自行滚动的现象，则说明该回转件有偏心质量存在，因为质心有自动处于最低位置的性质。当回转件来回滚动后达到静止时，其质心必定位于轴心的正下方。实验时可在轴心垂直向下的向径线上添加或去除适当质量，然后重复实验，加减质量，直到回转件在任何角度都能保持静止时为止。

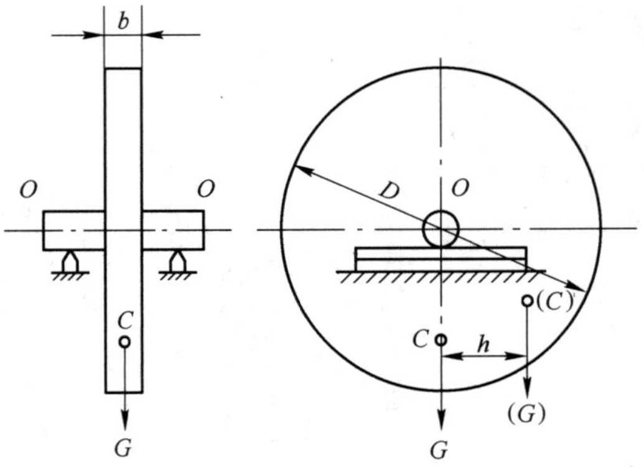

图 11-9　刀口式静平衡实验装置

11.6.2　动平衡实验

轴向尺寸较大（$b/D\geqslant 0.2$）的回转件需要进行动平衡实验。

回转件的动平衡实验需要在动平衡机上进行。动平衡机的形式有很多种，各种动平衡机的构造及工作原理也不尽相同。许多动平衡机是根据振动原理设计的，并利用测振传感器将由于回转件转动时所产生的惯性力而引起的振动信号通过电子线路加以放大和处理，用电子仪器显示出被测试的回转件的不平衡质径积的大小和方位。

图 11-10 为一种电测式动平衡机的工作原理示意图。

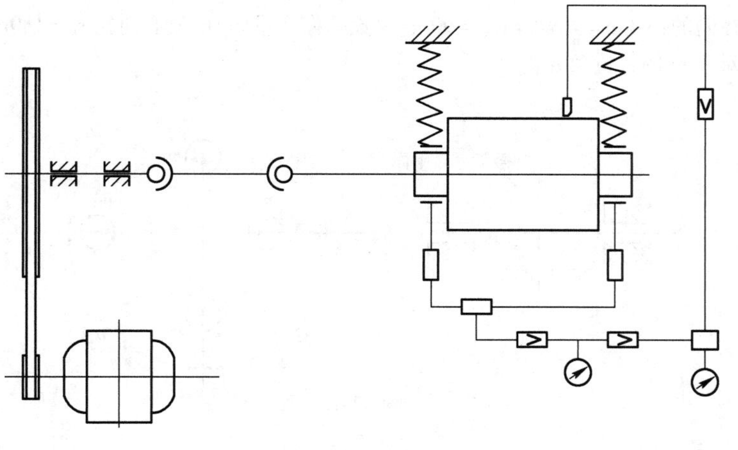

图 11-10　动平衡实验装置

在被测试的回转件上选定两个平衡基面，利用动平衡实验装置使回转件在上面运转，再根据测振系统给出的偏心质量的大小和方位，确定平衡基面上的平衡质径积的大小和方位，使回转件达到动平衡。

复习思考题

11-1　为什么会产生速度波动，何谓周期性速度波动和非周期性速度波动?

11-2　周期性速度波动和非周期性速度波动调节的原理和方法如何?

11-3　为什么飞轮通常安装在高速轴上?

11-4　图 11-11 所示为作用在多缸发动机曲柄上的驱动力矩 M_d 和阻力矩 M_r 的变化曲线，其阻力矩等于常数，其驱动力矩曲线与阻力矩曲线围成的面积顺次为 $+580mm^2$，$-320mm^2$，$+390mm^2$，$-520mm^2$，$+190mm^2$，$-390mm^2$，$+260mm^2$ 及 $-190mm^2$，该图的比例尺为 $\mu_m = 100N \cdot m/mm$，$\mu_\varphi = 0.1rad/mm$，设曲柄平均转速为 120r/min，其瞬间角速度不超过其平均角速度的 ±3%，求装在该曲柄轴上的飞轮的转动惯量。

11-5　在电动机驱动的剪床中，已知作用在剪床主轴上的阻力矩 M_r 的变化规律如图 11-12 所示，设驱动力矩 M_d 等于常数，剪床主轴转速为 60r/min，不均匀系数 $\delta = 0.15$，求所需安装在主轴上的飞轮的转动惯量。

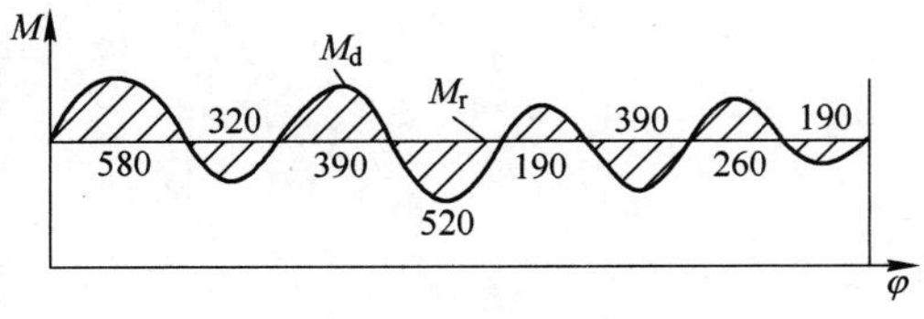

图 11-11

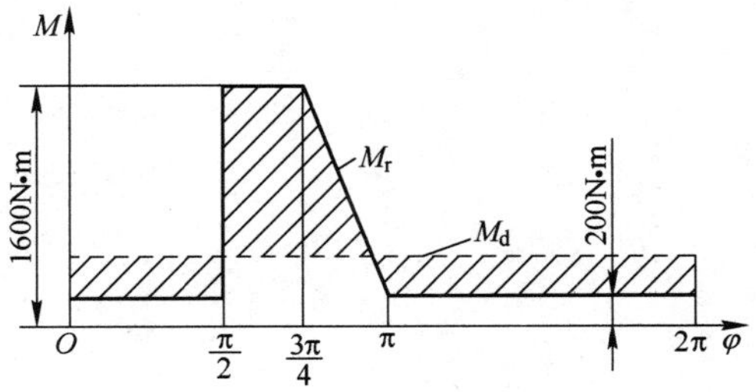

图 11-12

11-6　何谓静平衡及动平衡，它们各需要满足什么条件? 哪一类构件只需要进行静平衡实验，哪一类构件必须进行动平衡实验?

11-7　图 11-13 所示的盘形回转件中，有四个偏心质量位于同一回转平面内，它们的大小及其质心向径分别为 $m_1=50\text{kg}$，$m_2=70\text{kg}$，$m_3=80\text{kg}$，$m_4=100\text{kg}$；$r_1=r_4=100\text{mm}$，$r_2=200\text{mm}$，$r_3=150\text{mm}$；各质心向径间的夹角 $\alpha_{12}=\alpha_{23}=\alpha_{34}=90°$；又设平衡质量 m_b 的质心向径 $r_b=150\text{mm}$，试求 m_b 的大小及其相对于 r_1 的方位角 α_{b1}。

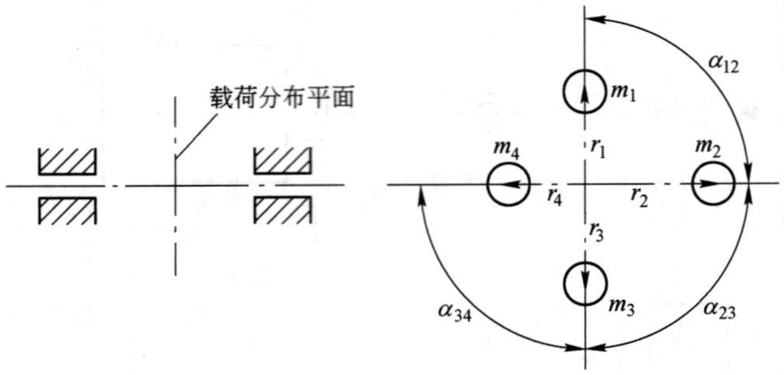

图 11-13

12 轴毂联接

轴毂联接是指轴与轴上的传动件，如齿轮、蜗轮、带轮以及联轴器等之间的联接。联接的作用是传递力、力矩和运动。常用的联接方式有键联接、花键联接、销联接、过盈配合联接等，其中键联接为主要的联接方式。本章将主要介绍键和花键的特点、类型、应用及强度计算，并简述其他轴毂联接方式。

12.1 键联接

键联接是用联接件实现轴和轴上零件联接的一种方式，键联接中的联接件称为键，可分为平键、半圆键、楔键、切向键等四种类型。设计时可根据联接的结构特点、使用要求和工作条件查有关手册选用，并进行强度校核。

12.1.1 键联接的类型、特点和应用

12.1.1.1 平键联接

平键的工作面为两侧面，键的上表面与轮毂键槽底之间留有空隙，见图 12-1。平键联接具有结构简单、完整性好、装拆方便等特点。常用平键有普通平键、导向平键、滑键等，见图 12-1 和图 12-2。

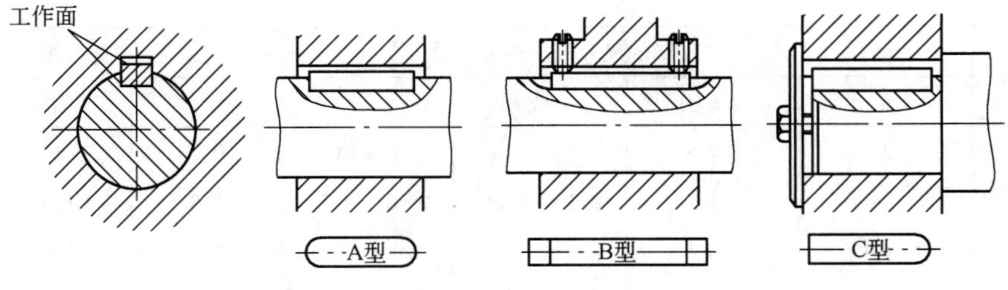

图 12-1 普通平键联接

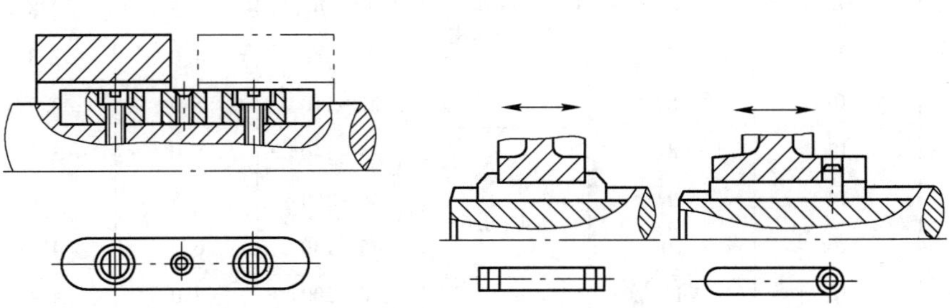

a　　　　b

图 12-2 导向平键、滑键联接

a—导向平键联接；b—滑键联接

普通平键有 A 型、B 型、C 型三种，如图 12-1 所示。A 型键两端是圆形，轴上键槽是以立

铣方式用指状铣刀铣出的，A 型键在轴上固定稳定，但对轴强度削弱较大，应用最广；B 型键两端是方形，轴上键槽是以卧铣方式用盘状铣刀铣出来的，具有对轴削弱小、但键在轴上固定不稳的特点，常需加键的固定装置；C 型键一端为圆形，另一端为方形，实质是 A 型键用于轴端联接。普通平键是静联接。导向平键固定在轴上，滑键固定在毂上，两者均可实现动联接。

普通平键和键槽的尺寸见表 12-1。

表 12-1　普通平键和键槽的尺寸（摘自 GB 1095—79、GB 1096—79）（mm）

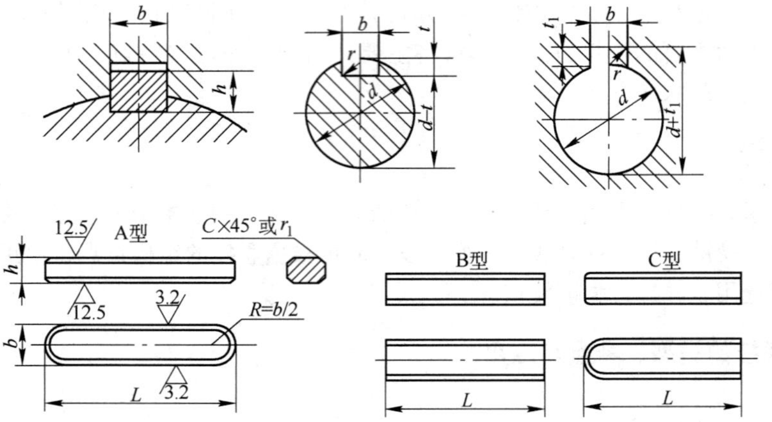

标记示例：

圆头普通平键（A 型）　$b = 16$mm、$h = 10$mm、$L = 100$mm　键 A16 × 100　GB 1096—79

平头普通平键（B 型）　$b = 16$mm、$h = 10$mm、$L = 100$mm　键 B16 × 100　GB 1096—79

单圆头普通平键（C 型）$b = 16$mm、$h = 10$mm、$L = 100$mm　键 C16 × 100　GB 1096—79

轴的直径 d	键的尺寸				键　槽		
	b	h	c 或 r	L	t	t_1	r
自 6 ~ 8	2	2	0.16 ~ 0.25	6 ~ 20	0.2	1	0.08 ~ 0.16
> 8 ~ 10	3	3		6 ~ 36	1.8	1.4	
> 10 ~ 12	4	4		8 ~ 45	2.5	1.8	
> 12 ~ 17	5	5	0.25 ~ 0.4	10 ~ 56	3.0	2.3	0.16 ~ 0.25
> 17 ~ 22	6	6		14 ~ 70	3.5	2.8	
> 22 ~ 30	8	7		18 ~ 90	4.0	3.3	
> 30 ~ 38	10	8		22 ~ 110	5.0	3.3	0.25 ~ 0.4
> 38 ~ 44	12	8	0.4 ~ 0.6	28 ~ 140	5.0	3.3	
> 44 ~ 50	14	9		36 ~ 160	5.5	3.8	
> 50 ~ 58	16	10		45 ~ 180	6.0	4.3	
> 58 ~ 65	18	11		50 ~ 200	7.0	4.4	
> 65 ~ 75	20	12	0.6 ~ 0.8	56 ~ 220	7.5	4.9	0.4 ~ 1
> 75 ~ 85	22	14		63 ~ 250	9.0	5.4	

注：1. 在工作图中，轴槽深用 $d-t$ 或 t 标注，毂槽深用 $d+t_1$ 标注。

2. L 系列为：6、8、10、12、14、16、18、20、22、25、28、32、36、40、45、50、56、63、70、80、90、100、110、125、140、160、180、200、220、250、…

12.1.1.2　半圆键联接

半圆键联接如图 12-3 所示，侧面为圆形，横断面为矩形，以两侧面为工作面，具有定心好、能在轴槽中摆动以适应毂槽底面斜度、装拆方便等特点，但对轴削弱大，适用于锥形轴端联接及轻载联接。

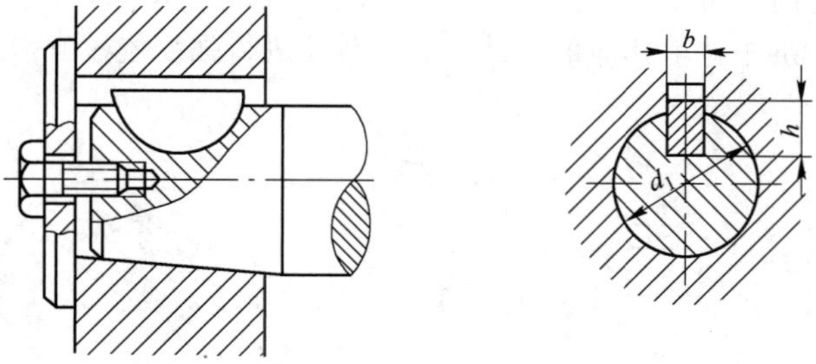

图 12-3　半圆键联接

12.1.1.3　楔键联接

楔键联接如图 12-4a 所示，楔键的上表面有 1∶100 的斜度，毂键槽底也有 1∶100 的斜度。装配时键被楔紧在键槽中，靠键与键槽的挤压、轴与毂的挤压产生的摩擦力来传递转矩。键的侧面和毂槽侧面有间隙。楔键分为普通楔键和钩头楔键，钩头楔键便于装拆。楔键在周向固定的同时，也实现了轴向固定。但由于楔紧作用产生了轴和轮毂的偏心和偏斜，所以只能应用在要求定心精度不高的、载荷平稳、低速的联接中。

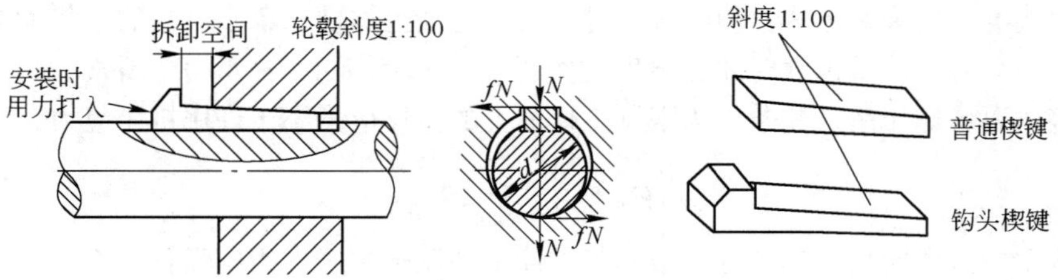

a

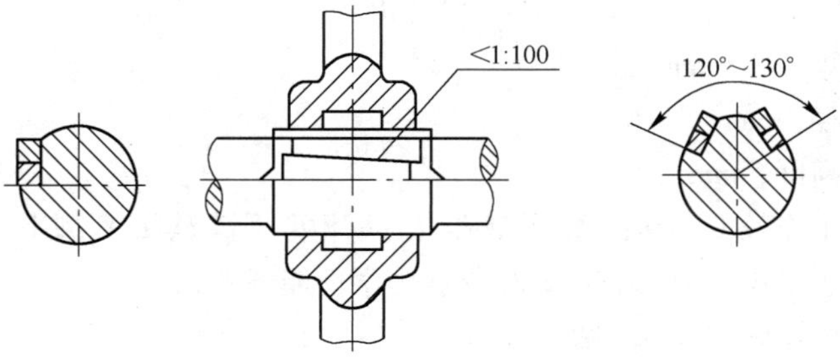

b

图 12-4　楔键、切向键联接

a—楔键联接；b—切向键联接

12.1.1.4　切向键联接

切向键是由两个具有 1∶100 斜度的楔键组成的，如图 12-4b 所示，其上下两面（窄面）为工作面，其中一个面在通过径向线的平面内。工作面上的压力沿切线作用，能传递较大转矩。

一对切向键只能传递单方向转矩，当双向传递转矩时，需要两对切向键，这两对切向键方向夹角应为 120°～130°。

12.1.2　平键联接的选择及强度校核

当进行键联接设计时，可根据联接的特点、使用要求和工作条件来选择键的类型，根据轴的直径和轮毂长度在标准中选取相应的尺寸，必要时应进行强度校核，强度计算的相关尺寸见图 12-5。

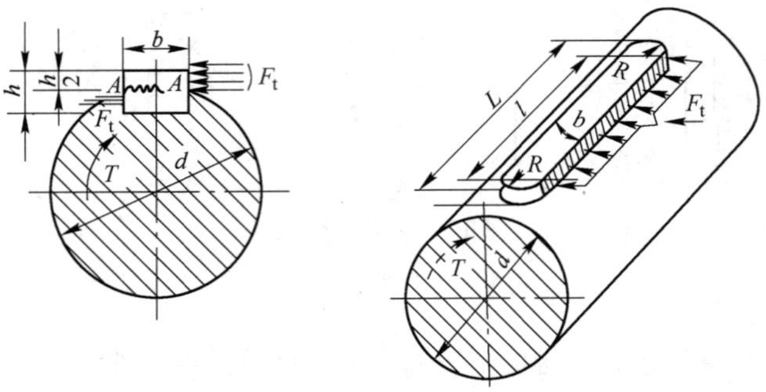

图 12-5　平键强度计算

键的材料通常采用 45 钢或强度极限不小于 600N/mm^2 的碳素钢。当轮毂为非黑色金属材料时，键可用 20 或 Q235、Q275 钢。

平键联接的主要失效形式：静联接为键、轴与轮毂上键槽三者中最弱的工作面被压溃，动联接为磨损，只有在严重过载时才会出现键剪断（图 12-5 所示 A—A 面剪断）。

静联接主要考虑压溃，其条件为限制工作面上的挤压应力小于许用挤压应力：

$$\sigma_p = \frac{4T}{dhl} \leqslant [\sigma_p] \tag{12-1}$$

动联接主要考虑磨损，其条件为限制工作面上的压强小于许用压强：

$$p = \frac{4T}{dhl} \leqslant [p] \tag{12-2}$$

式中　T——转矩，N · mm；

d——轴径，mm；

h——键高度，mm；

l——键工作长度，mm；A 型平键 $l = L - b$，B 型平键 $l = L$，C 型平键 $l = L - b/2$，b 为键宽；

$[\sigma_p]$——许用挤压应力，见表 12-2（材料力学性能弱者）；

$[p]$——许用压强，MPa，见表 12-2。

表 12-2　键联接的许用挤压应力和许用压强（MPa）

许用值	轮毂材料	载荷性质		
		静载荷	轻微冲击	冲　击
$[\sigma_p]$	钢	125～150	100～120	60～90
	铸　铁	70～80	50～60	30～45
$[p]$	钢	50	40	30

若平键联接强度经校核不够时，可采取以下措施：

(1) 如果轮毂允许适当加长，可增加键的长度，以提高键联接的强度。但由于传递转矩时键上载荷沿其长度分布不均，故键的长度不宜过大，一般键长不宜超过（1.6～1.8）d。

(2) 采用双键。从工艺性好坏来考虑，两个键对称分布，考虑到两个键上载荷分配的不均，在强度校核中可按1.5个键计算。

[例12-1] 某一铸铁直齿圆柱齿轮通过键与一钢轴联接。装齿轮处的轴径 $d=60\text{mm}$，轮毂长为100mm，键联接传递的转矩 $T=500\times10^3\text{N}\cdot\text{mm}$，工作中轻微冲击。试选择此键联接。

解：(1) 选键材料、类型，确定键尺寸。键材料选45钢，键类型选普通平键（A型）。根据轴径 $d=60\text{mm}$，齿轮轮毂长100mm，查表，确定键尺寸为：宽 $b=18\text{mm}$，高 $h=11\text{mm}$，键长 $L=90\text{mm}$（较轮毂长度短10mm，并取系列尺寸）。

(2) 验算键联接挤压强度（因为是静联接）。由于联接中轮毂材料（铸铁）力学性能最弱，所以应按铸铁校核。查表得 $[\sigma_p]=53\text{N/mm}^2$，键工作长度 $=90-18=72\text{mm}$。由式(12-1)得：

$$\sigma_p=\frac{4T}{dhl}=\frac{4\times500\times10^3}{60\times11\times72}=42.1\text{N/mm}^2<[\sigma_p]$$

满足强度要求。查机械设计手册，选键型号为：平键18×90GB1096—79。

12.2 花键联接

12.2.1 花键类型

花键联接如图12-6所示。花键联接是由轴上多个花键齿（外花键）置于相应轮毂（内花键）中，齿侧面为工作面，多齿传递转矩。与键联接比较，花键联接的优点是：能传递较大载荷；对轴的削弱小；对中性、导向性好。缺点是制造较复杂。适合于定心精度要求高、载荷大、结构要求紧凑、经常滑移的联接。花键联接可按其齿形不同分类，常见的有矩形花键、渐开线花键和三角形花键，分别见图12-6a、图12-6b和图12-6c。

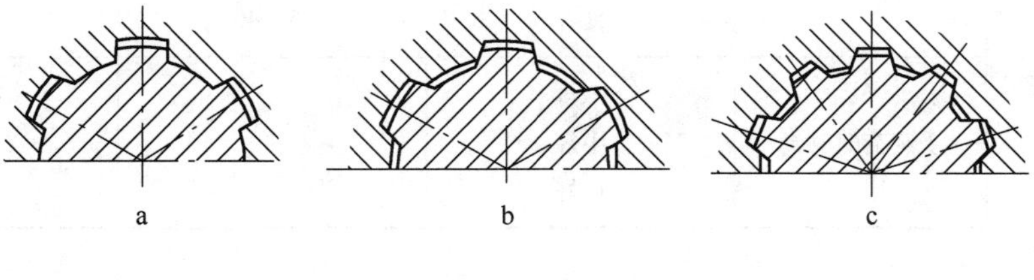

图12-6 花键联接

a—矩形花键；b—渐开线花键；c—三角形花键

矩形花键制造方便，外花键可用成型铣刀或滚刀制出，内花键可拉制或插制。有时为增加花键联接的表面硬度以及减少磨损，常进行热处理并磨削。以小径定心较常用。

渐开线花键加工工艺与齿轮相同，易获得较高精度，齿根较厚，强度高。在联接中用齿廓定心，具有自动定心的作用，所以渐开线花键适用于载荷大、对中性好、尺寸较大的联接中。

三角形花键齿数多，齿形细小，适用于轻载、直径小或薄壁的联接。

12.2.2 矩形花键联接的强度计算

花键联接的类型、参数、尺寸通常根据被联接件的结构特点、尺寸、使用要求和制造条件选定，然后进行强度验算。

矩形花键的键数通常为偶数，设计时按联接处的轴径 D 从标准中选取相应的规格：N(键数) × d(小径) × D(大径) × B(键宽)。单个齿受力情况如图 12-7 所示。它的工作表面是花键的侧面，其工作状况与平键相似，键的侧面受挤压，根部受剪切及弯曲。因为弯曲应力较小，计算时，只进行挤压、剪切强度验算。假定合力 Q 作用到平均直径 d_m 上，因各齿间载荷分布不均，引入系数 φ，强度条件为：

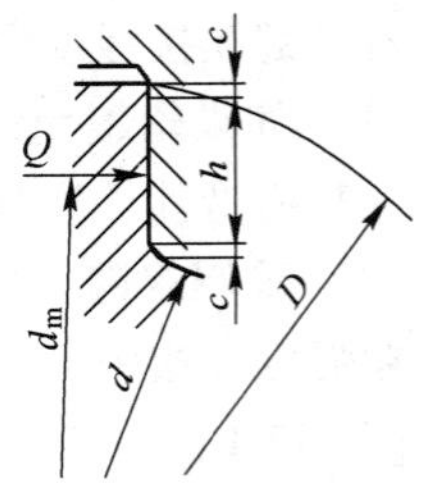

图 12-7　花键单齿受力情况

$$\sigma_P = \frac{2T}{\varphi Nhld_m} \leqslant [\sigma_p] \tag{12-3}$$

$$p = \frac{2T}{\varphi Nhld_m} \leqslant [p] \tag{12-4}$$

式中　φ——载荷分布不均系数，取 $\varphi = 0.7 \sim 0.8$；

h——花键齿工作高度，$h = (D - d)/2 - 2c$，c 为倒角尺寸，mm；

d_m——花键平均直径，$d_m = (D + d)/2$，mm；

$[\sigma_p]$,$[p]$——许用挤压应力和许用压强，N/mm²，见表 12-3。

表 12-3　花键联接的许用应力（N/mm²）

联接工作方式		使用和制造情况	齿面未经热处理	齿面经过热处理
静联接 $[\sigma_p]$		不良 中等 良好	35 ~ 50 60 ~ 100 80 ~ 120	40 ~ 70 100 ~ 140 120 ~ 200
动联接 $[p]$	不受载荷时移动	不良 中等 良好	15 ~ 20 20 ~ 30 25 ~ 40	20 ~ 35 30 ~ 60 40 ~ 70
	受载荷时移动	不良 中等 良好	—	3 ~ 10 5 ~ 15 10 ~ 20

12.3　其他轴毂联接简介

无键联接是不用键和花键联接的轴毂联接的统称。通常是指销联接、型面联接、弹性环联接、过盈配合联接等。

12.3.1　销联接

销联接主要实现轴与轴上零件的联接，既有周向联接又有轴向联接，可传递不太大的载荷。销还可以起定位（定位销）、安全（安全销）等作用。

圆柱销、圆锥销、开口销等都是标准件。圆柱销靠过盈固定在孔中，拆装多次会松动。圆锥销有 1∶100 的锥度，有可靠的自锁作用，锁紧后不会自行松动。多次拆装不会损坏其联接性能。销联接的结构见图 12-8。

销的常用材料为 35 钢、45 钢。

12.3.2　型面联接

型面联接是将与轮毂配合的轴段加工成横截面为非圆形柱体或锥体，并配以相应性状的轮毂孔，结构如图 12-9 所示。截面的形状有：用圆弧过渡的三角形、方形、六边形、被铣出两平面的圆柱形（俗称铣扁）以及等距曲线形等。型面联接的特点是：对轴的削弱小，传力能力强，便于装拆。但由于加工难度大，目前应用尚不广泛。

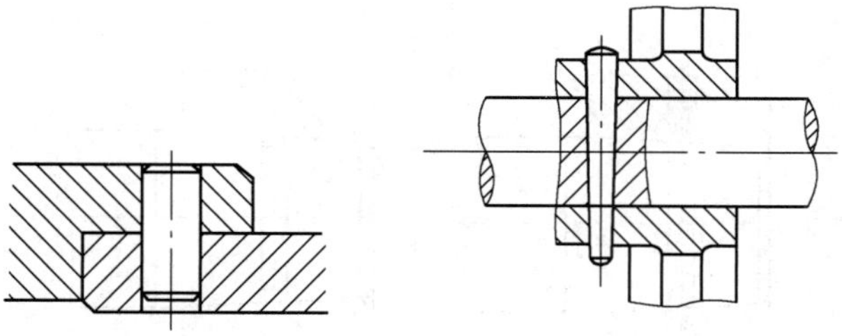

图 12-8　销联接

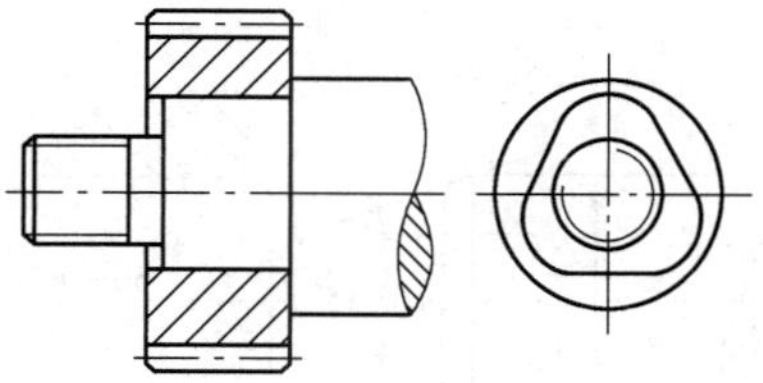

图 12-9　型面联接

12.3.3　弹性环联接

弹性环联接的基本结构如图 12-10a 所示。在实际应用中，也可以是 2～4 组弹性环的组合，见图 12-10b。因位置越在里面受轴向压紧力越小，大致自外向里按 100%，50%，25% 递减，故组数不宜过多。弹性环联接是当拧紧螺母时，因两环锥面作用使外环撑大、内环压缩，分别与孔和轴压紧产生摩擦力，以此传递力和力矩。其特点是轴不削弱，装拆方便，过载不会使联接恶性损坏，但成本高，常用于船的螺旋桨与轴的联接。弹性环用 65 钢或 60Cr2 钢制造。

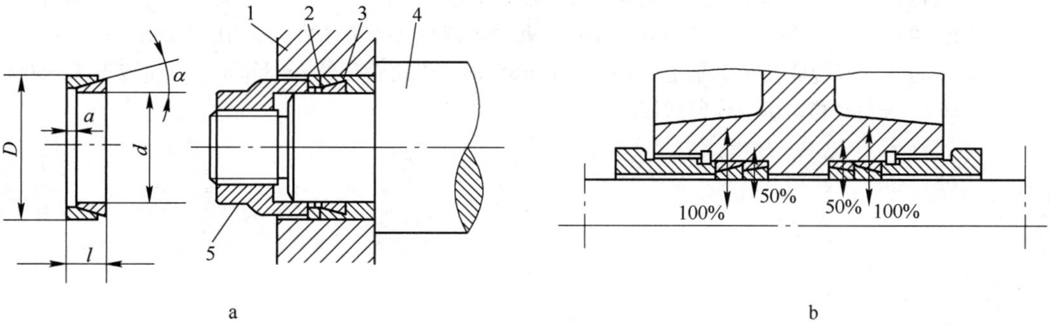

图 12-10　弹性环联接

a—单组弹性环；b—两组弹性环

1—机架；2—弹性环内圈；3—弹性环外圈；4—轴；5—压紧螺母套

12.3.4　过盈配合联接

过盈配合联接是利用零件间的过盈配合实现的，常用于轴与轮毂的联接。由于包容件（轮毂）与被包容件（轴）之间存在过盈量，靠装配后配合面间的压力产生的摩擦力来传递转矩和轴向力。其结构简单，对中性好，承载能力高，耐冲击性好。由于其承载能力主要取决于过盈量的大小，所以对配合表面的加工精度要求较高。为了便于装配，对孔口和轴端的倒角尺寸均有一定的要求，见图 12-11。

对于圆柱面的过盈联接，过盈量不大时，一般用压入法装配，这种方法易擦伤配合表面，减小过盈量，降低联接的紧固性；过盈量大时，可用温差法装配，这种方法不易擦伤表面，其联接质量比压入法好。大型零件的过盈联接多采用圆锥配合面，用液压装拆法装配，即将高压油通过包容件或被包容件的油孔注入配合表面间，迫使配合面处的包容件内径胀大，被包容件外径缩小，同时施加一定的轴向力使之相互压紧，待零件装配至预定位置时，排出高压油，见图 12-12。液压装拆法需要高压油泵等专用设备，对配合面的接触精度要求较高，关于过盈配合的有关计算可查阅其他相关文献。

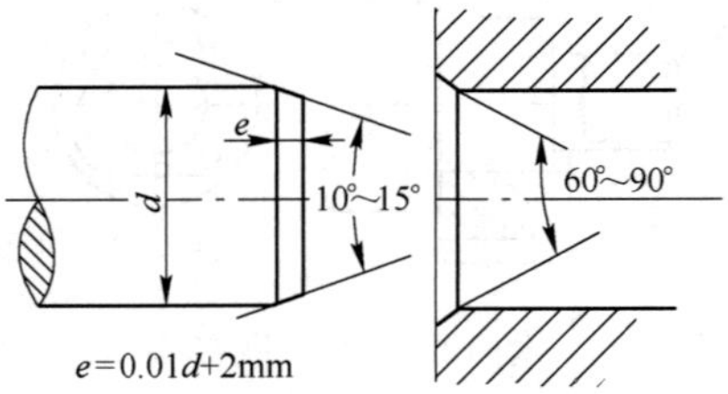

图 12-11 孔口与轴端的倒角

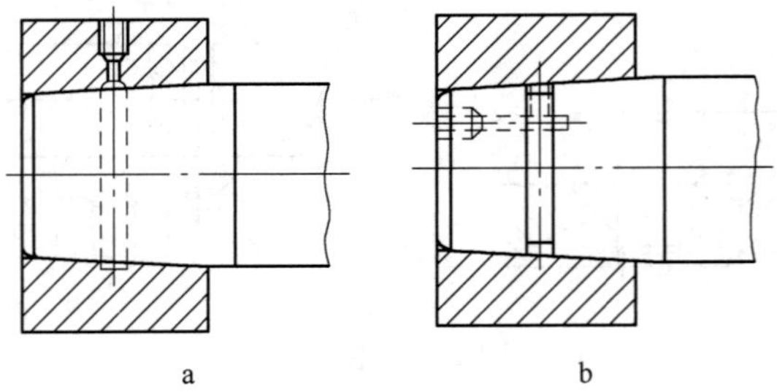

图 12-12 液压装拆的圆锥面过盈配合联接

复习思考题

12-1 平键的工作原理是什么，主要失效形式是什么，平键的尺寸如何确定？

12-2 楔键的工作原理是什么，特点是什么，应用在什么场合？

12-3 花键联接与键联接相比有何优缺点？

12-4 若经强度校核一个平键不能满足强度要求，需增加为两个平键时，这两个键的相对位置如何摆放？

12-5 已知轴直径为 $d = 50\text{mm}$，试选一 A 型平键，并绘出键与轴槽和毂槽联接的横剖面图。

12-6 一钢制齿轮用平键联接于钢轴上，轴径为 $d = 55\text{mm}$，齿轮轮毂长 $l = 80\text{mm}$，传递转矩 $T = 500000$ N · mm，载荷平稳。试设计键联接。

13 螺纹联接及螺旋传动

螺纹联接是利用具有螺纹的零件构成的联接。螺旋传动是利用具有螺纹的零件构成的传动。本章主要内容有：螺纹联接的特点、标准螺纹联接件、单个螺栓强度计算、螺栓组联接设计、提高螺栓联接强度的措施及螺纹联接的预紧与防松、螺旋传动的类型和特点、滑动螺旋的设计计算、滚动螺旋和静压螺旋传动简介。

13.1 螺纹

13.1.1 螺纹的形成

将一直角三角形绕于直径为 d_2 的圆柱体上，三角形的底边与圆柱底面对齐，三角形的斜边就在圆柱表面形成一条螺旋线。三角形斜边与底边的夹角称为螺旋线升角，见图 13-1a。取一平面图形，见图 13-1b，使其沿着螺旋线运动，运动时保持此图形通过圆柱体轴线，则该平面图形在空间形成一个螺旋形体，就得到了螺纹。

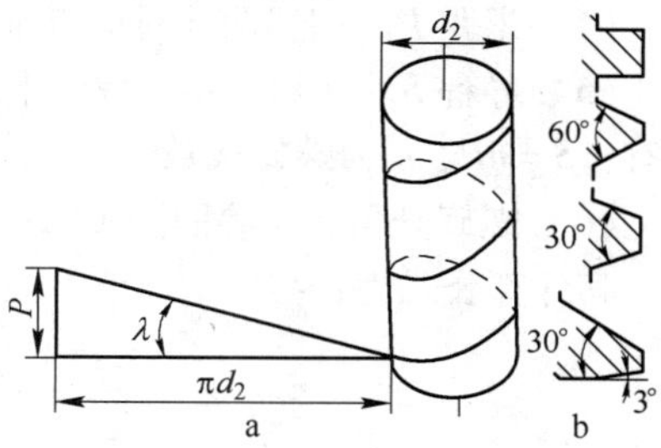

图 13-1 螺纹的形成

a—螺旋线形成；b—形成螺纹的常见图形

按照螺纹轴向剖面的形状，螺纹分为三角形、梯形、矩形、锯齿形螺纹等，见图 13-2。按旋向螺纹分为右旋和左旋，一般用右旋螺纹，有特殊要求时才用左旋螺纹，见图 13-3。按螺旋线的线数，螺纹分为单线螺纹和多线螺纹，见图 13-4。螺纹还有内螺纹和外螺纹之分，两者旋合组成螺纹副。按照母体形状螺纹还可分为圆柱螺纹和圆锥螺纹。

13.1.2 螺纹主要参数

以圆柱螺纹为例，见图 13-5，螺纹的主要参数有：

（1）大径 d。螺纹的最大直径，定义为螺纹的公称直径。

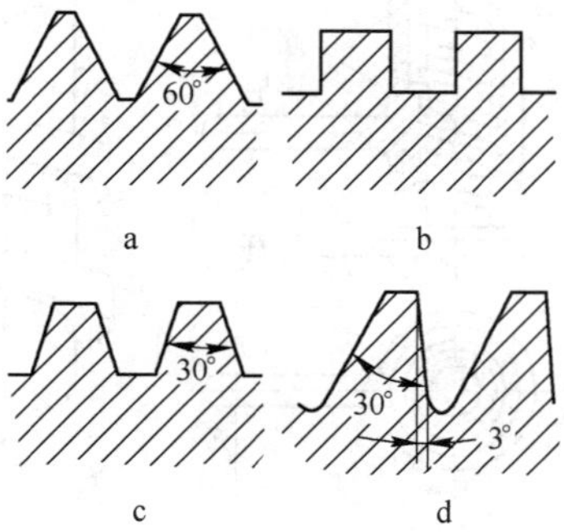

图 13-2 螺纹的牙型

a—三角形螺纹；b—矩形螺纹；c—梯形螺纹；d—锯齿形螺纹

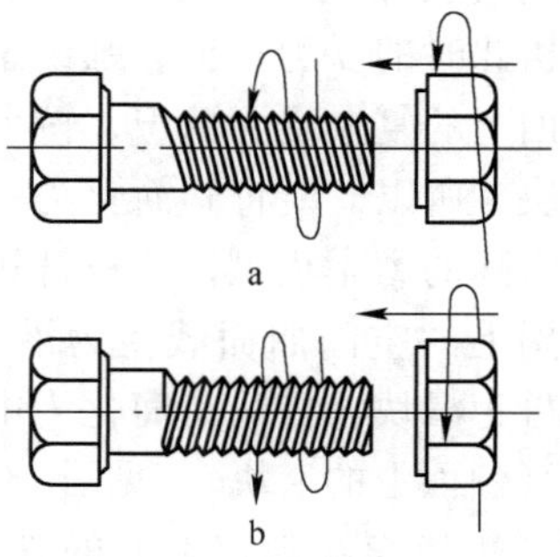

图 13-3 左右旋螺纹

a—右旋；b—左旋

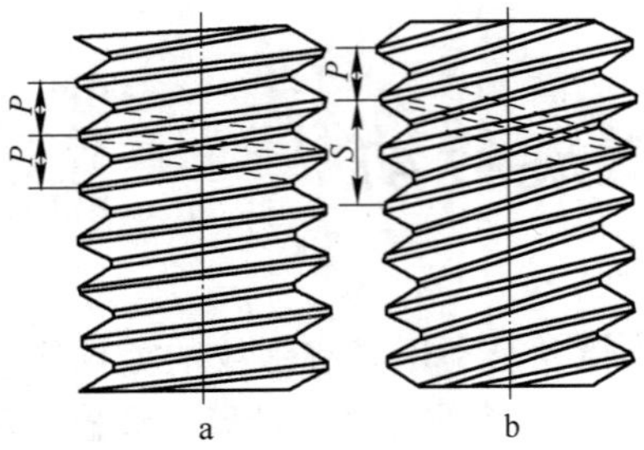

图 13-4　不同线数的右旋螺纹

a—单线螺纹；b—双线螺纹

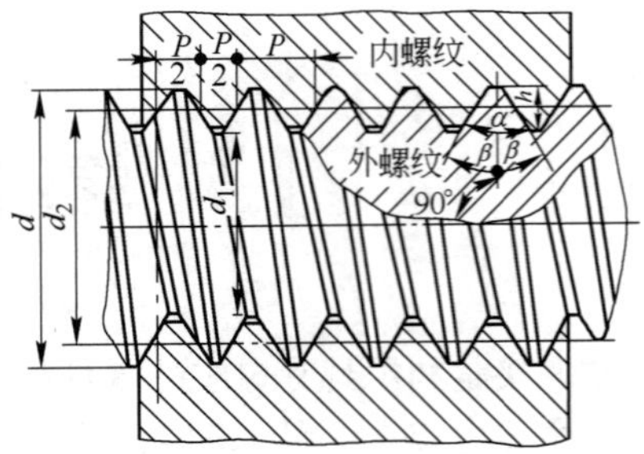

图 13-5　圆柱螺纹的主要几何参数

（2）小径 d_1。螺纹的最小直径，是外螺纹的危险截面直径。

（3）中径 d_2。螺纹牙间与牙厚相等处的直径，可以这样计算：$d_2 = \dfrac{d + d_1}{2}$，称为几何直径。

（4）螺距 P。相邻两牙对应点轴向距离。

（5）导程 S。又称升距，螺纹上任一点沿螺旋线旋转一周移动的轴向距离，导程和螺距之间有：$S = nP$，n 为螺旋线数。

（6）螺旋升角 λ（参照图 13-1a）。在中径圆柱上螺旋线切线与垂直螺纹轴线平面间的夹角，其计算公式为：

$$\tan\lambda = \frac{S}{\pi d_2} \tag{13-1}$$

（7）牙型角 α。螺纹轴向剖面上螺牙两侧边间的夹角。牙型侧边与螺纹轴线的垂线间的夹角称为牙形半角 β，对于对称牙形 $\beta = \alpha/2$，（其中 h 为工作高度）。

13.1.3　螺纹副受力关系、效率及自锁

13.1.3.1　矩形螺纹受力关系、效率及自锁

（1）建立力学模型。图 13-6 为一简单的螺旋千斤顶。螺杆不动，螺母和托盘为一体并受有轴向载荷 Q（不计螺母和托盘的自重），载荷通过螺纹副传到螺杆上，当转动螺杆上的手柄，螺母沿螺纹面上升，重物被举起。如果按真实的情况去分析此时的受力情况，螺纹副上的受力为一空间曲面上的复杂受力状况，按力的真实情况将很难解决。所以，要将其简化为一个简单的、基本符合实际的力学模型。将螺杆按中径展开，先视螺纹副上的空间曲面载荷为沿中径的线载荷，再视螺母为滑块，将载荷简化为中径上一点的集中载荷（斜面上的滑块），见图 13-6b。

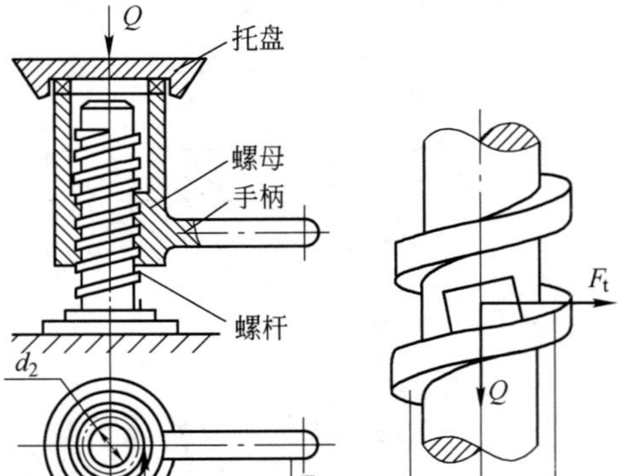

图 13-6　螺纹副受力的简化

a—螺旋副；b—螺旋副模型

（2）矩形螺纹匀速上升的受力分析及效率。如图 13-6a 所示，使重物匀速上升。取滑块为研究对象，滑块受的力有载荷 Q、水平推力 F_t、斜

面反力 F_n、摩擦力 F_f($F_f=fF_n$，f 为摩擦系数)，F_n 与 F_f 合成一个总反力 F，F_n 与 F 之夹角 ρ 称为摩擦角（$\rho=\arctan f$），ψ 为矩形螺纹螺旋升角。因滑块平衡，则有：

$$F_t+Q+F=0 \tag{13-2}$$

图解矢量方程，如图 13-7b 所示，得驱动力 F_t：

$$F_t=Q\tan(\psi+\rho) \tag{13-3}$$

驱动力矩 T：

$$T=F_t\frac{d_2}{2}=\frac{d_2}{2}Q\tan(\psi+\rho) \tag{13-4}$$

如图 13-7 所示，螺母匀速上升举起重物过程是螺旋传动过程。螺旋传动的重要参数之一是传动效率，当螺旋转动一圈时，输入功为 $F_t\pi d_2$，所做的有效功为 QS，故螺纹副的效率为；

$$\eta=\frac{QS}{\pi d_2F_t}=\frac{\tan\psi}{\tan(\psi+\rho)} \tag{13-5}$$

由式（13-5）可知，螺旋升角 ψ 越大，螺旋副的效率愈高。ψ 约为 42°时效率最高，但螺旋升角过大会给制造带来困难。由于25°后效率提高不大，故 ψ 通常不超过 25°。

（3）螺纹匀速下降状态的受力分析及自锁。

当滑块沿斜面匀速下滑时，轴向载荷 Q 变成驱动力，而 F_t 变为支持力（图 13-8），由力的多边形可得：

$$F_t=Q\tan(\psi-\rho) \tag{13-6}$$

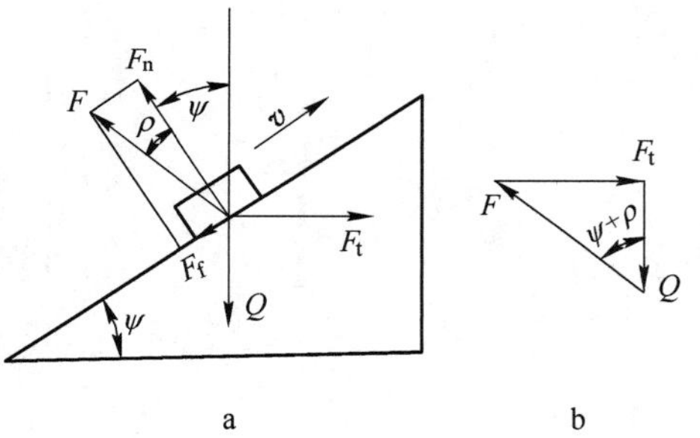

图 13-7　滑块上滑受力分析图

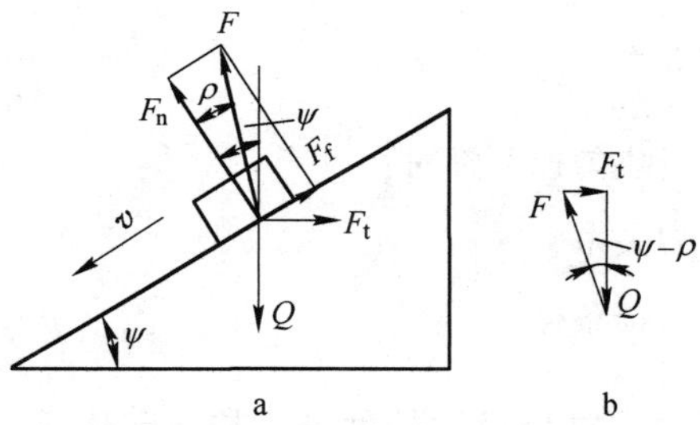

图 13-8　滑块下滑受力分析图

由式（13-6）知：当 $\psi=\rho$ 时，则 $F_t=0$，即这时去掉支持力 F_t，滑块仍能保持平衡。当 $\psi<\rho$ 时，则 F_t 为负，即要使滑块沿斜面下滑必须对滑块加上与图中 F_t 相反的力，否则，无论 Q 有多大，滑块也不会自动下滑。这种现象称为螺旋副自锁。所以螺旋副自锁条件为：

$$\psi\leqslant\rho \tag{13-7}$$

满足自锁条件时，由式（13-5）可知，其螺旋副的效率总是小于50%。

13.1.3.2　非矩形螺纹受力关系、效率及自锁

非矩形螺纹指牙形角 $\alpha\neq0°$ 的三角螺纹、梯形螺纹和锯齿形螺纹。

分析矩形螺纹副与非矩形螺纹副之间摩擦力的情况，如图 13-9 所示。若略去升角的影响，

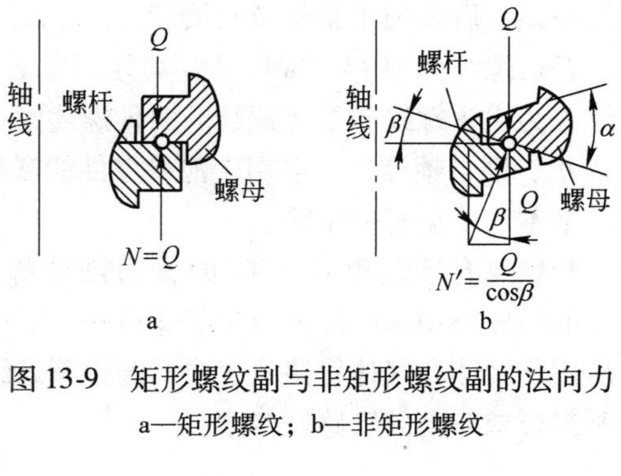

图 13-9　矩形螺纹副与非矩形螺纹副的法向力
a—矩形螺纹；b—非矩形螺纹

在轴向载荷 Q 的作用下，非矩形螺纹的法向力 N' 比矩形螺纹的法向力 N 大，矩形螺纹的摩擦阻力与非矩形螺纹的摩擦阻力分别为：

$$F_f = Nf = Qf \tag{13-8}$$

$$F'_f = N'f = \frac{Q}{\cos\beta}f \tag{13-9}$$

若把法向力的增加看作摩擦系数的变化，则：

$$F'_f = \frac{f}{\cos\beta}Q = f_v Q = \tan\rho_v Q \tag{13-10}$$

式中 f_v——当量摩擦系数；

ρ_v——当量摩擦角；

β——牙形半角，对称牙形，即 $\beta = \frac{\alpha}{2}$。

这样，矩形螺纹和非矩形螺纹的力关系中，可以认为只改变了摩擦系数（矩形螺纹为 f，非矩形螺纹为 f_v）或只改变了摩擦角（ρ 或 ρ_v）。非矩形螺纹力关系、效率及自锁公式为：

滑块匀速上升时：

力关系
$$F_t = Q\tan(\psi + \rho_v) \tag{13-11}$$

驱动力矩
$$T = \frac{Qd_2}{2}\tan(\psi + \rho_v) \tag{13-12}$$

效率
$$\eta = \frac{\tan\psi}{\tan(\psi + \rho_v)} \tag{13-13}$$

滑块匀速下降时：

力关系
$$F_t = Q\tan(\psi - \rho_v) \tag{13-14}$$

自锁条件
$$\psi \leqslant \rho_v \tag{13-15}$$

13.1.4 常用螺纹的种类、特点和作用

机械设备中常用的螺纹有四种：三角形螺纹、矩形螺纹、梯形螺纹和锯齿形螺纹。三角形螺纹用于联接，其他螺纹用于传动。除矩形螺纹外，其他螺纹均已标准化。

13.1.4.1 三角形螺纹

三角形螺纹由于牙形角（$\alpha = 60°$或 55°）大，所以当量摩擦系数大，自锁性能好；牙根厚，强度高；但效率低，所以适用于联接。三角形螺纹主要有普通螺纹和管螺纹，前者用于紧固性联接，后者用于紧密型联接。

普通螺纹如图 13-10a 所示，其牙形角 $\alpha = 60°$，普通螺纹应用最广。根据螺距不同，普通螺纹分为粗牙螺纹和细牙螺纹。两种螺纹大径相同，只是细牙螺距小，牙高也小，这样螺旋升角 ψ 小，则自锁性好，多用于薄壁零件的联接以及受变载荷和冲击的场合。粗牙、细牙普通螺纹的基本尺寸见有关手册。

管螺纹有牙型角 $\alpha = 60°$ 的普通细牙螺纹、$\alpha = 55°$ 的圆柱管螺纹和圆锥管螺纹（见图 13-10b、图 13-10c）和 $\alpha = 60°$圆锥管螺纹，其公称直径为管子内径（通径）。圆柱管螺纹已广泛应用于液体、气体管路系统中。圆锥管螺纹可不用填料即能保证紧密性，且联接迅速，适用于密封要求较高的管路联接中。

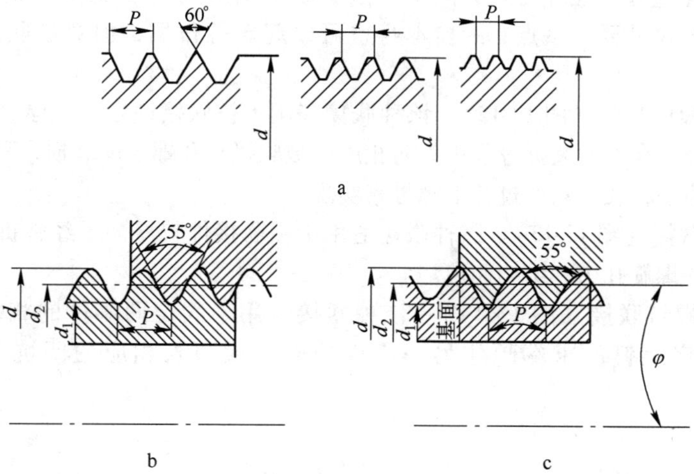

图 13-10 三角形螺纹

a—普通螺纹（粗牙与细牙）；b—55°圆柱管螺纹；c—55°圆锥管螺纹

13.1.4.2 矩形螺纹

如图 13-2b 所示的矩形螺纹，其牙形角 $\alpha=0°$，摩擦阻力小，效率最高，但牙根强度低，螺纹副磨损后不能补偿增大的间隙，并且实现精加工也比较困难，故未纳入标准，应用也很少。

13.1.4.3 梯形螺纹

如图 13-2c 所示的梯形螺纹，牙形角 $\alpha=30°$。这种螺纹虽然效率比矩形螺纹低，但牙根强度高，螺纹副磨损后其径向间隙可补偿（采用剖分螺母去掉垫片再修形），牙形偏角 $\beta=\frac{\alpha}{2}=15°$ 也比矩形螺纹容易切制，因此应用最广。梯形螺纹基本尺寸见有关手册。

13.1.4.4 锯齿形螺纹

如图 13-2d 所示的锯齿形螺纹，牙形偏角 β 工作边一侧为 3°，非工作边一侧为 30°。这种螺纹效率较矩形螺纹效率略低，牙根强度高，但只适用于单向传动，常应用于受载很大的起重螺旋及螺旋压力机中。

13.2 螺纹联接的基本类型及螺纹联接件

13.2.1 螺纹联接的基本类型

螺纹联接有螺栓联接、双头螺柱联接、螺钉联接、紧定螺钉联接四种基本类型，分别见图13-11 ~ 图13-14。

（1）螺栓联接。该种联接多用于被联接件不太厚并需经常拆卸的场合。螺栓联接分两种形式，一种为普通螺栓联接，见图 13-11a。另一种为配合（或铰制孔）螺栓联接，见图 13-11b。普通螺栓联接的结构特点是螺栓和被联接件（光孔）间有一定间隙，该联接具有装拆方便、成本低的特点，应用最广。采用配合

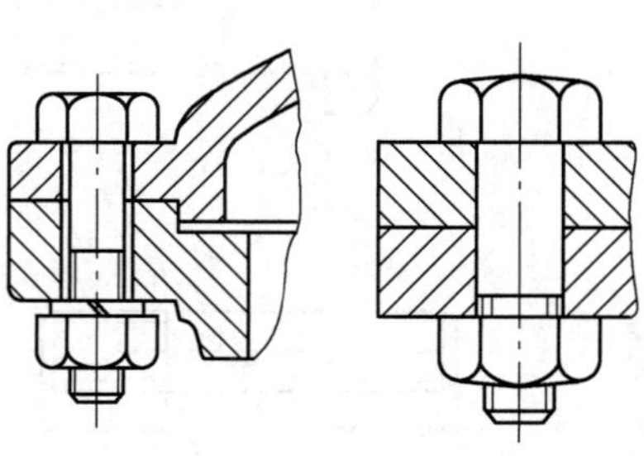

图 13-11 螺栓联接

a—普通螺栓联接；b—配合螺栓联接

螺栓联接时，孔壁和螺栓杆之间无间隙。这类联接只适用于承受横向载荷，它与普通螺栓联接相比，螺栓尺寸要小一点，螺栓本身也可以起定位作用，但对被联接件孔加工的要求较高。

（2）双头螺柱联接（图 13-12）。该种联接多用于被联接件之一较厚、不便加工通孔且需经常拆卸的场合。在多次装拆过程中为防止厚的被联接盲孔螺纹的磨损，采用双头螺柱拧入厚的被联接件中不动，装拆只通过拧下螺母来实现。

（3）螺钉联接（图 13-13）。该种联接适用于被联接件较厚，不经常拆卸的场合，螺钉直接旋入被联接件螺旋孔中，结构简单。

（4）紧定螺钉联接（图 13-14）。该种联接常用来固定两零件的相对位置。利用拧入螺纹孔中的紧定螺钉的末端顶住另一零件的表面或顶入相应的凹坑中，可传递较小的转矩。

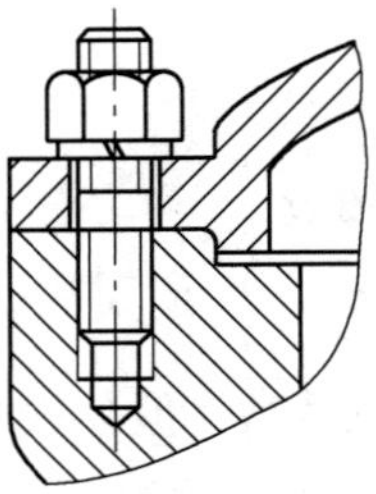

图 13-12　双头螺柱联接

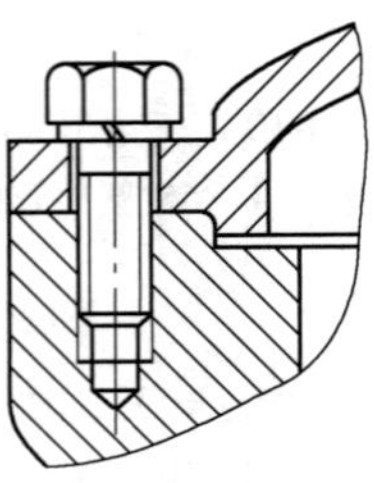

图 13-13　螺钉联接

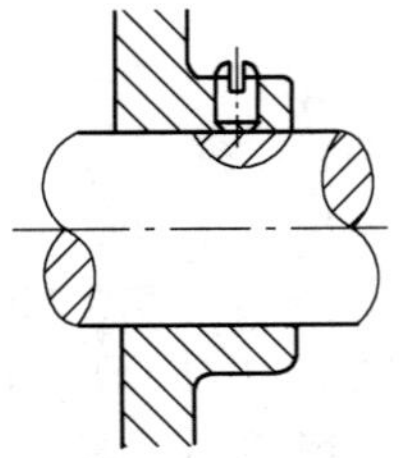

图 13-14　紧定螺钉联接

13.2.2　螺纹联接件

常用的螺纹联接件品种很多，如各种螺栓、双头螺柱、螺钉、螺母、垫圈等，大都已标准化，选择好规格和型号后，可直接到市场购买。常用的螺纹联接件图例见图 13-15 ~ 图 13-20。

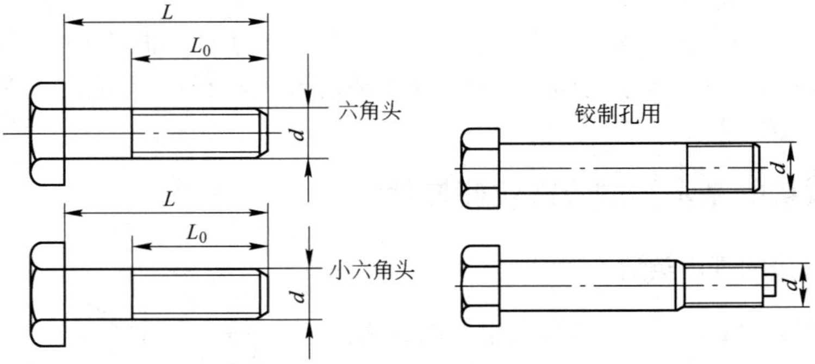

图 13-15　螺栓

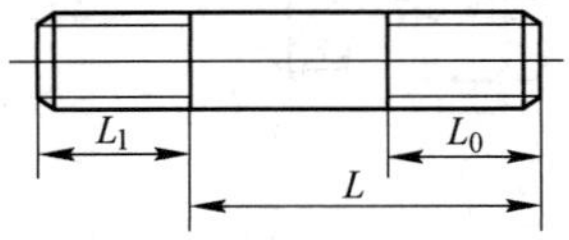

图 13-16　双头螺柱

L_1—座端长度；L_0—螺母端长度

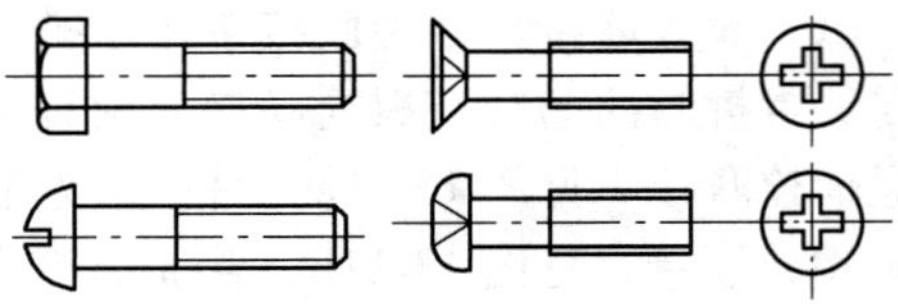

图 13-17　螺钉

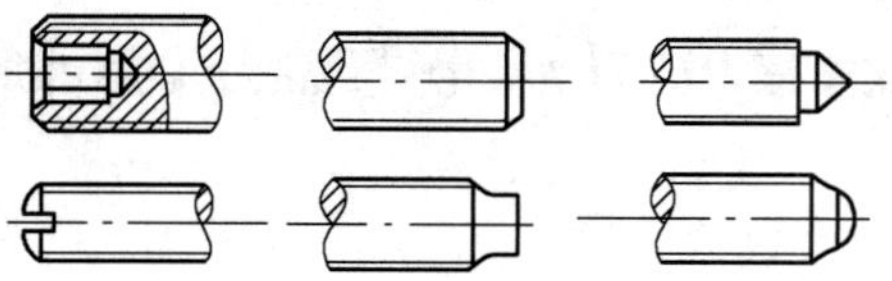

图 13-18　紧定螺钉的头部和尾部

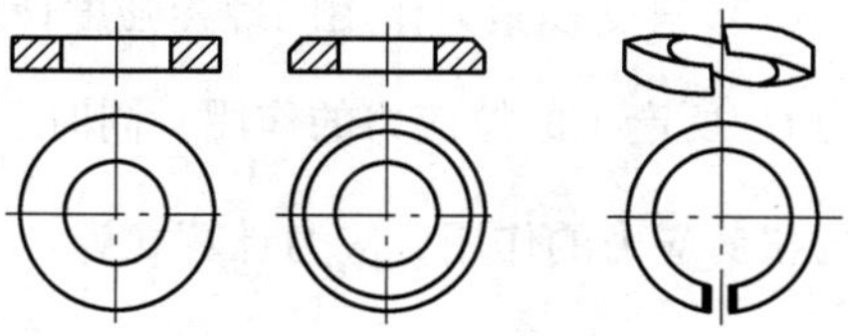

图 13-19　垫片

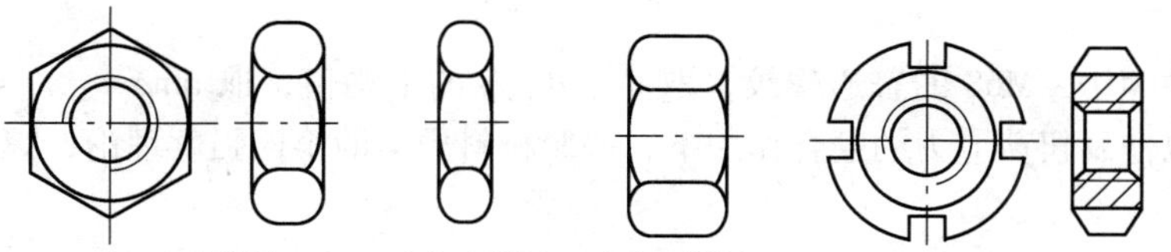

图 13-20　螺母

13.3　螺栓联接的强度计算

螺栓联接一般由若干个规格相同的螺栓组成。在设计或者校核螺栓联接时，首先要拟定或依据已有的螺栓数目及布置方式，再根据外载荷及结构找出受力最大螺栓，并计算出该螺栓所受的最大载荷，用这一载荷对单个螺栓进行选择或强度校核计算。

如果螺纹联接选用的是标准件，由于联接的失效件主要是螺栓，所以只对螺栓进行强度计算。其他联接件，如螺母、垫圈等，按等强度设计从标准中选定即可。

13.3.1　普通螺栓联接强度计算

对普通螺栓进行强度计算就是根据主要失效形式及相应的设计准则，确定螺栓规格或对已有螺栓进行校核。普通螺栓的主要失效形式：在危险截面处（螺纹小径 d_1）被拉断。

13.3.1.1　松螺栓联接强度计算

松联接即是装配时不做预紧的联接。忽略自重，工作前螺栓不受力，工作时螺栓只受工作载荷 F。如图 13-21 所示，吊钩尾部联接即可认为是松联接。

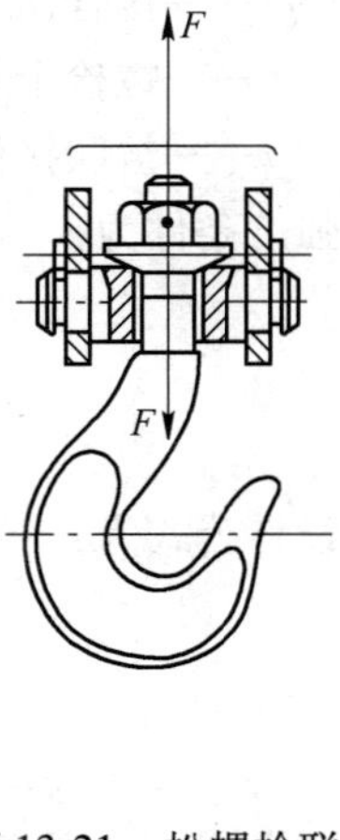

图 13-21　松螺栓联接

强度条件为：

$$\sigma = \frac{F}{\pi d_1^2/4} \leqslant [\sigma] \tag{13-16}$$

设计公式为：

$$d_1 \geqslant \sqrt{\frac{4F}{\pi[\sigma]}} \tag{13-17}$$

式中　d_1——螺纹小径，mm；

F——工作载荷，N；

$[\sigma]$——松螺栓联接许用拉应力，N/mm^2。

13.3.1.2　紧螺栓联接强度计算

紧螺栓联接是指在装配时需要拧紧的联接。在承受工作载荷前，螺栓已经受到了预紧力 Q_p 作用。

（1）只受预紧力作用的螺栓强度计算。进行预紧的螺栓联接，螺栓的螺杆部分不仅受预紧力 Q_p 所产生的拉应力的作用，同时还受拧紧时螺纹摩擦力矩 $T\left(T = Q_p \frac{d_2}{2}\tan(\varphi + \rho_v)\right)$ 所产生的扭剪应力的作用，应力计算式为：

拉伸应力
$$\sigma = \frac{Q_p}{\pi d_1^{\ 2}/4} \tag{13-18}$$

扭剪应力
$$\tau = \frac{T}{W_t} \approx \frac{T}{0.2d_1^{\ 3}} \tag{13-19}$$

对于常用的 M10～M68 的普通螺纹，取 d_2、d、φ 的平均值，取 $\tan\rho_v = f_v = 0.15$，则得 $\tau \approx 0.5\sigma$。在拉伸及扭剪应力的复合作用下，按照材料力学的第四强度理论，螺杆部分所受当量应力 σ_v 为：

$$\sigma_v = \sqrt{\sigma^2 + 3\tau^2} = \sqrt{\sigma^2 + 3(0.5\sigma)^2} \approx 1.3\sigma \tag{13-20}$$

由此可见，受拉伸及扭剪应力复合作用的螺栓联接，可按受纯拉伸应力来计算，但必须将拉应力加大30%，以考虑扭剪应力的影响。

（2）承受横向工作载荷的螺栓强度计算。图 13-22 为受横向工作载荷的紧联接。工作载荷 R 垂直于螺栓轴线，螺杆和被联接件孔壁有一定的间隙，只能依靠螺栓预紧力 Q_p 在被联接件（板）间产生的摩擦力平衡横向载荷 R。受横向工作载荷的紧螺栓联接，其螺栓在工作过程中所受拉力不会随工作载荷 R 的改变而改变，始终是预紧力 Q_p，板间的压力大小也等于 Q_p。故联接的承载条件为：

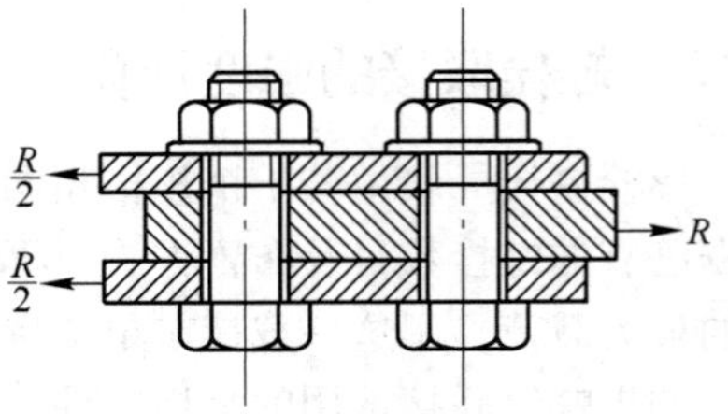

图 13-22　受横向载荷紧联接

$$Q_p fZm \geqslant k_f R \text{ 或 } Q_p \geqslant \frac{k_f R}{fZm} \tag{13-21}$$

式中　R——总横向工作载荷，N；
k_f——可靠性系数，通常取 1.1～1.3；
m——接合面数；
Z——螺栓个数；
f——被联接件间的摩擦系数，铸铁和钢取 0.15～0.2。

强度条件为：

$$\sigma_v = \frac{1.3Q_p}{\pi d_1^{\ 2}/4} \leqslant [\sigma] \tag{13-22}$$

设计公式为：

$$d_1 \geqslant \sqrt{\frac{4 \times 1.3Q_p}{\pi[\sigma]}} \tag{13-23}$$

式中　$[\sigma]$——紧螺栓联接许用应力，N/mm²，见表 13-1。

表 13-1 螺栓联接许用拉应力（MPa）

载荷性质			静载荷		变载荷	
控制预紧力			（0.66～0.83）σ_s			
不控制预紧力	螺栓外径		M6～M16	M16～M30	M6～M16	M16～M30
	材料	碳　钢	（0.25～0.33）σ_s	（0.33～0.5）σ_s	（0.10～0.15）σ_s	0.15σ_s
		合金钢	（0.25～0.33）σ_s	（0.25～0.33）σ_s	（0.25～0.33）σ_s	0.20σ_s

注：σ_s 为螺栓材料的屈服极限，MPa。

（3）承受轴向工作载荷的螺栓强度计算。图 13-23 为压力容器螺栓联接，外载荷 F_Σ 通过螺栓组中心，其方向与螺栓轴向平行。由于螺栓均匀分布在直径为 D_0 的圆周上，故每个螺栓受的载荷相同，即：

$$F = \frac{F_\Sigma}{Z} \tag{13-24}$$

式中　Z——螺栓个数。

这种螺栓联接所受的轴向力 Q 并不等于预紧力 Q_p 与单个螺栓所受的工作载荷 F 之和。

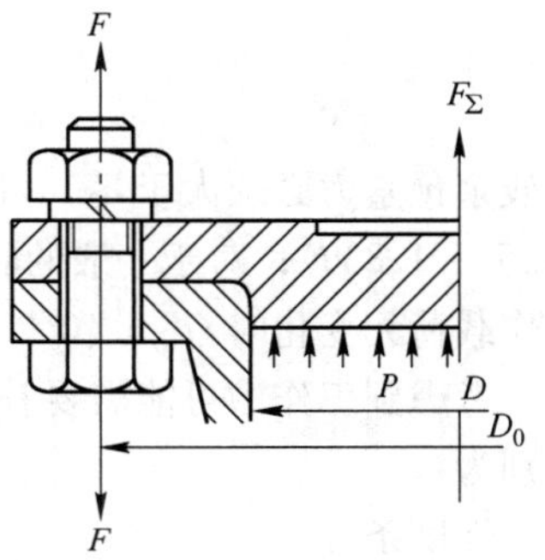

图 13-23　压力容器的螺栓联接

螺栓和被联接件受载前后的情况见图 13-24。图 13-24a 是联接的预紧前情况；图 13-24b 是联接预紧后的情况，螺栓受到拉力 Q_p 而伸长了 δ_L；被联接件受到压缩力 Q_p 而压缩了 δ_F；图 13-24c 是联接承受轴向工作载荷 F 时，螺栓的伸长量增加了 $\Delta\delta_L$ 而成为 $\delta_L + \Delta\delta_L$，相应的螺栓轴向总拉伸载荷为 Q。与此同时，被联接件会随着螺栓的拉伸而恢复变形，恢复变形量为 $\Delta\delta_F$ 而成为 $\delta_F - \Delta\delta_F$，与此相应的压力为残余预紧力 Q'_p。预紧后、联接受到工作载荷 F 后，螺栓及被联接件受力和变形关系如图 13-25 所示。

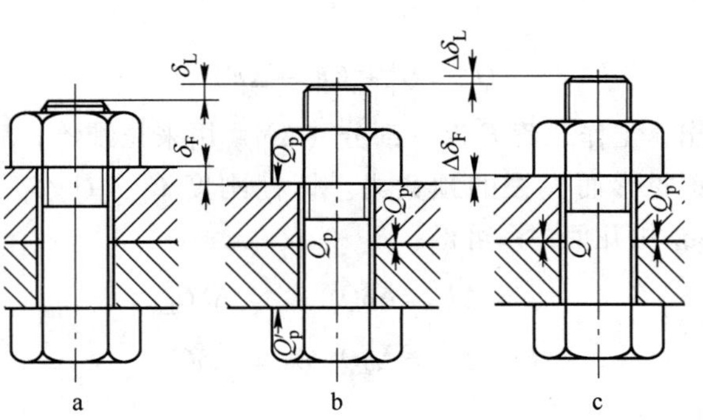

图 13-24　螺栓和被联接件的力与变形的关系

a—未拧紧；b—安装拧紧；c—加上工作载荷

螺栓强度决定于螺栓承受的总载荷 Q。由图 13-25 可见，螺栓总拉伸载荷为：

$$Q = F + Q'_p \tag{13-25}$$

为了保证联接的紧密性和联接刚度，防止接合间产生缝隙，残余预紧力 Q'_p应具有一定值，

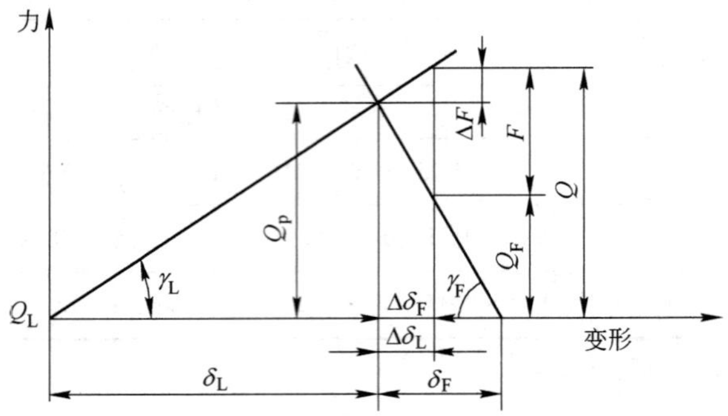

图 13-25　载荷与变形示意图

即残余预紧力必须大于零，可根据使用条件选取：对于有紧密性要求的联接，如汽缸，$Q'_p = (1.5 \sim 1.8)F$；对于一般的联接，工作载荷有变化时 $Q'_p = (0.6 \sim 1.0)F$；对于一般的联接，工作载荷无变化时 $Q'_p = (0.2 \sim 0.6)F$。

考虑到工作中可能需要补充拧紧，故总压力应增加 30%。所以螺栓强度条件、设计公式分别为：

强度条件

$$\sigma = \frac{1.3Q}{\pi d_1/4} \leqslant [\sigma] \tag{13-26}$$

设计公式

$$d_1 \geqslant \sqrt{\frac{5.2Q}{\pi[\sigma]}} \tag{13-27}$$

为了保证联接中具有足够的残余预紧力 Q'_p，安装时拧紧预紧力要达到足够的预紧力 Q_p。由图 13-25 可以推导出：

$$Q = Q_p + \Delta F \tag{13-28}$$

$$Q_p = Q'_p + (F - \Delta F) \tag{13-29}$$

由图 13-25 可以看出，工作载荷 F 仅一部分（ΔF）用来拉螺栓，而其余用来补充由于螺栓拉伸后被联接件恢复变形而失去的预紧力。螺栓刚度 $C_L = Q_p/\delta_L$，被联接件刚度 $C_F = Q_p/\delta_F$，令 $\Delta\delta = \Delta\delta_F = \Delta\delta_L$ 由几何关系可得：

$$\Delta F = \Delta\delta Q_p/\delta_L = \Delta\delta C_L$$

$$F - \Delta F = \Delta\delta Q_p/\delta_F = \Delta\delta C_F$$

解得：

$$\Delta F = \frac{C_L}{C_L + C_F}F \tag{13-30}$$

则有：

$$Q = Q_p + \frac{C_L}{C_L + C_F}F \tag{13-31}$$

$$Q_p = Q'_p + \frac{C_F}{C_L + C_F}F \tag{13-32}$$

式中，$C_L/(C_L + C_F)$ 称为螺栓的相对刚度系数，与螺栓及被联接件的材料、尺寸、结构形状和垫片等因素有关，其值在 0～1 之间，可通过计算和实验确定，设计时可按表 13-2 选取。

表 13-2 螺栓的相对刚度

被联接件所用垫片类别	螺栓的相对刚度 $C_L/(C_L+C_F)$	被联接件所用垫片类别	螺栓的相对刚度 $C_L/(C_L+C_F)$
金属垫片（或无垫片）	0.2～0.3	铜皮石棉垫片	0.8
皮革垫片	0.7	橡胶垫片	0.9

13.3.2 配合螺栓联接强度计算

对配合螺栓进行强度计算就是根据主要失效形式及相应的设计准则，确定螺栓规格或对已有螺栓进行校核。配合螺栓的主要失效形式为：挤压面被压溃、剪切面被剪断。

配合螺栓联接承受横向载荷，具有螺栓尺寸小、工作可靠，适用于冲击、变载、振动等工况的优点。如图 13-26 所示，其挤压强度条件及剪切强度条件分别为：

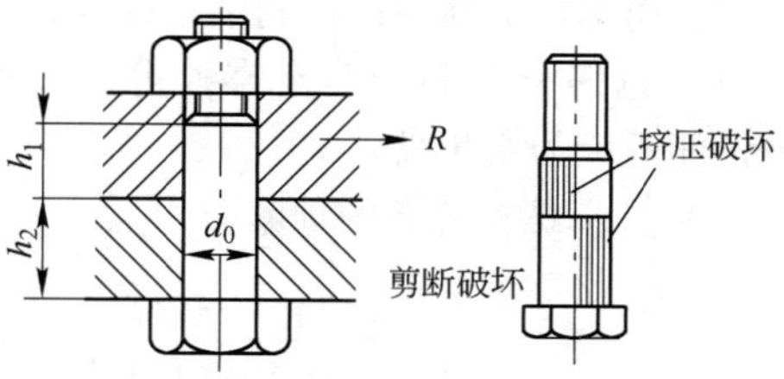

图 13-26 配合螺栓联接受力分析

$$\sigma_p = \frac{R}{Zd_0h_1} \leqslant [\sigma_p] \tag{13-33}$$

$$\tau = \frac{R}{Z\pi d_0^2/4} \leqslant [\tau] \tag{13-34}$$

式中 R——总横向载荷，N；

d_0——螺栓杆直径，mm；

Z——螺栓个数；

h_1——螺栓杆上受挤压的最小高度，mm，通常 $h_1 \geqslant 1.25d_0$；

$[\sigma_p]$——许用挤压应力，N/mm²，见表 13-3；

$[\tau]$——许用剪应力，N/mm²，见表 13-3。

表 13-3 铰制孔用螺栓联接许用应力（MPa）

载荷性质	静载荷		变载荷	
材 料	钢	铸 铁	钢	铸 铁
许用剪应力 $[\tau]$	$0.4\sigma_s$		$(0.2\sim0.3)\sigma_s$	
许用挤压应力 $[\sigma_p]$	$0.8\sigma_s$	$(0.4\sim0.5)\sigma_B$	$0.6\sigma_s$	$(0.34\sim0.4)\sigma_B$

注：σ_s 为钢的屈服极限，MPa；σ_B 为铸铁的强度极限，MPa。

13.3.3 螺栓材料和许用应力

螺栓材料采用碳素钢，如 Q235、35、45 钢等。重要的螺栓采用 15Cr、40Cr 等合金钢。国家标准规定了螺栓的性能等级，有 3.6、4.6、4.8、5.6、5.8、6.8、8.8（>M16）、9.8、（≤M16）、10.9、12.9 共 10 个级别。标记的意义，以 4.6 级为例：$\sigma_b = 4\times100\text{N/mm}^2$，$\sigma_s = 4\times6\times10\text{N/mm}^2$。

螺栓许用拉应力 $[\sigma]$ 与螺栓直径有关。在设计计算时，通常螺栓直径是未知的，因此要采用试算法：先假定一个螺栓直径 d，由表查出相应的许用应力（若估计的螺栓直径是表中某一范围内的值，可用线性插值的方法确定其许用应力），代入相应公式求出螺栓的小径 d_1，如果算出的 d_1 与估计的值不符，则按新算出的直径估计螺栓直径重算，直到估计直径与算得的直径相符为止。

[例 13-1]　图 13-27 所示为一采用普通螺栓联接的联轴器，传递的转矩 $T=200\times10^3\text{N}\cdot\text{mm}$，载荷平稳，螺栓数目 $Z=6$，螺栓分布在 $D=150\text{mm}$ 的圆周上。试选择螺栓直径。

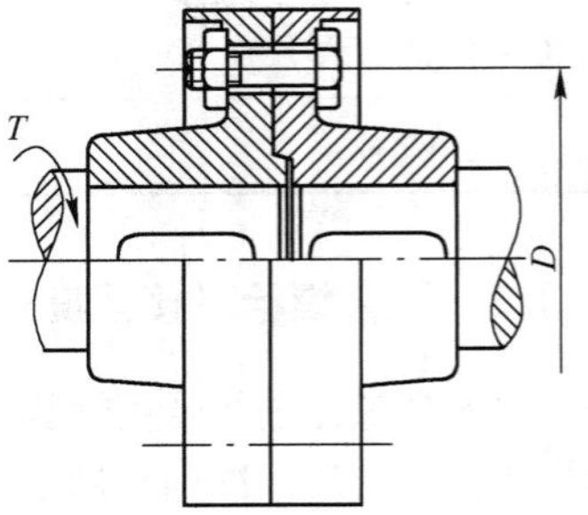

图 13-27　凸缘联轴器

解： 属螺栓受横向载荷的紧联接问题。

（1）选螺栓材料、确定螺栓等级。螺栓材料选为碳素钢，性能等级为 4.8 级。

（2）计算螺栓应有的预紧力 Q_p。

$$Q_P=\frac{k_fR}{fZm}=\frac{1.1\times2667}{0.15\times6\times1}=3260\text{N}$$

式中，$k_f=1.1$，$f=0.15$，$Z=6$，$m=1$；

R 为总横向载荷。

$$R=T/\frac{D}{2}=\frac{2\times200\times10^3}{150}=2667\text{N}$$

（3）计算螺栓直径。初估螺栓直径 $d=10\text{mm}$，按静载荷查表 13-1，取系数为 0.282，则：

$$[\sigma]=0.282\sigma_s=0.282\times320=90.24\text{N/mm}^2$$

计算螺纹小径 d_1，按式（13-23）得：

$$d_1\geqslant\sqrt{\frac{4\times1.3Q_P}{\pi[\sigma]}}=\sqrt{\frac{4\times1.3\times3260}{\pi\times90.24}}=7.73\text{mm}$$

查表 13-4 得粗牙普通螺纹大径 $d=10\text{mm}$，则小径 $d_1=8.376\text{mm}$；$d=8\text{mm}$ 时，则 $d_1=6.647\text{mm}$，所以选 M10 是正确的。

表 13-4　粗牙（细牙）普通螺纹基本尺寸（摘自 GB/T 196—1981）（mm）

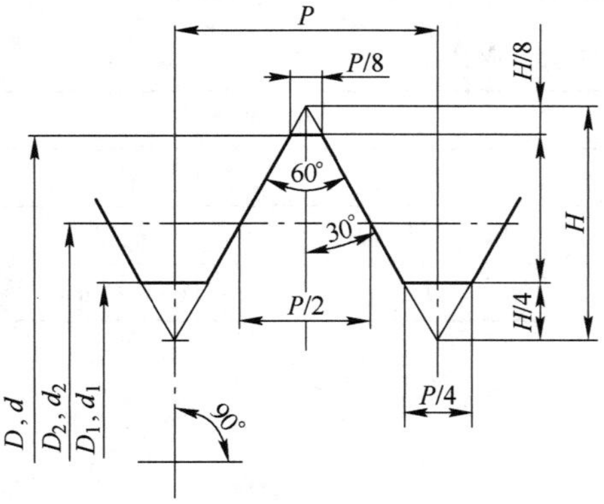

$H=0.866P$

$D_2=d-0.6495P$

$D_1=d-1.0825P$

D，d——内外螺纹大径；

D_2，d_2——内外螺纹中径；

D_1，d_1——内外螺纹小径；

P——螺距。

标记示例：M24（粗牙普通螺纹，直径 24，螺距 3）

M25 × 1.5（细牙普通螺纹，直径 24，螺距 1.5）

公称直径（大径）	粗　牙			细　牙
	螺距 P	中径 D_2，d_2	小径 D_1，d_1	螺距 P
3	0.5	2.675	2.459	0.35
4	0.7	3.545	3.242	0.5

续表 13-4

公称直径（大径）	粗　牙			细　牙
	螺距 P	中径 D_2，d_2	小径 D_1，d_1	螺距 P
5	0.8	4.480	4.134	0.5
6	1	5.350	4.918	0.75
8	1.25	7.188	6.647	1，0.75
10	1.5	9.026	8.376	1.25，1，0.75
(14)	2	12.701	11.835	1.5，1
16	2	14.701	13.835	1.5，1
(18)	2.5	16.376	15.294	2，1.5，1
20	2.5	18.376	17.294	
(22)	2.5	20.376	19.294	
24	3	22.052	20.752	
(27)	3	25.052	23.752	
30	3.5	27.727	26.211	

[例 13-2]　图 13-23 为一压力容器的螺栓联接，容器内压力 $p=1.8\text{N/mm}^2$，$D=150\text{mm}$，试确定该容器的螺栓直径及螺栓分度圆直径 D_0。

解：(1) 确定螺栓的工作载荷 F。取螺栓数 $Z=8$，则：

$$F=\frac{p\pi D^2/4}{z}=\frac{1.8\times3.14\times150^2}{4\times8}=3974\text{N}$$

(2) 确定螺栓所受总载荷 Q。根据压力容器要求，取残余预紧力 $Q'_{\text{P}}=2F$，则由式（13-25）得：

$$Q=Q'_{\text{P}}+F=2F+F=3\times3927=11922\text{N}$$

(3) 计算螺栓直径。选螺栓材料为优质碳素钢，强度等级为 6.8 级，由表 13-1，估螺栓直径 $d=20\text{mm}$；$[\sigma]=0.15\sigma_s=0.15\times480=72\text{N/mm}^2$，则螺纹小径 d_1 根据式（13-27）得：

$$d_1\geqslant\sqrt{\frac{5.2Q}{\pi[\sigma]}}=\sqrt{\frac{5.2\times11922}{3.14\times72}}=16.56\text{mm}$$

取螺纹直径 $d=20\text{mm}$，符合估计。

(4) 确定螺栓分布直径。若容器壁厚为 10mm，由图 13-23 可知螺栓分布直径为：

$$D_0=D+2e+2\times10=150+2[20+(3\sim6)]+2\times10=(246\sim252)\text{mm}$$

其中 $e=[d+(3\sim6)]$。取 $D_0=252\text{mm}$，螺栓间距为：

$$l=\frac{\pi D_0}{z}=\frac{\pi\times250}{8}=98.1\text{mm}$$

对于压力容器，螺栓间距 l 应符合有关规定（查有关资料）。若本计算不合格，则需修改设计。

13.3.4　提高螺栓联接强度的措施

一般来说，螺栓联接的强度取决于螺栓强度，螺栓在承受轴向变载荷时，发生疲劳断裂的部位如图 13-28 所示。传力第一圈约占 65%，光杆与螺纹交接处约占 20%，螺栓头与杆交接处约占 15%。下面简要说明影响螺栓强度的因素及提高螺栓联接强度的措施。

（1）降低螺栓的应力幅。

若 Q 为变载荷，则其应力幅的大小是疲劳失效的主要因素，通过减少螺栓刚度或增加被联接件刚度来降低应力幅是提高螺栓联接强度的有效措施，见图 13-29。采用降低螺栓刚度、使用柔性螺栓（图 13-30）、提高被联接件的刚度（图 13-31）等方法，均可使应力幅得到显著减小。

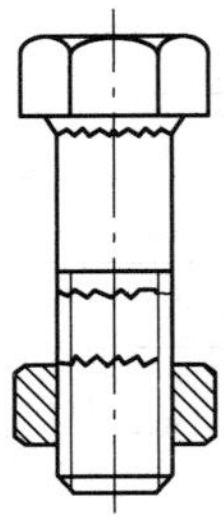

图 13-28　螺栓疲劳断裂的部位

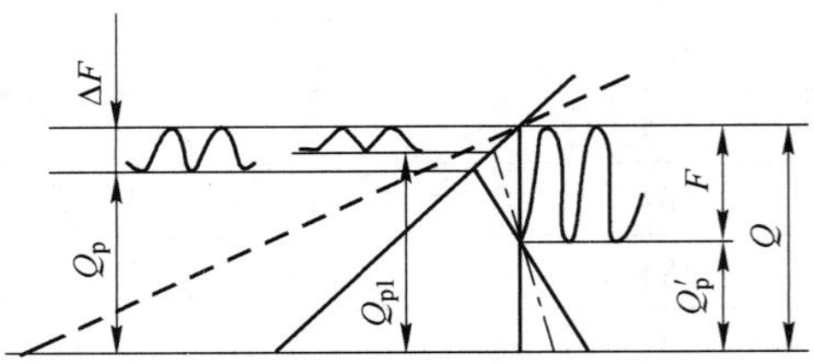

图 13-29　刚度对螺栓应力副的影响

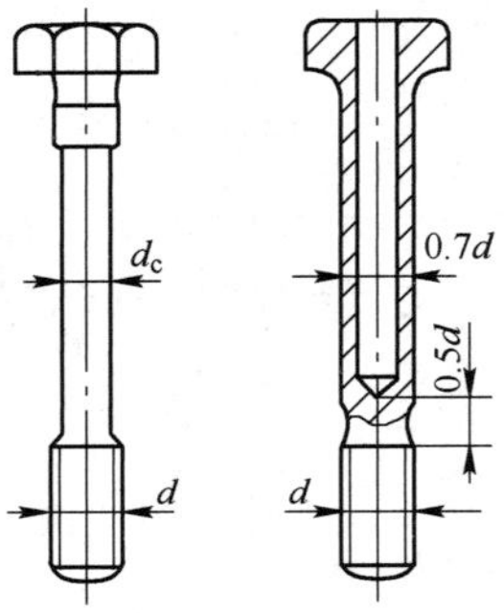

图 13-30　柔性螺栓

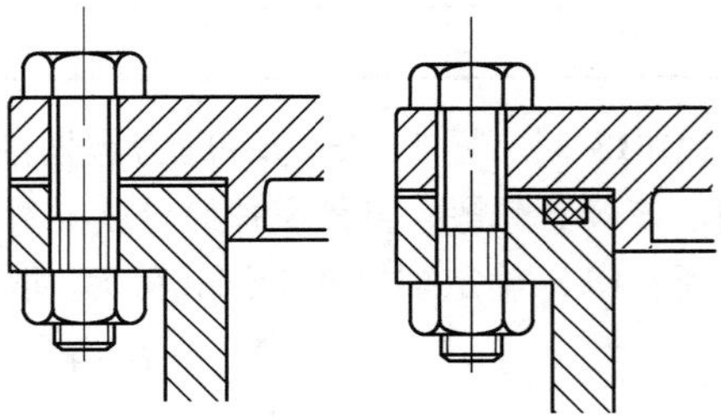

图 13-31　提高被联接件刚度

（2）改善螺纹牙间载荷分布，如图 13-32a 所示，各螺纹牙之间载荷分布十分不均匀。螺纹受力第一扣为最大，此处也最易发生疲劳断裂。改善牙间载荷分布不均可用悬置螺母、环槽螺母等方法，分别见图 13-32b、图 13-32c。

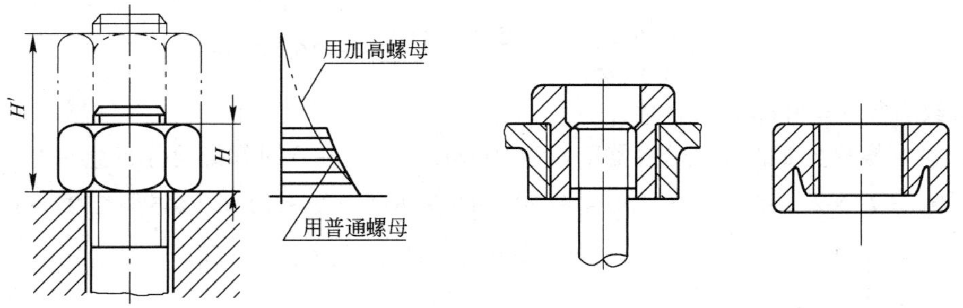

a　　b　　c

图 13-32　改善螺纹牙间载荷分布

a—普通螺母；b—悬置螺母；c—环槽螺母

（3）降低应力集中。降低螺纹与杆、螺杆与帽头交接处的应力集中，也可提高螺栓强度（图 13-33）。

（4）避免或减小附加应力。由于设计、制造或安装的原因，有可能使螺栓受到附加的弯

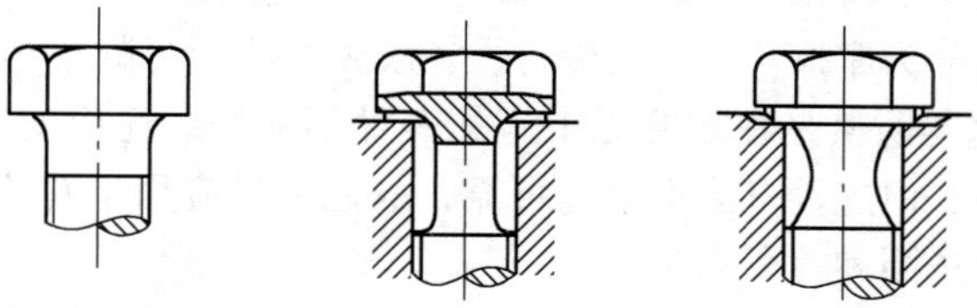

图 13-33　减少螺栓应力集中的方法

曲应力，如图 13-34 所示。附加弯曲应力可能很大，对螺栓疲劳强度有很大影响，所以要设法避免。如图 13-35 所示，在铸件或锻件等未加工表面加工凸台或鱼眼坑，可改善被联接件与螺栓等联接件接触状况。

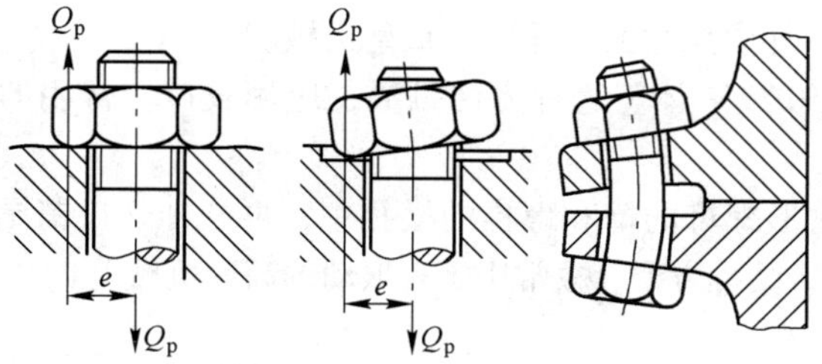

图 13-34　引起附加应力的原因

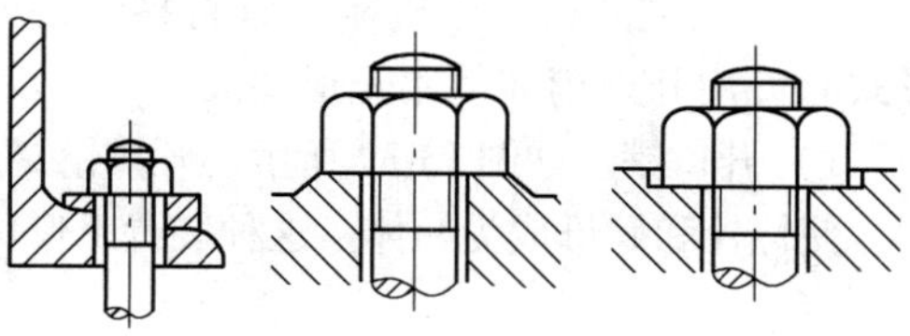

图 13-35　避免附加应力的方法

13.4　螺纹联接中的预紧及防松

13.4.1　螺纹联接的预紧

螺纹联接中的联接件在承受工作载荷之前就拧紧称为预紧，预紧时所加的作用力称为预紧力。预紧是为了增强联接的可靠性、密封性和防松能力。重要的螺纹联接的预紧力需要控制，这是因为预紧力的大小对螺纹联接的可靠性、密封性均有很大影响。

一般联接预紧力的大小通常靠经验来控制，经验预紧时尽量避免采用一把活扳手拧各种规格螺栓的做法。重要的联接，要使用测力矩扳手，见图 13-36，或者定力矩扳手来控制预紧力的大小。

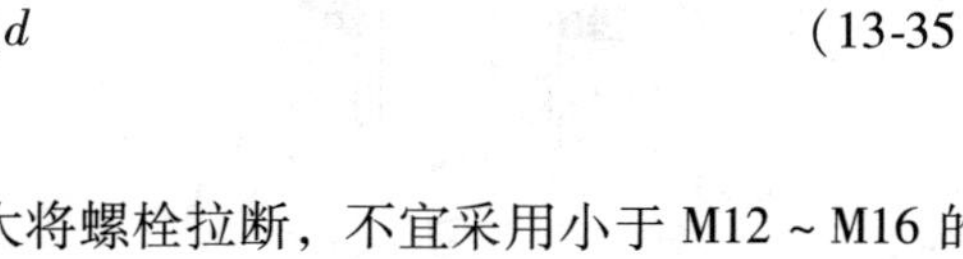

图 13-36　测力矩扳手

为准确达到预紧力 Q_p，施加到扳手上的力矩 T 可按照下式计算：

$$T = 0.2Q_p d \tag{13-35}$$

式中　d——螺纹大径。

若无严格的测力措施，为防止由于拧紧力矩过大将螺栓拉断，不宜采用小于 M12 ~ M16 的螺栓。

13.4.2　螺纹联接的防松

防松即防止螺旋副的相对转动。虽然在静载荷和温度变化不大的情况下，螺纹联接的自锁是可靠的，但在冲击、振动、变载及温度变化大的情况下，就会出现瞬时丧失预紧力、不能自锁而产生自动松脱的现象，所以设计螺纹联接时必须考虑防松问题。

按防松工作原理可分为摩擦防松、机械防松、永久防松三大类。

（1）摩擦防松。这类防松是在螺旋副上施加一种不随外载荷而变化的压力，使螺旋副上产生较大的附加摩擦力，但这种方法不十分可靠，故通常只应用于对防松要求不严格的地方。常用的形式有使用弹簧垫圈和使用双螺母。

1）弹簧垫圈。如图13-37所示，形状像一圈弹簧，拧紧螺母后，弹簧垫片被压平，螺纹副间保持有较大压力，从而有较大摩擦力防止松脱。另外，弹簧垫圈为左旋方向，这样垫圈切口尖角也有防止螺母松扣的作用，但弹簧垫圈的尖角也可能刮伤接触表面。此法结构简单，使用方便，应用较广。

2）双螺母。如图13-38所示，在螺栓上拧两个螺母，两螺母对顶拧紧，两螺母间的一段螺栓内产生附加拉应力，这一应力不受外载荷的影响，使螺母与螺杆间保持有较大的摩擦力，起到防松的作用。双螺母结构简单，但重量大，外廓尺寸大，适用于重型机械。

（2）机械防松。用机械装置将螺母与螺栓联成一体。这种方法可靠，应用较广。常用的形式有使用开口销和使用止退垫圈。

1）开口销。如图13-39所示，开口销穿过槽形螺母的槽和螺栓的横孔中，再分开开口销尾部，使螺栓和螺母成为一体。这种装置工作可靠，装拆方便，故常用于有振动的高速机械上。

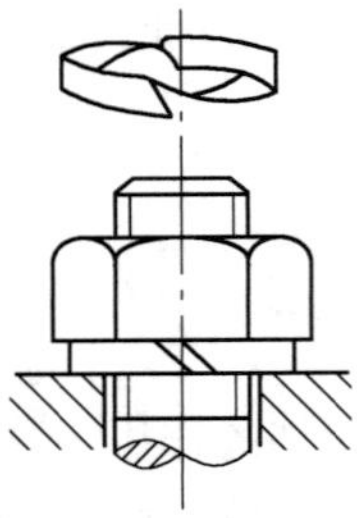

图13-37　弹簧垫圈

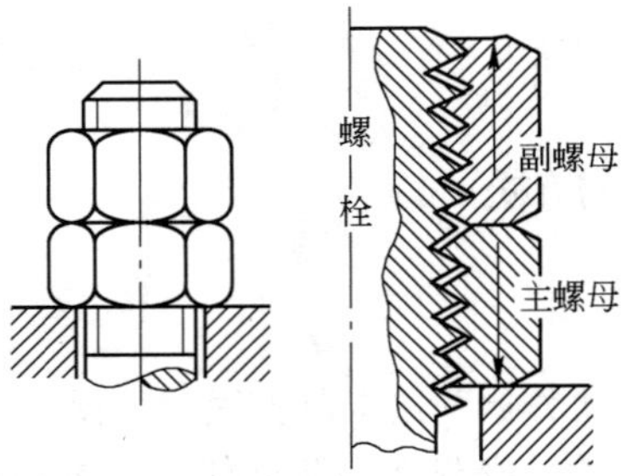

图13-38　双螺母

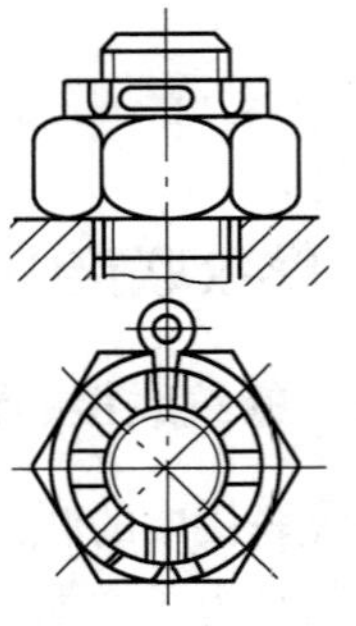

图13-39　开口销

2）止退垫圈。如图13-40所示，止退垫圈有内翅和外翅，内翅和螺栓卡成一体，外翅弯折到圆螺母的沟槽中与螺母成为一体。止退垫圈使螺栓和螺母成为一体，达到防松的目的。图13-41为单独使用的止动垫圈，其一边弯到螺母的侧边上，另一边弯到被联接件上，使螺母不能退扣，但要注意螺栓相对螺母松脱。

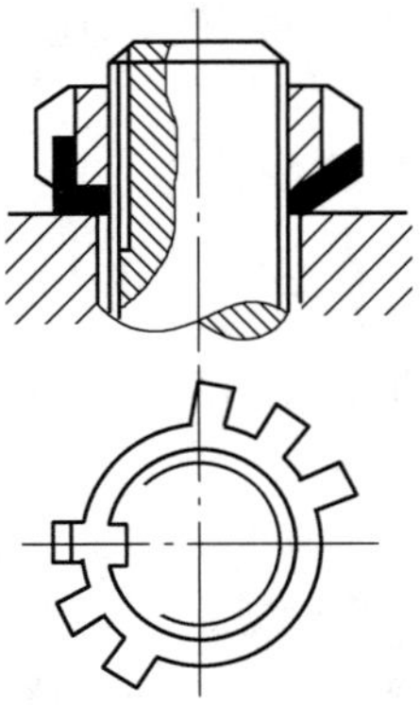

图13-40　圆螺母止退垫圈

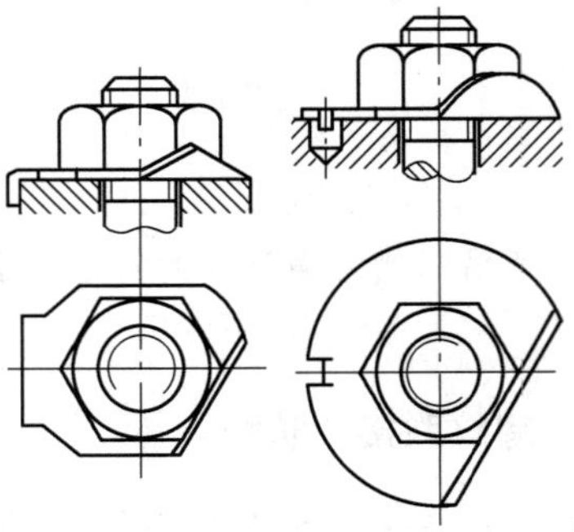

图13-41　止动垫圈

13.5 螺旋传动

螺旋传动是用螺旋副来传递运动和动力的，主要用于把回转运动变成直线运动的场合。螺旋传动具有以下特点：

（1）降速比大（螺杆转动一周，螺母只移动一个导程，而导程可以是很小的）；

（2）增力效果大（在主动件上施加不大的转矩，可以在从动件上得到很大的推力）；

（3）可以使机构自锁；

（4）结构简单、工作平稳、无噪声。

由于以上特点，螺旋传动在机床、起重设备等工业设备中得到广泛的应用。

根据螺纹副的摩擦情况，螺旋传动可分为滑动螺旋、滚动螺旋和静压螺旋。滑动螺旋构造简单、加工方便、易于自锁，但摩擦阻力大、效率低、磨损快，低速时可能爬行，定位精度和轴向刚度较差。滚动螺旋和静压螺旋没有这些缺点。前者效率在90%以上；而后者可达到99%，但构造复杂、加工不便。静压螺旋还需供油系统。下面主要介绍滑动螺旋传动。

13.5.1 滑动螺旋传动的类型和特点

滑动螺旋按使用要求不同可分为传力螺旋、传导螺旋和调整螺旋三类，如图13-42所示。

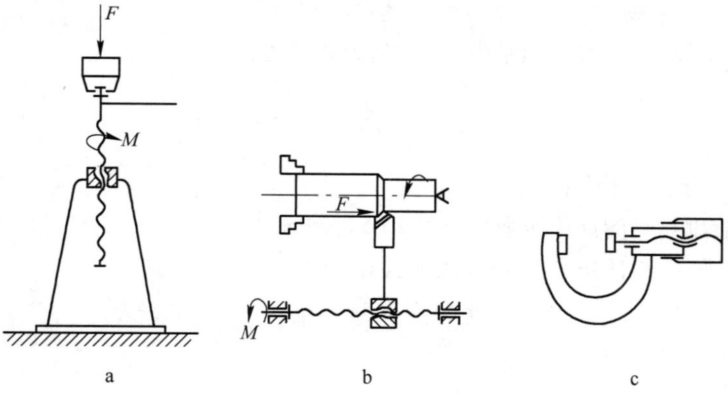

图13-42 螺旋机构

a—传力螺旋；b—传导螺旋；c—调整螺旋

（1）传力螺旋。以传递动力为主，要求用较小的力矩产生较大的轴向力，使其用于起重、施压等工作，见图13-42a。

（2）传导螺旋。以传递运动为主，并要求有较高的运动精度，常用于机床刀具进给、工作台的移动等，见图13-42b。

（3）调整螺旋。常作为固定零件或部件之间位置的调整机构及精密测量仪器的测量机构等，见图13-42c。

滑动螺旋按运动形式可分为四种情况：螺杆转动，螺母移动；螺母固定，螺杆转动并移动；螺母转动，螺杆移动；螺杆固定，螺母移动并转动。

13.5.2 滑动螺旋的设计计算

13.5.2.1 滑动螺旋的材料

由于螺纹副实质就是移动副，所以由滑动而带来的摩擦和磨损是选择滑动螺旋副材料时主要应考虑的问题。螺杆材料要有较高的强度和硬度，而螺母材料除要求有足够的强度外，还要求与螺杆配合，所以应有耐磨性好、摩擦系数小、导热性好等性能。螺杆材料一般应用为45、50钢，调质处理，硬度达到HBS 220～250；重要应用为T12、40Cr、65Mn经表面淬火，硬度达到HRC 45～55。螺母材料常用的主要有铸造锡青铜ZCuSn10Pb1或ZCuSn5Pb5Zn5；重载低速时可选用强度高的铸造铝铁青铜ZCuAl10Fe3；低速轻载时可选用耐磨铸铁。

13.5.2.2　滑动螺旋的失效形式及计算准则

螺旋传动的主要失效形式是螺纹副的磨损。由于采用了螺杆硬和螺母软的配合方式，所以磨损主要发生在螺母上，因此，通常先由螺母的耐磨条件算出螺纹的直径和螺母高度，并参照标准确定螺纹的主要参数。此外，传力较大的传力螺旋会发生螺母牙根断裂、螺杆断裂及受压细长螺杆失稳等，所以需要对上述失效进行校核计算，对有自锁要求的螺旋传动还要进行自锁计算。

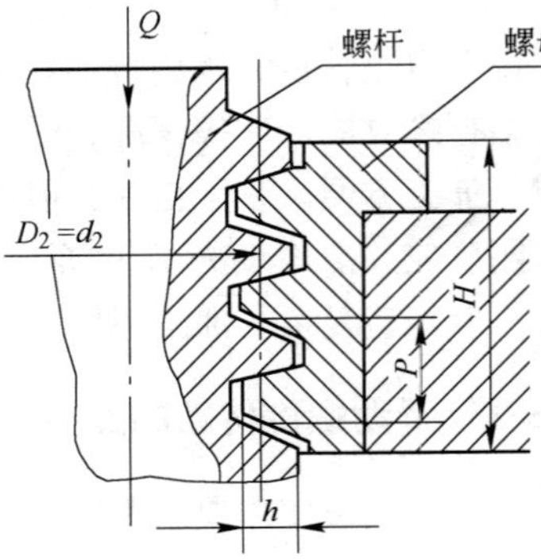

图13-43　螺旋副的受力

(1) 耐磨性计算。影响磨损的因素很多，如工作表面压强、滑动速度、润滑状态、表面状况等。目前尚没有完善的计算方法，通常只作限制压强p的计算。

如图13-43所示，作用在螺杆上的轴向力为Q；螺纹的中径为d_2；螺距为P；螺母高度为H；螺纹的接触高度为h；螺纹工作圈数为$Z(Z = H/P)$；则螺纹副的耐磨条件为：

$$p = \frac{Q}{\pi d_2 h Z} \leqslant [p] \qquad (13\text{-}36)$$

式中　p——承压面上的压强；

$[p]$——螺旋副材料的许用压强，见表13-5，N/mm^2。

引入系数$\varphi = H/d_2, k = h/P$，代入式（13-36），得设计公式：

$$d_2 \geqslant \sqrt{\frac{Q}{\pi \varphi k [p]}} \qquad (13\text{-}37)$$

对剖分螺母取$\varphi = 2.5 \sim 3.5$。由于磨损后可以调整间隙，螺纹的工作圈数据可多些，但$Z<10$。对整体螺母则取$\varphi = 1.2 \sim 2.5$。系数k由螺纹种类决定：梯形和矩形螺纹$k=0.5$，锯齿形螺纹$k=0.75$。

当由式（13-37）求出d_2后，应在标准中向上选接近的d_2，相应查取螺纹标准直径d及其他螺纹参数，螺纹高度为$H=\varphi d_2$。

表13-5　螺旋传动材料的许用压强[p]（N/mm^2）

应用范围	螺杆—螺母材料		
	钢（不淬火）—铸铁	钢（不淬火）—青铜	钢（淬硬磨光）—青铜
传动螺旋	5～9	9～12	15～20
传导螺旋	4～13	8～10	12～18
调整螺旋	1.6～2.4	2.4～3.6	5～7

注：φ小取高值，剖分螺母取低值。

(2) 螺纹牙强度计算。由于螺母材料较螺杆软，所以螺母牙易发生断裂。视螺母牙为悬臂梁（图 13-44），可得螺母牙的剪切条件为：

$$\tau = \frac{Q}{\pi dbZ} \leqslant [\tau] \tag{13-38}$$

螺纹牙弯曲条件为：

$$\sigma_b = \frac{M}{W} = \frac{3Qh}{\pi db^2 Z} \leqslant [\sigma_b] \tag{13-39}$$

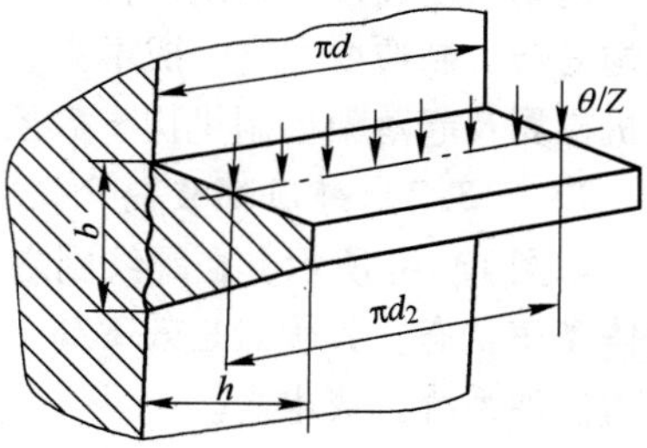

图 13-44　螺母螺纹圈受力

式中　b——螺纹牙底宽度，矩形螺纹 $b=0.5P$，梯形螺纹 $b=0.65P$，锯齿形螺纹 $b=0.74P$；

$[\tau]$——螺母许用剪应力，铸铁螺母 $[\tau]=40\text{N/mm}^2$，青铜螺母 $[\tau]=30\sim40\text{N/mm}^2$；

$[\sigma_b]$——螺母许用弯曲应力，铸铁螺母 $[\sigma_b]=45\sim55\text{N/mm}^2$，青铜螺母 $[\sigma_b]=40\sim60\text{N/mm}^2$。

（3）校核螺杆强度。由图 13-43 所示螺杆的螺纹部分可以看出，其上受轴向载荷 Q 和转矩 T。Q 产生 σ（压应力或拉应力），T 产生剪应力 τ，按第四强度理论，有：

$$\sigma_v = \sqrt{\sigma^2 + 3\tau^2} = \sqrt{\left(\frac{4Q}{\pi d_1^2}\right)^2 + 3\left(\frac{T}{\pi d_1^3/16}\right)^2} \leqslant [\sigma] \tag{13-40}$$

式中　d_1——螺纹小径；

$[\sigma]$——螺杆材料许用应力，对于碳钢可取 $50\sim80\text{N/mm}^2$。

（4）螺杆稳定性校核。当螺杆长度 $l \geqslant (7.5\sim10)d_1$（螺纹小径）时，受压螺旋要进行稳定性计算。详细内容见材料力学等有关资料。

（5）验算自锁。对于要求自锁的螺旋传动，要验算自锁条件。自锁条件为：

$$\phi \leqslant \rho_v \tag{13-41}$$

式中　ϕ——螺旋升角，$\phi = \arctan\dfrac{s}{\pi d_2}$；

ρ_v——当量摩擦角，$\rho_v = \arccos\dfrac{f}{\beta}$，$f$ 通常取 0.1。

13.5.3　滚动螺旋、静压螺旋传动简介

13.5.3.1　*滚动螺旋简介*

螺纹面上的摩擦为滚动的螺旋传动称为滚动螺旋传动或滚珠丝杠。实现滚动摩擦的方法是在螺杆和螺母之间设有封闭循环的滚道，滚道间充以钢珠。按滚道回路的形式不同，分为内循环和外循环两种，如图 13-45 所示。钢珠在整个循环过程中离开螺纹面的滚道，称为外循环，见图 13-45a，反之为内循环，见图 13-45b。内循环是通过反向器将相邻两螺纹滚道连通起来，一个回路只有一圈钢珠，设有一个反向器，一个螺母要装配 2～4 个反向器。外循环螺母只需设一个反向器，但为了缩短回路滚道长度，也可以为一个螺母设 2 个或 3 个回路。

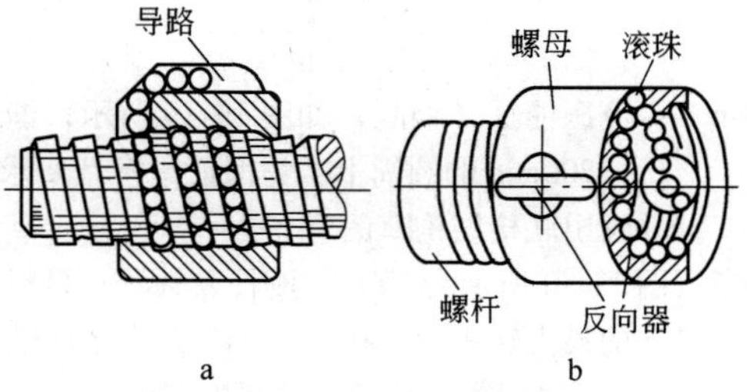

图 13-45　滚动螺旋传动
a—外循环；b—内循环

滚动螺旋具有效率高（90% 以上）、磨损

小、运动精度高及可以反向传动（直线运动变回转运动，其效率可达 80%）等优点，但存在结构复杂、制造要求高、成本高、不能自锁的缺点，目前广泛应用于汽车、拖拉机转向机构、飞机机翼及起落架控制机构、数控机床的进给机构、大型水闸闸门升降驱动机构等。

13.5.3.2　静压螺旋简介

如图 13-46 所示，在螺纹副之间由外设压力供油系统注入压力油，使螺纹副之间的摩擦为液体摩擦状态。其优点是效率高（可达 99%）、精度高，缺点是结构复杂、制造要求高、需设压力供油系统、成本高。

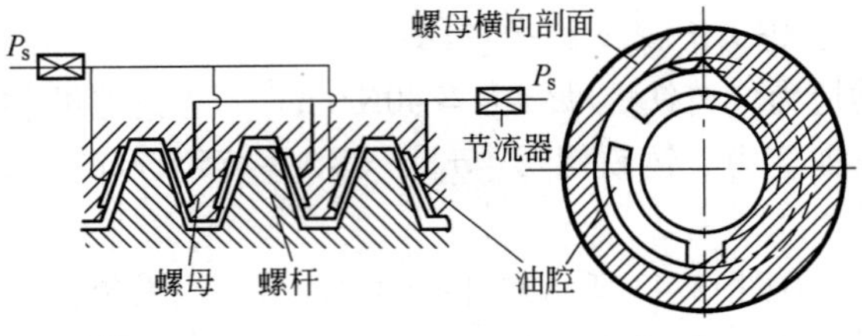

图 13-46　静压螺旋示意图
a—轴向剖面；b—横向剖面

复习思考题

13-1　螺纹线数及旋向如何判断，常用旋向是什么，线数是如何选用的？

13-2　为什么联接螺纹一定为单头三角螺纹，而传动螺纹是梯形、矩形、锯齿形螺纹？

13-3　在受轴向载荷的紧螺栓联接的强度计算中，为什么要将螺栓所受的轴向总载荷增加 30%？

13-4　如图 13-47 所示，用 2 个 3.6 级 M10 螺钉固定一牵曳钩，接合面摩擦系数 $f=0.15$，求其允许的曳引力。

13-5　一凸缘联轴器如图 13-48 所示，其允许的最大转矩为 1500000N · mm（设为静载荷），联轴器为铸铁材料，若采用 4 个 6.8 级配合螺栓联接，试确定螺栓杆径、螺纹大径、螺栓长度。

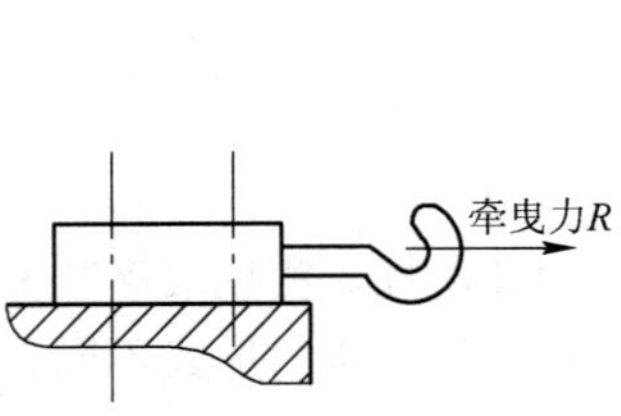

图 13-47

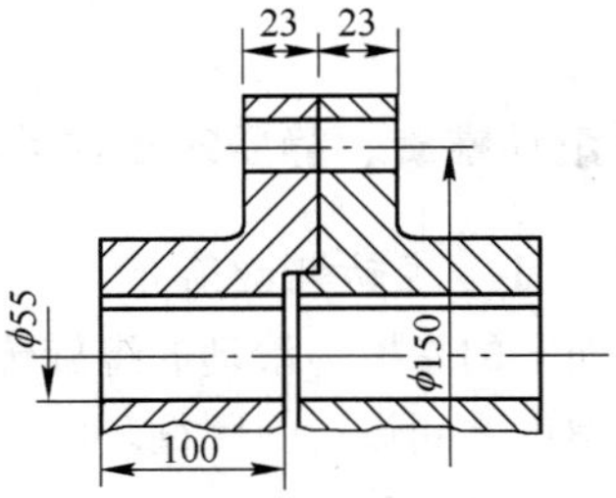

图 13-48

13-6　一液压油缸（钢制）如图 13-49 所示，油压 $p=3\text{N/mm}^2$，内径 $D=160\text{mm}$，双头螺柱均匀分布在 $D_0=200\text{mm}$ 的圆周上，为保证紧密性要求，螺柱间距不得大于 80mm，试计算此油缸的螺纹联接并画出联接结构草图。

13-7　图 13-50 所示为 YLD17 刚性联轴器，材料为 ZG270-500，用 6 个 8.8 级螺栓联接。已知该联轴器允许的最大转矩为 14000N · m，两个半联轴器间的摩擦系数 $f=0.16$，载荷平稳。

（1）采用普通螺栓，求螺栓直径；

（2）若改用铰制孔用螺栓，计算螺栓直径。

13-8　滑动螺旋传动的特点是什么？

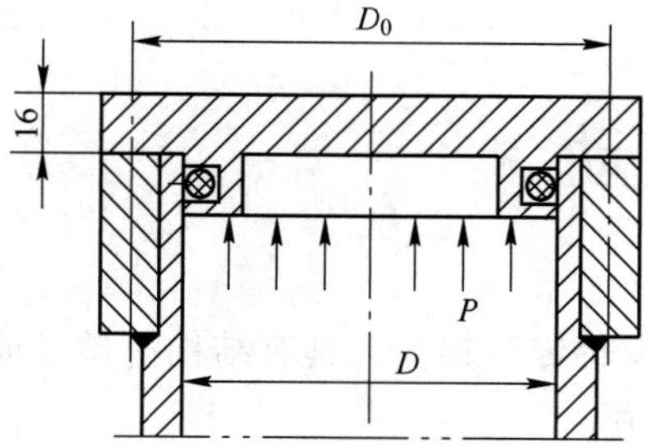

图 13-49

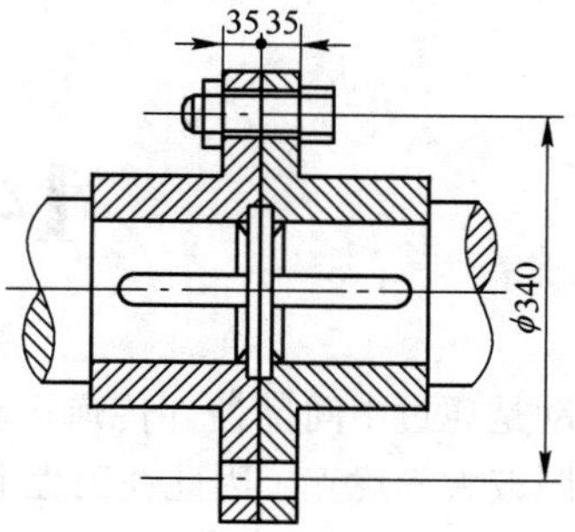

图 13-50

13-9　螺杆与螺母的材料应如何选择，为什么？

13-10　试计算一起重器的螺杆和螺母的主要尺寸。已知起重量 $Q=40\text{kN}$，最大举起高度 $l=180\text{mm}$，螺杆采用 45 钢，螺母采用铝铁青铜 ZCuAl10Fe3。

14 带 传 动

带传动是通过中间挠性件传递运动和动力的。与齿轮传动相比，具有结构简单、成本低廉、中心距较大等优点。因此在工程上得到了广泛的应用。

14.1 带传动的工作原理、特点、类型及应用

14.1.1 带传动的工作原理和特点

带传动是一种常用的机械传动，如图 14-1 所示，由主动轮 1、从动轮 2 和张紧在两轮上的环形带 3 所组成。当原动机驱动主动轮转动时，由于带和带轮间摩擦力的作用，使从动轮一起转动，并传递一定的动力。

与齿轮传动相比，带传动的主要优点是：（1）带具有良好的挠性和弹性，有缓冲、吸振作用，因此传动平稳、噪声小；（2）过载时，带在带轮上产生打滑，从而防止损坏其他零件，保护原动机；（3）适合中心距较大的传动；（4）结构简单，成本低。其主要缺点是：（1）带是弹性体，在传动中存在着弹性滑动，故不能保证准确的传动比；（2）传动效率较低；（3）带传动的结构尺寸较大，不够紧凑；（4）不适于高温、易燃及有腐蚀性的场合。

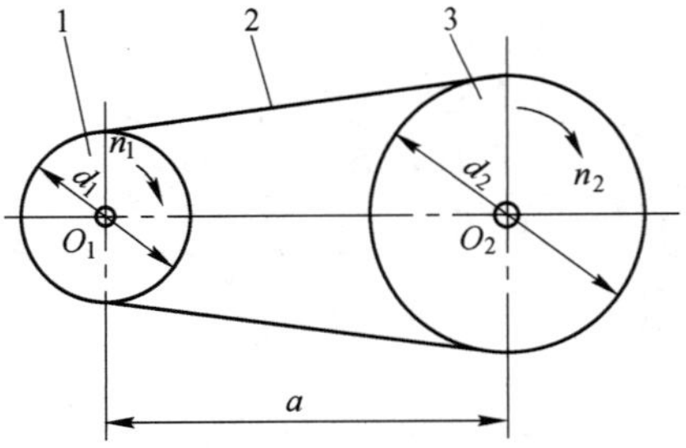

图 14-1　带传动组成

1—主动轮；2—环形带；3—从动轮

14.1.2 带传动的主要类型和应用

在带传动中，常用的有平带和普通 V 带传动。其横截面的形状如图 14-2 所示。平带的横截面为扁平矩形，这种带传动结构最简单，带轮制造容易，在中心距较大的场合应用较多。普通 V 带横截面是梯形，工作时其两侧面与轮槽面相接触。与平带相比，普通 V 带传动具有传动比大、结构紧凑、已标准化等优点，因而普通 V 带传动应用最广。

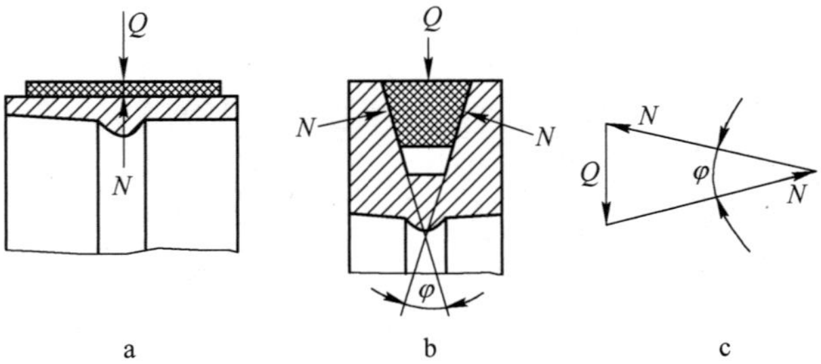

图 14-2　带的受力

a—平带传动；b—V 带传动；c—V 带受力

当带与带轮间的径向压力均为 Q 时，平带轮的反力 $N=Q$，如图 14-2a 所示；普通 V 带带

轮反力 $N = \dfrac{Q}{2\sin(\varphi/2)}$（$\varphi$ 为 V 带带轮轮槽楔角），如图 14-2b、图 14-2c 所示。因此，当摩擦系数相同时，平带产生的摩擦力 $F_f = fN = fQ$。普通 V 带产生的摩擦力 $F_f = 2fN = \dfrac{fQ}{\sin(\varphi/2)} = f_v \cdot Q$，其中 $f_v = f/\sin(\varphi/2)$ 称当量摩擦系数。显然，当 $\varphi \neq 0$ 时，$f_v > f$，即在相同的情况下，V 带产生摩擦力大于平带。所以，V 带具有更大的传动能力，故应用广泛。本章将着重介绍普通 V 带传动的设计与计算。

近年来出现的同步齿形带传动（图 14-3）具有一般啮合传动的优点，无滑动，能保证准确的传动比，可允许在较高的速度下工作，结构紧凑。其缺点是制造安装的要求较高。

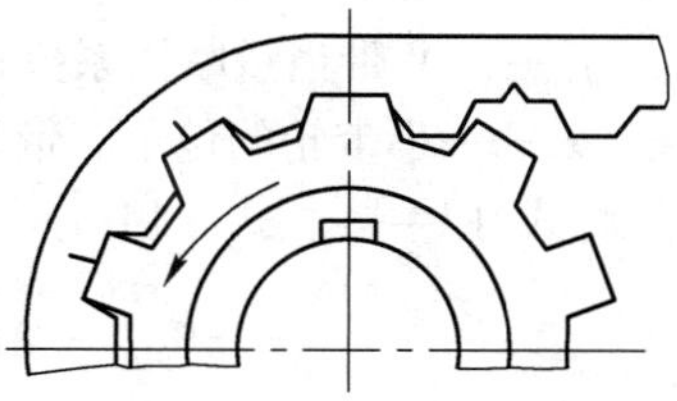

图 14-3　同步齿形带

14.2　带传动的力和运动分析

14.2.1　带传动的受力分析

安装时，带以初拉力 F_0 张紧在带轮上，使带与轮的接触面间产生正压力。带的两边拉力均等于初拉力 F_0，如图 14-4a。工作时，传动带在摩擦力的作用下，两边拉力不再相等，带绕入主动轮一边拉力由 F_0 增至 F_1，称为紧边；另一边拉力由 F_0 降至 F_2，称为松边，如图 14-4b。由力矩平衡条件，紧边和松边的拉力差等于带传动的有效圆周力 F_t，也等于带与轮之间所产生的摩擦力 F_f，即：

$$F_t = F_f = F_1 - F_2 \tag{14-1}$$

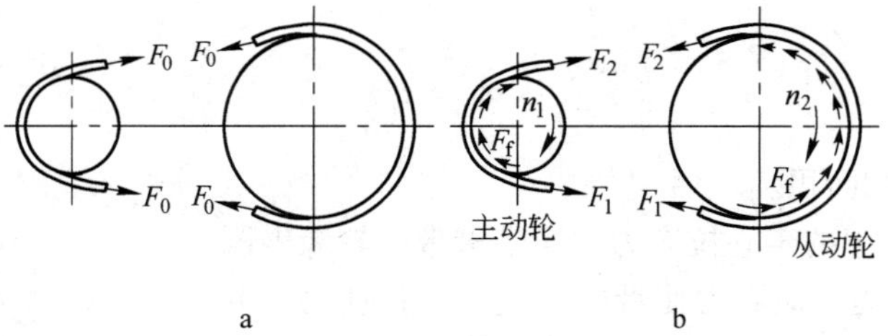

图 14-4　带传动的受力分析
a—带传动静止时；b—带传动工作时

带传动在工作时，可以认为在弹性范围内其总长度不变，即紧边拉力的增加量与松边拉力的减少量相等。

$$F_1 - F_0 = F_0 - F_2 \tag{14-2}$$

带传动能够传递的功率

$$P = F_t v/1000 \tag{14-3}$$

式中　F_t——带传递的圆周力，N；
　　v——带速，m/s。

功率一定时，带速越小，要求带传递的圆周力越大，则带与轮间的摩擦力就越大，所要求的初拉力越大，初拉力大到一定程度就会降低带的寿命，所以应限制带速 $v \geqslant 5$m/s。若带速 v 不变，传递功率 P 取决于带的有效圆周力 F_t。当初拉力 F_0 为定值时，若带传动有效圆周力 F_t

超过带与轮面间的极限摩擦力总和时，带就会在带轮上打滑。带在即将打滑时 F_1 和 F_2 的关系可用著名的欧拉公式表示：

$$F_1 = F_2 e^{f_v \alpha_1} \tag{14-4}$$

式中　e——自然对数底；

f_v——V 带当量摩擦系数；

α_1——小带轮的包角，带与带轮接触弧所对的圆心角，rad。

将式（14-1）、式（14-2）与式（14-4）联立求解，可得最大有效圆周力：

$$F_{tmax} = 2F_0 \frac{e^{f_v \alpha_1} - 1}{e^{f_v \alpha_1} + 1} \quad \text{或} \quad F_{tmax} = F_1 (1 - 1/e^{f_v \alpha_1}) \tag{14-5}$$

由式（14-5）可以看出，影响带传动工作能力的因素有：

（1）初拉力 F_0。F_0 越大，带与轮间的正压力越大，带传动所能产生的摩擦力也越大，则 F_{tmax} 越大。但 F_0 不宜过大，否则会增大带的应力，降低带的寿命。

（2）小轮包角 α_1。α_1 越大能传递的有效圆周力 F_{tmax} 也越大。一般要求 $\alpha_{min} \geqslant 120°$，特殊情况允许 $\alpha_{min} = 90°$。

（3）摩擦系数 f_v。f_v 大则 F_{tmax} 也大。

14.2.2　带的应力分析

带在工作时的应力有：拉应力、离心拉应力和弯曲应力三种。

（1）紧边和松边拉力产生的拉应力：

紧边拉应力
$$\sigma_1 = \frac{F_1}{A} \tag{14-6}$$

松边拉应力
$$\sigma_2 = \frac{F_2}{A} \tag{14-7}$$

式中　A——带的横截面积。

（2）由离心力产生的离心拉应力。当带沿带轮轮缘做圆周运动时，产生离心力，离心力使带中产生离心拉应力。取微段弧 dl 为分离体（图 14-5），其上产生的离心力：

$$dC = (r d\alpha) q \frac{v^2}{r} \tag{14-8}$$

式中　q——传动带每米长的质量（见表 14-5），kg/m。

离心力在微段弧两边引起的拉力为 F_c，分离体的受力平衡式为：

$$2F_c \sin\frac{d\alpha}{2} = qv^2 d\alpha \tag{14-9}$$

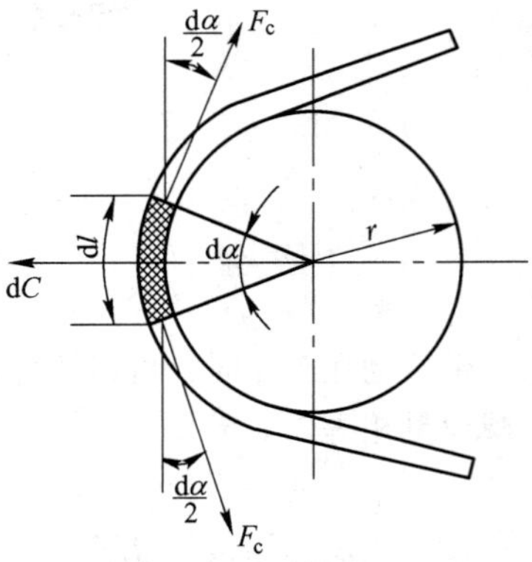

图 14-5　带的离心应力

因 $\sin\frac{d\alpha}{2} \approx \frac{d\alpha}{2}$，有 $F_c \approx qv^2$，则离心拉应力：

$$\sigma_c = \frac{qv^2}{A} \tag{14-10}$$

离心力只发生在带做圆周运动的部分，而离心拉应力却作用于带的全长。离心拉应力与速度 v 的平方成正比，σ_c 过大会降低带传动的工作能力，因此应限制带速 $v \leqslant 25$m/s。

（3）弯曲应力。当带绕过带轮时，因弯曲而产生的弯曲应力为：

$$\sigma_b \approx 2E\frac{h_a}{d_d} \tag{14-11}$$

式中　E——带材的弹性模量，N/mm^2；

h_a——V 带外表面到节面（中性层）的距离，mm，可由表 14-3 查取；

d_d——带轮的基准直径，mm（见表 14-5）。

由于带轮直径越小，弯曲应力越大，所以应对 d_{d1} 加以限制，选择时要保证 $d_{d1} \geqslant d_{d1min}$。

带在传动中，拉应力、离心拉应力和弯曲应力分布情况如图 14-6 所示。由图可见，在传动过程中带上应力是变化的，最大应力发生在带绕入小带轮处，其值为：

$$\sigma_{max} = \sigma_1 + \sigma_{b1} + \sigma_c$$

14.2.3　带传动的运动分析

14.2.3.1　带的弹性滑动

带在传动过程中，由于紧边拉力 F_1 大于松边拉力 F_2，所以紧边的弹性变形大于松边。由此可知，传动带在绕过主动轮的过程中会逐渐向后收缩，而绕过从动轮时又逐渐向前伸长。如图 14-7 所示，如果在时间 t 内主动轮上 A 点绕过 $\overset{\frown}{AA'}$ 时，则带上和 A 点相对应的 A_0 点在同一时间内转过 $\overset{\frown}{A_0A_0'}$，这说明传动带在后缩。从动轮上，带沿从动轮 $\overset{\frown}{BB'}$ 运动时不是缩短而是伸长。这种由于带的弹性变形引起的带与带轮间的滑动，称为弹性滑动。弹性滑动是摩擦带传动不可避免的物理现象。

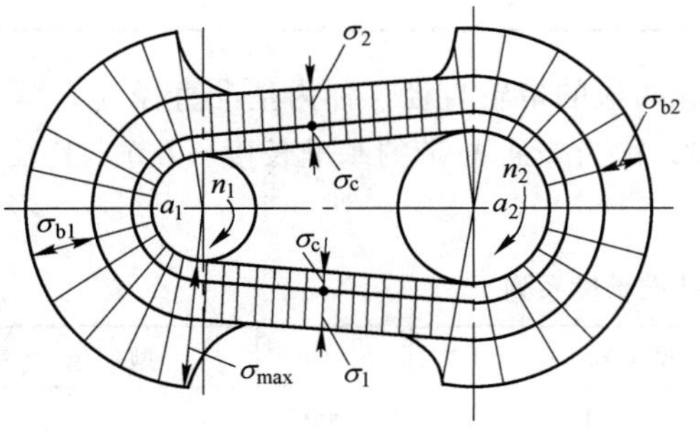

图 14-6　带中应力分布

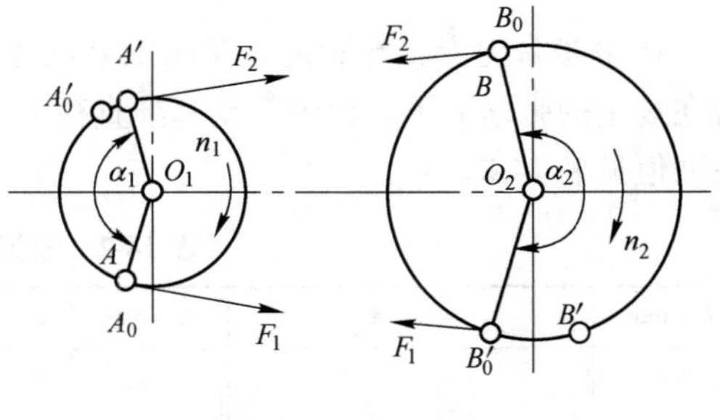

图 14-7　带的弹性滑动

显然，弹性滑动使从动轮圆周速度低于主动轮的圆周速度，其速度变化可用滑动率来表示

$$\varepsilon = \frac{v_1 - v_2}{v_1} \times 100\% \tag{14-12}$$

式中　v_1——主动轮的圆周速度，m/s，$v_1 = \dfrac{\pi d_{d1} n_1}{60 \times 1000}$；

v_2——从动轮的圆周速度，m/s，$v_2 = \dfrac{\pi d_{d2} n_2}{60 \times 1000}$。

因此带传动的传动比为：

$$i = \frac{n_1}{n_2} = \frac{d_{d2}}{d_{d1}(1 - \varepsilon)} \tag{14-13}$$

式中　n_1，n_2——主、从动轮的转速；

d_{d1}，d_{d2}——主、从动轮的直径。

一般带传动 ε 值很小，故传动比计算可忽略不计。于是有

$$i = \frac{n_1}{n_2} \approx \frac{d_{d2}}{d_{d1}} \tag{14-14}$$

14.2.3.2　打滑

带传动所能产生的摩擦力是有一定限度的。若带传动所能产生的最大摩擦力小于带传动要传递的有效圆周力时，带在轮面上将产生全面的相对滑动，这种现象称为打滑。

带传动一旦出现打滑就不能继续正常工作，从而转速急剧下降，带将严重磨损。因此打滑是必须避免的。

14.3　普通 V 带传动的设计

14.3.1　V 带的标准和尺寸

V 带已标准化。按剖面尺寸分为 Y、Z、A、B、C、D、E 七种型号，基本尺寸见表 14-1。

表 14-1　普通 V 带截面尺寸

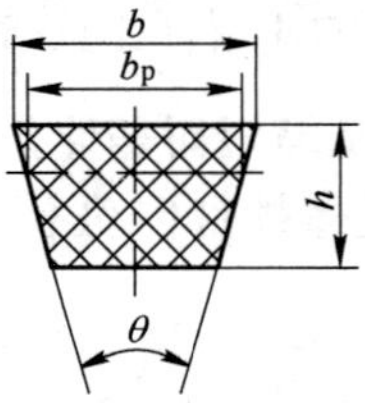

型　号	Y	Z	A	B	C	D	E
节宽 b_p/mm	5.3	8.5	11	14	19	27	32
顶宽 b/mm	6	10	13	17	22	32	38
高度 h/mm	4.0	5.0	8.0	10.5	13.5	19	23.5
楔角 θ/(°)	40						

在 V 带带轮上，与所配有 V 带的截面宽度 b_p 相对应的带轮直径，称为基准直径（d_d）。V 带在规定的张紧力下，位于带轮基准直径上的周长，称为普通 V 带的基准长度（L_d）。其长度系列值见表 14-2。

表 14-2　普通 V 带基准长度系列

<table>
<tr><th>L_d/mm</th><th colspan="3">型　号</th></tr>
<tr><td>200</td><td rowspan="9">Y</td><td rowspan="6"></td><td rowspan="10"></td></tr>
<tr><td>224</td></tr>
<tr><td>250</td></tr>
<tr><td>280</td></tr>
<tr><td>315</td></tr>
<tr><td>355</td></tr>
<tr><td>400</td><td rowspan="7">Z</td></tr>
<tr><td>450</td></tr>
<tr><td>500</td></tr>
<tr><td>560</td><td rowspan="4"></td></tr>
<tr><td>630</td><td rowspan="3">A</td></tr>
<tr><td>710</td></tr>
<tr><td>800</td></tr>
</table>

<table>
<tr><th>L_d/mm</th><th colspan="5">型　号</th></tr>
<tr><td>900</td><td rowspan="6">Z</td><td rowspan="11">A</td><td rowspan="13">B</td><td rowspan="6"></td><td rowspan="10"></td></tr>
<tr><td>1000</td></tr>
<tr><td>1120</td></tr>
<tr><td>1250</td></tr>
<tr><td>1400</td></tr>
<tr><td>1600</td></tr>
<tr><td>1800</td><td rowspan="7"></td><td rowspan="7">C</td></tr>
<tr><td>2000</td></tr>
<tr><td>2240</td></tr>
<tr><td>2500</td></tr>
<tr><td>2800</td><td rowspan="3">D</td></tr>
<tr><td>3150</td><td rowspan="2"></td></tr>
<tr><td>3550</td></tr>
</table>

<table>
<tr><th>L_d/mm</th><th colspan="4">型　号</th></tr>
<tr><td>4000</td><td rowspan="4">B</td><td rowspan="9">C</td><td rowspan="12">D</td><td rowspan="13">E</td></tr>
<tr><td>4500</td></tr>
<tr><td>5000</td></tr>
<tr><td>5600</td></tr>
<tr><td>6300</td><td rowspan="9"></td></tr>
<tr><td>7100</td></tr>
<tr><td>8000</td></tr>
<tr><td>9000</td></tr>
<tr><td>10000</td></tr>
<tr><td>11200</td><td rowspan="4"></td></tr>
<tr><td>12500</td></tr>
<tr><td>14000</td></tr>
<tr><td>16000</td><td></td></tr>
</table>

14.3.2 V 带带轮的轮槽尺寸（见表 14-3）

表 14-3 普通 V 带带轮轮槽尺寸

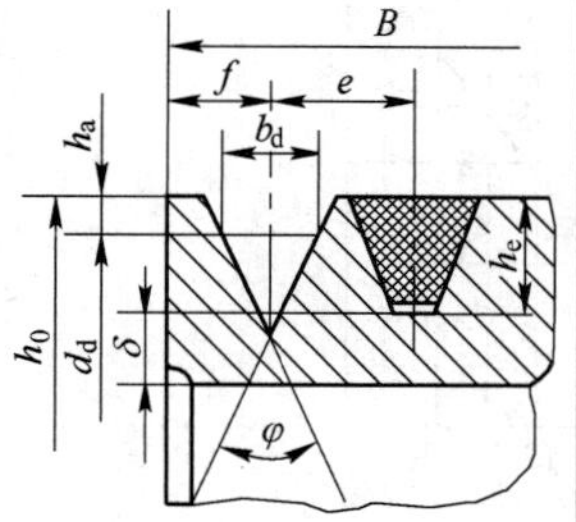

轮槽剖面尺寸 /mm			Y	Z	A	B	C	D	E
h_0			6.3	9.5	12	15	20	28	33
h_{amin}			1.6	2.0	2.75	3.5	4.8	8.1	9.6
e			8	12	15	19	25.5	37	44.5
f			7	8	10	12.5	17	23	29
b_d			5.3	8.5	11	14	19	27	32
δ			5	5.5	6	7.5	10	12	15
B			$B=(z-1)e+2f$ z 为带的根数						
φ /(°)	32	d_d	≤60						
	34			≤80	≤118	≤190	≤315		
	36		>60				≤475	≤600	
	38			>80	>118	>190	>315	>475	>600

14.3.3 V 带传动的设计计算准则

带传动的主要失效形式是带在带轮上打滑或带发生疲劳破坏（脱层、撕裂或拉断）。因此，带传动的设计依据是：保证带不打滑并具有一定的疲劳寿命。

（1）不打滑条件。带传动不打滑的条件是其传递的有效圆周力不超过所能传递的最大有效圆周力，即：

$$F_t \leqslant F_{tmax} \tag{14-15}$$

（2）疲劳强度条件。为了保证带传动具有一定的寿命，带的疲劳强度条件为：

$$\sigma_{max} = \sigma_1 + \sigma_{b1} + \sigma_c \leqslant [\sigma] \quad 或 \quad \sigma_1 \leqslant [\sigma] - \sigma_{b1} - \sigma_c \tag{14-16}$$

将 $F_1 = \sigma_1 A$ 代入式（14-5）得：

$$F_{tmax} = \sigma_{1max} A\left(1 - \frac{1}{e^{f_v \alpha_1}}\right) = \{[\sigma] - \sigma_{b1} - \sigma_c\} A\left(1 - \frac{1}{e^{f_v \alpha_1}}\right) \tag{14-17}$$

因此，在不打滑的条件下，单根 V 带所能传递的最大功率为：

$$P_{0max} = \frac{F_{tmax} v}{1000} = \frac{\{[\sigma] - \sigma_{b1} - \sigma_c\} A(1 - e^{-f_v \alpha_1}) v}{1000} \tag{14-18}$$

式中，各参数的单位：$[\sigma]$、σ_{b1}、σ_c 为 N/mm^2，A 为 mm^2，v 为 m/s，α 为 rad。

14.3.4 V 带传动设计步骤

设计的原始条件为：传动的工作条件，传递的功率 P，主、从动轮的转速 n_1、n_2，外廓尺寸等。设计步骤如下：

（1）选择带的型号。带的型号根据计算功率 P_c 及小带轮转速 n_1 由图 14-8 选取：

$$P_c = K_A P \tag{14-19}$$

式中 P——传递的额定功率，kW；

K_A——工作情况系数，考虑载荷等因素，按表 14-4 选取。

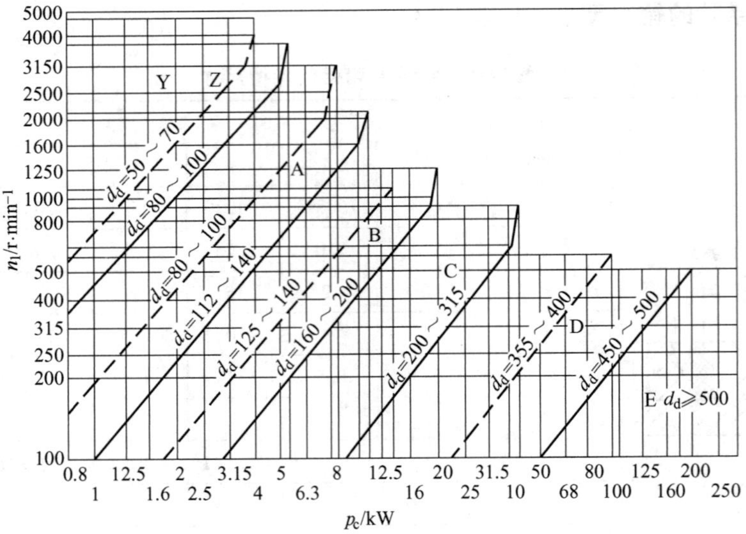

图 14-8　V 带选型

Y、Z 区可同时选，平行计算

表 14-4　工作情况系数 K_A

载荷性质	工　作　机	原　动　机					
		交流电动机（普通转矩鼠笼式、同步电动机），直流电动机（并激），$n>600$r/min 的内燃机			交流电动机（大转矩、大滑差率、单机滑环），直流电动机（复单激），半日缸发动机；$n\leq 600$r/min 的内燃机		
		一天运转时间/h					
		<10	10~16	>16	<10	10~16	>16
载荷平稳	液体搅拌机、离心式水泵、通风机（小于 7.5kW）、离心式压缩机、轻型运输机等	1.0	1.1	1.2	1.1	1.2	1.3
载荷变动小	带式输送机、通风机（小于 7.5kW）、发电机、旋转式水泵、机床、压力机、振动筛等	1.1	1.2	1.3	1.2	1.3	1.4
载荷变动较大	螺旋式输送机、斗式提升机、往复式水泵和压缩机、锻锤、粉碎机、木工机械等	1.2	1.3	1.4	1.4	1.5	1.6
载荷变动很大	破碎机（旋转式、颚式）、球磨机、棒磨机、起重机、挖掘机、橡胶辊压机	1.3	1.4	1.5	1.5	1.6	1.8
K_A 修正（乘下列系数）	增　速	反复启动，正反转频繁，工作条件恶劣				松边外侧加张紧轮	
	$n_1/n_2\geq 1.25\sim1.74$ 则取 1.05 $n_1/n_2\geq 1.75\sim2.49$ 则取 1.11 $n_1/n_2\geq 2.5\sim3.49$ 则取 1.18 $n_1/n_2\geq 3.5$ 则取 1.25	1.1				1.1	

（2）确定带轮的基准直径 d_{d1} 和 d_{d2}。在保证 $d_{d1} \geqslant d_{d1\min}$ 的条件下，使 d_{d1} 尽量小并取标准直径（表14-5）。

验算带速：

$$v = \frac{\pi d_{d1} n_1}{60 \times 1000}$$

带速应满足 $5\text{m/s} \leqslant v \leqslant 25\text{m/s}$，否则须重新选择 d_{d1}。确定大带轮基准直径 d_{d2}($d_{d2} = i d_{d1}$)，算得 d_{d2} 应按表14-5圆整为标准系列直径。

表14-5　V带轮的最小基准直径及V带每米长的质量

V带型号	Y	Z	A	B	C	D	E
$d_{d1\min}$/mm	20	50	75	125	200	355	500
q/kg · m^{-1}	0.02	0.06	0.10	0.17	0.30	0.62	0.90

注：基准直径系列：20，22.4，25，28，31.5，35.5，40，45，50，56，63，71，75，80，85，90，95，100，106，112，118，125，132，140，150，160，170，180，200，212，224，236，250，265，280，315，355，375，400，425，450，475，500，530，560，630，710，800，900，1000，1120，1250，1600，2000，2500。

（3）确定中心距 a 和带长 L_d。根据安装条件或由下式初定的中心距 a_0：

$$0.7(d_{d1} + d_{d2}) \leqslant a_0 \leqslant 2(d_{d1} + d_{d2}) \tag{14-20}$$

计算相应于 a_0 的带基准长度 L_{d0}：

$$L_{d0} \approx 2a_0 + \frac{\pi}{2}(d_{d2} + d_{d1}) + \frac{(d_{d2} - d_{d1})^2}{4a_0} \tag{14-21}$$

根据初定 L_{d0} 查表14-2，选取接近 L_{d0} 值的基准长度 L_d。实际中心距 a 可按下式近似计算：

$$a = a_0 + \frac{L_d - L_{d0}}{2} \tag{14-22}$$

（4）验算小轮包角 α_1：

$$\alpha_1 = 180° - 2\arcsin\frac{d_{d2} - d_{d1}}{2a} \geqslant 120° \tag{14-23}$$

（5）计算带的根数 Z：

$$Z \geqslant \frac{P_c}{(P_0 + \Delta P_0)K_\alpha K_L} \tag{14-24}$$

式中 K_α——包角系数，考虑包角与实验条件不符（$\alpha_1 \neq 180°$）时对传动能力的影响，见表14-6；

K_L——长度系数，考虑带长与实验条件不符时对传动能力的影响，见表14-7；

P_0——实验条件下，单根V带所能传递的功率（带的疲劳试验条件：$\alpha_1 = \alpha_2 = 180°$，规定带长，应力循环次数为 $10^8 \sim 10^9$，载荷平稳，带轮数目 $u = 2$），查图14-9；

ΔP_0——单根V带传递功率的增量，考虑传动比 $i \neq 1$ 时，带在大轮上的弯曲应力小，故在寿命相同的条件下，可增大传递的功率。其计算式为：

$$\Delta P_0 = K_B n_1 \left(1 - \frac{1}{K_i}\right) \tag{14-25}$$

式中　K_B——弯曲影响系数，见表 14-8；

K_i——传动比系数，见表 14-9；

n_1——小轮的转速，r/min。

表 14-6　包角系数 K_α

α_1/(°)	180	175	170	165	160	155	150	145
K_α	1.00	0.99	0.98	0.96	0.95	0.93	0.92	0.91
α_1/(°)	140	135	130	125	120	110	100	90
K_α	0.89	0.88	0.86	0.84	0.82	0.78	0.73	0.68

表 14-7　普通 V 带长度系数

基准长度 L_d/mm	K_L		基准长度 L_d/mm	K_L				基准长度 L_d/mm	K_L			
	Z	A		Z	A	B	C		A	B	C	D
400	0.79		900	0.92	0.87	0.82		2000	1.03	0.98	0.88	
450	0.80		1000	0.94	0.89	0.84		2240	1.06	1.00	0.91	
500	0.81		1120	0.95	0.91	0.86		2500	1.09	1.03	0.93	
560	0.82		1250	0.98	0.93	0.88		2800	1.11	1.05	0.95	0.83
630	0.84	0.81	1400	1.01	0.96	0.90		3150		1.07	0.97	0.86
713	0.86	0.83	1600	1.04	0.99	0.92	0.83	3500		1.09	0.99	0.88
800	0.90	0.85	1800		1.01	0.95	0.86	4000		1.13	1.02	0.91

表 14-8　弯曲影响系数 K_B

V 带型号	Y	Z	A	B	C	D	E
K_B	0.06×10^{-3}	0.39×10^{-3}	1.03×10^{-3}	2.65×10^{-3}	7.5×10^{-3}	26.6×10^{-3}	49.8×10^{-3}

表 14-9　传动比系数 K_i

传动比 i	1.00~1.04	1.05~1.19	1.20~1.49	1.50~2.95	>2.95
K_i	1.00	1.03	1.08	1.12	1.14

（6）计算带作用在轴上的载荷 Q。为设计轴和轴承，应计算出 V 带对轴的压力 Q。为方便计算，可近似按两边均为 F_0 的合力考虑，见图 14-9。

$$Q = 2F_0 z\sin\frac{\alpha_1}{2} \qquad (14\text{-}26)$$

式中　z——带的根数；

F_0——单根 V 带的初拉力，N；

$$F_0 = 500\frac{P_c}{vz}\left(\frac{2.5}{K_\alpha}-1\right)+qv^2 \qquad (14\text{-}27)$$

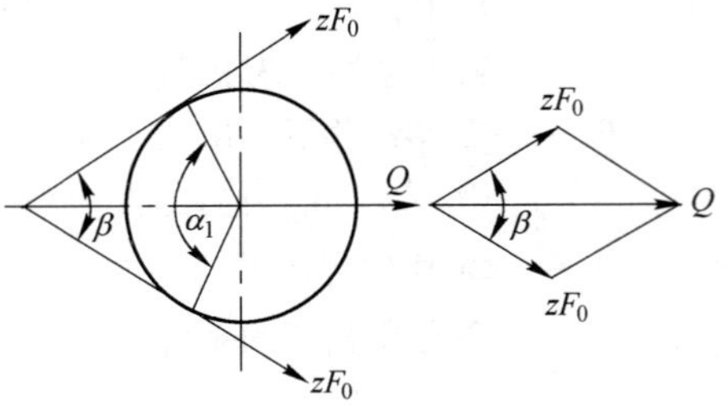

图 14-9　带传动作用在轴上的压力

14.3.5 V 带带轮的材料与结构

对 V 带带轮的主要要求是：重量轻，质量分布均匀，加工工艺性好，带轮轮槽与带接触的工作表面应精细加工（表面粗糙度一般为 1.6）。

带轮的材料通常采用 HT150 或 HT200。对于带轮圆周速度较高的场合，可采用铸钢。为减轻带轮的重量，小功率时也可采用铝合金、工程塑料等。

带轮由轮缘、轮辐、轮毂三部分组成，V 带带轮的典型结构见图 14-10。

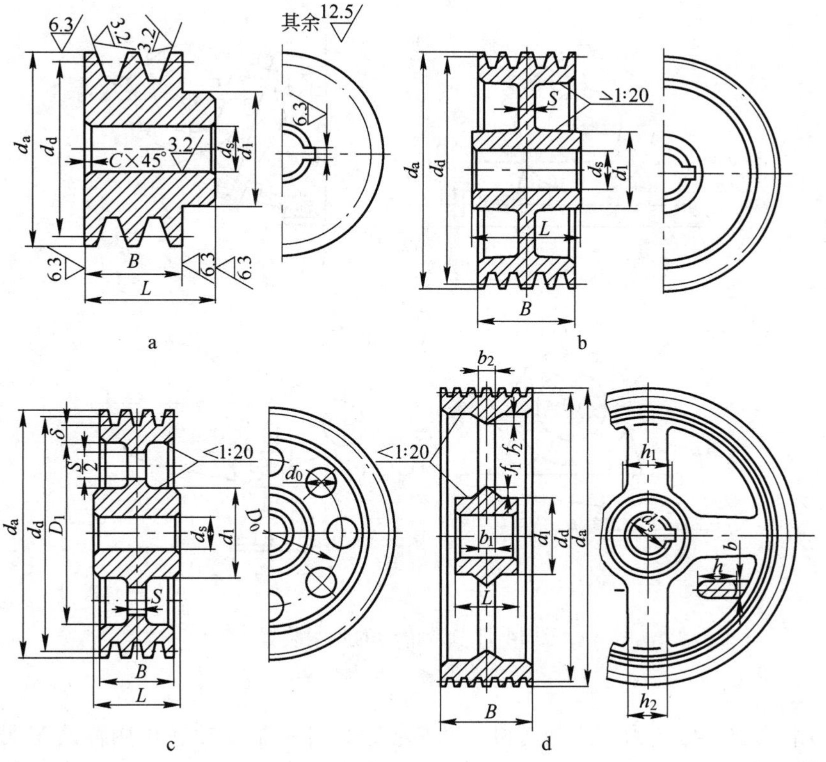

图 14-10 带轮结构

a—实心式；b—腹板式；c—孔板式；d—椭圆剖面轮辐式

（1）实心式带轮，基准直径 $d_d \leqslant d_s(2.5\sim3)$（$d_s$ 为轴的直径，mm）时采用。

（2）腹板式带轮，基准直径 $d_d \leqslant 300$mm 时采用，当 $d_d - d_1 \geqslant 100$mm 时，可采用孔板式。

（3）椭圆轮辐式带轮，基准直径 $d_d \geqslant 300$mm 时采用。

带轮的结构尺寸见表 14-10。

表 14-10 V 带带轮的结构尺寸

经验计算公式	经验计算公式
$d_1 = (1.8\sim2)d_s$，d_s 为轴的直径	$L = (1.5\sim2)d_s$，当 $B < 1.5d_s$ 时，$L = B$
$D_0 = 0.5(D_1 + d_1)$	$h_1 = [F_t d_d/(0.8z_a)]^{1/3}$，$z_a$ 为轮辐数
$d_0 = (0.2\sim0.3)(D_1 - d_1)$	$h_2 = 0.8h_1$
	$b_2 = 2b_1 = 0.8h_1$
	$f_1 = f_2 = 0.2h_1$

型号	Y	Z	A	B	C	D	E
S_{min}/mm	6	8	10	14	18	22	28

14.4　带传动的张紧方法

带传动常用的张紧装置如图 14-11 所示。在水平或近水平的带传动布置中，可采用图 14-11a 所示的结构，通过调节螺钉 2 使电机移动，张紧传动带；在垂直或近垂直的带传动的布置中，可采用图 14-11b 所示的结构，通过调节螺杆 2 使电机摆动达到张紧目的；图 14-11c 所示的结构是靠电机自重张紧带轮；图 14-11d 所示结构是带传动的中心距不可调的情况下，靠张紧轮调节，达到张紧目的。

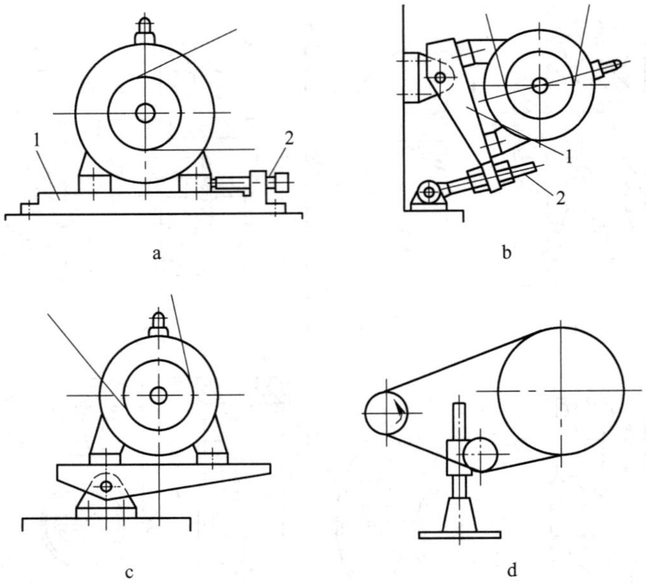

图 14-11　带传动的张紧装置

1—带轮基座；2—调节螺杆

[例 14-1]　图 14-12 为带式输送机传动装置，设计一带式输送机用普通 V 带传动。已知普通转矩鼠笼式交流电动机，功率 $P = 10\text{kW}$，主动带轮转速 $n_1 = 1450\text{r/min}$，从动轮转速 $n_2 = 500\text{r/min}$，每天工作 16h。

解：（1）选择带的型号。由表 14-4 查得 $K_A = 1.2$，计算功率：

$$P_c = K_A P = 1.2 \times 10 = 12\text{kW}$$

根据小轮转速 $n_1 = 1450\text{r/min}$，由图 14-8 选用 B 型 V 带。

（2）确定带轮的基准直径 d_1 和 d_2。由表 14-5，选取 $d_1 = 140 > d_{min} = 125\text{mm}$。

验算带速

$$v = \frac{\pi d_{d1} n_1}{60 \times 1000} = \frac{\pi \times 140 \times 1450}{60 \times 1000} = 10.62\text{m/s}$$

满足 $5\text{m/s} < v < 25\text{m/s}$ 的要求，则

$$d_{d2} = \frac{n_1}{n_2} d_{d1} = \frac{1450}{500} \times 140 = 406\text{mm}$$

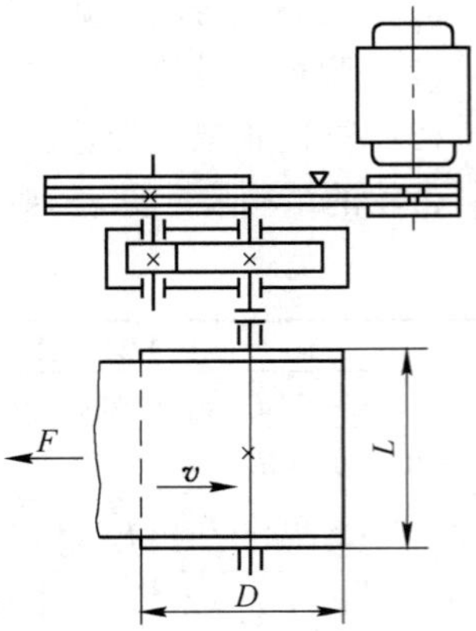

图 14-12　带式输送机传动装置

查表 14-5，取 $d_{d2}=400\text{mm}$。

（3）确定中心距 a 和带长 L_d。由式（14-13）初定中心距 $a_0=750\text{mm}$，由式（14-14）计算的基准长度：

$$L_{d0}=2a_0+\frac{\pi}{2}(d_{d2}+d_{d1})+\frac{(d_{d2}-d_{d1})^2}{4a}$$

$$=2\times750+\frac{\pi}{2}(400+140)+\frac{(400-140)^2}{4\times750}$$

$$=2370\text{mm}$$

由表 14-2 查得与 L_{d0} 相接近的 $L_d=2500\text{mm}$。实际中心距由式（14-15）得：

$$a=a_0+\frac{L_d-L_{d0}}{2}=750+\frac{2500-2370}{2}=815\text{mm}$$

（4）验算小轮包角 α_1。由式（14-16）得：

$$\alpha_i\approx180^\circ-\frac{d_{d2}-d_{d1}}{a}\times60^\circ=180^\circ-\frac{400-140}{815}\times60^\circ=160.8^\circ>120^\circ$$

包角 α_1 合适。

（5）计算带的根数 z。由式（14-17）得：

$$z\geqslant\frac{P_c}{(P_0+\Delta P_0)K_\alpha K_L}=\frac{12}{(2.8+0.41)\times0.95\times1.03}=3.8$$

式中，$p_0=2.8\text{kW}$，由图 14-9 查得；$K_\alpha=0.95$，由表 11-6 查得；$K_L=1.03$，由表 14-7 查得；$\Delta p_0=K_B n_1\left(1-\frac{1}{K_i}\right)=2.65\times10^3\times1450\left(1-\frac{1}{1.12}\right)=0.41\text{kW}$，$K_B$ 由表 14-8 查得；K_i 由表14-9 查得。取 $z=4$ 根。

（6）计算作用在轴上的载荷 Q。由式（14-18）得：

$$Q=2F_0z\sin\frac{\alpha_1}{2}=2\times249.4\times4\times\sin\frac{160.8^\circ}{2}=1967\text{N}$$

式中，$F_0=500\frac{P_0}{v\cdot z}\left(\frac{2.5}{K_\alpha}-1\right)+qv^2=249.4\text{N}$。

（7）带轮设计（略）。

（8）张紧方式。定期张紧。

复习思考题

14-1 带传动弹性滑动是如何产生的，在什么情况下发生打滑现象，对带传动有何影响？

14-2 带中应力是如何分布的，最大应力发生在何处，等于什么？

14-3 带传动的失效形式是什么，设计准则是什么？

14-4 已知一普通 V 带传动，转速 $n_1=1450\text{r/min}$，$n_2=600\text{r/min}$，用普通转矩鼠笼式电动机驱动，中心距 $a_0=600\text{mm}$，主动轮基准直径 $d_{d1}=132\text{mm}$，B 型带三根，载荷平稳，两班制工作。试求 V 带传动所能传递的功率。

14-5 试设计一车床用普通 V 带传动，已知电机的额定功率 $P=7.5\text{kW}$，转速 $n_1=900\text{r/min}$，要求传动比 $i=2.8$，载荷平稳，两班制工作。

15 链 传 动

链传动是挠性件传动的一种，与带传动相比：承载高、适应性强；与齿轮传动相比：结构简单、成本低廉，因此应用广泛。本章主要介绍链传动的类型特点和设计计算等知识。

15.1 链传动的特点、类型及应用

链传动是由主动链轮、从动链轮和与之相啮合的链条组成，如图 15-1 所示。因链条是刚性挠性件，所以它是具有中间挠性件的啮合传动，该传动在机械中应用较广。

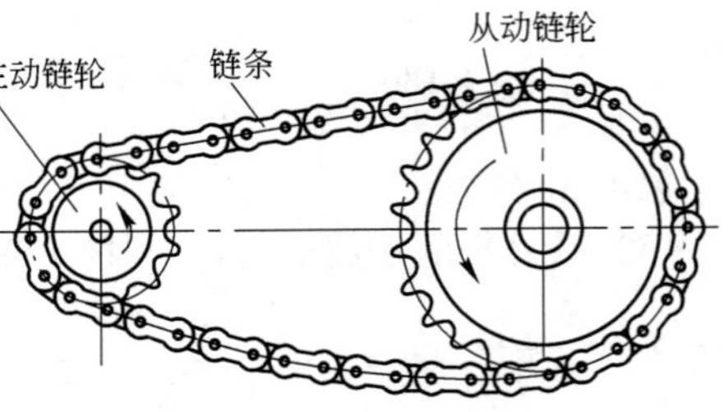

图 15-1 链传动示意图

15.1.1 链传动的特点

与带传动相比，链传动的优点是：没有弹性滑动和打滑现象，故平均传动比准确；传动效率较高；张紧力小，所以压轴力较小；能在温度高、灰尘多、湿度大及有腐蚀等恶劣条件下工作；工况相同时，链传动的结构较为紧凑。与齿轮传动相比，其优点是：制造安装精度要求低，成本低；适用的中心距范围大（可达十多米），结构简单，重量轻。链传动的缺点是：瞬间传动比不恒定，传动不平衡；工作时有噪声；磨损和拉长后易发生跳齿；不宜在载荷变化很大和急速反向传动中工作；只适用平行轴传动。

15.1.2 链的类型

按工作性质不同，链分为传动链、起重链和曳引链。在机械传动中，常用的是传动链，而起重链和曳引链主要用在起重机械和运输机械中。

按传动链结构形式主要分为：短节距精密滚子链，简称滚子链；短节距精密套筒链，简称套筒链；齿形链又称无声链以及弯板滚子链等，如图 15-2 所示。它们都已标准化了。

目前，滚子链应用最广，本章将重点介绍滚子链的结构、传动的运动特性和一般设计问题。套筒链结构比滚子链简单，但易磨损，故只适用于低速（$v<2\text{m/s}$）传动。齿形链传动平稳，振动和噪声均很小，但其结构复杂、重量大、制造困难、造价高，故多用于高速或运动精度要求较高的传动中。

15.1.3 链传动的应用

链传动广泛应用于农业、采矿、冶金、石油化工和起重运输等各行业的各种机械中。目前，链传动所能传递的功率可达 3600kW，常用于 100kW 以下；链速可达 30 ~ 40m/s，常用在 15m/s 以下；传动比最大可达 15，一般取值小于 6，常以 2 ~ 2.5 为宜。

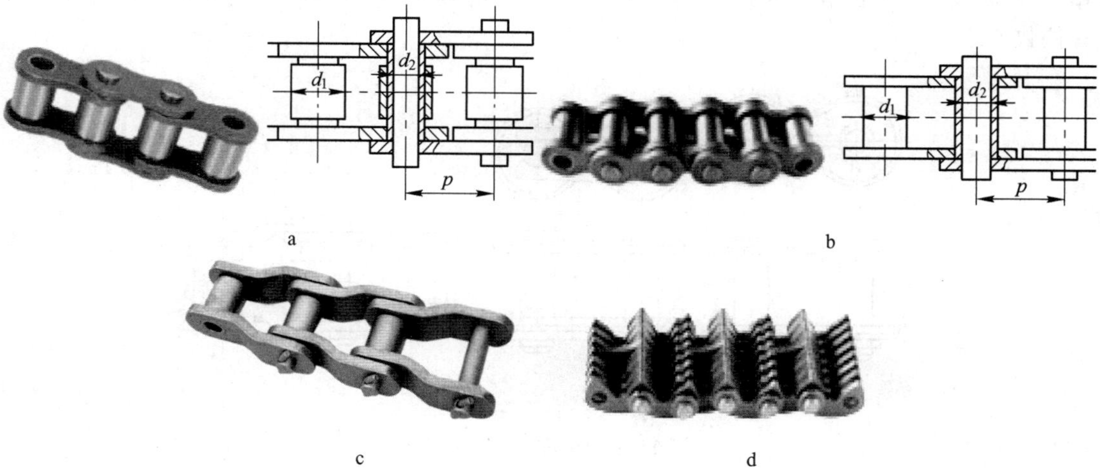

图 15-2　传动链的类型

a—滚子链；b—套筒链；c—弯板链；d—齿形链

15.2　滚子链与链轮

15.2.1　滚子链的结构

如图 15-3 所示单排滚子链的结构，由内链板 1、外链板 2、销轴 3、套筒 4 和滚子 5 组成。而内链板与套筒、外链板与销轴之间分别为过盈配合。内、外链板随套筒、销轴做相对转动，且又相对挠曲；滚子则沿链轮齿廓滚动，旨在减少相互之间的摩擦磨损。内、外链板制成“∞”字形，以使链板各横截面的抗拉强度相近，又减少链条的重量和惯性力。

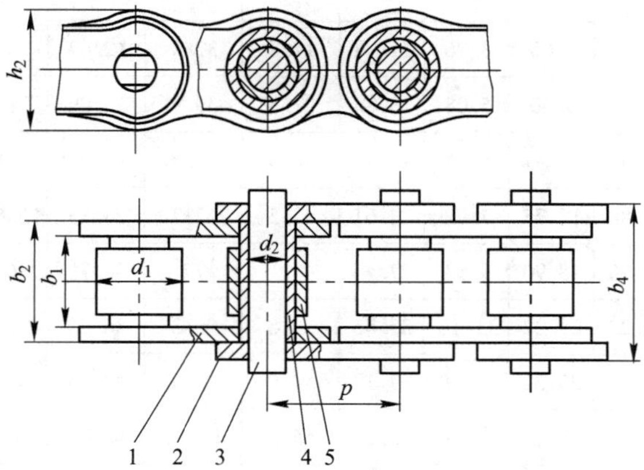

图 15-3　单排滚子链的结构

1—内链板；2—外链板；3—销轴；4—套筒；5—滚子

链条长度以节数来表示。链工作时应联接成环形，将偶数节链联接起来的链接头称联接链节，如图 15-4a、图 15-4b 所示。联接链节的形状与外链节相同，为了便于装拆，其中一侧的外链板与销轴为过渡配合，常用开口销（图 15-4a）或钢丝卡簧（见图 15-4b）或弹簧夹固定。一般开口销多用于大节距链，弹簧夹用于小节距链。链节为奇数时，必须采用过渡链节（图

15-4c）联接。这种链节的链板工作时因受附加弯曲应力作用，其强度差，所以设计时尽量选择偶数节链。

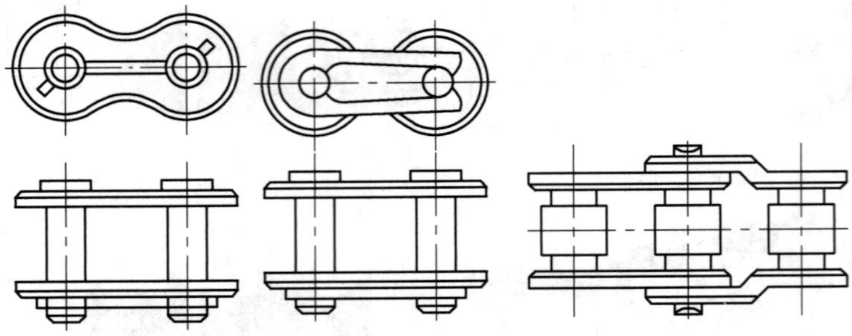

图 15-4　滚子链的接头形式

a—钢丝卡簧接头；b—弹簧夹接头；c—过渡链节接头

链节销轴中心的距离称为节距 p，其值见表 15-1，它是链传动中最主要的参数。节距大，链上各元件尺寸就大，传递的载荷亦大；若链轮齿数一定时，节距大，链轮直径就大。若想传递较大的载荷，又不至于使传动的外廓尺寸过大，则可采用小节距的双排链（如图 15-5 所示）或多排链。多排链是由单排链组合而成，排数越多承载能力就越强。由于制造和装配精度的影响，各排链受力很难一致，故排数一般不超过 3 或 4 排，但可以采用几条双排或 3 排链用于传递更大的载荷。

表 15-1　滚子链的基本参数与尺寸（摘自 GB 1243. 1—83）

链号	节距	排距	滚子外径	内链节内宽	销轴直径	内链节外宽	销轴长度		内链板高度	极限拉伸载荷 Q_{min}/N		单排质量 q 概略值 /kg · m^{-1}
							单排	双排				
	p	p_t	d_1	b_1	d_2	b_2	b_4	b_5	h_2	单排	双排	
08A	12. 7	14. 38	7. 95	7. 85	3. 96	11. 18	17. 8	32. 3	12. 07	13800	27600	0. 6
10A	15. 875	18. 11	10. 16	9. 40	5. 08	13. 84	21. 8	39. 9	15. 09	21800	43600	1. 0
12A	19. 05	22. 78	11. 91	12. 57	5. 94	17. 75	26. 9	49. 8	18. 08	31100	62300	1. 5
16A	25. 4	29. 29	15. 88	15. 75	7. 92	22. 61	33. 5	62. 7	24. 13	55600	111200	2. 6
20A	31. 75	35. 76	19. 05	18. 90	9. 53	27. 46	41. 1	77	30. 18	86700	173500	3. 8
24A	38. 10	45. 44	22. 23	25. 22	11. 10	35. 46	50. 8	96. 3	36. 20	124600	249100	5. 6
28A	44. 45	48. 87	25. 4	25. 22	12. 70	37. 19	54. 9	103. 6	42. 24	169000	338100	7. 5
32A	50. 8	58. 55	28. 58	31. 55	14. 27	45. 21	65. 5	124. 2	48. 26	222400	444800	10. 1
40A	63. 5	71. 55	39. 68	37. 85	19. 84	54. 89	80. 3	151. 9	60. 33	347000	693900	16. 1
48A	76. 2	87. 83	47. 63	47. 35	23. 80	67. 82	95. 5	183. 4	72. 39	500400	1000800	22. 6

注：使用过渡链节时，其极限拉伸载荷按表列数值 80% 计算。

滚子链的基本参数是节距 p、滚子直径 d_1、内链节内宽 b_1、多排链排距 p_t 等。表 15-1 列出了 GB 1243. 1—83 规定的几种规格滚子链的基本参数和极限拉伸载荷。表中链号与国际标准链号相一致，链号数乘以 25. 4/16mm 即节距值，后缀 A 表示 A 系列。滚子链的标记为：

名称 链号 — 排数 × 整链链节数 标准编号

例如，按 GB 1243.1—83 制造 A 系列，节距为 12.7mm，单排，88 节的滚子链可标记为

滚子链　08A—1 × 88　GB 1243.1—83

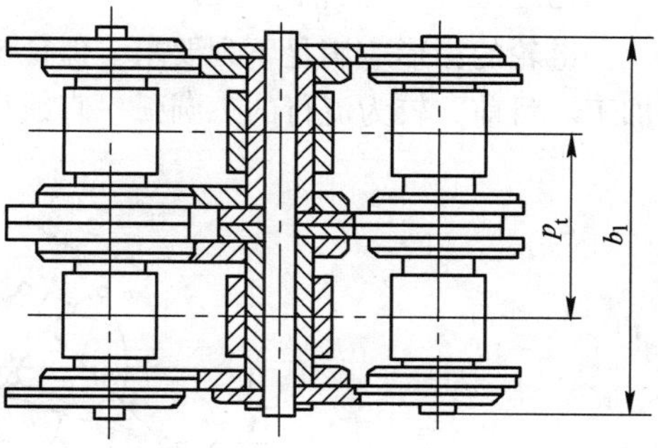

图 15-5　双排滚子链结构

15.2.2 滚子链链轮

15.2.2.1　链轮的基本参数和径向尺寸

链轮的基本参数：其一是链轮齿数 z；其二是配用链条基本参数：节距 p，滚子链直径 d_1，排距 p_t 等。链轮的主要尺寸计算公式见表 15-2。

表 15-2　滚子链轮主要尺寸（GB 1244—85）

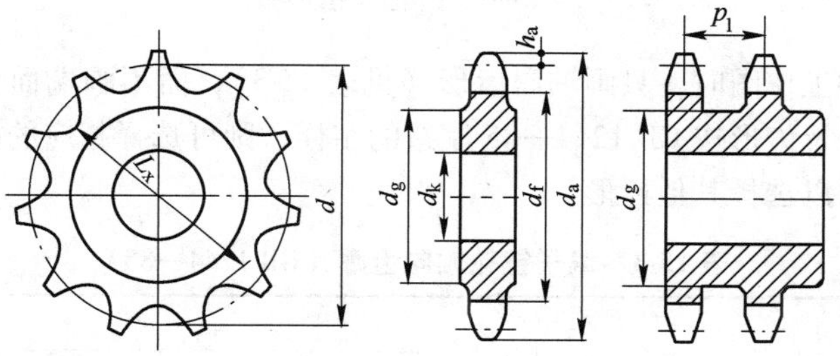

名　称	符号	公　式	说　明
分度圆直径/mm	d	$d = p/\sin\dfrac{180°}{2}$	
齿顶圆直径/mm	d_a	$d_{amax} = d + 1.25p - d_1$ $d_{amin} = d + \left(1 - \dfrac{1.6}{z}\right)p - d_1$ $d_a = p\left(0.54 + \cot\dfrac{180°}{z}\right)$（凹齿形）	可在 d_{amax} 与 d_{amin} 范围内选取，但当选用 d_{amax} 时，应注意用展开法加工时，可能发生顶切。 d_a 要取整数
分度圆弦齿高/mm	h_a	$h_{amax} = (0.625 + 0.8/z)p - 0.5d_1$ $h_{amin} = 0.5(p - d_1)$ $h_a = 0.27p$（凹齿形）	h_a 是为简化放大齿形圆的绘制而引入的辅助尺寸，h_{amax} 相应于 d_{amax}，h_{amin} 相应于 d_{amin}
齿根圆直径/mm	d_f	$d_f = d - d_1$	
最大齿根距离/mm	L_x	奇数齿：$L_x = d\cos\dfrac{90°}{z} - d'_1$ 偶数齿：$L_x = d_f = d - d'_1$	
齿侧凸缘（或排间槽）直径/mm	d_g	$d_g < p\cot\dfrac{180°}{z} - 1.04h_2 - 2.76$	h_2 为内链板高度，见表 15-3，d_g 要取为整数

15.2.2.2　链轮的齿形

链轮的齿形应满足下列要求。保证链条顺利进入和退出啮合，受力均匀、不易脱链、便于加工。目前，较为流行的三圆弧—直线齿形又称凹齿形，是符合国家标准的，如图 15-6 所示。

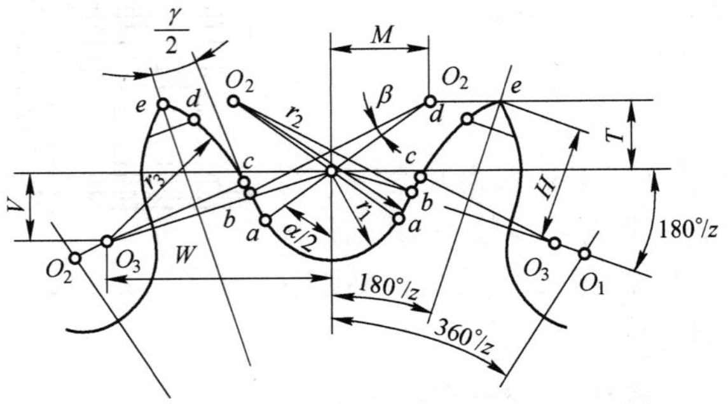

图 15-6　链轮齿槽形状

在绘制链轮零件工作图时，只画轴向齿形（见表 15-3），而不画端面齿形，但必须注明基本参数、主要尺寸以及齿形按 GB 1244—85 制造的字样，则可选择相应的标准刀具加工出凹齿形的链轮。当然也可以选择其他齿形。

表 15-3　滚子链轮轴向齿廓（GB 1244—85）

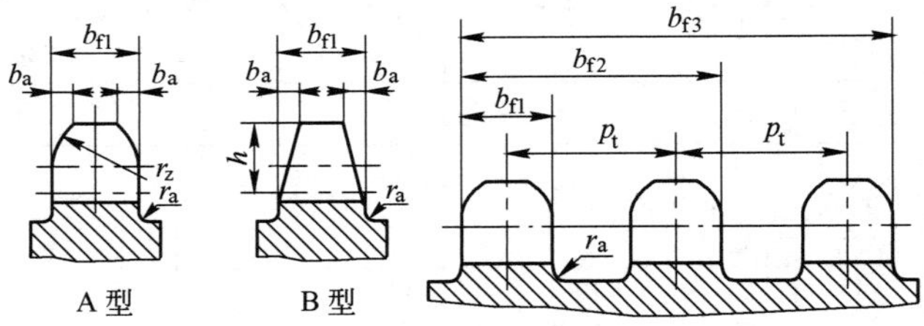

名　称		代　号	计算公式		备　注
			$p \leqslant 12.7$	$p > 12.7$	
齿宽/mm	单排	b_{f1}	$0.93b_1$	$0.95b_1$	$p > 12.7$ 时，经制造厂同意，也可使用 $p \leqslant 12.7$ 时的齿宽，b_1 内链节内宽，见表 15-1
	双排、三排		$0.91b_1$	$0.93b_1$	
	四排以上		$0.88b_1$	$0.93b_1$	
倒角宽/mm		b_a	$b_a = (0.1 \sim 0.15)p$		
倒角半径/mm		r_z	$r_z \geqslant p$		
倒角深/mm		h	$h = 0.5p$		
齿侧凸缘（或排间槽）圆角半径/mm		r_a	$r_a = 0.04p$		
链轮齿总宽/mm		b_{fn}	$b_{fn} = (n-1)p_t + b_{f1}$		n 为排数

15.2.2.3　链轮材料的选择

链轮材料选择原则：既能满足轮齿强度和耐磨性要求，又应有良好的工艺性和合理的价格；因为小链轮轮齿啮合次数比大链轮多，承受的冲击大，所以应该使小链轮的材料优于大链轮。链轮材料选择参考表 15-4。

表 15-4 常用的链轮材料

链轮材料	齿面硬度	应用范围
15 20	50 ~ 60 HRC	$z \leq 25$ 有冲击载荷的链轮
35	160 ~ 200 HBS	在正常工作条件下，$z > 25$ 的链轮
45 ZG310-570	40 ~ 45 HRC	无激烈冲击、振动、易磨损条件下工作的链轮
15Cr 20Cr	50 ~ 60 HRC	有动载荷和传递功率大的 $z < 25$ 的重要链轮
40Cr 35SiMn	40 ~ 50 HRC	重要的，使用 A 级链传动的链轮
35CrMo		
Q235	140 HBS	中速、中等功率、直径较大的链轮
不低于 HT150R 的铸铁	260 ~ 280 HBS	$z > 50$ 的从动轮
夹布胶木		功率 $P < 6$kW、速度较高、要求传动平稳噪声小的场合

15.2.2.4 链轮的结构

常用的链轮结构如图 15-7 所示：小直径链轮可制成实心式（图 15-7a），中等直径链轮可以制成孔板式（图 15-7b），直径较大的链轮可制成组合式、焊接式（图 15-7c）或螺栓联接的（图 15-7d）。

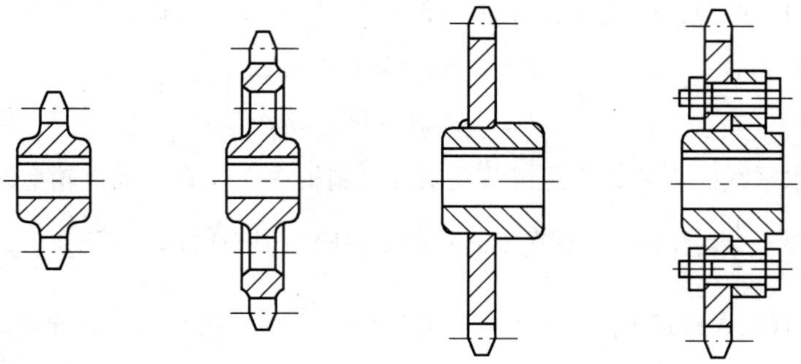

图 15-7 滚子链轮的结构

a—实心式；b—孔板式；c—焊接式；d—螺栓联接式

15.3 链传动的运动特性

15.3.1 链传动的运动不均匀性

链与链轮啮合时，链节在链轮上将折成边长为节距、边数为齿数的正多边形的一部分，如图 15-8 所示。且链轮每转一周，链条转过的长度为 pz。设两链轮转速分别为 n_1 和 n_2，则链速 v（m/s）为：

$$v = \frac{pz_1 n_1}{60 \times 1000} = \frac{pz_2 n_2}{60 \times 1000} \tag{15-1}$$

链传动的传动比 i 为：

$$i = \frac{n_1}{n_2} = \frac{z_2}{z_1} \tag{15-2}$$

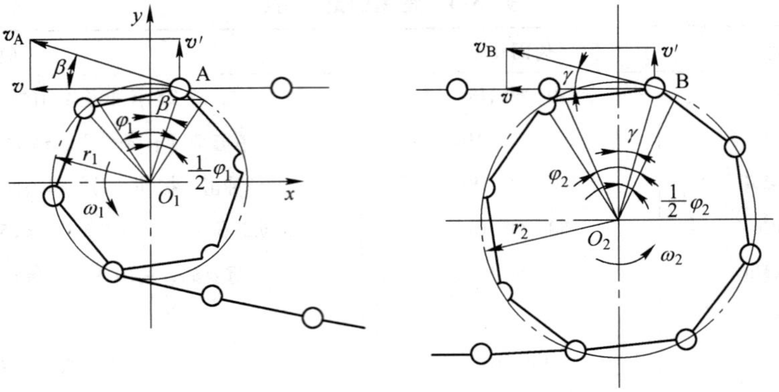

图 15-8　链传动的运动分析

用前两式计算的链速和传动比均为平均值。由于多边形的影响，即使主动链轮的角速度 ω_1 为常数，瞬时链速、瞬时传动比和从动链轮的瞬时角速度都将是变化的，其变化周期为节距在链轮上对应的中心角。

如图 15-8 所示的链传动，链节随链轮转动时，销轴中心沿链轮分度圆运动，销轴中心 A 在主动链轮上的圆周速度 $v_A = r_1 \cdot \omega_1$（r_1 为主动链轮分度圆半径）。若链的紧边始终位于水平，v_A 的水平分量 v 即为链速，v_A 的铅直分量 v' 使链条上下抖动。其计算公式为：

$$\left.\begin{aligned} v &= v_A\cos\beta = r_1\omega_1\cos\beta \\ v' &= v_A\sin\beta = r_1\omega_1\sin\beta \end{aligned}\right\} \tag{15-3}$$

式中，β 为 v_A 与水平线的夹角，也是链节在啮合时销轴中心 A 在主动链轮上的相位角。其变化范围为 $\frac{1}{2}\varphi_1 \geqslant \beta \geqslant -\frac{1}{2}\varphi_1$，$\varphi_1$ 为链节在主动轮上相应的中心角，$\varphi_1 = \frac{360°}{z}$。当 $\beta = 0°$时，即销轴位于 y 轴上，则有最大链速 $v_{\max} = r_1 \cdot \omega_1$；当 $\beta = \pm\frac{180°}{z}$ 时，则有最小链速 $v_{\min} = r_1\omega_1\cos\frac{180°}{z_1}$。由此可见，$\omega_1$ 为常数时，节距越大，齿数越小，β 角的变化范围就越大，链速的变化范围也就越大。

同理，v'在铅直方向上也在作周期性变化。图 15-9 为 v 和 v'变化规律线图。由于 v 和 v'的周期变化，致使链传动不平稳，并产生有规律的振动。

任一瞬时的链速，不但能用主动链轮上的参数描述，也可以用从动链轮上的参数表示，则有：

$$v = r_1\omega_1\cos\beta = r_2\omega_2\cos\gamma$$

据此，链传动的瞬时传动比可由下式计算：

$$i = \frac{\omega_1}{\omega_2} = \frac{r_2\cos\gamma}{r_1\cos\beta} \tag{15-4}$$

由式（15-4）知，瞬时传动比是随相位角 β 和 γ 的变化而变化，只有当分度圆半径 $r_1 = r_2$，即齿数 $z_1 = z_2$，且中心距 α 为节距 p 的整数倍时，β 和 γ 角才会时时相等，传动比 i 才能恒等于 1，从动链轮角速度 ω_2 才为常数。

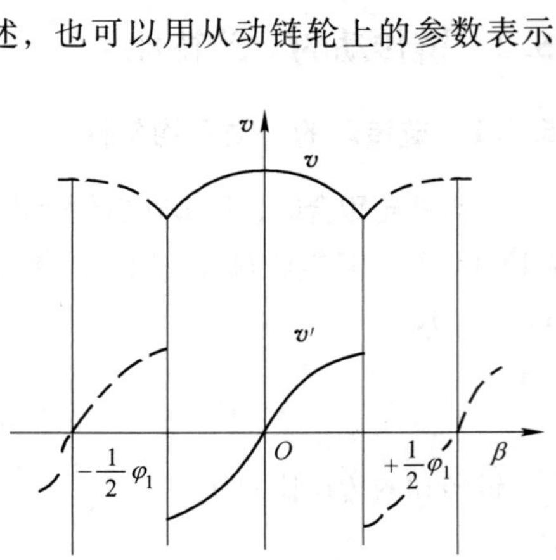

图 15-9　速度线图

15.3.2　链传动的动载荷

在链传动中，链条和从动链轮做变速运动，从而产生附加动载荷；由图 15-10 可知链节与链轮啮合时产生冲击。

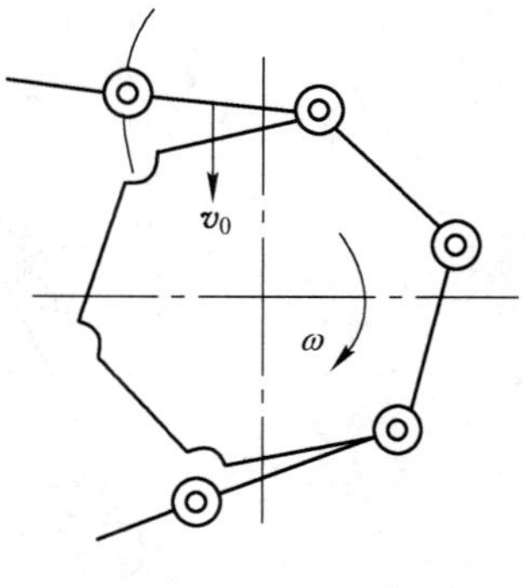

图 15-10　链节与链轮啮合时的冲击

链条和从动链轮产生的动载荷为：

$$F_{d1} = M\frac{dv}{dt} \tag{15-5}$$

$$F_{d2} = \frac{j}{r_2}\cdot\frac{d\omega_2}{dt} \tag{15-6}$$

链条与链轮啮合时的冲击动能 E 为：

$$E \approx \frac{1}{2}mv_0^2 \tag{15-7}$$

式中　M——紧边链条的质量，kg；

m——链节的质量，kg；

j——从动系统转化到从动链轮轴上的转动惯量，$kg\cdot m^2$。

综上所述，在链运动中，链条与链轮啮合时呈现正多边形，致使链速和瞬时传动比发生周期性变化，则传动不平稳，产生动载荷；而链节与链轮啮合的瞬间出现冲击和噪声。这是链传动的固有特性，称之为链传动的多边形效应。若想减少多边形效应的影响，设计时应合理地选择基本参数和转速。

15.4　链传动的失效形式及功率曲线图

15.4.1　链传动的失效形式

链轮比链条强度高、寿命长（2～3 倍），故链条的失效形式也就是链传动的失效形式，其失效形式有以下几种。

（1）链板、滚子与套筒的疲劳破坏。在闭式链传动中，链条在变应力作用下工作，经过一定的循环次数，链板将发生疲劳断裂，滚子、套筒将出现疲劳破裂。在合理的润滑方式下疲劳破坏是决定链传动承载能力的主要因素。

（2）销轴与套筒的磨损。在传动中组成铰链的销轴与套筒产生摩擦磨损，而磨损后，链节距加大，链条总长加长，松边垂度增加，动载荷增大，振动和噪声增大，引起跳齿，引起链边互相碰撞等。在开式传动中，工作条件恶劣、润滑不良，因而加剧链条铰链的磨损，降低其使用寿命，致使磨损成为开式链传动的主要失效形式。

（3）销轴与套筒的胶合。在润滑不良或转速过高时，铰链的摩擦表面易发生胶合破坏。因此，限制胶合破坏的出现，在一定程度上限制了链传动的极限转速。

（4）链条静强度破断。低速重载的链条过载时，易发生静强度不足而破断。这是低速链的主要失效形式。

15.4.2　极限功率曲线图

在不同的工作条件下，链传动的主要失效形式不同，但各种失效形式都在一定条件下限制着其承载能力。通过实验作出的单排链的极限功率曲线图如图 15-11 所示。

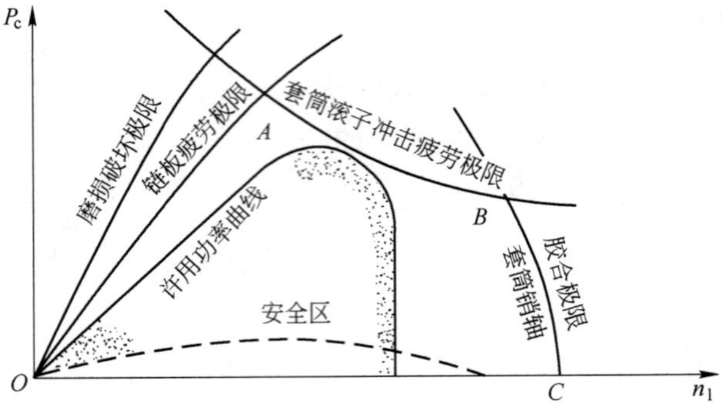

图 15-11　极限功率曲线

15.4.3　滚子链的许用功率曲线

它是按照下列条件试验得到的：主动链轮和从动链轮的轴线水平又平行，且两轮位于同一平面内；小链轮齿数 $z_1=19$；传动比 $i=3$；链节数 $L_p=100$ 节；单排链；载荷平稳；采用推荐的润滑方式；使用寿命 $T=15000\text{h}$；链节距因磨损引起的伸长量又不超过 3%。当所设计的链传动的参数与上述实验条件相同时，根据 $P_0=P$ 和小链轮的转速 n 在图 15-12 中确定链号；当与上述实验条件不同时，则应用式（15-8）计算出 P_0。

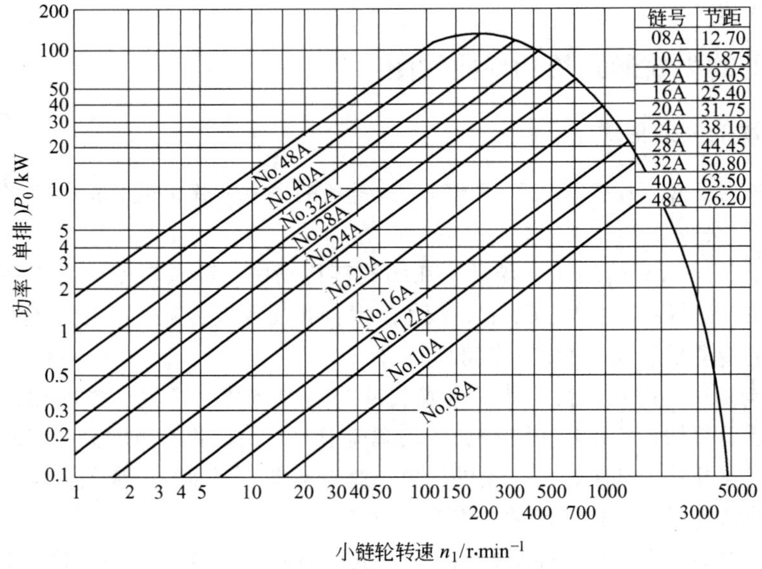

图 15-12　滚子链的许用功率曲线

在润滑不良或无润滑时，即不能保证图 15-17 中推荐的润滑方式，则要根据链条的磨损失效限定的许用功率确定链号。设计时，应将线图中的功率 P_0 按下述情况降低使用。

当 $v\leqslant 1.5\text{m/s}$，润滑不良时，降到 $(0.3\sim0.6)P_0$，无润滑时，降到 $0.15P_0$。

当 $1.5\text{m/s}\leqslant v\leqslant 7\text{m/s}$，润滑不良时，降到 $(0.15\sim0.3)P_0$。

当 $v\geqslant 7\text{m/s}$，润滑不良时，则传动不可靠，不宜采用。

如果链传动的速度 $v<0.6\text{m/s}$ 时，则应按低速链传动设计。

15.5 滚子链传动的设计计算

滚子链传动的速度，一般分为低速（$v<0.6\text{m/s}$）、中速（$v=0.6\sim8\text{m/s}$）和高速（$v>8\text{m/s}$）。对于中、高速链传动，通常按许用功率曲线进行设计计算；而低速链传动，则按其静强度进行设计计算。

设计链传动时，已知数据和条件为：传递的功率 P，主动链轮和从动链轮的转速 n_1、n_2，载荷的性质，工作条件等。设计应完成的工作内容：选定链轮的齿数 z_1 和 z_2、确定链节距 p 和排数、确定中心距 α 和链节数 L_p、选择润滑方式和链轮材料并绘制链轮零件工作图。

15.5.1 中、高速链传动的设计计算

中、高速链传动的设计按以下步骤进行。

（1）确定链传动比。设计链传动时，其传动比可用式（15-2）计算。但通常将链传动的传动比限制在 $i\leqslant7$，推荐 $i=2\sim2.5$。当 $v<2\text{m/s}$，且载荷平稳时，链传动比可达 $i\leqslant10$。传动比过大时，链条在链轮上的包角就过小，啮合的齿数减少，因而易加剧链条的磨损，引起跳链或脱链。同时，还会使传动的外廓尺寸加大。故可以采用二级或二级以上的链传动。

（2）确定链轮齿数。当小链轮齿数 z_1 大时，则有利于链传动，但过大的 z_1，将使大至轮齿数 z_1 更大，除了加大传动的外廓尺寸和重量外，在大链轮上易引起跳链和脱链现象，以至于缩短链条的使用寿命。

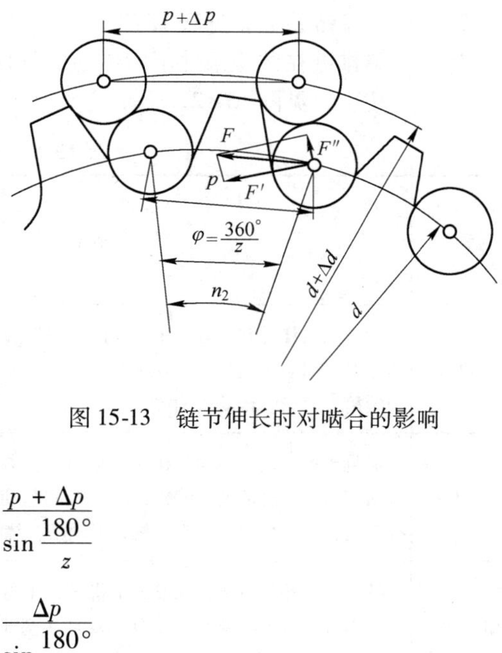

图 15-13 链节伸长时对啮合的影响

脱链现象产生的原因：在链条磨损后，销轴直径变小，套筒孔径变大，从而使链节距 p 增大到 $p+\Delta p$，相应的滚子中心也由 d 外移到 $d+\Delta d$，如图 15-13 所示。当 Δd 加大到一定程度时，链会从链轮上掉下来，即出现脱链现象。根据几何关系和表 15-2 中的公式，有

$$d+\Delta d=\frac{p+\Delta p}{\sin\dfrac{180^\circ}{z}}$$

$$\Delta d=\frac{\Delta p}{\sin\dfrac{180^\circ}{z}}$$

由上式可知，对于相同的节距增量 Δp，齿数越多，则径向外移量 Δd 增加也越大。也就是说，齿数越多，不发生脱链时允许节距增量 Δp 就越小，因而允许铰链磨损量就较小，链条的使用寿命就越短，所以一般规定 $z_{max}\leqslant150$。

一般是根据链速 v 按表 15-5 的推荐选择小的链轮齿数 z_1，而 $z_2=i\cdot z_1$。链轮齿数优先选用以下数列：17，19，21，23，25，38，57，76，95，114。由于链条的节数常为偶数，则链轮齿数应选用奇数或与链节数互为质数的奇数，目的在于使链传动磨损均匀性好。

表 15-5　小链轮齿数 z_1

链速 $v/\mathrm{m \cdot s^{-1}}$	0.6 ~ 3	3 ~ 8	> 8
齿数 z_1	≥17	≥21	≥25

对于低速链传动，z_1 应往小取值，一般取 $z_{1\min} = 17$，这样可以减少传动尺寸，在链速很低时，链轮的最少齿数达到 $z_{1\min} = 9$；在有张紧轮或多轴传动中，从动轮的齿数应大于等于 17，使其至少有 3 个轮齿与链条啮合。

（3）确定链号和链节距。链号和节距，可根据所传递的功率 P 及小链轮的转速 n_1 由图 15-12 所示滚子链许用功率曲线图中选定。由于设计的链传动的工作条件与制定许用功率曲线时的实验条件不完全一致，因此，应使用修正计算公式为：

$$P_0 \geqslant \frac{K_A K_z P}{K_p} \tag{15-8}$$

式中　P——传递的功率，kW；

K_A——工况系数，见表 15-6；

K_z——小链轮齿数系数，见图 15-14；

K_p——多排链系数，见表 15-7；

P_0——单排链在试验条件下所传递的许用功率，见图 15-12。

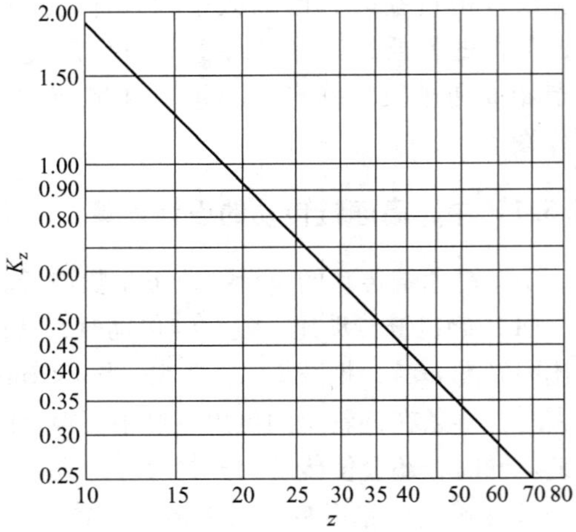

图 15-14　小链轮齿数系数

表 15-6　工况系数 K_A

载荷种类	应用举例	原动机种类		
		电动机 汽轮机	内燃机	
			液力传动	机械传动
稳定载荷	均匀加料浇铸机，压力机，均匀送料运输机，木材加工机，离心泵，离心压缩机，纸压光机，楼台电梯，液体搅拌机，干燥滚筒，机床主传动机构	1.0	1.0	1.2
不稳定载荷	混凝土搅拌机，不均匀送料运输机，打浆装置，球磨机，三缸活塞泵，三缸活塞压缩机，压力机和剪切机，辊道、吊车和提升机，固体搅拌机，卷扬机，振动筛，绕线机，拉丝机	1.5	1.4	1.6
冲击载荷	挖土机，建筑机械，橡胶加工机械，木材磨削机，锤式磨碎机，单缸、双缸活塞泵，单缸、双缸活塞式压缩机，石油钻探设备，电焊机用发电机，辊式破碎机，砖瓦机械	2	1.9	2.2

表 15-7　多排链系数 K_p

排　数	1	2	3	4	5	6	≥7
K_p	1.0	1.75	2.5	3.3	4.1	5.0	和厂家商定

（4）验算链速。为了防止链传动的动载荷和噪声过大，必须对链速加以限制。一般要求满足下式：

$$v = \frac{pz_1 n_1}{60 \times 1000} \leqslant 15\text{m/s} \tag{15-9}$$

如果要想充分发挥链传动的工作能力，推荐链速为 $v = 6 \sim 8\text{m/s}$。

（5）确定链条节数和中心距。中心距的大小，对链传动性能有重要的影响。中心距小，使链条与链轮的包角变小，承载轮齿数减少，轮齿受力增大。在相同的链速下，在相同的时间内，链条与链轮啮合次数增多，从而加剧链条的磨损和疲劳损坏；中心距过大，链条松边下垂量大，使之上下颤动。除此之外，链传动的布置方式和有无张紧装置也影响着中心距大小的选择。一般推荐初选中心距 $a_0 = (30 \sim 50)p$，最大为 $a_{0\max} = 80p$，有张紧装置或托板时 $a_{0\max} \geqslant 80p$，中心距不可调整时，$a_{0\max} \approx 30p$。

初步选定中心距 a_0 后，用于表示链条长度的链节数 L_p，可用下式计算：

$$L_{p_0} = \frac{2a_0}{p} + \frac{z_1 + z_2}{2} + \frac{p}{a_0}\left(\frac{z_2 - z_1}{2\pi}\right)^2 \tag{15-10}$$

将上式计算结果调整，并且最好取为偶数，用 L_p 表示，然后计算理论中心距 a，即：

$$a = \frac{p}{4}\left[L_p - \frac{z_1 + z_2}{2} + \sqrt{\left(L_p - \frac{z_1 + z_2}{2}\right)^2 + 8\left(\frac{z_2 - z_1}{2\pi}\right)^2}\right] \tag{15-11}$$

为了使链条松边具有合适的安装垂度 f，即 $f = (0.01 \sim 0.02)a$，实际中心距 a' 应比理论中心距 a 小 Δa，则有：

$$a' = a - \Delta a \tag{15-12}$$

$$\Delta a = (0.002 \sim 0.004)a \tag{15-13}$$

若要求中心距可以调整，则其调整范围一般应小于等于 $2p$，对于中心距固定，又无张紧装置的链传动，应注意中心距的准确性。

（6）计算压轴力。链传动时，也有紧边和松边，而紧边拉力 F_1 等于圆周力和离心力以及链条下垂所产生的悬垂拉力之和；松边拉力仅包括前者的后两项。当 $v \leqslant 12\text{m/s}$ 时，离心力很小；悬垂拉力的大小与传动布置方式和链条工作时允许的垂度有关。由于链传动的初拉力较小，所以悬垂拉力也较小。若不计离心拉力和悬垂拉力，则链传动中的压轴力 Q_F 可近似用下式计算：

$$F_t = \frac{1000P}{v} \tag{15-14}$$

$$Q_F = K_Q \cdot F_t = \frac{1000K_Q P}{v} \tag{15-15}$$

式中 K_Q——压轴力系数，一般取 $K_Q = 1.2 \sim 1.3$，有冲击和振动时取大值；

F_t——链传动的圆周力，N。

（7）链轮的几何尺寸计算和零件工作图的绘制。

（8）布置、张紧与润滑。

15.5.2 低速链传动的设计计算

链速 $v < 0.8\text{m/s}$ 为低速传动，其主要失效形式是链的静拉断，故应按静拉强度条件进行计算。首先根据已知条件，参考图 15-12 初选链号，然后由表 15-1 查得链条的许用最低破断载荷 Q 值，并用下式校核安全系数 S，即

$$S = \frac{Q}{K_A \cdot F_t} \geqslant [S] \tag{15-16}$$

式中　Q——链条的最小破断载荷，N，由表 15-1 中选择；

$[S]$——链条静强度安全系数许用值，取 $[S]=4\sim8$；

K_A——工况系数。

15.6　链传动的布置、张紧与润滑

15.6.1　链传动的布置

链传动的布置是否合理，对其工作能力、使用寿命都有较大的影响。链传动合理布置的原则有以下几条。

（1）为保证链传动的正确啮合，两链轮应位于同一铅垂面内，且两轴线平行。如图 15-15a 所示。

（2）两链轮中心线最好水平布置或者使其水平线夹角 $\varphi \leqslant 45°$，如图 15-15b 所示，尽量避免 $\varphi = 90°$。

（3）一般链传动的紧边、松边可以布置在上，也可以在下，但紧边在上为佳。对于中心距 $a < 30p$、传动比 $i > 2$ 或 $a < 60p$、$i < 1.5$ 的水平传动，则必须使紧边在上，松边在下，这样可以防止咬链或链条两边相互碰撞。

（4）必须采用垂直传动时，两链轮应偏置，使两链轮中心不在同一铅垂面内，如图 15-15c 所示。否则应采用张紧装置。

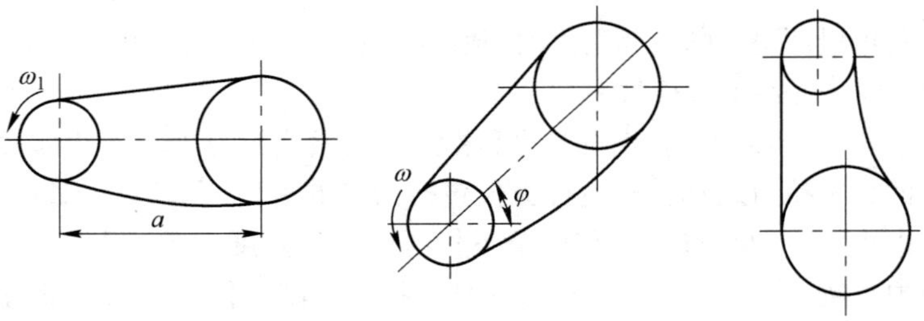

a　　b　　c

图 15-15　链传动的布置

15.6.2　链传动的张紧

链传动的张紧目的，主要是为了增大链条与链轮的包角和避免因链条垂度过大而产生啮合不良以及振动现象。当两链轮中心连线与水平线夹角 $\varphi > 60°$时，通常设有张紧装置。链传动的张紧方法很多，常用的张紧方法有以下几种。

（1）调整中心距。此法与带传动张紧方法一样。

（2）用张紧装置。当中心距不可调时应采用此法，张紧轮直径稍小于小链轮直径，并将张紧轮安装在松边靠小链轮一侧。张紧轮可用链轮也可用滚轮还可用托板，如图 15-16 所示。当双向传动时，应在两边都设有张紧装置。

15.6.3　链传动的润滑

润滑可以减少链传动的磨损，有利于缓和链节和链轮轮齿的冲击。为了提高链传动的使用

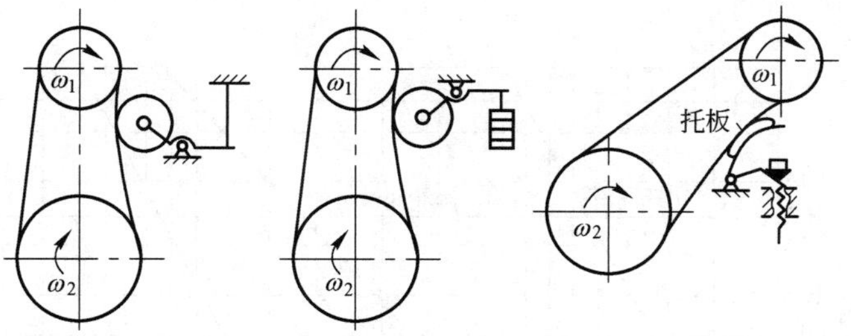

a　b　c

图 15-16　链传动的布置

寿命，必须保证具有良好的润滑条件，并应合理地选择润滑剂。

常用的润滑方法见表 15-8。润滑方式可根据链速和链号按图 15-17 选择。不同环境温度下的润滑油的选择按表 15-9 进行。

表 15-8　滚子链的润滑方法和供油量

方　式	简　图	润滑方法	供油量
人工润滑	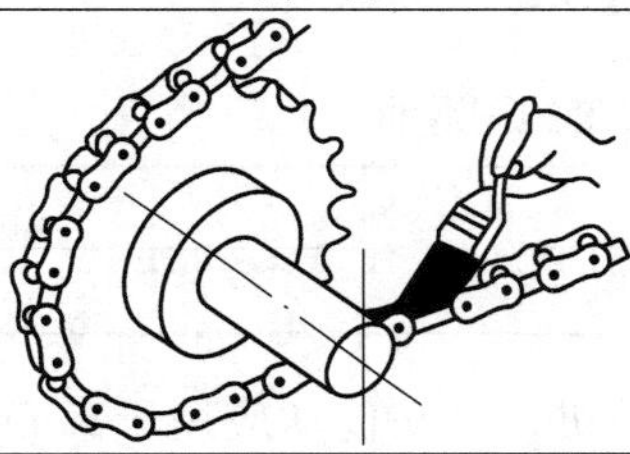	用刷子或油壶定期在链条松边内、外链板间隙中注油	每班注油一次
滴油润滑	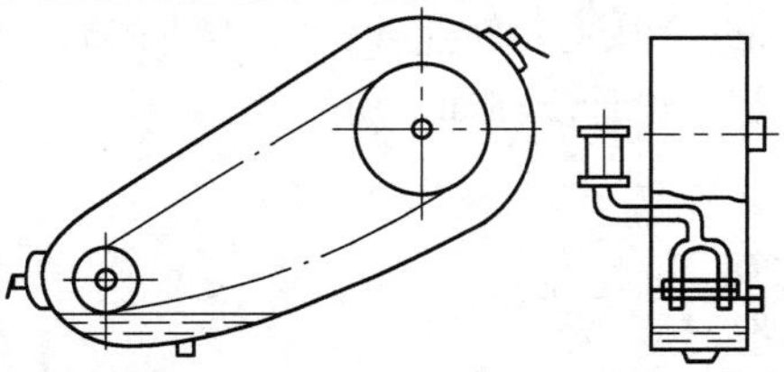	装有简单外壳，用油杯滴油	单排链，每分钟供油 5 ~ 20 滴
油浴润滑	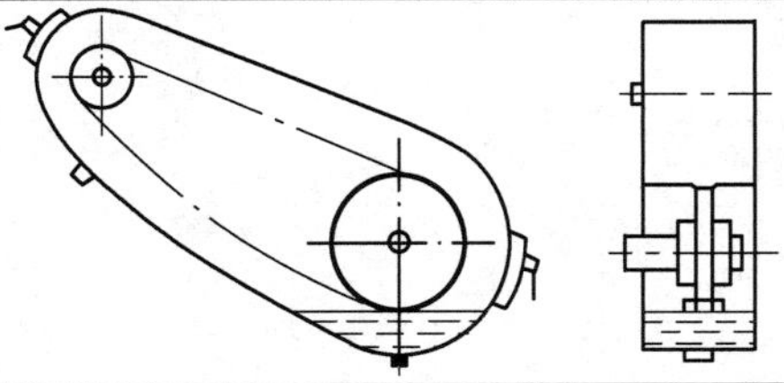	采用不漏油的外壳，使链条从油槽中通过	链条浸入油面过深，则搅油损失大，油易发热变质，一般浸油深度为 6 ~ 12mm
飞溅润滑	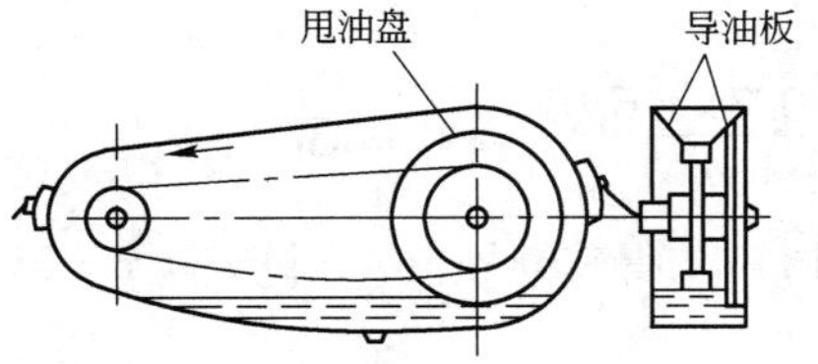	采用不漏油的外壳，一般依靠甩油盘（其圆周速度 $v \geqslant 3\mathrm{m/s}$），将油飞溅，当链条宽度大于 125mm 时，链轮两侧各装一个甩油盘	甩油盘浸油深度为 12 ~ 35mm
压力润滑	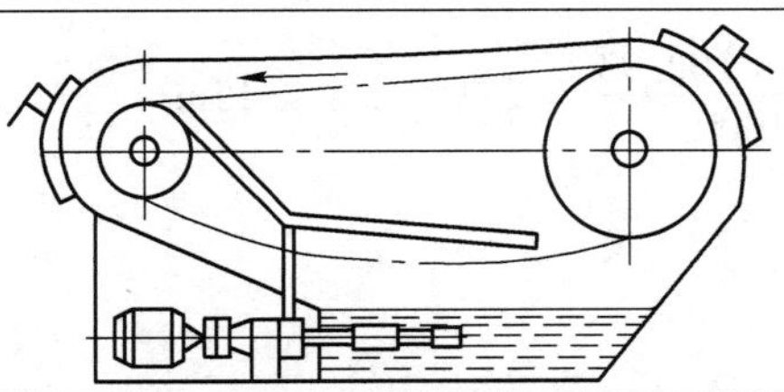	采用不漏油的外壳，油泵强制供油，喷油管口设在链条啮入处，循环油可起冷却作用	每个喷油口供油量可根据链节距及链速大小查阅有关手册

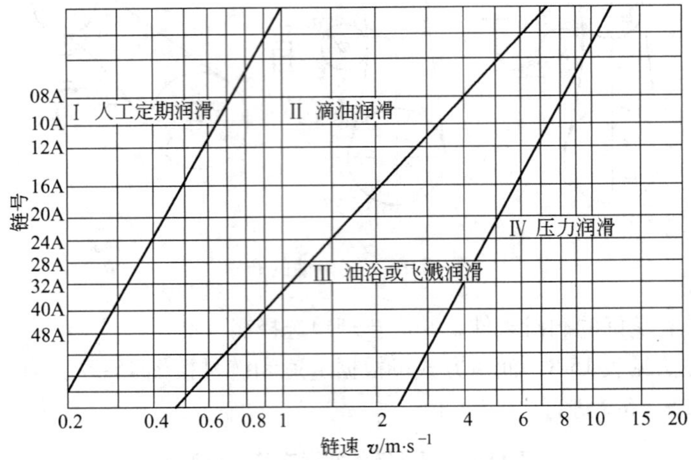

图 15-17　润滑方式

表 15-9　不同环境温度的润滑油

环境温度/℃	5～25	>25～45	>45～65
润滑油牌号/$mm^2 \cdot s^{-1}$	32	46	68

[**例 15-1**]　滚子链传动的设计，原动机为电动机，已知传动应用于离心压缩机上，传递的功率 $P=6.01kW$，主动轮转速 $n_1=202.93r/min$，从动轮转速 $n_2=81.16r/min$。

解： 估计链速，应按中高速链传动设计计算。设计步骤如下所述。

(1) 确定传动比。

$$i=\frac{n_1}{n_2}=\frac{202.93}{81.16}=2.5$$

(2) 确定链轮齿数。

取 $z_1=25$，则 $z_2=i\cdot z_1=2.5\times25=62.5$，取 $z_2=63$。

(3) 确定链号和链节距。

查表 15-6 得工况系数 $K_A=1.0$；

查图 15-14 得小链轮齿数系数 $K_z=0.74$；

查表 15-7 得排数系数 $K_p=1.0$

$$P_0=\frac{K_AK_zP}{K_p}=\frac{1.0\times0.74\times6.01}{1.0}=4.45kW$$

由 $P_0\geqslant4.45kW$ 和 $n_1=202.93r/min$，查图 15-12 得其链号 16A，链节距 $p=25.40mm$。

(4) 验算链速。

$$v=\frac{pz_1n_1}{60\times1000}=\frac{25.4\times25\times202.93}{60\times1000}=2.148m/s<15m/s$$

链速适宜，且初始估计与计算相符。

(5) 计算链节数和实际中心距。

初取 $a_0=40p$，则链节数 L_{p_0} 为：

$$L_{p_0}=\frac{2a_0}{p}+\frac{z_1+z_2}{2}+\frac{p}{a_0}\left(\frac{z_2-z_1}{2\pi}\right)^2$$

$$=2\times 40+\frac{1}{2}(25+63)+\frac{1}{40}\left(\frac{63-25}{2\pi}\right)^2$$

$$=124.91$$

取 $L_p=124$ 节，则实际中心距为：

$$a=\frac{p}{4}\left[\left(L_p-\frac{z_1+z_2}{2}\right)+\sqrt{\left(L_p-\frac{z_1+z_2}{2}\right)^2-8\left(\frac{z_2-z_1}{2\pi}\right)^2}\right]$$

$$=\frac{25.4}{4}\left[\left(124-\frac{25+63}{2}\right)+\sqrt{\left(124-\frac{25+63}{2}\right)^2-8\left(\frac{63-25}{2\times 3.14}\right)^2}\right]$$

$$=1004.24\text{mm}$$

$$\Delta a=(0.002\sim 0.004)a=3.01\text{mm}$$

$$a'=a-\Delta a=1001.21\text{mm}$$

（6）计算压轴力。

$$Q_F=\frac{1000K_Q\cdot P}{v}=\frac{1000\times 1.25\times 6.01}{2.148}=3497.44\text{N}$$

（7）链轮的几何尺寸。

分度圆直径：

$$d_1=\frac{p}{\sin\frac{180°}{z_1}}=\frac{25.4}{\sin\frac{180°}{25}}=202.66\text{mm}$$

$$d_2=\frac{p}{\sin\frac{180°}{z_2}}=\frac{25.4}{\sin\frac{180°}{63}}=509.57\text{mm}$$

齿顶圆直径：

$$d_{a1}=p\left(0.54+\cot\frac{180°}{z_1}\right)$$

$$=25.4\times\left(0.54+\cot\frac{180°}{25}\right)=214.78\text{mm}$$

$$d_{a2}=p\left(0.54+\cot\frac{180°}{z_2}\right)$$

$$=25.4\times\left(0.54+\cot\frac{180°}{63}\right)=522.65\text{mm}$$

由表 15-1 查得滚子直径 $d_1'=15.88\text{mm}$，则齿根圆直径为：

$$d_{f1}=d_1-d_1'=202.66-15.88=186.78\text{mm}$$

$$d_{f2} = d_2 - d'_1 = 509.57 - 15.88 = 493.69\text{mm}$$

（8）布置、张紧和润滑。水平布置、紧边在上；调整中心距法张紧。

查图 15-16 可知，应采用滴油润滑，润滑油的牌号由表 15-9 确定，为 32 号。

复习思考题

15-1　为什么链节数一般为偶数而链轮齿数为奇数?

15-2　链传动的速度不均匀性是怎样产生的，对传动有何影响，如何减少这种影响?

15-3　链传动的失效形式是什么，计算准则有哪些?

15-4　链传动与带传动相比有何特点，它们各适用于什么场合?

15-5　设计滚子链传动，原动机为电机，其功率 $P = 7.5\text{kW}$，主动轮转速 $n_1 = 960\text{r/min}$，从动轮转速 $n_2 = 320\text{r/min}$，载荷不稳定，要求中心距 $a = 600\text{mm}$ 左右。

15-6　已知原动机为电动机，传递的功率 $P = 7.5\text{kW}$，主动轮转速 $n_1 = 960\text{r/min}$，传动比 $i = 3$，载荷平稳，结构尺寸不受限制，中心距可调，试设计此链传动。

16 轴

轴是机械设备中的重要零件之一，它主要用来支承做回转运动的零件，承受弯矩，传递转矩，并传递运动和动力。本章主要介绍轴的类型、材料、结构设计及强度计算。

16.1 轴的类型及应用

轴的类型很多，可以从不同的角度进行分类。根据承受载荷的不同，轴可分为转轴、心轴和传动轴。转轴是既传递转矩又承受弯矩，它是机器中最常见的轴，如图 16-1 所示的 1 轴、5 轴以及减速器 3 中的各齿轮轴均为转轴；心轴则只承受弯矩而不传递转矩，心轴又可分为转动心轴和固定心轴，如图 16-2a 所示为转动心轴，图 16-2b 所示为固定心轴；传动轴只传递转矩而不承受弯矩或承受很小的弯矩，如图 16-1 所示的 2 轴、4 轴即为传动轴。

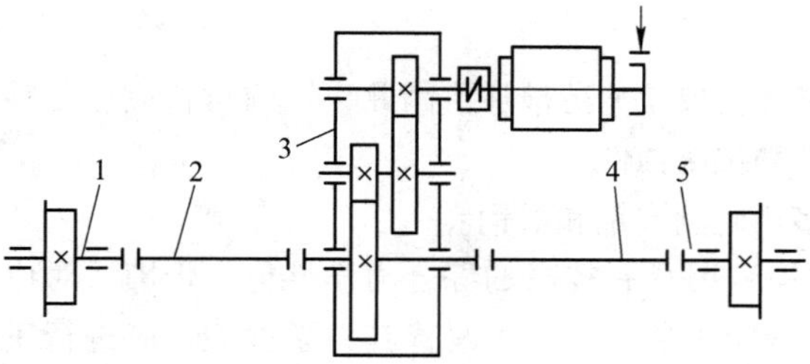

图 16-1　起重机小车运行机构传动示意图
1，5—车轮轴；2，4—传动轴；3—减速器

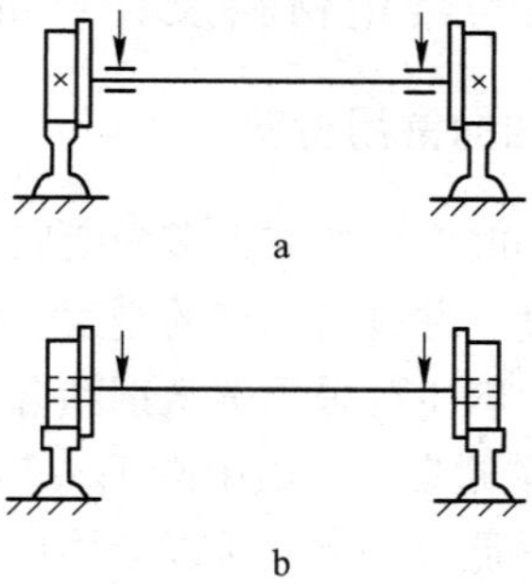

图 16-2　心轴
a—转动心轴；b—固定心轴

按轴径的变化，轴可分为光轴和阶梯轴。光轴是截面形状、尺寸不变的轴，如图 16-3a 所示。阶梯轴由多个不同的轴径组成，一般为中间粗、两头细，如图 16-3b 所示。光轴形状简单，加工容易，应力集中源少，但轴上的零件不易装配和定位；阶梯轴则正好与光轴相反。因此，光轴主要用于心轴和传动轴，阶梯轴则常用于转轴。

按轴线的形状，轴还可分为直轴（见图 16-1 ~ 图 16-3 中各轴）、曲轴（见图 16-4）和软轴

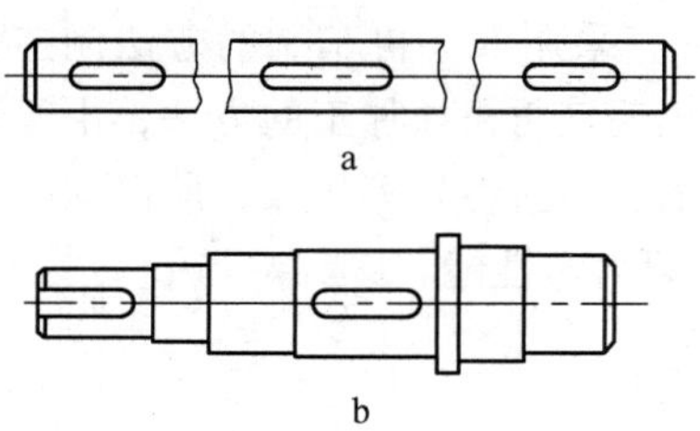

图 16-3　直轴
a—光轴；b—阶梯轴

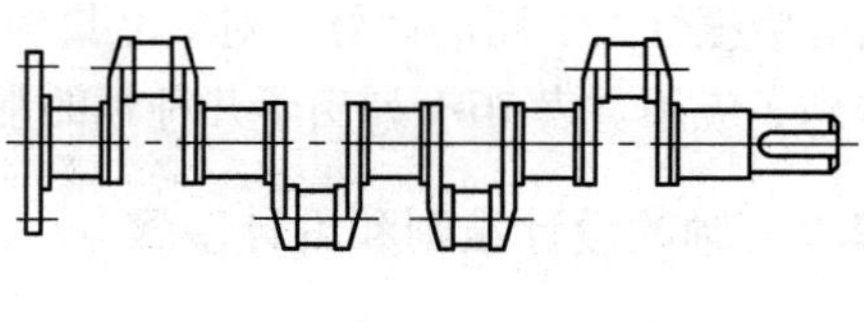

图 16-4　曲轴

（见图16-5）。曲轴应用在往复机械上，如内燃机、曲轴冲床、气泵等。软轴是由中间一根钢丝芯、外面缠绕多组钢丝分层卷绕而成的，具有良好的挠性，可以把转矩和旋转运动灵活地传到任何位置（见图16-6）。软轴传递转矩不能太大，转矩大要求软轴直径大，允许弯曲的曲率半径就大，此外还要注意它所传扭矩的滞后作用，常用于振捣器等设备中。直轴属通用零件，本章只研究直轴。

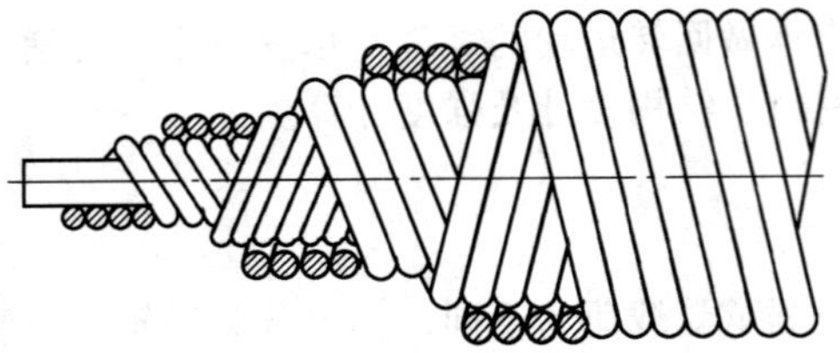

图16-5　软轴

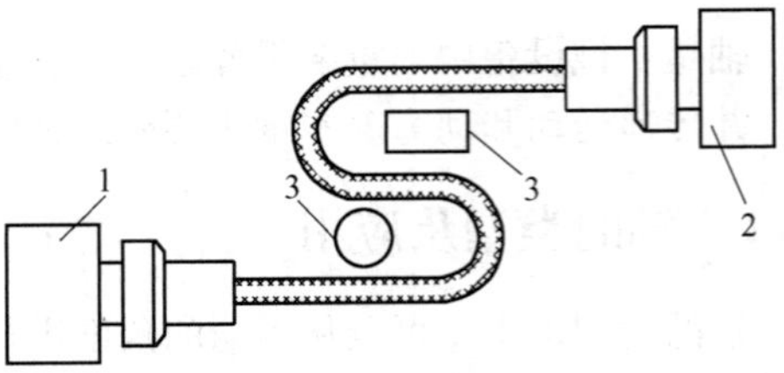

图16-6　软轴的应用

1—动力源；2—被驱动装置；3—设备

16.2　轴的常用材料及计算准则

16.2.1　轴的常用材料

轴工作时产生的应力多为变应力，故轴的破坏主要是疲劳破坏。因此，轴的材料应有足够的疲劳强度，并具有一定的刚度、韧性、耐磨性和抗腐蚀性。

轴的材料主要采用碳素钢和合金钢，毛坯多用轧制圆钢和锻钢。

（1）碳素钢。优质中碳钢（35、45、50钢等）因具有较高的综合力学性能、价廉、对应力集中敏感低等特点，所以应用广泛。其中45钢应用最多。为了改善其力学性能，应进行正火或调质处理。不重要或受力较小的轴，可采用Q235、Q255、Q275等碳钢。

（2）合金钢。合金钢具有较高的力学性能，但价格贵，多用于要求强度高且尺寸小或有其他特殊要求的轴。例如，滑动轴承的高速轴，常采用20Cr、20CrMnTi等低碳合金钢，经渗碳淬火，提高轴颈的耐磨性；高温高速重载下，常采用27Cr2Mo1V、38CrMoAlA等。

应用合金钢要注意以下问题：

1）合金钢对应力集中敏感性高，因此做轴的结构设计时，要尽量减少应力集中，提高对轴表面粗糙度的要求。

2）采用合金钢及热处理方法提高轴的刚度的做法是错误的，因为钢材的种类及热处理对其弹性模量影响很小。

（3）铸铁。曲轴、凸轮轴等形状复杂的轴，过去一直采用锻坯再车制的方法制造，这种方法成本高、费工时。现可采用合金铸铁、球墨铸铁铸出毛坯再机械加工的方法，由于这些材料具有吸振性好、耐磨性好、对应力集中不敏感、成本低、铸造性好等优点，所以这一方法现已得到了应用。表16-1列出了几种轴的常用材料及其主要力学性能。

16.2.2　轴的设计准则和设计步骤

轴的设计应当满足结构、强度、刚度及振动稳定性等要求，一般按以下步骤进行：

（1）选材料。根据载荷、工况等来选择轴的材料及热处理方法。

表 16-1 轴的常用材料及主要力学性能

材料及热处理	毛坯直径 /mm	硬度 HBS	强度极限 σ_B/N · mm^{-2}	屈服极限 σ_s/N · mm^{-2}	弯曲疲劳极限 σ_{-1}/N · mm^{-2}	应用说明
Q235	16 ~ 250		375 ~ 460	—	—	用于不太重要或载荷不大的轴
35 正火	≤100	149 ~ 187	520	270	250	有好的塑性和适当的强度，可做一般曲轴、转轴
45 正火	≥100	170 ~ 217	600	300	275	用于较重要的轴，应用最为广泛
45 调质	≤200	217 ~ 255	650	360	300	
40Cr 调质	25		1000	800	500	用于载荷较大而无很大冲击的重要轴
	≤100	241 ~ 236	750	550	350	
	> 100 ~ 300	241 ~ 266	700	550	340	
40MnB 调质	25		1000	800	485	性能接近于 40Cr，用于重要的轴
	≤100	241 ~ 286	750	500	335	
35CrMo 调质	≤100	207 ~ 269	750	550	390	用于重载荷的轴
20Cr 渗碳淬火回火	15	表面 HRC 56 ~ 62	850	550	375	用于要求强度、韧性及耐磨性均较高的轴
	≤60		600	400	280	

（2）结构设计。在绘图设计过程中完成轴的几何外形设计，使之满足使用要求。

（3）轴工作能力校核计算。

1）受载不大、转速不高的轴可不校核；

2）一般工况的轴做疲劳强度校核；

3）短期过载较大的轴，除进行疲劳强度校核外，还要进行尖峰载荷的静强度计算，以防止塑变；

4）轴弹性变形较大，会影响正常工作的轴（机床主轴、跨度较大的蜗杆轴等），要作疲劳强度和刚度两项验算；

5）高速轴，如汽车轮轴，附加振动稳定性计算，以防共振。

16.3 轴的结构设计

轴的结构设计就是合理地确定轴的各部分形状和尺寸。结构设计的主要要求有：

（1）轴上零件有准确的相对位置（定位）；

（2）各零件在受载后仍可靠地固定在预定的位置上（固定）；

（3）便于加工、便于装配（制造安装要求）；

（4）减小轴上载荷、尽量降低应力集中等。

16.3.1 轴上零件的定位

轴肩、轴环为常用的轴向定位结构，其定位简单、可靠（图 16-7）。为了保证轴上零件紧靠定位面，轴肩、轴环的圆角半径 r 必须小于相配合零件的倒角 c 或圆角半径 R，轴肩高必须大于 c 或 R（图 16-7 Ⅰ、Ⅲ）。图 16-7 中的左端轴承采用了轴套定位，这种定位装拆方便，简化了轴的加工。

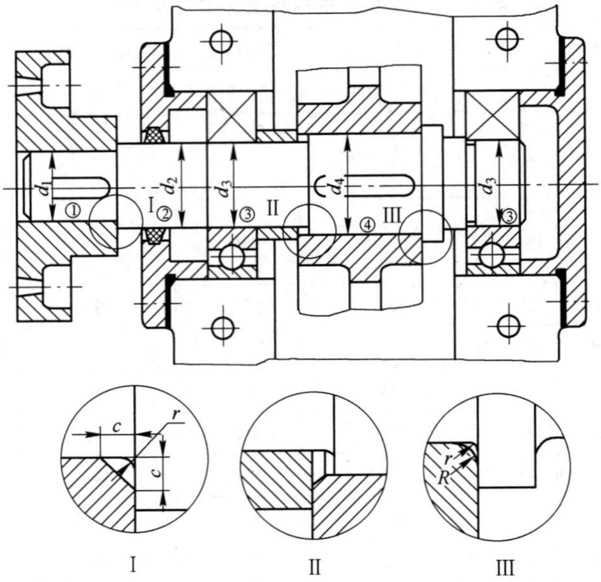

图 16-7　轴的结构设计

16.3.2　轴上零件的固定

为了防止轴上零件受力时发生沿轴向或周向的相对运动，轴上零件除了有游动或空转的要求，都必须进行周向和轴向固定。

（1）周向固定。周向固定可采用键、花键联接及过盈联接等。

（2）轴向固定。轴肩、轴环作为零件的定位要素，在一个方向上固定了该零件。此外，还有多种轴向固定方法。

1）轴套。如图 16-7 所示，轴套从左面固定了齿轮。

2）螺钉锁紧挡圈。如图 16-8a 所示，用于方便拆卸或光轴上的零件定位和固定的场合。

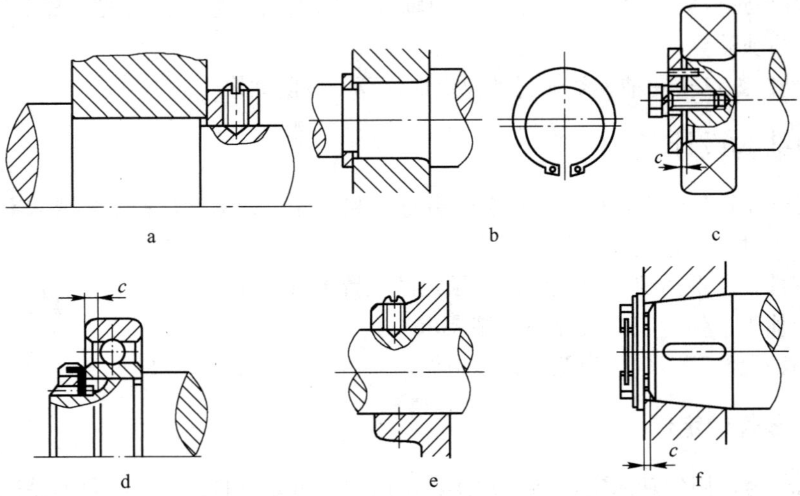

图 16-8　零件的轴向固定方法

a—螺钉锁紧挡圈；b—弹性挡圈；c—轴端挡板；d—圆螺母；
e—紧定螺钉；f—轴端挡板和圆锥形轴端

3）弹性挡圈。如图 16-8b 所示，用于轴向力较小的轴向定位及固定，是标准件。

4）轴端挡板（又称压板）。如图 16-8c 所示，适合于轴端零件的轴向固定。

5）圆螺母。如图 16-8d 所示，通常用于轴端，使用时加防松装置。

6）紧定螺钉。如图 16-8e 所示，用于轴向力较小的固定及较小的转矩的周向固定。

7）轴端挡板和圆锥形轴端。如图 16-8f 所示，多用于承受冲击或振动载荷。

16.3.3　制造安装要求

为便于轴上零件的装拆，常采用阶梯轴，如图 16-7 所示。轴端应制出 45°的倒角并去掉毛刺，以方便轴上零件的安装；需要磨削加工的轴段，应留有砂轮越程槽，如图 16-9a 所示；需要切螺纹的轴段，应留有螺纹退刀槽，如图 16-9b 所示。它们的尺寸可参看标准或手册。

为了减少装夹工件的时间，同一轴上不同轴段的键槽应布置在轴的同一母线上。为了减少加工刀具的种类和提高劳动生产率，轴上直径相近处的圆角、倒角、键槽宽度、砂轮越程槽宽度和退刀槽宽度等应尽可能采用相同的尺寸。

一般来说，轴的结构越简单，工艺性越好。因此，在满足使用要求的情况下，轴的形状和尺寸应力求简单，以便于加工。

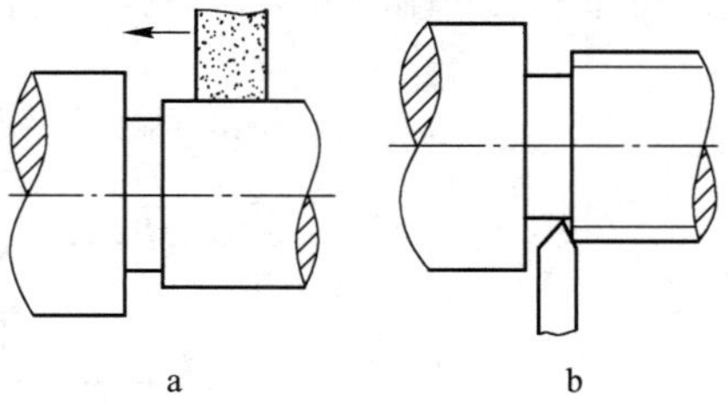

图 16-9　砂轮越程槽和螺纹退刀槽
a—砂轮越程槽；b—螺纹退刀槽

16.3.4　减少应力集中、改善受力情况

具有较大应力集中的截面常是发生破坏的危险截面，所以应尽量减少应力集中，对合金钢轴尤其如此。

应力集中发生在截面突然变化的地方，如轴肩处，这些地方要采用圆角过渡，并且不宜过小；避免轴上开横孔、切口或凹槽；重要结构的轴肩要采用减载槽（图 16-10a）、中间环（图 16-10b）或凹切圆角（图 16-10c）。

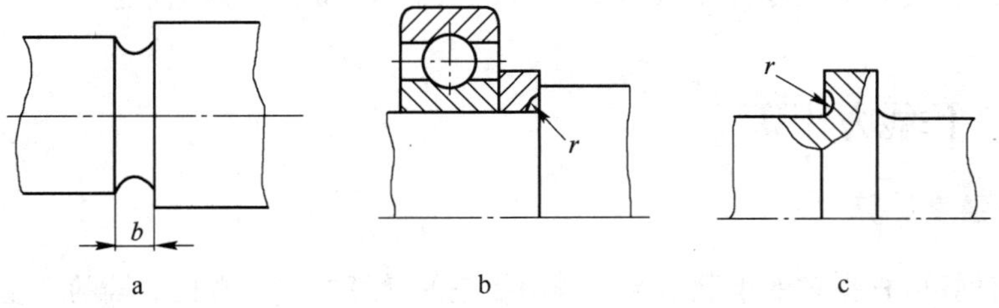

图 16-10　减轻圆角应力集中的结构
a—减载槽；b—中间环；c—凹切圆角

合理的结构设计可以改善轴的受力情况。例如，在图 16-11 所示的起重卷筒轴的两种不同方案中，图 16-11a 所示方案是大齿轮和卷筒连成一体，转矩经大齿轮直接传给卷筒，这样卷筒轴只受弯矩而不受转矩；而图 16-11b 所示的方案是大齿轮将转矩通过轴传到卷筒，因而卷筒轴既受弯矩又受扭矩。在同样的载荷作用下，图 16-11a 所示方案改善了轴的受力状况。

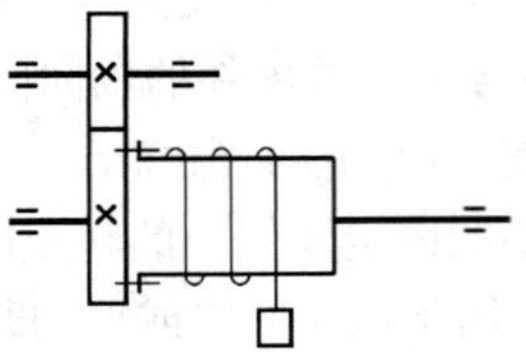

图 16-11　起重卷筒

a—转动心轴；b—转轴

再如图 16-12 是动力输入轮与输出轮两种不同的布置方案，输入轮布置在两输出轮中间比输入轮布置在一端的方案，轴所受的转矩小。

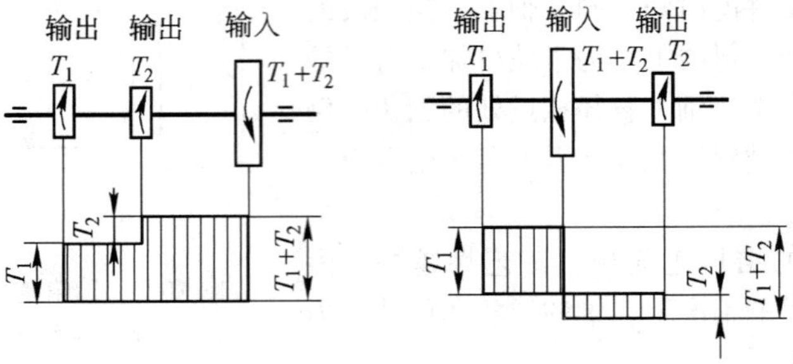

图 16-12　轴的两种布置方案

16. 3. 5　轴的各段直径和长度的确定

凡有配合要求的轴段，如图 16-7 中的④段，应尽量采用标准直径。安装联轴器、密封圈、滚动轴承等标准件的轴径，如图 16-7 中的①段、②段和③段，应符合各标准件内径系列的规定。轴套的内径应与相配的轴径相同并采用过渡配合。

采用套筒、圆螺母、轴端挡板、螺钉锁紧挡圈、轴端挡板和圆锥形轴端作轴向固定时，应把装零件轴段的长度做得比零件轮毂短 2 ~ 3mm（图 16-7 Ⅱ），以确保这些固定零件压紧被固定零件。

16. 4　轴的工作能力计算

16. 4. 1　轴的强度计算

轴的强度计算应根据轴的承载情况，采用相应的计算方法。常见的轴的强度计算方法有以下几种。

（1）按扭转强度计算。这种方法适用于传动轴的准确计算，也可用于转轴的近似计算及结构设计前的轴径初估计算。

圆截面轴按转矩进行校核的计算公式为：

$$\tau_T = \frac{T}{W_T} = \frac{T}{\pi d^3/16} = 9.55\times10^6\frac{P}{0.2d^3 n} \leqslant [\tau_T] \tag{16-1}$$

设计式为：

$$d \geqslant A\sqrt[3]{P/n} \tag{16-2}$$

式中　τ_T ——扭转剪应力，N/mm^2；

W_T——轴剖面的抗扭剖面系数，mm^3；

T——轴传递的转矩，N·mm；

P——轴传递的功率，kW；

n——轴的转速，r/min；

d——受转矩作用的直径，mm；

$[\tau_T]$ ——许用剪应力，N/mm^2；

A——决定于材料的许用扭转剪应力系数。

$[\tau_T]$、A 值见表 16-2。

表 16-2　轴常用几种材料的 $[\tau_T]$ 及 A 值

轴的材料	Q235，20	45	40CrMn，38SiMnMo	1Cr18Ni9Ti
$[\tau_T]$ /$N \cdot mm^{-2}$	12 ~ 20	30 ~ 40	40 ~ 52	15 ~ 25
A	160 ~ 135	118 ~ 107	107 ~ 98	148 ~ 125

注：当材料好、弯矩较小、无冲击时取小值；反之取大值。

此外，也可采用经验公式初估轴径。在一般减速器中，与电机相联的高速轴直径 d 可按电机输出轴 D 估算，即 $d = (0.8 \sim 1.0)D$。

（2）按当量弯矩计算。该法适用于转轴的强度计算。下面以单级斜齿圆柱齿轮减速器的低速轴（图 16-13a）为例，说明该方法的计算步骤。

1）确定受力简图。图 16-13a 中的链轮、齿轮、轴承与轴之间为圆柱面接触，其上分布有复杂规律的载荷，无法按其实际力关系对轴进行计算。因此，在复杂的受载情况下，应找出轴的合理简化模型，它将直接影响到轴计算方法的合理性及结果的精确度。

通常忽略重力，将分布力视为集中力。如齿轮受力被简化为作用于齿宽中点的集中力；带轮、链轮、联轴器及轴承受力被视为作用于轮毂中点的集中力和转矩（对滚动轴承，若准确些计算应取力作用点为压力中心，详见轴承一章）。图 16-13a 所示结构的受力简图如图16-13b 所示。

2）将力简化到轴上并分解为水平和垂直分力，绘出水平面和垂直面中的支反力，见图16-13c和图16-13e。

3）绘水平、垂直两个面弯矩图。求出垂直和水平面中的支反力，绘出相应的弯矩图 M_Y、M_Z 图，见图 16-13d 和图 16-13f。

4）绘合成弯矩图 M，见图 16-13g，其计算公式为：

$$M = \sqrt{M_Y^2 + M_Z^2} \tag{16-3}$$

5）绘转矩图 T，见图 16-13h。

6）绘当量弯矩图 M_v，见图 16-13i。

弯矩 M 引起的应力性质为对称循环变应力（$r = -1$），而转矩 T 引起的应力性质与转矩性质有关，转矩大小、方向不变，其剪应力性质为静应力（$r = +1$）；转矩方向频繁改变，则引起的应力性质为对称循环（$r = -1$）；一般情况下，转矩大小随时改变，且经常开启和停车，引起应力的性质可简化为脉动循环应力（$r=0$）。由于弯矩 M 引起应力性质与转矩 T 引起的应力性质不同，所以 σ 和 τ 要合成一个统一应力性质的当量对称循环弯曲应力，就要在转矩 T 前乘以折算系数 α，则当量弯矩 M_v 为：

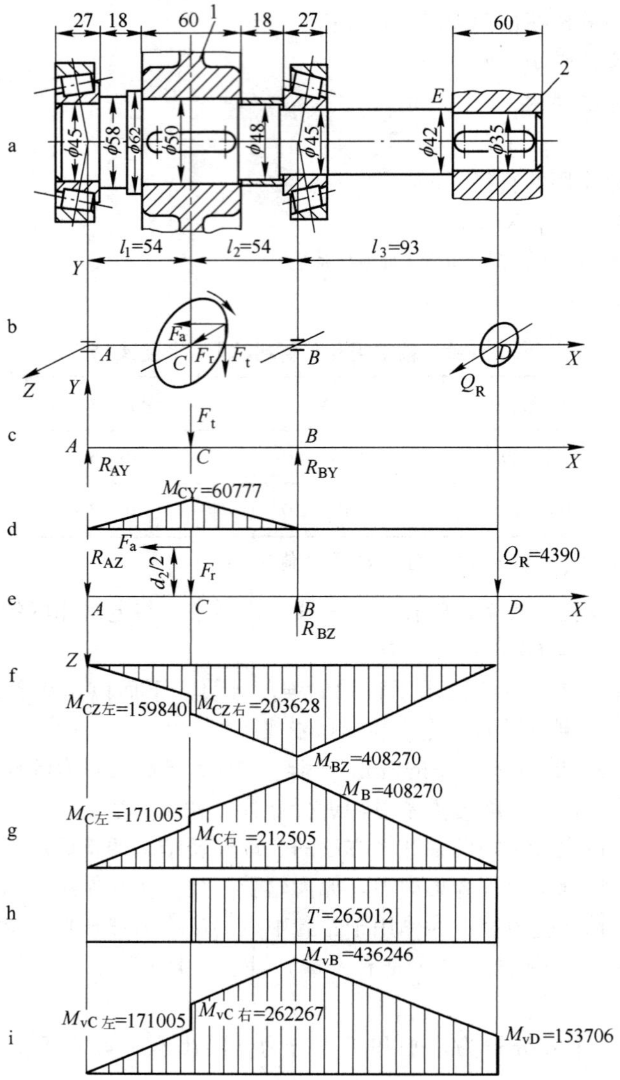

图 16-13　轴的受力分析

a—轴结构图；b—受力简图；c—水平面受力图；d—水平面弯矩图；e—垂直面受力图；
f—垂直面弯矩图；g—合成弯矩图；h—扭矩图；i—当量弯矩图
1—齿轮；2—链轮

$$M_v = \sqrt{M^2 + (\alpha T)^2} \tag{16-4}$$

式中 α 的值：对转矩引起的静应力，$\alpha = \dfrac{[\sigma_{-1b}]}{[\sigma_{+1b}]}$；对转矩引起脉动循环应力，$\alpha = \dfrac{[\sigma_{-1b}]}{[\sigma_{0b}]}$；对转矩引起的对称循环应力，$\alpha = \dfrac{[\sigma_{-1b}]}{[\sigma_{-1b}]} = 1$。$[\sigma_{+1b}]$、$[\sigma_{0b}]$、$[\sigma_{-1b}]$ 为轴在静应力、脉动循环应力、对称循环应力状态下的许用弯曲应力，其值见表 16-3。

表 16-3 轴的许用弯曲应力（N/mm^2）

材 料	σ_B	$[\sigma_{+1b}]$	$[\sigma_{0b}]$	$[\sigma_{-1b}]$
碳素钢	400	130	70	40
	500	170	75	45
	600	200	95	55
	700	230	110	65
合金钢	800	270	130	75
	900	300	140	80
	1000	330	150	90
铸 钢	400	100	50	30
	500	120	70	40

7）计算轴的直径。当量弯矩 M_v 作用下的轴强度条件为：

$$\sigma = \frac{M_v}{W} = \frac{M_v}{0.1d^3} \leqslant [\sigma_{-1b}] \tag{16-5}$$

轴的直径公式为：

$$d \geqslant \sqrt[3]{\frac{M_v}{0.1[\sigma_{-1b}]}} \tag{16-6}$$

校核截面处有键槽时，轴径要加大4%～5%，有两个键槽时轴径要加大7%～10%。用这种方法也可做心轴和传动轴的计算。

16.4.2 轴的刚度计算

轴受力会发生弯曲弹性变形和扭转弹性变形，若弹性变形过大，将会影响轴上零件的正常工作，如安装齿轮的轴，弯曲弹性变形会使齿轮发生偏载；电机转子的轴刚度不足，会使转子与定子之间的间隙变化而影响电机的正常工作；机床主轴的刚度不足会影响主轴的回转精度；内燃机凸轮轴刚度不足，会影响气阀开闭时间的准确性。所以，对刚度有较严格要求的一些轴，需进行刚度计算。

轴的刚度分为弯曲刚度和扭转刚度，弯曲刚度的衡量指标有挠度和偏转角，扭转刚度的衡量指标为扭转角。轴的刚度校核计算通常是计算出轴在受载时的变形量，并控制其不大于允许值。

轴的弯曲刚度条件为：

$$y \leqslant [y] \tag{16-7}$$

$$\theta \leqslant [\theta] \tag{16-8}$$

轴的扭转刚度条件为：

$$\varphi \leqslant [\varphi] \tag{16-9}$$

式中，y、θ、φ 分别为轴在载荷作用下产生的挠度、偏转角和扭转角，可按材料力学或其他方法计算，$[y]$、$[\theta]$、$[\varphi]$为许用值，可从有关资料中查取。

［例 16-1］ 减速器低速级轴结构设计如图 16-13a。已知该轴传递的功率为 6.66kW，轴的

材料为 45 钢，转速 $n=240\text{r/min}$，单向旋转左旋斜齿轮，分度圆直径 $d=235.42\text{mm}$，螺旋角 $\beta=9°22'32''$，链轮的压轴力 $Q_R=4390\text{N}$，且为水平方向，各轴段直径及轴向尺寸如图 16-13a 所示，试做该轴的强度校核计算。

解：(1) 求出齿轮受力，绘出空间受力简图。

1) 求齿轮的作用力：

输出轴转矩

$$T=9.55\times10^6\frac{P}{n}=9.55\times10^6\times\frac{6.66}{240}=265012\text{N}\cdot\text{mm}$$

齿轮圆周力

$$F_t=\frac{2T}{d}=\frac{2\times265012}{235.42}=2251\text{N}$$

齿轮轴向力

$$F_a=F_t\cdot\tan\beta=2251\times\tan9°22'32''=372\text{N}$$

齿轮径向力

$$F_r=\frac{F_t\cdot\tan\alpha_n}{\cos\beta}=\frac{2251\times\tan20°}{\cos9°22'32''}=830\text{N}$$

2) 绘出空间受力简图：如图 16-13b 所示。

(2) 绘轴受力简图。将力简化到轴上，分解为水平分力，见图 16-13e，垂直分力，见图 16-13c，求出水平和垂直两个平面内的支点反力。

XOY 平面（铅垂面）支承反力为：

$$R_{AY}=R_{BY}=\frac{F_t\times l_2}{l_1+l_2}=\frac{2251\times54}{54+54}=1125.5\text{N}$$

XOZ 平面（水平面）支承反力为：

$$R_{AZ}=\frac{Q_R\cdot l_3-F_r\cdot l_2-F_a\cdot d_2/2}{l_1+l_2}=2960\text{N}$$

$$R_{BZ}=\frac{Q_R\cdot(l_1+l_2+l_3)+F_r\cdot l_1-F_a\cdot d_2/2}{l_1+l_2}=8180\text{N}$$

(3) 绘弯矩图。

1) 作 *XOY* 面弯矩图 M_Y，如图 16-13d 所示。

$$M_{CY左}=M_{CY右}=R_{AY}\cdot l_1=1125.5\times54=60777\text{N}\cdot\text{mm}$$

2) 作 *XOZ* 面弯矩图 M_Z，如图 16-13f 所示。

$$M_{CZ左}=R_{AZ}\cdot l_1=2960\times54=159840\text{N}\cdot\text{mm}$$

$$M_{CZ右}=R_{AZ}\cdot l_1+F_a\cdot d_2/2=203628\text{N}\cdot\text{mm}$$

$$M_{BZ}=Q_R\cdot l_3=408270\text{N}\cdot\text{mm}$$

3) 作合成弯矩图 M，如图 16-13g 所示。

$$M=\sqrt{M_Y^2+M_Z^2}$$

$$M_{C左} = \sqrt{M_{CY左}^2 + M_{CZ左}^2} = \sqrt{60777^2 + 159840^2} = 171005\text{N} \cdot \text{mm}$$

$$M_{C右} = \sqrt{M_{CY右}^2 + M_{CZ右}^2} = \sqrt{60777^2 + 203628^2} = 212505\text{N} \cdot \text{mm}$$

$$M_{B左} = M_{B右} = M_{BZ} = 408270\text{N} \cdot \text{mm}$$

4）作转矩图 T，如图 16-13h 所示。

$$T = 265012\text{N} \cdot \text{mm}$$

5）作当量弯矩图 M_v，如图 16-13i 所示。

$$M_v = \sqrt{M^2 + (\alpha T)^2}$$

转矩为一般性质，故 $\alpha = \dfrac{[\sigma_{-1b}]}{[\sigma_{0b}]} = \dfrac{55}{95} \approx 0.58$。45 钢取 $\sigma_B = 600\ \text{N/mm}^2$，查表 16-3 可知，$[\sigma_{-1b}] = 55\ \text{N/mm}^2$，$[\sigma_{0b}] = 95\ \text{N/mm}^2$。

$$M_{vC左} = \sqrt{M_{C左}^2 + (\alpha T)^2} = \sqrt{171005^2 + 0^2} = 171005\text{N} \cdot \text{mm}$$

$$M_{vC右} = \sqrt{M_{C右}^2 + (\alpha T)^2} = \sqrt{212505^2 + (0.58 \times 265012)^2} = 262267\text{N} \cdot \text{mm}$$

$$M_{vB} = \sqrt{M_B{}^2 + (\alpha T)^2} = \sqrt{408270^2 + (0.58 \times 265012)^2} = 436246\text{N} \cdot \text{mm}$$

$$M_{vD} = \alpha T = 0.58 \times 265012 = 153706\text{N} \cdot \text{mm}$$

6）取危险截面按当量弯矩验算直径。危险截面取右轴承处（载荷最大）及安装链轮处（轴径最小且载荷较大、有键槽）。

右轴承部位验算：

$$d_6' = \sqrt[3]{\frac{M_{vB}}{0.1[\sigma_{-1b}]}} = \sqrt[3]{\frac{436246}{0.1 \times 55}} = 43\text{mm}$$

$d_6 = 45\ \text{mm} > 43\text{mm}$，合格。安装链轮部位验算：

$$d_8' = \sqrt[3]{\frac{M_{vD}}{0.1[\sigma_{-1b}]}} = \sqrt[3]{\frac{153706}{0.1 \times 55}} = 30.35\text{mm}$$

该轴段有键槽，计算轴径加大 4%，$d_8 = 35 > 30.35 \times 1.04 = 31.56\text{mm}$，合格。

综上计算结果，该低速轴强度足够。

复习思考题

16-1 轴按受载情况可分几类；自行车三根轴（前、中、后）属何种轴，每种轴应力性质是什么？

16-2 轴设计的基本步骤是什么，结构设计解决的主要问题是什么？

16-3 指出图 16-14 所示结构设计中的错误，并改正之。

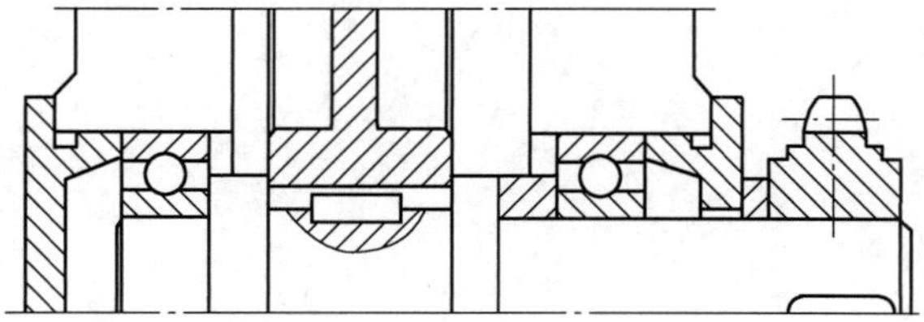

图 16-14

16-4　当量弯矩公式 $M_v = \sqrt{M^2 + (\alpha T)^2}$ 中 α 的意义是什么，当量弯矩引起的当量应力性质是什么？

16-5　图示为带式运输机运动简图及减速器输出轴结构图。已知输出轴传递功率 $P = 5\text{kW}$，转速 $n = 42$ r/min，方向如图 16-15 所示。齿轮参数：$m_n = 3$、$\alpha_n = 20°$、$z = 110$、$\beta = 9°22'$，右旋，轴结构尺寸如图，$d_1 = 55\text{mm}$、$d_2 = 65\text{mm}$、$d_3 = 70\text{mm}$、$d_4 = 83\text{mm}$、$d_5 = 72\text{mm}$、$d_6 = 70\text{mm}$，试用当量弯矩法校核该轴的强度。

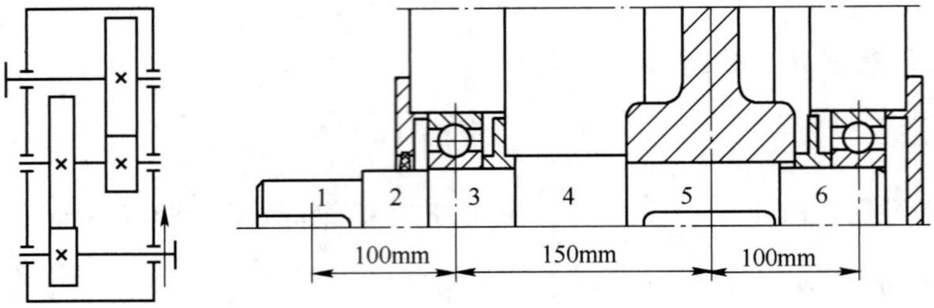

图 16-15

17 轴　承

轴承主要用于支承轴及轴上零件，减轻转动副的摩擦和磨损，保证轴的旋转精度。根据轴承工作时的摩擦性质不同，可分为滚动轴承和滑动轴承两类。本章着重介绍滚动轴承的类型、代号、寿命计算、组合设计以及滑动轴承的类型、非液体摩擦滑动轴承的选择计算。

17.1　滚动轴承的类型、特点和代号

17.1.1　滚动轴承的基本构造和材料

滚动轴承是一个部件，它由外圈、内圈、保持架和滚动体等组成，如图 17-1 所示。内圈通常装在轴上，并与轴一起转动。外圈通常装在轴承座孔内或机械部件壳体中，起固定支承作用。但是在有些场合，有外圈旋转、内圈起固定支承作用的，也有内、外圈一起转动的。

滚动体在内、外圈之间的滚道上滚动。它的形状有球、圆柱滚子、圆锥滚子、球面滚子和滚针等，如图 17-2 所示。

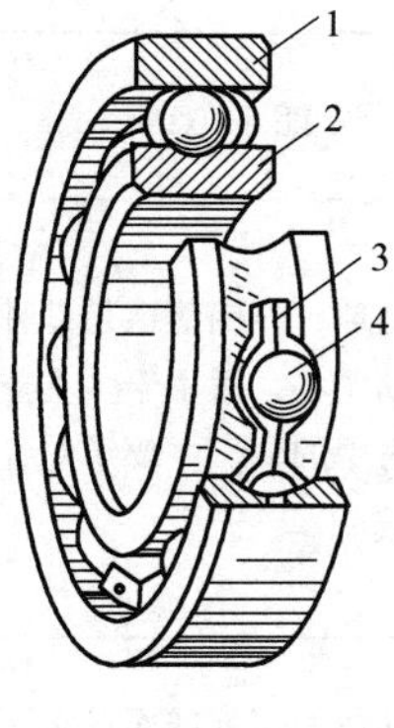

图 17-1　滚动轴承的结构

1—外圈；2—内圈；3—保持架；4—滚动体

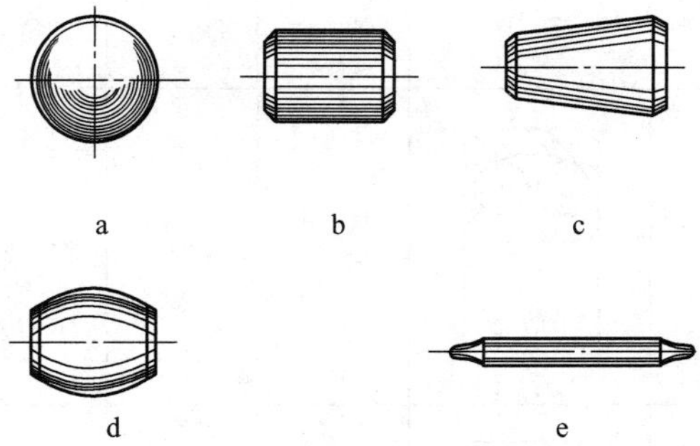

图 17-2　滚动体

a—球状滚子；b—圆柱滚子；c—圆锥滚子；d—球面滚子；e—滚针

保持架将轴承中的滚动体均匀地相互隔开，以改善轴承内部载荷的分配，引导滚动体运动，促使轴承平稳运转。

内、外圈和滚动体均由含铬合金钢（轴承钢）制成。保持架由低碳钢、有色金属或塑料制成。滚动轴承是标准件，使用时可购入或定做。

17.1.2　滚动轴承的主要类型、特点和应用

滚动体与外圈接触处的法线与轴承径向平面（垂直于轴承轴心线的平面）之间的夹角称为公称接触角，用 α 表示，见表 17-1。公称接触角是滚动轴承的一个主要参数，轴承的力分析和承载能力等都与接触角有关。公称接触角越大，则轴承承受轴向载荷的能力就越强。

表 17-1　轴承的公称接触角

轴承种类	向心轴承		推力轴承	
	径向接触	角接触	角接触	轴向接触
公称接触角 α	$\alpha=0°$	$0°<\alpha\leqslant45°$	$45°<\alpha<90°$	$\alpha=90°$
图例 （以球轴承为例）	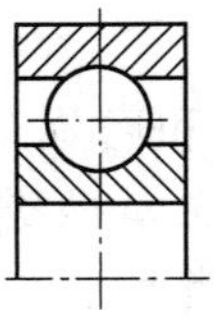	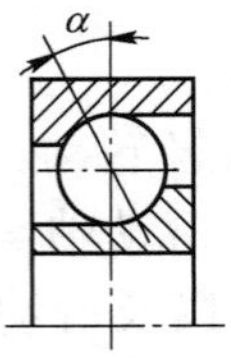	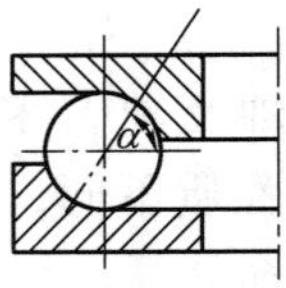	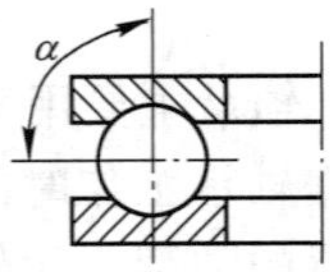

滚动轴承按其所能承受载荷的方向或公称接触角分为两类。

（1）向心轴承。主要用于承受径向载荷，$0°\leqslant\alpha\leqslant45°$。向心轴承又可分为：径向接触轴承（$\alpha=0°$）；向心角接触轴承（$0°<\alpha\leqslant45°$）。

（2）推力轴承。主要用于承受轴向载荷，$45°<\alpha\leqslant90°$。推力轴承又可分为：轴向接触轴承（$\alpha=90°$）；推力角接触轴承（$45°<\alpha<90°$）。

按滚动体的形状和列数，滚动轴承可分为球轴承和滚子轴承（即圆柱滚子、滚针、圆锥滚子和球面滚子轴承），而它们又有单列、双列等之分。

滚动轴承的类型很多，常用滚动轴承的类型和特性见表 17-2。

表 17-2　常用滚动轴承的类型和特性

类型代号	简　图	名　称	极限转速	允许角偏差	性 能 特 点
1	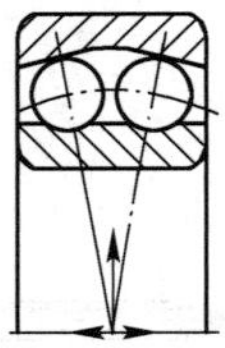	调心球轴承	中	2°～3°	其结构特点为双列球，外围滚道是以轴承中心为中心的球面，故能自动调心，适用于多支点和弯曲刚度不足的轴以及难以对中的轴。主要承受径向载荷，也可承受少量的轴向载荷
2	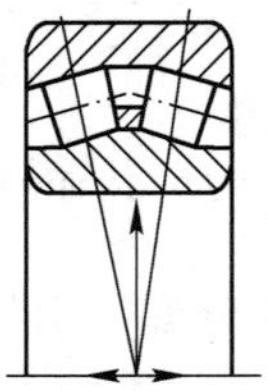	调心滚子轴承	低	1°～2.5°	其结构特点是滚动体为双列球面形滚子，外圈滚道是以轴承中心为中心的球面，故能自动调心，能承受很大的径向载荷和少量的轴向载荷，抗振动、冲击，但加工要求高，用于其他轴承不能胜任的重载且需调心的场合
3	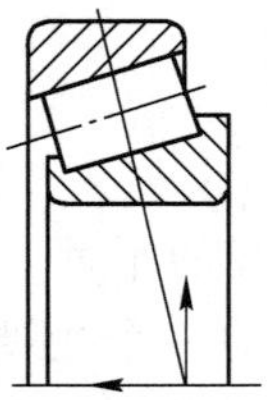	圆锥滚子轴承	中	2′	能同时承受较大的径向载荷和轴向载荷。公称接触角 α = 10°～18°（30000 型，以承受径向载荷为主）和 α = 27°～30°（30000B 型）。外圈可分离，游隙可调，装拆方便，适用于刚性较大的轴，一般成对使用，允许角偏斜较小。在同一支点使用两个相反方向安装的圆锥滚子轴承时，可以通过预紧提高轴承刚度。价格相对较高

续表 17-2

类型代号	简　图	名　称	极限转速	允许角偏差	性能特点
5	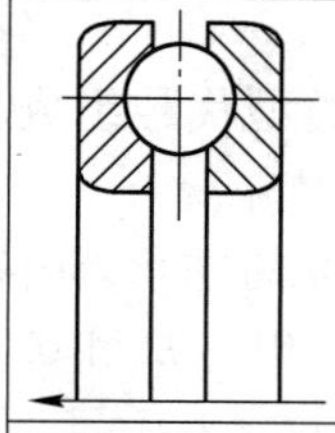	推力球轴承	低	不允许	只能承受轴向载荷，且载荷作用线必须与轴线重合，并与轴承底面垂直。推力轴承的套圈不分内、外圈，而分轴圈与座圈或统称垫圈。轴圈与轴过盈配合并一起旋转，座圈的内径与轴保持一定间隙置于机座中。轴圈、座圈、滚动体是分离的。高速时，因滚动体离心力大，滚动体与保持架摩擦发热严重，寿命较低。故用于轴向载荷大但转速不高的场合。推力球轴承高度系列代号为 1，仅承受单向轴向载荷，双向推力球轴承高度系列代号为 2，可承受双向轴向载荷
	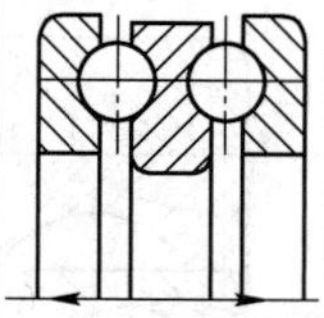	双向推力球轴承			
6	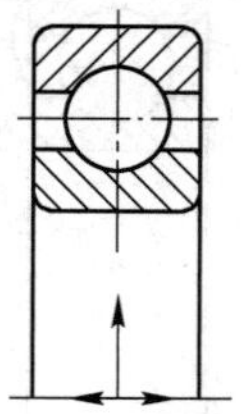	深沟球轴承	高	8′~16′	主要承受径向载荷，也可以承受一定的双向轴向载荷，摩擦系数最小，极限转速高。适于刚性较大和转速较高的轴。在转速较高、轴向载荷不大，而不宜用推力轴承时，可用于承受纯轴向载荷。结构紧凑，重量轻，大量生产价格低，供货方便，是应用最广的一种轴承
7	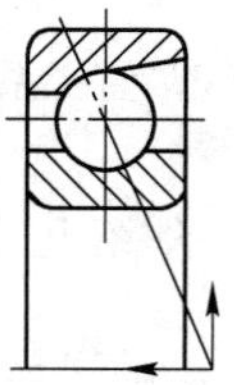	角接触球轴承	高	2′~10′	能承受径向载荷和轴向载荷，也能承受较大的单向轴向载荷。公称接触角 α 有：15°（70000C 型）、25°（70000AC 型）和 40°（70000B 型）三种。α 越大，轴向承载能力也越大。极限转速高，通过预紧提高轴承刚度。通常成对使用，可分别装在两个支点或同一支点上。因为不具有调心性能，通常用于刚性较大而跨距不大的轴
N	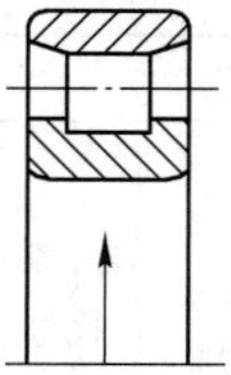	圆柱滚子轴承	高	2′~4′	滚动体是圆柱滚子，径向承载能力是相同内径深沟球轴承的 1.5~3 倍，但不能承受轴向载荷。耐冲击，内外圈可分离，但各轴线允许的偏转角很小。当要求轴能作轴向游动时，这是一种理想的支承结构。基本结构形式为 N 型，另有内圈无挡边的 NU 型和内圈单挡边的 NJ 型
NA	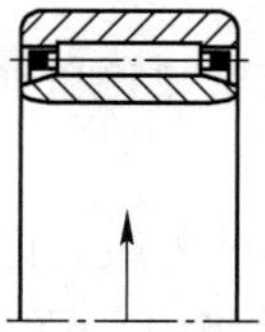	滚针轴承	低	不允许	在内径相同的情况下，与其他轴承相比，其外径最小，因而特别适用于径向尺寸受限制的场合，其基本型号为 NA 型，还有无内圈的 NK、BK 型和无内、外圈有保持架的 K 型。这类轴承不允许有轴线偏转角，极限转速低

注：极限转速的含义是指同一尺寸系列 0 级公差的各类轴承在脂润滑时，其极限转速与单列深沟球轴承脂润滑时极限转速之比的大小。其中，“高”表示：90%~100%；“中”表示：60%~90%；“低”表示：小于 60%。各类轴承的极限转速的具体数值可查手册。

17.1.3　滚动轴承的代号

滚动轴承应用广泛，种类繁多。为了便于组织生产，GB/T 272—1993 中规定了滚动轴承代号，用以表示轴承的类型、尺寸等相关内容。滚动轴承代号的构成和排列顺序见表 17-3。

（1）前置代号。滚动轴承的前置代号是用字母表示的，表示轴承的可分离部件。如用 L 表示可分离轴承的可分离套圈；K 表示轴承的滚动体与保持架组件等。

（2）基本代号。基本代号由轴承的内径代号、尺寸系列代号和类型代号组成。现分述如下：

第一、二位数字表示轴承的内径尺寸。对常用内径 $d=20\sim495$mm 的轴承，内径表示为 $(04\sim99)\times5$mm；内径为 10mm、12mm、15mm 和 17mm 时，用代号 00、01、02 和 03 表示。

第三位数字表示轴承的直径系列（即结构相同、内径相同的轴承在外径和宽度方面的变化系列）代号。直径系列代号有 7、8、9、0、1、2、3、4 和 5，对应于相同内径轴承的外径尺寸依次递增。部分直径系列之间的尺寸对比如图 17-3 所示。

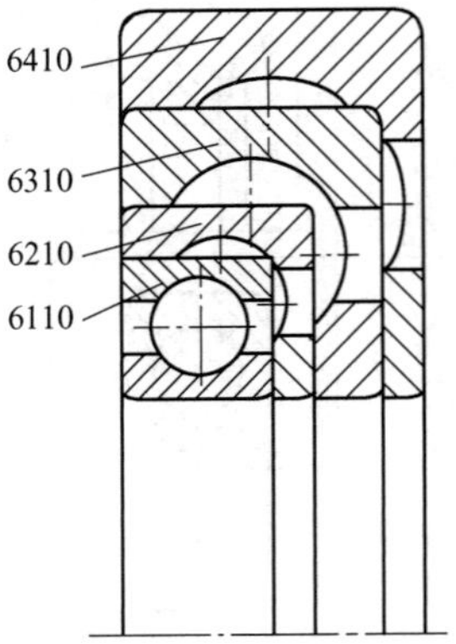

图 17-3　直径系列的对比

第四位数字表示轴承的宽度系列（即结构、内径和直径系列都相同的轴承宽度方面的变化系列。对于推力轴承，是指高度系列）代号。宽度系列代号有 8、0、1、2、3、4、5 和 6，对应于同一直径系列的轴承，其宽度依次递增。多数轴承在代号中可不标出宽度系列代号 0，但对于调心滚子轴承和圆锥滚子轴承，宽度系列代号 0 应标出。直径系列代号和宽度系列代号统称为尺寸系列代号。

第五位数字或字母则表示轴承的类型代号，见表 17-3。

（3）后置代号。轴承的后置代号用字母和数字表示，按表 17-3 的顺序排列于基本代号之后。后置代号的内容很多，下面只介绍几个常用的代号。

表 17-3　滚动轴承代号的构成

<table>
<tr><td>前置代号</td><td colspan="5">基本代号</td><td colspan="8">后置代号</td></tr>
<tr><td rowspan="3">轴承的分部件代号</td><td>五</td><td>四</td><td>三</td><td>二</td><td>一</td><td rowspan="3">内部结构代号</td><td rowspan="3">密封与防尘结构代号</td><td rowspan="3">保持架及其材料代号</td><td rowspan="3">特殊轴承材料代号</td><td rowspan="3">公差等级代号</td><td rowspan="3">游隙代号</td><td rowspan="3">多轴承配置代号</td><td rowspan="3">其他代号</td></tr>
<tr><td rowspan="2">类型代号</td><td colspan="2">尺寸系列代号</td><td colspan="2" rowspan="2">内径代号</td></tr>
<tr><td>宽度系列代号</td><td>直径系列代号</td></tr>
</table>

内部结构代号：用 C、AC 和 B 表示 70000 型轴承公称接触角 α 为 15°、25°和 40°；而用 E 表示 30000 型轴承接触角 α 为加大和加强型。

公差等级代号：用/P2、/P4、/P5、/P6、/P6X 和/P0 表示轴承的精度等级，即为 2 级、4 级、5 级、6 级、6X 级和 0 级，共 6 个级别，依次由高级到低级。公差等级中，6X 级仅适用于圆锥滚子轴承；0 级为普通级（在轴承代号中不标出），是最常用的轴承公差等级。

游隙组别：用/C1、/C2、/C0、/C3、/C4、/C5 表示常用的轴承径向游隙，即 1 组、2 组、0 组、3 组、4 组、5 组，共 6 个组别，径向游隙依次由小到大。0 组游隙是常用的游隙组别，在轴承代号中可不标出。

在实际应用中，标准滚动轴承类型是很多的，其中有些轴承的代号也是比较复杂的。以上介绍的代号是轴承代号中最基本、最常用的部分，熟悉了这部分代号就可以识别和查选常用的轴承。关于滚动轴承详细的代号表示方法可查阅 GB/T 272—1993。

［例 17-1］　试说明滚动轴承代号 62203 和 7312AC/P6 的含义。

解：（1）6—深沟球轴承，22—尺寸系列，03—内径 $d=17$mm。

（2）7—角接触球轴承，(0)3—尺寸系列，12—内径 $d=60$mm，AC—公称接触角 $\alpha=25°$，P6—6 级公差。

17.2　滚动轴承的失效形式和选择计算

17.2.1　滚动轴承的失效形式及计算准则

（1）主要失效形式。

1）疲劳点蚀。在安装、润滑、维护正常的情况下，对于一般转速（$n>10$r/min）的轴承，在滚动体与内、外圈的接触表面上将产生交变的接触应力。当应力循环次数达到一定值时，接触表面发生疲劳点蚀，进而引起失效。疲劳点蚀是正常的失效形式，它决定了轴承的疲劳寿命。

2）静强度失效。对于静止、缓慢摆动或缓慢旋转（$n\leqslant10$r/min）的轴承，在过大的静载荷或冲击载荷作用下，滚动体与内、外圈滚道接触处的接触应力超过材料的屈服极限，而产生过大的塑性变形。这是一种静强度不足的失效。

此外，由于安装维护得不好、润滑密封不良等原因，还将引起磨损、胶合、内外圈与保持架破坏等失效现象。

（2）计算准则。对于一般转速（$n>10$r/min）的轴承，针对疲劳点蚀，应进行轴承寿命计算。对于静止、缓慢摆动或缓慢旋转（$n\leqslant10$r/min）的轴承，要求控制塑性变形，应作静强度计算。

17.2.2　滚动轴承的选择

滚动轴承的选择是在轴承组合设计的基础上进行的。组合设计即要初步选定轴承的类型和尺寸。这要根据轴承的工作情况，如载荷的大小、方向、性质、回转速度的高低、轴承所占的空间、轴对调心性能以及其他使用要求等，同时还要考虑供应情况和经济性，合理确定之。选择轴承类型时可参考以下几点。

（1）球轴承为点接触，承受载荷的能力低、抗冲击能力差，但旋转精度和极限转速高，摩擦系数小，适用于轻载、高速和要求精度高的装置。

（2）滚子轴承为线接触，承受载荷的能力高，抗冲击能力强，但精度和极限转速比同类球轴承低，多用于重载或有冲击的地方，并要求轴的刚性好。

（3）如果既有径向载荷又有较大的轴向载荷时，一般应选用圆锥滚子轴承。但当轴向载荷比径向载荷大得多时，可以把深沟球轴承和推力球轴承组合起来使用。

（4）角接触球轴承和圆锥滚子轴承应成对使用，安装时使之成对称形，可装在轴的两端，也可以放在一端，而另一端用深沟球轴承或圆柱滚子轴承。有时可以把它们同向安装使用。

（5）如果轴承孔的同心度难以保证或轴的挠曲变形大、支点多时，可选择调心轴承。滚动轴承的尺寸是由型号表示的，当选定类型并确定型号后，其结构尺寸可由滚动轴承产品样本查得（表 17-4 ~ 表 17-6）。

表 17-4　深沟球轴承

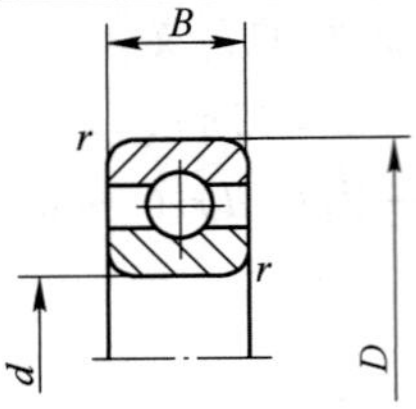

外形尺寸

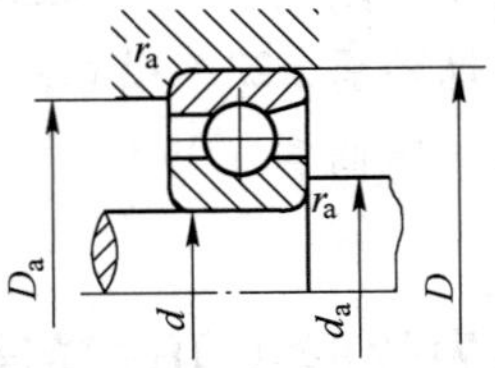

安装尺寸

外形尺寸/mm				基本额定动载荷/kN		极限转速/r · min^{-1}		安装尺寸/mm			轴承型号
d	D	B	r	C_r（动）	C_{0r}（静）	脂润滑	油润滑	d_a（min）	D_a（max）	r_a（max）	
25	47	12	0.6	7.75	4.95	13000	17000	30	42	0.6	6105
	52	15	1	10.8	6.95	12000	16000	31	46	1	6205
	62	17	1.1	17.2	11.2	10000	14000	32	55	1	6305
	80	21	1.5	20.5	21.2	8500	11000	34	71	1.5	6405
30	55	13	1	10.2	6.88	10000	14000	36	49	1	6106
	62	16	1	15.0	10.0	9500	13000	36	56	1	6206
	72	18	1.1	20.8	14.2	9000	12000	37	65	1	6306
	90	23	1.5	36.5	26.8	8000	10000	39	81	1.5	6406
35	62	14	1	12.5	8.60	9000	12000	41	56	1	6107
	72	17	1.1	19.8	13.5	8500	11000	42	65	1	6207
	80	21	1.5	25.8	17.8	8000	10000	44	71	1.5	6307
	100	25	1.5	43.8	32.5	6700	8500	44	91	1.5	6407
40	68	15	1	13.2	9.42	8500	11000	46	62	1	6108
	80	18	1.1	22.8	15.8	8000	10000	47	73	1	6208
	90	23	1.5	31.2	22.2	7000	9000	48	81	1.5	6308
	110	27	1.5	50.2	37.8	6300	8000	50	100	2	6408
45	75	16	1	16.2	11.8	8000	10000	51	69	1	6109
	85	19	1.1	24.5	17.5	7000	9000	52	78	1	6209
	100	25	1.1	40.8	29.8	6300	8000	54	91	1.5	6309
	120	29	1.5	59.5	45.5	5600	7000	55	110	2	6409
50	80	16	1	16.8	12.8	7000	9000	56	74	1	6110
	90	20	1.1	27.0	19.8	6700	8500	57	83	1	6210
	110	27	2	47.5	35.6	6000	7500	60	100	2	6310
	130	31	2.1	71.0	55.2	5300	6700	62	118	2.1	6410
55	90	18	1.1	23.2	17.8	6300	8000	62	83	1	6111
	100	21	1.5	33.5	25.0	6000	7500	64	91	1.5	6211
	120	29	2	55.2	41.8	5300	6700	65	110	2	6311
	140	33	2.1	77.5	52.5	4800	6000	67	128	2.1	6411
60	95	18	1.1	24.5	19.2	6000	7500	67	88	1	6112
	110	22	1.5	36.8	27.8	5600	7000	69	101	1.5	6212
	130	31	2.1	62.8	48.5	5000	6300	72	118	2	6312
	150	35	2.1	83.8	70.0	4500	5600	72	138	2.1	6412
65	100	18	1.1	24.8	19.8	5600	7000	72	93	1	6113
	120	23	1.5	44.0	34.0	5000	6300	74	111	1.5	6213
	120	33	2.1	72.2	56.5	4500	6000	77	128	2.1	6313
	160	37	2.1	90.8	78.0	4300	5300	77	148	2.1	6413
70	110	20	1.1	29.8	24.2	5300	6700	77	103	1	6114
	125	24	1.5	46.8	37.5	4800	6000	79	116	1.5	6214
	150	35	2.1	80.2	63.2	4300	5300	82	138	2.1	6314
	180	42	3	108	99.2	3800	4800	84	166	2.5	6414

表 17-5 角接触球轴承

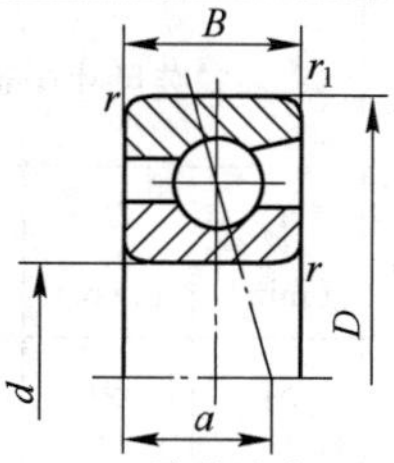

外形尺寸

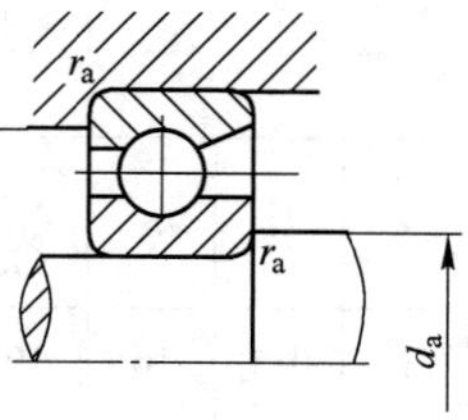

安装尺寸

外形尺寸/mm						基本额定动载荷 /kN		极限转速 /r · min⁻¹		安装尺寸/mm			轴承型号
d	D	B	r	r_1	a	C_r （动）	C_{0r} （静）	脂润滑	油润滑	d_a (min)	D_a (max)	r_a (max)	
25	47	12	0.6	0.15	10.8	8.98	6.22	12000	17000	30	42	0.6	7105C
	47	12	0.6	0.15	14.4	8.58	5.85	12000	17000	30	42	0.6	7105AC
	52	15	1	0.3	12.7	12.8	8.95	11000	16000	31	46	1	7205C
	52	15	1	0.3	16.4	12.2	8.38	11000	16000	31	46	1	7205AC
	52	15	1	0.3	23.7	12.2	7.88	11000	16000	31	46	1	7205B
	62	17	1.1	0.6	13.1	21.5	15.8	9500	14000	32	55	1	7305C
	62	17	1.1	0.6	19.1	20.8	14.8	9500	14000	32	55	1	7305AC
	62	17	1.1	0.6	26.8	20.2	13.5	9500	14000	32	55	1	7305B
30	55	13	1	0.3	12.2	11.5	8.45	9500	14000	36	49	1	7106C
	55	13	1	0.3	16.4	11.2	7.92	9500	14000	36	49	1	7106AC
	62	16	1	0.3	14.2	17.8	12.8	9000	13000	36	56	1	7206C
	62	16	1	0.3	18.7	16.8	12.2	9000	13000	36	56	1	7206AC
	62	16	1	0.3	27.4	15.8	11.2	9000	13000	36	56	1	7206B
	72	19	1.1	0.6	15	26.2	19.8	8500	12000	37	56	1	7306C
	72	19	1.1	0.6	22.2	25.2	18.5	8500	12000	37	65	1	7306AC
	72	19	1.1	0.6	31.1	24.8	17.5	8500	12000	37	65	1	7306B
	90	23	1.5	0.6	26.1	42.5	32.2	7500	10000	39	65	1	7406AC
35	62	14	1	0.3	13.5	14.8	11.5	8500	120000	41	56		7107C
	62	14	1	0.3	18.3	14.2	10.8	8500	12000	41	56	1	7107AC
	72	17	1.1	0.6	15.7	23.5	17.5	8000	11000	42	65	1	7207C
	72	17	1.1	0.6	21	22.5	16.5	8000	11000	42	65	1	7207AC
	72	17	1.1	0.6	30.9	20.8	15.2	8000	11000	42	65	1	7207B
	80	21	1.5	0.6	16.6	34.2	26.8	7500	10000	44	71	1.5	7307C
	80	21	1.5	0.6	24.5	32.8	24.8	7500	10000	44	71	1.5	7307AC
	80	21	1.5	0.6	34.6	29.5	21.2	7500	10000	44	71	1.5	7307B
	100	25	1.5	0.6	29	53.8	42.5	6300	8500	44	91	1.5	7407AC
40	68	15	1	0.3	14.7	15.5	12.2	8000	11000	46	62	1	7108C
	68	15	1	0.3	20.1	14.5	11.5	8000	11000	46	62	1	7108AC
	80	18	1.1	0.6	17	26.8	20.5	7500	10000	47	73	1	7208C
	80	18	1.1	0.6	23	25.8	19.2	7500	10000	47	73	1	7208AC
	80	18	1.1	0.6	34.5	25.0	18.8	7500	10000	47	73	1	7208B
	90	23	1.5	0.6	18.5	40.2	32.3	6700	9000	49	81	1.5	7308C
	90	23	1.5	0.6	27.5	38.5	30.5	6700	9000	49	81	1.5	7308AC
	90	23	1.5	0.6	38.8	35.5	26.2	6700	9000	49	81	1.5	7308B
	110	27	2	1	31.8	62.0	49.5	6000	8000	50	100	2	7408AC
	110	27	2	1	38.7	51.5	41.8	6000	8000	50	100	2	7408B

续表 17-5

外形尺寸/mm						基本额定动载荷/kN		极限转速/r · min^{-1}		安装尺寸/mm			轴承型号
d	D	B	r	r_1	a	C_r（动）	C_{0r}（静）	脂润滑	油润滑	d_a（min）	D_a（max）	r_a（max）	
45	75	16	1	0. 3	16	19. 8	16. 2	7500	10000	51	69	1	7109C
	75	16	1	0. 3	21. 6	18. 8	15. 2	7500	10000	51	69	1	7109AC
	85	19	1. 1	0. 6	18. 2	29. 8	23. 8	6700	9000	52	78	1	7209C
	85	19	1. 1	0. 6	24. 7	28. 2	22. 5	6700	9000	52	78	1	7209AC
	85	19	1. 1	0. 6	36. 8	27. 8	21. 2	6700	9000	52	78	1	7209B
	100	25	1. 5	0. 5	20. 2	49. 2	39. 8	6000	8000	54	91	1. 5	7309C
	100	25	1. 5	0. 6	30. 2	47. 5	37. 2	6000	8000	54	91	1. 5	7309AC
	100	25	1. 5	0. 6	42. 0	45. 8	34. 5	6000	8000	54	91	1. 5	7309B
	120	29	2	1	34. 6	66. 8	52. 8	5300	7000	55	110	2	7409AC
50	80	16	1	0. 3	16. 7	20. 5	17. 2	6700	9000	56	74	1	7110C
	80	16	1	0. 3	23. 2	19. 5	16. 2	6700	9000	56	74	1	7110AC
	90	20	1. 1	0. 6	19. 4	32. 8	26. 8	6300	8500	57	88	1	7210C
	90	25	1. 1	0. 6	26. 3	31. 5	25. 2	6300	8500	57	88	1	7210AC
	90	20	1. 1	0. 6	39. 4	28. 8	22. 8	6300	8500	57	88	1	7210B
	110	27	2	1	22	53. 5	47. 2	5600	7500	60	100	2	7310C
	110	27	2	1	33	55. 5	44. 5	5600	7500	60	100	2	7310AC
	110	27	2	1	47. 5	52. 5	40. 8	5600	7500	60	100	2	7310B
	130	31	2. 1	1. 1	37. 4	76. 5	64. 2	5000	6700	62	118	2. 1	7410AC
	130	31	2. 1	1. 1	46. 2	73. 2	56. 5	5000	6700	62	118	2. 1	7410B
55	90	18	1. 1	0. 6	18. 7	28. 5	24. 5	6000	8000	62	83	1	7111C
	90	18	1. 1	0. 6	25. 9	27. 2	22. 8	6000	8000	62	83	1	7111AC
	100	21	1. 5	0. 6	20. 9	40. 8	33. 8	5600	7500	64	91	1. 5	7211C
	100	21	1. 5	0. 6	28. 6	38. 8	31. 8	5600	7500	64	91	1. 5	7211AC
	100	21	1. 5	0. 6	43	35. 5	28. 8	5600	7500	64	91	1. 5	7211B
	120	29	2	1	23. 8	70. 5	60. 5	5000	6700	65	110	2	7311C
	120	29	2	1	35. 8	67. 2	56. 8	5000	6700	65	110	2	7311AC
	120	29	2	1	51. 4	60. 5	48. 0	5000	6700	65	110	2	7311B

续表 17-5

外形尺寸/mm						基本额定动载荷/kN		极限转速/r·min^{-1}		安装尺寸/mm			轴承型号
d	D	B	r	r_1	a	C_r（动）	C_{0r}（静）	脂润滑	油润滑	d_a（min）	D_a（max）	r_a（max）	
60	95	18	1.1	0.6	19.38	29.5	25.8	5600	7500	67	88	1	7112C
	95	18	1.1	0.6	27.1	27.8	24.2	5600	7500	67	88	1	7112AC
	110	22	1.5	0.6	22.4	44.8	37.8	5300	7000	69	101	1.5	7212C
	110	22	1.5	0.6	30.8	42.8	35.5	5300	7000	69	101	1.5	7212AC
	110	22	1.5	0.6	46.7	43.8	35.5	5300	7000	69	101	1.5	7212B
	130	31	2.1	1.1	25.6	80.5	70.2	4800	6300	72	118	2.1	7312C
	130	31	2.1	1.1	25.6	80.5	70.2	4800	6300	72	118	2.1	7312AC
	130	31	2.1	1.1	55.4	69.2	55.5	4800	6300	72	118	2.1	7312B
	150	35	2.1	1.1	43.1	102	90.8	4300	5600	72	138	2.1	7412AC
	150	35	2.1	1.1	55.7	90.2	75.2	4300	5600	72	138	2.1	7412B
65	100	18	1.1	0.6	20.1	30.8	27.8	5300	7000	72	93	1	7113C
	100	18	1.1	0.6	28.2	29.2	26.2	5300	7000	72	93	1	7113AC
	120	23	1.5	0.6	24.2	53.8	46.0	4800	6300	74	111	1.5	7213C
	120	23	1.5	0.6	33.5	51.2	43.2	4800	6300	74	111	1.5	7213AC
	120	23	1.5	0.6	51.1	48.8	41.8	4800	6300	74	111	1.5	7213B
	140	33	2.1	1.1	27.4	91.5	80.5	4300	5600	77	128	2.1	7313C
	140	33	2.1	1.1	41.5	89.8	75.5	4300	5600	77	128	2.1	7313AC
	140	33	2.1	1.1	59.5	79.5	64.6	4300	5600	77	128	2.1	7313B
70	110	20	1.1	0.6	22.1	34.2	34.0	5000	6700	77	103	1	7114C
	110	20	1.1	0.6	30.9	35.2	31.8	5000	6700	77	103	1	7114AC
	125	24	1.5	0.6	25.3	50.0	49.2	4500	6700	79	116	1.5	7214C
	125	24	1.5	0.6	35.1	53.2	46.2	4500	6700	79	116	1.5	7214AC
	125	24	1.5	0.6	52.9	53.0	45.5	4500	6700	79	116	1.5	7214B
	150	35	2.1	1.1	29.2	102	91.5	4000	5300	82	138	2.1	7314C
	150	35	2.1	1.1	44.3	98.5	86.0	4000	5300	82	138	2.1	7314AC
	150	35	2.1	1.1	63.7	88.0	72.8	4000	5300	82	138	2.1	7314B
	180	42	3	1.1	51.5	125	125	3600	4800	84	166	2.5	7414AC

表 17-6 圆锥滚子轴承

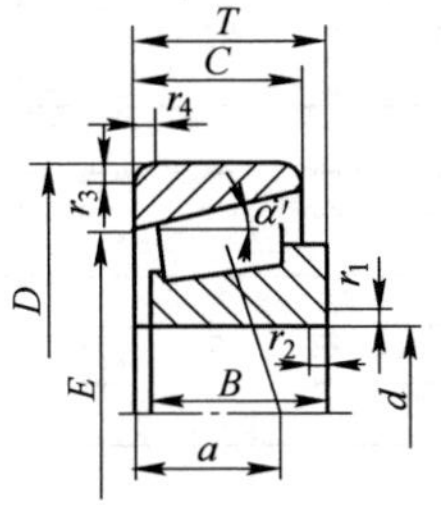

外形尺寸

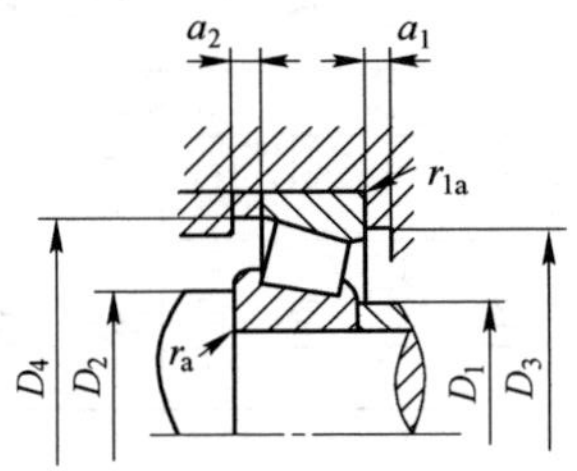

安装尺寸

外形尺寸/mm									基本额定动载荷/kN		极限转速 /r · min^{-1}		安装尺寸/mm								计算系数			轴承型号
d	D	T	B	r_{1max} r_{2min}	C	r_{3min} r_{4max}	a	E	C_r (动)	C_{0r} (静)	脂润滑	油润滑	D_2 (min)	D_1 (max)	D_3 (max)	D_4	a_1	a_2	r_a	r_{1a}	e	Y	Y_0	
20	47	15.25	14	1	12	1	11.2	37.304	26.8	18.25	8000	10000	26	27	41	43	2	3.5	1	1	0.35	1.7	1	30204
	52	16.25	15	1.5	13	1.5	11	41.318	31.5	20.8	7500	9500	27	28	45	48	3	3.5	1.5	1.5	0.3	2	1.1	30304
25	52	16.25	15	1	12	1	11.2	41.135	32.2	23	7000	9000	31	31	46	48	2	3.5	1	1	0.37	1.6	0.9	30205
	62	18.25	17	1.5	15	1.5	13	50.637	44.8	30	6300	8000	32	34	55	58	3	3.5	1.5	1.5	0.3	2	1.1	30305
30	62	17.25	16	1	14	1	13.8	49.990	41.2	29.5	6000	7500	36	37	56	58	2	3.5	1	1	0.37	1.6	0.9	30206
	72	20.75	19	1.5	16	1.5	15	58.287	55.8	38.5	5600	7000	37	40	65	66	3	5	1.5	1.5	0.31	1.9	1	30306
	62	21.25	20	1	17	1	15.4	48.982	49.2	37.2	6000	7500	36	36	56	58	3	4.5	1	1	0.37	1.6	0.9	32206
35	72	18.25	17	1.5	15	1.5	15.3	58.844	51.5	37.2	5300	6700	42	44	65	67	3	3.5	1.5	1.5	0.37	1.6	0.9	30207
	80	22.75	21	2	18	1.5	17	65.769	62.2	44.5	5000	6300	44	45	71	74	3	5	2	1.5	0.31	1.9	1	30307
	72	24.25	23	1.5	19	1.5	17.6	57.087	67.5	52.5	5300	6700	42	42	65	68	3	5.5	1.5	1.5	0.37	1.6	0.9	32207
40	80	19.75	18	1.5	16	1.5	16.9	65.730	59.8	42.8	5000	6300	47	49	73	75	3	4	1.5	1.5	0.37	1.6	0.9	30208
	90	25.25	23	2	20	1.5	19.5	72.703	86.2	63.8	4500	5600	49	52	81	84	3	5.5	2	1.5	0.35	1.7	1	30308
	80	24.75	23	1.5	19	1.5	19	57.087	74.2	56.8	5000	6300	47	48	73	75	3	6	1.5	1.5	0.4	1.6	0.9	32208

续表 17-6

外形尺寸/mm d	外形尺寸/mm D	外形尺寸/mm T	外形尺寸/mm B	外形尺寸/mm r_{1max} r_{2min}	外形尺寸/mm C	外形尺寸/mm r_{3min} r_{4max}	外形尺寸/mm a	外形尺寸/mm E	基本额定动载荷/kN C_r（动）	基本额定动载荷/kN C_{0r}（静）	极限转速 /r·min^{-1} 脂润滑	极限转速 /r·min^{-1} 油润滑	安装尺寸/mm D_2 (min)	安装尺寸/mm D_1 (max)	安装尺寸/mm D_3 (max)	安装尺寸/mm D_4	安装尺寸/mm a_1	安装尺寸/mm a_2	安装尺寸/mm r_a	安装尺寸/mm r_{1a}	计算系数 e	计算系数 Y	计算系数 Y_0	轴承型号
45	85	20.75	19	1.5	16	1.5	18.6	70.440	64.2	47.8	4500	5600	52	53	78	80	3	5	1.5	1.5	0.4	1.5	0.8	30209
	100	27.25	25	2	22	1.5	21.5	81.780	104	78.1	4000	5000	54	59	91	94	3	5.5	2	1.5	0.35	1.7	1	30309
	85	24.75	23	1.5	19	1.5	20	69.610	79.5	62.8	4500	5600	52	53	78	81	3	6	1.5	1.5	0.4	1.5	0.8	32209
50	90	21.75	20	1.5	17	1.5	20	75.078	72.2	55.2	4300	5300	57	58	83	86	3	5	1.5	1.5	0.42	1.4	0.8	30210
	110	29.25	27	2.5	23	2	23	90.633	122	92.5	3800	4800	60	65	100	103	4	6.5	2.1	2	0.35	1.7	1	30310
	90	24.75	23	1.5	19	1.5	21	74.226	84.8	68	4300	5300	57	57	83	86	3	6	1.5	1.5	0.42	1.4	0.8	32210
55	100	22.75	21	2	18	1.5	21	84.197	86.5	65.5	3800	4800	64	64	91	95	4	5	2	1.5	0.4	1.5	0.8	30211
	120	31.5	29	2.5	25	2	25	99.146	145	112	3400	4300	65	70	110	112	4	6.5	2.1	2	0.35	1.7	1	30311
	100	26.75	25	2	21	1.5	22.5	82.837	102	81.5	3800	4800	64	62	91	96	4	6	2	1.5	0.4	1.5	0.8	32211
60	110	23.75	22	2	19	1.5	22.4	91.876	97.8	74.5	3600	4500	69	69	101	103	4	5	2	1.5	0.4	1.5	0.8	30212
	130	33.5	31	3	26	2.5	26.5	107.769	162	125	3200	4000	72	76	118	121	5	7.5	2.5	2.1	0.35	1.7	1	30312
	110	29.75	28	2	24	1.5	24.9	90.236	125	102	3600	4500	69	68	101	105	4	6	2	1.5	0.4	1.5	0.8	32212
65	120	24.75	23	2	20	1.5	24	101.934	112	86.2	3200	4000	74	77	111	114	4	5	2	1.5	0.4	1.5	0.8	30213
	140	36	33	3	28	2.5	29	116.846	185	142	2800	3600	77	83	128	131	5	8	2.5	2.1	0.35	1.7	1	30313
	120	32.75	31	2	27	1.2	27.2	99.484	152	125	3200	4000	74	75	111	115	4	6	2	1.5	0.4	1.5	0.8	32213
70	125	26.25	24	2	21	1.5	25.9	105.74	125	97.5	3000	3800	79	81	116	119	4	5.5	2	1.5	0.42	1.4	0.8	30214
	150	38	35	3	30	2.8	30.6	125.244	208	162	2600	3400	82	89	138	141	5	8	2.5	2.1	0.35	1.7	1	30314
	125	33.25	31	2	27	1.5	28.6	103.765	158	135	3000	3800	79	79	116	120	4	6.5	2	1.5	0.42	1.4	0.8	32214

17.2.3　滚动轴承的寿命计算

（1）几个基本概念。

1）轴承寿命。轴承的套圈或滚动体首次出现疲劳点蚀以前，一套圈相对于另一套圈的转数，称为轴承的寿命。寿命也可用工作的小时数来表示。对同一批生产的同一型号的轴承，由于材料的组织不均匀和工艺过程中存在着差异等原因，即使在完全相同的条件下工作，寿命也不一样，有的相差几十倍，因此对一个具体的轴承来说，很难预知其确切的寿命。但对一批同样的轴承进行疲劳试验，可得轴承寿命分布曲线，如图 17-4 所示。由图可知，随着运转次数的增加，轴承疲劳破坏的百分数也在增加，其可靠性减小。

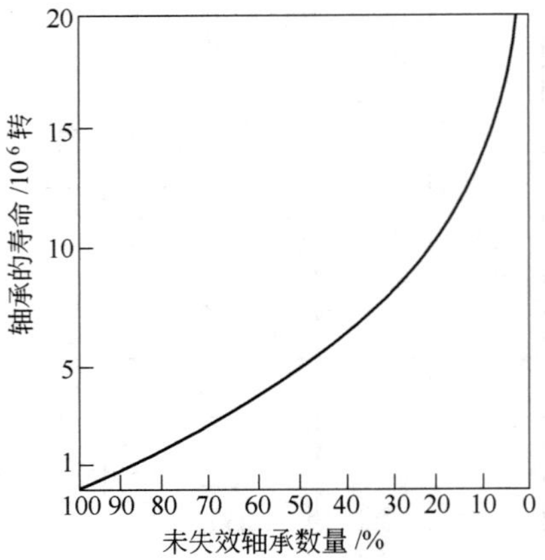

图 17-4　滚动轴承寿命分布曲线

2）基本额定寿命。一组同一型号轴承在相同条件下运转，其可靠度为 90% 时的寿命，即其 10% 的轴承发生失效而 90% 的轴承没失效时所能达到的寿命（以 10^6 为单位，用 L_{10}表示），称为轴承的基本额定寿命。轴承的基本额定寿命与承受的载荷有关，承受的载荷愈大，其基本额定寿命愈短，反之则愈长。

3）基本额定动载荷。系指一个轴承假想能承受的一个大小和方向恒定的载荷。在这一载荷作用下，轴承的基本额定寿命为 100 万转，即 $L_{10}=1$。对于径向接触轴承，这一载荷为径向载荷；对于单列向心角接触轴承，这一载荷为使轴承套圈之间只产生纯径向位移的载荷的径向分量；对于推力轴承，这一载荷为作用于轴承中心的轴向载荷。以 C_r 和 C_a 分别表示向心轴承（即径向接触轴承和向心角接触轴承）和推力轴承的基本额定动载荷。将最常用的深沟球轴承、角接触球轴承、圆锥滚子轴承的部分 C_r 和 C_a 值摘录于表 17-4 ~ 表 17-6 之中（工作温度 $t<120℃$）。

4）基本额定静载荷。系指一个轴承在静止状态（或套圈间相对转速为零）或缓慢摆动和转动时，假想所能承受的一个大小和方向恒定的载荷。在这一载荷作用下，应力最大的滚动体和滚道接触处，套圈和滚动体的总永久变形量为滚动体直径的 0.0001 倍或者接触处的接触应力对于调心球轴承为 4600MPa，对球轴承（调心球轴承除外）为 4200MPa，对滚子轴承为 4000MPa。

对于向心球轴承，这一载荷为径向静载荷（对于单列角接触轴承，这一载荷为使轴承套圈之间只产生纯径向位移的载荷的径向分量）；对于推力轴承，为作用于轴承中心的轴向静载荷。分别用 C_{0r} 和 C_{0a}的值表示，见表 17-4 ~ 表 17-6 或详见轴承产品样本及有关手册。

（2）滚动轴承寿命计算。

滚动轴承的载荷 P 与基本额定寿命 L_{10}之间的关系是在试验的基础上获得的。图 17-5 所示为 6207 轴承载荷—寿命曲线（P—L_{10}曲线）。该曲线上相对于寿命 $L_{10}=1$ 的载荷，即为 6207 轴承的径向基本额定动载荷 C_r。其他型号的轴承，也有与上述曲线的函数规律完全一样的

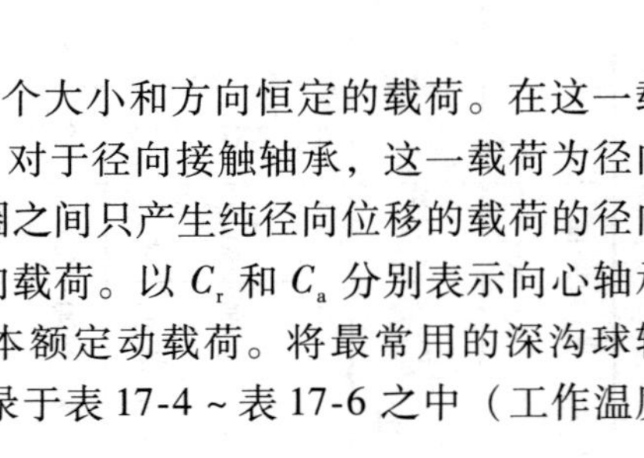

图 17-5　轴承载荷—寿命曲线

载荷—寿命曲线。把这些曲线用公式表示为：

$$L_{10}=\left(\frac{C}{P}\right)^{\varepsilon} \tag{17-1}$$

式中　L_{10}——基本额定寿命，10^6 转；

C——基本额定动载荷，对于向心轴承为 C_r，对于推力轴承为 C_a，N；

P——当量动载荷，N；

ε——寿命指数，球轴承 $\varepsilon=3$，滚子轴承 $\varepsilon=\frac{10}{3}$。

对于转速恒定的轴承，为了计算方便，可用工作小时数表示轴承的基本额定动寿命。同时考虑温度对轴承基本额定动载荷 C 的影响，引入温度系数 g_T，用于对 C 值给予修正。故寿命计算公式变化为：

$$L_h=\frac{10^6}{60n}\left(\frac{g_T C}{P}\right)^{\varepsilon} \tag{17-2}$$

式中　L_h——基本额定寿命，h；

n——轴承的转速，r/min；

g_T——温度系数，数值见表 17-7。

表 17-7　温度系数

工作温度/℃	<120	125	150	175	200	225	250	300
g_T	1.00	0.95	0.90	0.85	0.80	0.75	0.70	0.60

如果已知轴承的当量动载荷 P 和转速 n，并确定轴承的使用寿命 L_h'时，则将式 17-2 变形得到计算轴承应具有的基本额定动载荷 C'值的公式为：

$$C'=\frac{P}{g_T}\left(\frac{60nL_h'}{10^6}\right)^{\frac{1}{\varepsilon}}=\frac{P}{g_T}\left(\frac{nL_h'}{16667}\right)^{\frac{1}{\varepsilon}} \tag{17-3}$$

根据 C'值，由表 17-4 ~ 表 17-6 或参考滚动轴承产品样本，可选定所需要的轴承型号。

各种机械中轴承的使用寿命，可参照各种机械所需要的轴承使用寿命的推荐值，见表 17-8。

表 17-8　轴承使用寿命 L_h'的推荐值

使用条件	使用寿命/h
不经常使用的仪器和设备	300 ~ 3000
短期或间断使用的机械，中断使用不致引起严重后果，如手动机械、农业机械、装配吊车、自动送料装置	3000 ~ 8000
间断使用的机械，中断使用将引起严重后果，如发电站辅助设备、流水作业的传动装置、胶带运输机、车间吊车	8000 ~ 12000
每天 8h 工作的机械，但经常不是满载荷使用，如电机、一般齿轮装置、压碎机、起重机和一般机械	10000 ~ 25000
每天 8h 工作，满载荷使用，如机床、木材加工机械、工程机械、印刷机械、分离机、离心机	20000 ~ 30000
24h 连续工作的机械，如压缩机、泵、电机、轧机齿轮装置、纺织机械	40000 ~ 50000
24h 连续工作的机械，中断使用将引起严重后果，如纤维机械、进纸机械、电站主要设备、给排水设备、矿用泵、矿用通风机	≈100000

（3）滚动轴承的当量动载荷。轴承的基本额定动载荷是在假定的运转条件下确定的。其中的载荷条件为：径向接触轴承仅承受纯径向载荷，轴向接触轴承仅承受轴向载荷。实际上，轴承在大多数应用场合，常常同时承受径向载荷和轴向载荷。因此，在进行轴承寿命计算时，必须把实际载荷转换为与确定基本额定动载荷的载荷条件相一致的当量动载荷。在这一载荷作用下，轴承寿命与实际载荷作用下的寿命相等。当量动载荷的计算公式为：

$$P = XR + YA \tag{17-4}$$

式中　R——轴承所承受的径向载荷，N；

A——轴承所承受的轴向载荷，N；

X——径向系数，见表 17-9；

Y——轴向系数，见表 17-9。

表 17-9　当量动载荷的径向系数 X 和轴向系数 Y，当量静载荷的径向系数 X_0 和轴向系数 Y_0

<table>
<tr><th rowspan="2" colspan="2">轴承类型</th><th rowspan="2">A/C_0</th><th rowspan="2">e</th><th colspan="2">$A/R>e$</th><th colspan="2">$A/R\leq e$</th><th colspan="2">$A/R>0.8$</th><th colspan="2">$A/R\leq 0.8$</th></tr>
<tr><th>X</th><th>Y</th><th>X</th><th>Y</th><th>X_0</th><th>Y_0</th><th>X_0</th><th>Y_0</th></tr>
<tr><td rowspan="9" colspan="2">深沟球轴承</td><td>0.014</td><td>0.19</td><td rowspan="9">0.56</td><td>2.30</td><td rowspan="9">1</td><td rowspan="9">0</td><td rowspan="9">0.6</td><td rowspan="9">0.5</td><td rowspan="9">1</td><td rowspan="9">0</td></tr>
<tr><td>0.028</td><td>0.22</td><td>1.99</td></tr>
<tr><td>0.056</td><td>0.26</td><td>1.71</td></tr>
<tr><td>0.084</td><td>0.28</td><td>1.55</td></tr>
<tr><td>0.11</td><td>0.30</td><td>1.45</td></tr>
<tr><td>0.17</td><td>0.34</td><td>1.31</td></tr>
<tr><td>0.28</td><td>0.38</td><td>1.15</td></tr>
<tr><td>0.42</td><td>0.42</td><td>1.04</td></tr>
<tr><td>0.56</td><td>0.44</td><td>1.00</td></tr>
<tr><td rowspan="11">角接触球轴承</td><td rowspan="9">C 型（$\alpha=15°$）</td><td>0.015</td><td>0.38</td><td rowspan="9">0.44</td><td>1.47</td><td rowspan="9">1</td><td rowspan="9">0</td><td rowspan="12" colspan="2">$X_0=0.5$</td><td rowspan="9" colspan="2">$Y_0=0.46$</td></tr>
<tr><td>0.029</td><td>0.40</td><td>1.40</td></tr>
<tr><td>0.058</td><td>0.43</td><td>1.30</td></tr>
<tr><td>0.087</td><td>0.46</td><td>1.23</td></tr>
<tr><td>0.12</td><td>0.47</td><td>1.19</td></tr>
<tr><td>0.17</td><td>0.50</td><td>1.12</td></tr>
<tr><td>0.29</td><td>0.55</td><td>1.02</td></tr>
<tr><td>0.44</td><td>0.56</td><td>1.00</td></tr>
<tr><td>0.58</td><td>0.56</td><td>1.00</td></tr>
<tr><td>AC 型（$\alpha=25°$）</td><td>—</td><td>0.68</td><td>0.41</td><td>0.87</td><td>1</td><td>0</td><td colspan="2">$Y_0=0.38$</td></tr>
<tr><td>B 型（$\alpha=40°$）</td><td>—</td><td>1.14</td><td>0.35</td><td>0.57</td><td>1</td><td>0</td><td colspan="2">$Y_0=0.26$</td></tr>
<tr><td colspan="2">圆锥滚子轴承（单列）</td><td>—</td><td>$1.5\tan\alpha$</td><td>0.40</td><td>$0.40\cot\alpha$</td><td>1</td><td>0</td><td colspan="2">Y_0 见设计手册</td></tr>
</table>

注：C_0 可由表 17-4 ~ 表 17-6 查取。

对于承受纯径向载荷 R 的轴承 $P=XR$，对于承受纯轴向载荷 A 的轴承 $P=YA$。

当轴承承受冲击载荷时，当量动载荷计算式为：

$$P = f_d(XR + YA) \tag{17-5}$$

式中　f_d——冲击载荷系数，见表 17-10。

表 17-10　冲击载荷系数

载荷性质	f_d	举　例
无冲击或轻微冲击	1.0~1.2	电机、汽轮机、通风机、水泵
中等冲击	1.2~1.8	车辆、机床、起重机、冶金设备、内燃机
强大冲击	1.8~3.0	破碎机、轧钢机、石油钻机、振动筛

（4）角接触轴承轴向载荷的计算。

1）派生轴向力的计算。70000 型和 30000 型轴承，在计算轴承的轴向载荷 A 时，要考虑其派生轴向力。由于轴承本身的结构特点，工作时滚动体和内、外圈滚道接触处存在着接触角 α，如图 17-6 所示。当它只承受径向载荷 R 时，承受载荷的第 i 个滚动体的法向力 N_i，可分解为径向分力 P_i 和轴向分力 S_i，各滚动体上的轴向分力的合力，即为轴承内部的派生轴向力 S。派生轴向力的计算公式为：

$$S \approx 1.25R\tan\alpha \tag{17-6}$$

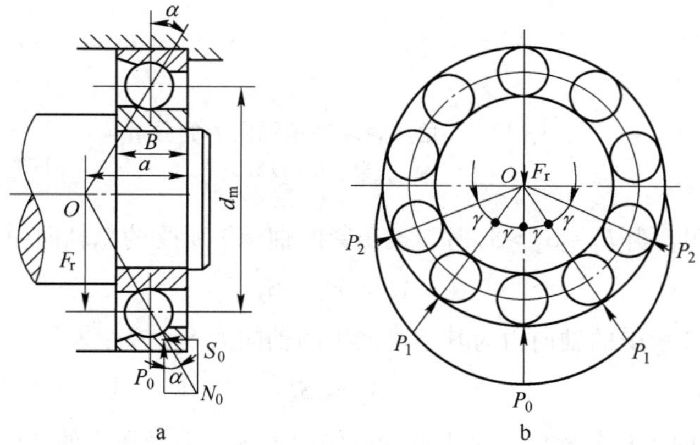

图 17-6　滚动体受力分析
a—派生轴向力；b—径向力

派生轴向力的近似计算公式列于表 17-11 中，其方向为使轴承内、外圈相分离的方向，即指向外圈窄边。

表 17-11　角接触轴承派生轴向力

圆锥滚子轴承	角接触球轴承		
	70000C 型（$\alpha=15°$）	70000AC 型（$\alpha=25°$）	70000B 型（$\alpha=40°$）
$S=\frac{R}{2Y}$	$S=eR$	$S=0.68R$	$S=1.14R$

注：1. Y 是对应表 17-9 中 $A/R>e$ 的 Y 值；
2. e 值由表 17-9 查出。

角接触轴承支反力的作用点，亦即压力中心，其位置用 a 表示，它与轴承宽度 B、内径 d、外径 D 及接触角 α 的关系为：

$$a=\frac{B}{2}+\frac{D+d}{4}\tan\alpha \tag{17-7}$$

为了简化计算，通常可以认为支反力作用在轴承宽度的中点上。

2）轴向力的计算。角接触轴承由于具有派生轴向力，一般均应成对使用。其安装方式有两种：一是外圈窄边相对的正安装（又称面对面），如图 17-7a 所示；一是外圈窄边相背的反安装（又称背对背），如图 17-7b 所示。各轴承承受的轴向力 A_1、A_2 的计算方法如下：

（Ⅰ）根据轴承的受力及安装情况，判定轴承哪一端被“压紧”，哪一端被“放松”。

（Ⅱ）计算并确定两个轴承的派生轴向力及轴向外载荷的大小及方向。

（Ⅲ）“放松”端轴承的轴向力等于其自身的派生轴向力；“压紧”端轴承的轴向力等于“放松”端派生轴向力与轴向外载荷的代数和。

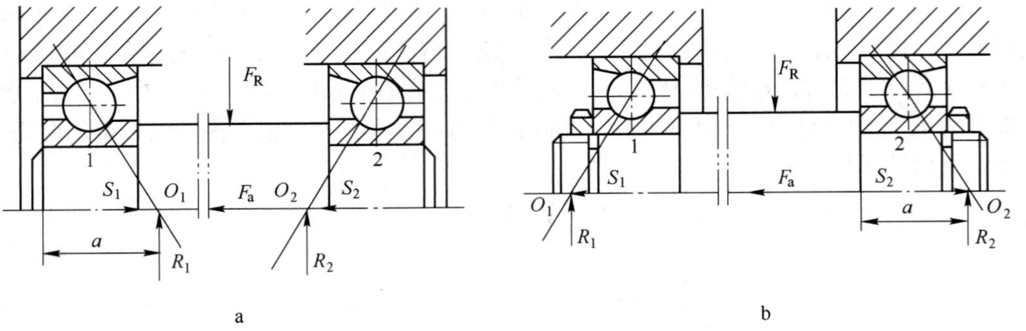

图 17-7　角接触球轴承轴向力的分析

a—正装；b—反装

以图 17-7a 为例，当 $F_a + S_2 > S_1$ 时，被压紧的轴承 1 所受的总轴向力为：

$$A_1 = F_a + S_2 \tag{17-8}$$

被放松的轴承 2 承受的轴向力为其本身派生的轴向力 S_2，为：

$$A_2 = S_2 \tag{17-9}$$

当 $F_a + S_2 < S_1$ 时，被放松的轴承 1 所受的轴向力为其本身派生的轴向力 S_1，为：

$$A_1 = S_1 \tag{17-10}$$

被压紧的轴承 2 承受的总轴向力为：

$$A_2 = S_1 - F_a \tag{17-11}$$

17.2.4　滚动轴承的静载荷计算

（1）当量静载荷。

当量静载荷是指一假想的方向恒定的静载荷。在这一载荷作用下，应力最大的滚动体和滚道接触处引起的总永久变形量（或接触应力）与实际载荷条件下相同。其计算公式为：

当轴承既受径向载荷又承受轴向载荷时

$$P_0 = X_0R + Y_0A \tag{17-12}$$

式中，X_0 及 Y_0 分别为当量静载荷的径向载荷系数和轴向载荷系数，其值见表 17-9。

当径向接触轴承受纯径向载荷时，

$$P_0 = R \tag{17-13}$$

当轴向接触轴承受纯轴向载荷时，

$$P_0 = A \tag{17-14}$$

（2）静载荷计算公式。

按轴承静载能力选择轴承的公式为：

$$C_0 \geqslant S_0 P_0 \tag{17-15}$$

式中　C_0——基本额定静载荷，根据轴承型号查表17-4～表17-6，对于向心轴承为C_{0r}，对于推力轴承为C_{0a}，N；

P_0——当量静载荷，N；

S_0——静载荷安全系数，见表17-12、表17-13。

表17-12　静止轴承的静强度安全系数

轴承的使用场合	S_0
飞机螺旋桨叶片	≥0.5
水坝闸门装置	≥1
吊　桥	≥1.5
附加动载荷较小的大型起重机吊钩	≥1
附加动载荷很大的小型装卸起重机吊钩	≥1.6

表17-13　回转轴承的静强度安全系数

使用要求或载荷性质	S_0
对旋转精度及平稳性要求较高或承受强大的冲击载荷	1.2～2.5
正常使用	0.8～1.2
对旋转精度及平稳性要求较低，没有冲击和振动数	0.5～0.8

对于静止轴承（包括缓慢摆动和旋转的轴承），其静强度安全系数S_0应按表17-12选取。对于某些回转轴承，如果载荷变化大，特别是运转时遭受重大冲击载荷，也必须按动载荷选择出轴承后，再根据静强度进行验算，其静强度安全系数S_0应按表17-13选取。对于推力调心轴承，无论其转动与否，均应取安全系数$S_0=2$。

17.3　滚动轴承的组合设计

为了保证轴承的正常工作，除了正确地选择轴承类型、型号外，还应正确地进行轴承的组合设计。轴承的组合设计主要是合理解决轴承装拆、固定、配合、调整、润滑和密封等问题。因此，在轴承的组合设计时应考虑以下问题。

17.3.1　轴承的轴向固定

（1）双支点单向固定。如图17-8所示，利用轴肩顶住轴承内圈，用端盖压住轴承外圈，两支点的轴承内、外圈均采用单向固定，故称为双支点单向固定。在此固定方式中，左右两轴承分别限制了轴系部件向左、向右的轴向移动，因而两支点上轴承联合起来将轴系部件的轴向位置固定，实现轴的轴向定位。

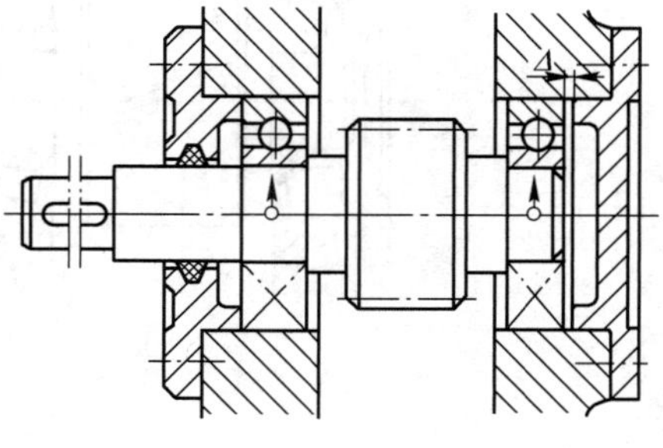

图17-8　双支点单向固定

当工作温度升高时轴将伸长，为使轴的伸长不至于引起附加载荷，对于深沟球轴承应使外圈与轴承压盖之间留有间隙$\Delta = 0.2 \sim 0.4$mm，对于圆锥滚子轴承则应保持一定的内部轴向游隙Δ，其值可查设计手册。该间隙靠装配时增减调整垫片确定。

这种固定方式结构简单、安装方便，但只适用于跨度较小（跨距小于350mm）、温升不高（t小于70℃）的轴。

（2）单支点双向固定。如图17-9所示的单支点双向固定方式，左端为固定支承，轴承的内、外圈双向都固定和锁紧，轴承受双向轴向载荷；右端为游动支承，轴承内圈与轴锁紧，外圈双向都不固定，且与机座孔为动配合，当轴受热膨胀时，能沿孔自由游动而不受限制。

这种支承方式的游动端也可采用外圈无挡边的圆柱滚子轴承。轴承内、外圈双向固定和锁紧，但内圈、滚动体可以对外圈做轴向移动，以满足轴受热伸长的需要。这种固定方式适用于跨距较大（跨距小于350mm）、工作温升高（t大于70℃）的轴。

（3）两支点全游动。如图17-10所示的人字齿轮传动，由于加工不易使人字齿轮左、右螺旋角角度相同，因而在啮合时，两轴向力不能完全抵消，将使轴向两侧移动，故必须使两支承点的轴承都游动。为了保证传动件的确定位置，则必须使从动大齿轮轴的轴承采用双支点单向固定。

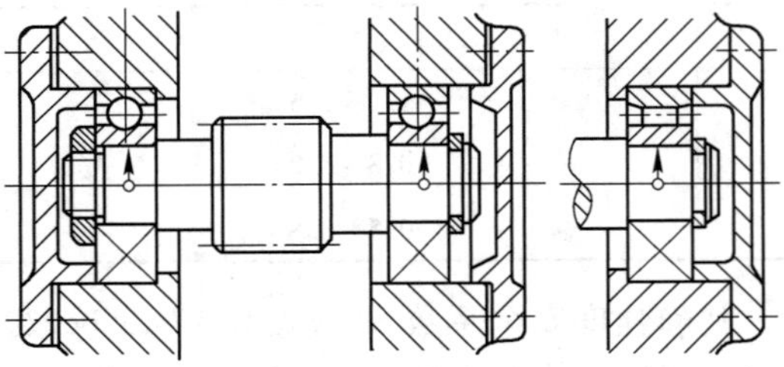

图17-9　单支点双向固定

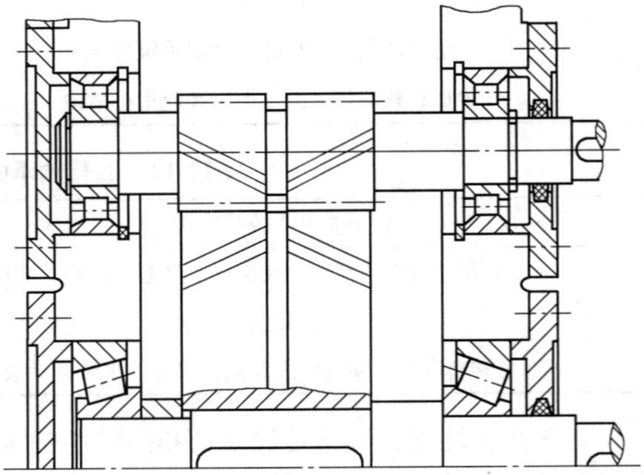

图17-10　全游动支承

17.3.2　轴承的轴向调整

（1）轴承间隙的调整。图17-11a所示的轴系部件是靠加减端盖与机座间的垫片调整轴承间隙的。图17-11b所示的结构，调整螺钉将压盖推到合适的位置后拧紧锁紧螺母即可。

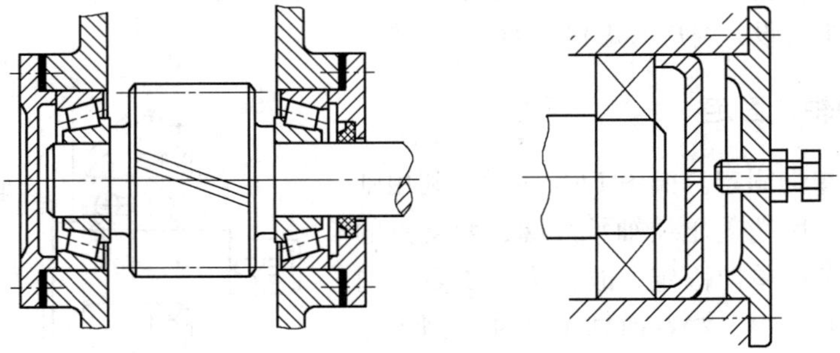

a　　　　b

图17-11　轴承间隙调整

a—垫片调整；b—螺钉调整

（2）轴承的预紧。在安装时，可以向30000和70000型轴承施加一定的轴向预紧力，使内、外圈相对靠近，使套圈和滚动体接触处产生弹性变形，因而消除一定的游隙，提高轴的旋转精度和刚度。此法称为轴承的预紧。预紧力的获得，可以利用在两轴承的内圈或外圈之间加减金属垫片的方法，如图17-12a所示，也可以将两轴承的内圈或外圈磨窄一些，如图17-12b所示。

（3）轴承组合位置的调整。轴承组合位置的调整，既要获得合理的轴承间隙，又要使轴上的传动件（如齿轮、蜗轮、蜗杆）等具有准确的工作位置。如图17-13所示，透盖与套杯间的垫片用于调整轴承间隙，套杯与机座之间的垫片用于调整圆锥齿轮的轴向位置，使之与相啮合的圆锥齿轮节圆锥顶点相重合。

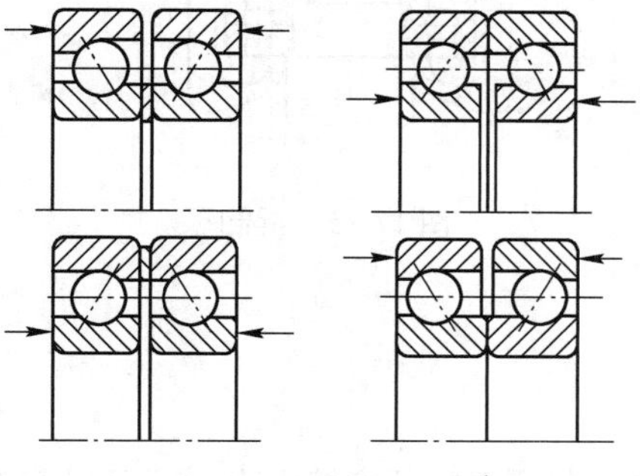

图17-12　轴承的预紧
a—金属垫片；b—磨窄套圈

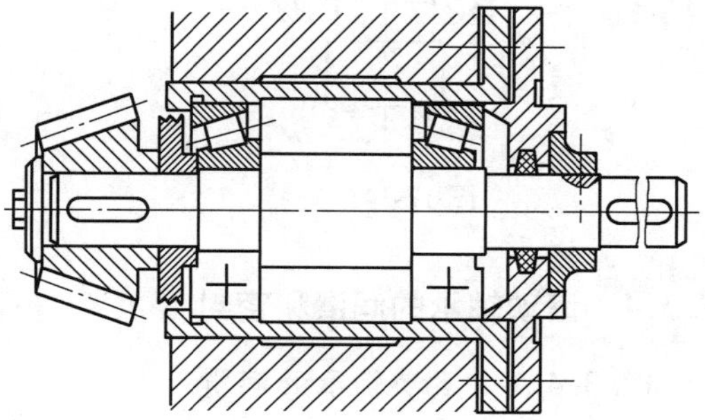
图17-13　轴承组合位置调整

17.3.3　轴承的配合和装拆

轴承的配合是指内圈与轴径和外圈与机座孔的配合。前者为基孔制，即以轴承内孔的尺寸为基准；后者为基轴制，即以轴承的外径尺寸为基准。其公差带不同于圆柱公差带。圆柱公差标准中一些过渡配合、动配合对于轴承内圈来讲已成了过盈配合和过渡配合。所以，选择轴承的配合应根据表17-14或滚动轴承产品样本来确定。

表17-14　基本组游隙轴承的配合

轴承类型	轴	外　壳
球轴承	j5…k5	J6
滚子轴承和滚针轴承	k5…m5	K6

选择轴承的配合时，应考虑轴承的类型、尺寸、转速、载荷大小、方向和性质以及使用条件等因素。当载荷方向不变时，动圈应比定圈的配合紧一些。一般内圈随轴一起转动，外圈固定不动，故内圈与轴的配合较紧，外圈与孔的配合较松。当为游动支承时，外圈与孔的配合为间隙配合。

轴承组合设计时，应考虑轴承的装拆，以使在装拆过程中不致损坏轴承和其他零件。安装轴承时，常用手锤把轴承打入轴颈上。内圈上垫上铜管或软钢管，如图17-14所示，也可用压力机把轴承压在轴颈上。对尺寸大的轴承应采用热装，即把轴承在油中煮至80～100℃，对大型轴承也不应超过120℃，然后把轴承套在轴颈上。

拆卸时，常用拆卸器或压力机把轴承从轴上拆下来，为便于拆卸应使轴承内圈与轴肩、外圈与轴承孔的台肩留有足够的拆卸高度 e，如图 17-15 所示。e 值可由设计手册查得。

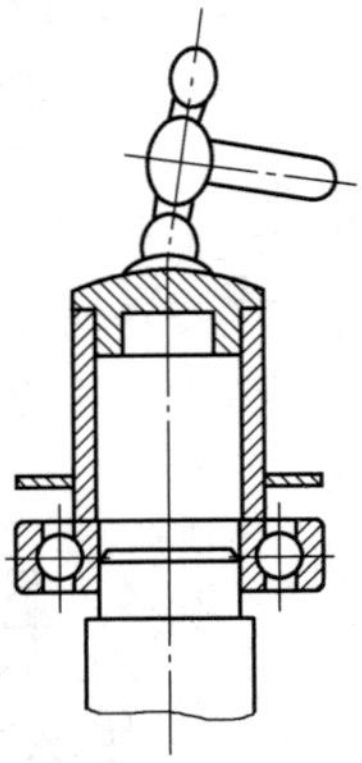

图 17-14　安装

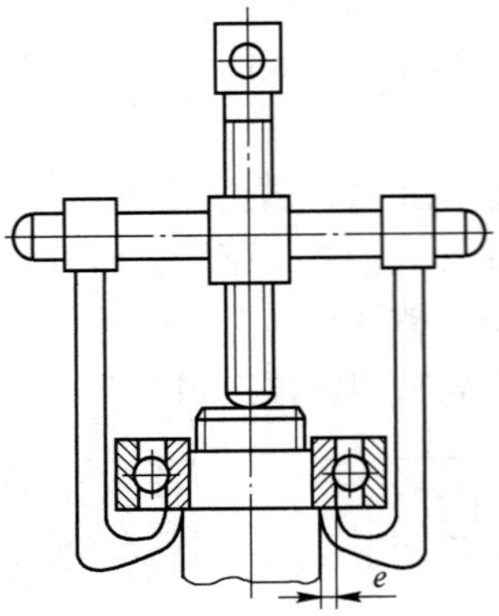

图 17-15　拆卸

17.3.4　滚动轴承的润滑和密封

17.3.4.1　滚动轴承的润滑

润滑对于滚动轴承具有重要意义，轴承中的润滑剂不仅可以降低摩擦阻力，还可以起着散热、减小接触应力、吸收振动、防止锈蚀等作用。

滚动轴承大多采用脂润滑或油润滑。具体可根据轴承内径与转速的乘积 dn 值选取滚动轴承的润滑方式，见表 17-15。

表 17-15　各种润滑方式下滚动轴承的允许 dn 值

轴承类型	脂润滑	油润滑			
		油浴润滑	滴油润滑	循环油润滑	喷雾润滑
深沟球轴承	160000	250000	400000	600000	>600000
调心球轴承	160000	250000	400000		
角接触球轴承	160000	250000	400000	600000	>600000
圆柱滚子轴承	120000	250000	400000	600000	
圆锥滚子轴承	100000	160000	230000	300000	
调心滚子轴承	80000	120000		250000	
推力球轴承	40000	60000	120000	150000	

注：d 为轴承内径，mm；n 为轴承转速，r/min。

（1）滚动轴承的脂润滑。脂润滑不易流失，故便于密封和维护，且一次充填润滑脂可运转较长时间。但在滚动轴承中充填润滑脂的量不宜过多。根据经验，以填满轴承和轴承壳体空间的 1/3 ~ 1/2 为宜。高速时应仅充填至 1/3 或更少。转速很低而且对密封要求较严格时，可以充满壳体空间。

常用的润滑脂有钙基、钠基润滑脂等。

（2）滚动轴承的油润滑。在高速、高温度条件下，脂润滑不能满足要求时，或相邻机械零件采用油润滑时，滚动轴承应采用油润滑。一般而言，轴承的转速高，则应选择黏度低的润滑油；载荷越重，则选用黏度较高的润滑油。常用的润滑油有机械油、高速机械油、汽轮机油、压缩机油、变压器油和汽缸油等。

滚动轴承油润滑的方法有以下几种。

1）油浴润滑。轴承的一部分浸在油中，润滑油由旋转的轴承零件带到轴承的各个润滑部位。当轴承静止时，油面不应超过最低滚动体的中心，这是普遍采用而又简单的润滑方法。适用于低、中速轴承的润滑。

2）飞溅润滑。这是一般闭式齿轮传动装置中的轴承常用的润滑方法，即利用齿轮的转动把润滑齿轮的油甩到箱体的内壁上，然后通过油沟把油引入轴承中。

3）喷油润滑。用油泵将润滑油增压，通过油管或机体上特制的油孔，经喷嘴将油喷到轴承中去，流过轴承后的润滑油，经过滤、冷却后循环使用。由于循环油可以带走一定的热量，使轴承的温度降低，故此种方法适用于转速较高的轴承。

17.3.4.2　*滚动轴承的密封*

为了使轴承保持良好的润滑条件和正常的工作环境，充分发挥轴承的性能，滚动轴承必须具有适当的密封装置，以防止润滑剂的泄漏和灰尘、水汽或其他的污物侵入轴承。

滚动轴承的密封主要研究外伸轴段上的密封，其密封方法分接触式和非接触式两类。

（1）接触式密封。接触式密封是在轴承透盖上装上密封件，使之与轴直接接触而起密封作用。按使用的密封件不同可分为毛毡密封、皮碗密封等。

1）毛毡密封。主要用于脂润滑、工作环境比较干净的轴承密封。一般接触处的圆周速度 $v \leq 4 \sim 5m/s$，允许工作温度可达90℃。如果轴表面经过抛光，毛毡质量较好，圆周速度可达到 $v = 7 \sim 8m/s$。其结构形式如图17-16a所示。

2）皮碗密封。皮碗密封圈用耐油橡胶制成，用于脂润滑或油润滑的轴承密封中。接触处的圆周速度 $v \leq 7m/s$，适用于温度 $-40 \sim 100$℃。为了保持密封圈的压力，皮碗用弹簧圈紧箍在轴上。皮碗密封唇面向轴承，主要用于防止润滑油的泄漏；皮碗密封唇背向轴承，主要用于阻止灰尘杂物的侵入，如图17-16b所示。如果同时采用两个皮碗相背安装既能防止润滑油泄漏又能防止灰尘杂物的侵入。

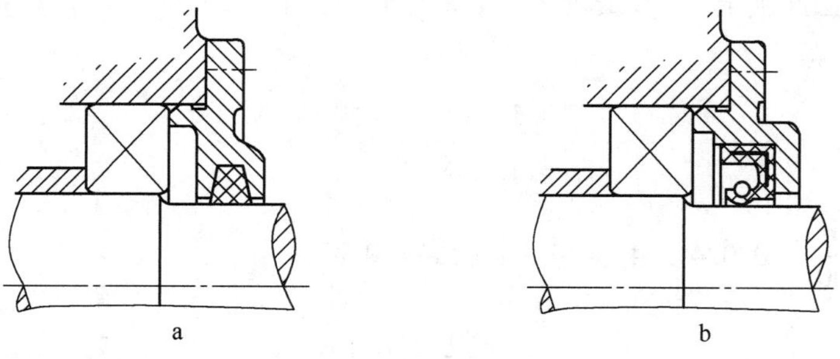

图17-16　接触式密封
a—毛毡密封；b—皮碗密封

（2）非接触式密封。非接触式密封如图17-17所示，密封件与轴没有直接接触，对轴颈没有摩擦，多用于速度较高、干燥、清洁的场合。这种密封可分为油沟式、迷宫式和组合式密封等。

1）油沟式密封。如图17-17a所示，在透盖配合面上开有三个以上宽为3～4mm、深为4～5mm的沟槽，充满润滑脂以提高密封效果。

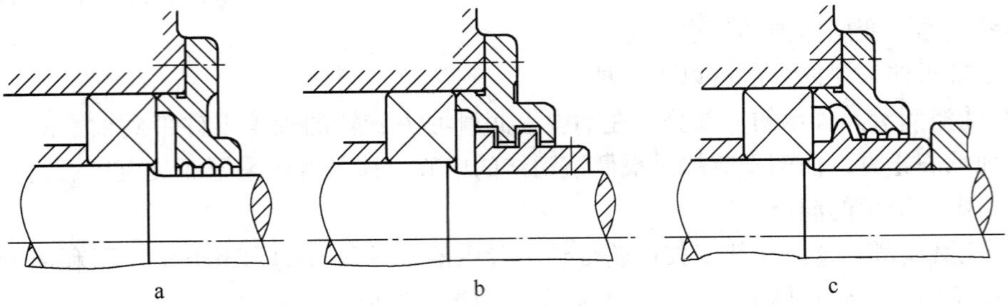

图 17-17　非接触式密封

a—油沟式密封；b—迷宫式密封；c—油沟、甩油组合式密封

2）迷宫式密封。如图 17-17b 所示，由透盖和套组成轴向、径向间隙，以构成迷宫曲路实现密封。

3）组合式密封。如图 17-17c 所示，由油沟与甩油环组成。这种密封除了油沟起密封作用外，甩油环可以把向外流的油甩在透盖上，流回油池。这样可以达到更好的密封效果。

［**例 17-2**］　齿轮减速器的输入轴，其受力情况如图 17-18 所示，传递功率 7.5kW，转速 $n = 970$r/min，工作中有中等冲击，工作温度小于 100℃，轴颈直径为 $d = 40$mm。经过计算，该轴所承受的轴向载荷 $F_a = 380$N，轴承 1 和轴承 2 所承受的径向载荷分别为 $R_1 = 2200$N，$R_2 = 1800$N，要求轴承寿命 $L'_h = 12000$h。试选用合适的轴承。

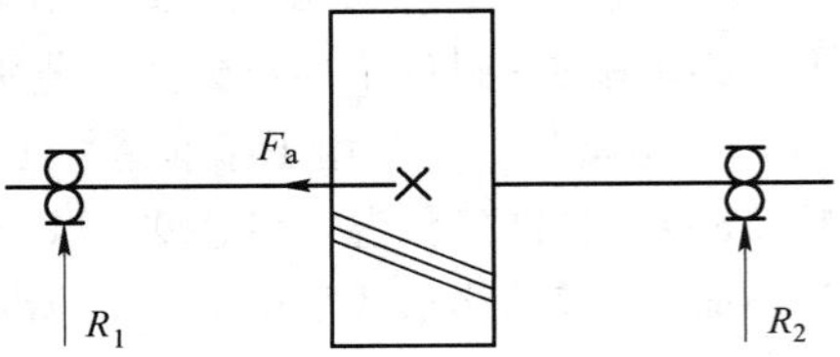

图 17-18　例 17-2 图

解：（1）选择轴承类型

由于转速高，轴向力又比较小，故选用深沟球轴承，初定 6208 型号（$d = 40$mm）。

（2）计算当量动载荷

由手册查出 6208 轴承，$C_0 = 15800$N，$C = 22800$N，由图 17-18 所示的支承结构可知，F_a 全部由轴承 1 承受，故：

$$A_1 = F_a = 380\text{N}$$

$$A_2 = 0$$

而 $\dfrac{A_1}{C_0} = \dfrac{380}{15800} = 0.024$，由表 17-9 查得 $e = 0.22$

$$\frac{A_1}{R_1} = \frac{380}{2200} = 0.173 < e$$

由表 17-9 查得 $X = 1$，$Y = 0$；由表 17-10 查得 $f_d = 1.5$；由表 17-7 查得 $g_T = 1$，由已知条件知轴承 2 的径向载荷小于轴承 1，又不承受轴向载荷。故按轴承 1 计算当量动载荷：

$$P_1 = f_d(XR_1 + YA_1) = 1.5 \times 2200 = 3300\text{N}$$

由式（17-3）（球轴承 $\varepsilon = 3$）得：

$$C' = \frac{P_d}{g_T}\sqrt[3]{\frac{60nL'_h}{10^6}} = 3300 \times \sqrt[3]{\frac{60 \times 970 \times 12000}{10^6}} = 29280\text{N}$$

此数值大于6208轴承的基本额定动载荷值，故知选用6208轴承不能满足要求、现该选用6308轴承，查得 $C=31200\text{N}$，$C_0=22200\text{N}$，$C>C'$，故符合要求。

［**例17-3**］　如图17-19所示二级圆柱斜齿轮减速器的高速轴，其转速 $n=572\text{r/min}$，轴颈 $d=35\text{mm}$，运转时有中等冲击。工作温度小于100℃。根据工作条件，采用两个型号为7207C的轴承，面对面安装。已知齿轮分度圆直径 $d_1=45.918\text{mm}$，齿轮轴向力 $F_A=385\text{N}$，径向力 $F_r=704\text{N}$，圆周力 $F_t=1896\text{N}$；V 带作用在轴上的拉力分别为 $Q_H=791\text{N}$，$Q_V=154\text{N}$。预期轴承寿命 $L_h'=10000\text{h}$。验算所选轴承是否合适。

解：（1）计算轴承支反力

水平支反力：

$$R_{1H}=\frac{385\times22.96+704\times144-791\times104}{202}=138\text{N}$$

$$R_{2H}=\frac{704\times58+791\times306-385\times22.96}{202}=1357\text{N}$$

垂直支反力：

$$R_{1V}=\frac{1896\times144+154\times104}{202}=1431\text{N}$$

$$R_{2V}=\frac{1896\times58-154\times306}{202}=311\text{N}$$

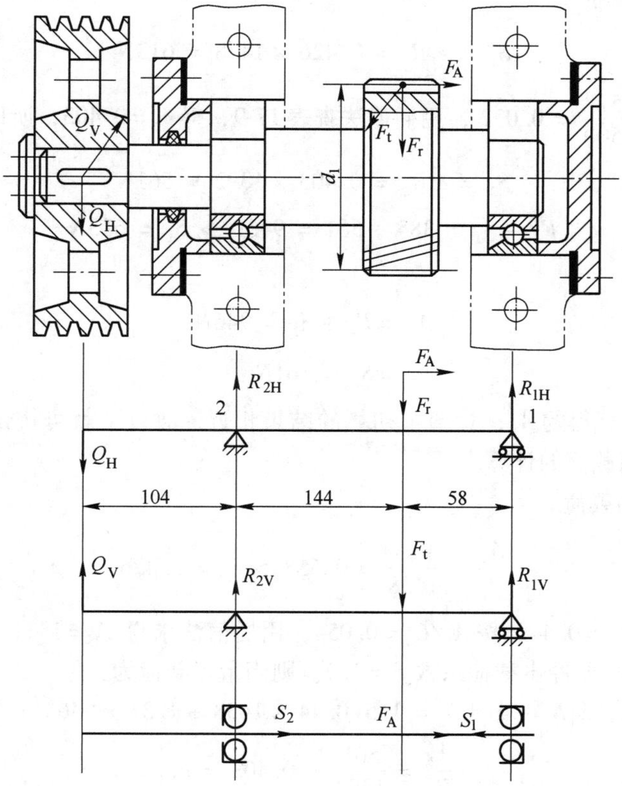

图17-19　例17-3图

合成支反力：

$$R_1 = \sqrt{R_{1H}^2 + R_{1V}^2} = \sqrt{138^2 + 1431^2} = 1438\text{N}$$

$$R_2 = \sqrt{R_{2H}^2 + R_{2V}^2} = \sqrt{1357^2 + 311^2} = 1392\text{N}$$

（2）计算轴承的轴向力

查表 17-5，7207C 轴承 $C = 23500\text{N}$，$C_0 = 17500\text{N}$。

由表 17-11 知 $S = eR$，因 e 值与 A/C_0 有关，现轴承所受轴向力 A 尚为未知数，因此需用试算、逼近法来确定 e、S 以及 A 之值。试算过程如下：

初取 $e = 0.4$ 则

$$S_1 = 0.4R_1 = 0.4 \times 1438 = 575\text{N}$$

$$S_2 = 0.4R_2 = 0.4 \times 1392 = 557\text{N}$$

（S 方向如图 17-19 所示）

因为
$$F_A + S_2 = 385 + 557 = 942 > S_1$$

$$A_1 = 942\text{N}$$

$$A_2 = 557\text{N}$$

根据初算得到的 A_1、A_2 之值再进行计算：

轴承 1：$\dfrac{A_1}{C_0} = \dfrac{942}{17500} = 0.054$，查表 17-9，用插值法得 $e_1 = 0.426$，所以

$$S_1 = e_1R_1 = 0.426 \times 1438 = 613\text{N}$$

轴承 2：$\dfrac{A_2}{C_0} = \dfrac{557}{17500} = 0.032$，用插值法查表 17-9，得 $e_2 = 0.403$，所以

$$S_2 = e_2R_2 = 0.403 \times 1392 = 561\text{N}$$

因
$$F_A + S_2 = 385 + 561 = 946\text{N} > S_1 = 613\text{N}$$

与前同理得

$$A_1 = F_A + S_2 = 946\text{N}$$

$$A_2 = S_2 = 561\text{N}$$

从试算结果看，算得的 A_1、A_2 值与初算的结果相近，故以下就可按试算得到的 e_1、e_2 及 A_1、A_2 值进行当量动载荷的计算。

（3）计算当量动载荷

轴承 1：
$$\frac{A_1}{R_1} = \frac{946}{1438} = 0.658 > e_1 = 0.426$$

由表 17-9 查得 $X_1 = 0.44$，按 $A_1/C_0 = 0.054$，用插值法求得 $Y_1 = 1.31$。此轴承承受中等冲击载荷，故按表 17-10 取冲击载荷系数 $f_d = 1.5$。则当量动载荷为：

$$P_1 = f_d(X_1R_1 + Y_1A_1) = 1.5(0.44 \times 1438 + 1.31 \times 946) = 2808\text{N}$$

轴承 2：
$$\frac{A_2}{R_2} = \frac{561}{1392} = 0.403 = e_2$$

由表 17-9 查得 $X_2 = 1$，$Y_2 = 0$。取 $f_d = 1.5$，故当量动载荷为：

$$P_2 = f_d(X_2R_2 + Y_2A_2)$$

$$= 1.5 \times (1 \times 1392 + 0 \times 561) = 2088\text{N}$$

（4）计算轴承寿命

比较两轴承的当量动载荷知：$P_1 > P_2$，故应按 P_1 计算轴承寿命。

由表 17-7，取温度系数 $g_T = 1$。轴承 1 的额定寿命为：

$$L_h = \frac{10^6}{60n}\left(\frac{g_T C}{P}\right)^3 = \frac{10^6}{60 \times 572}\left(\frac{1 \times 23500}{2808}\right)^3 = 17079\text{h} > L'_h = 10000\text{h}$$

故选择的轴承满足寿命要求。

17.4　滑动轴承的类型、结构和材料

17.4.1　滑动轴承的类型

根据摩擦状态或润滑状态，滑动轴承分为非液体摩擦滑动轴承和液体摩擦滑动轴承两大类；根据油膜形成原理不同，液体摩擦轴承又分为动压轴承和静压轴承。按承受载荷的方向不同，滑动轴承又分为向心滑动轴承、推力滑动轴承和向心推力滑动轴承三大类，如图 17-20 所示。

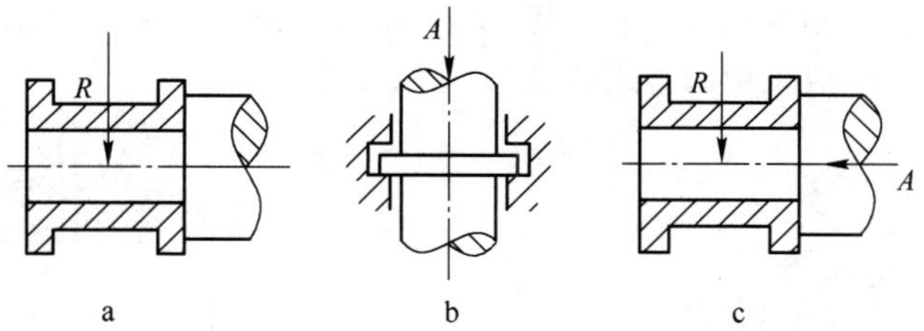

图 17-20　滑动轴承的类型
a—向心轴承；b—推力轴承；c—向心推力轴承

17.4.2　滑动轴承的结构形式和应用

常见的滑动轴承，其结构形式一般由三部分组成：（1）轴承体，主要是起支承轴瓦的作用。（2）轴瓦或轴套，与轴颈直接接触，保证轴正常工作，其接触表面具有耐摩擦磨损作用，在重要的轴瓦上还要浇铸上轴承衬。（3）润滑装置，是滑动轴承的润滑系统，它可以将润滑油通过轴瓦上的油孔和油沟导入轴瓦的整个工作表面上，实现轴承润滑和散热的要求。

17.4.2.1　向心滑动轴承

（1）整体式滑动轴承。如图 17-21 所示，它由轴承体 1 和轴瓦 2 组成，在速度低、载荷小的不重要场合，可以不用轴瓦。整体式滑动轴承具有结构简单、成本低等优点，缺点是装拆时必须沿轴向进行，有时很不方便，使用磨损后无法调节轴颈和轴承孔之间的间隙，所以多用于低速、轻载、间歇工作而又不经常拆卸的地方以及不重要的场合。此类

图 17-21　整体式滑动轴承
1—轴承体；2—轴瓦

轴承的结构尺寸已经标准化了。

（2）剖分式滑动轴承。如图17-22所示，它是由轴承座1、轴承盖2、上下轴瓦3和4以及联接螺栓5等组成。

为了保证上、下轴瓦的对中，轴承座和轴承盖的剖分面做成阶梯形定位止口。同时止口还能保证联接螺栓不受横向力的作用，而只承受轴线方向上的拉力。装配时，在通过中心的剖分面间放有调整垫片，当轴瓦工作表面磨损后，适当地减少垫片并刮研轴瓦，可调节轴颈和轴瓦的间隙。

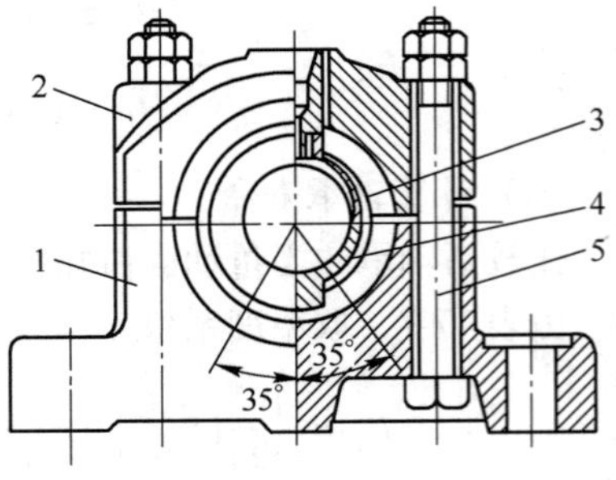

图17-22　剖分式滑动轴承

1—轴承座；2—轴承盖；3—上轴瓦；4—下轴瓦；5—联接螺栓

在轴承盖上加工出安装油杯或油管的螺纹孔，润滑油可由此通过轴瓦上的油孔、油沟进入轴承的承载工作面，从而达到轴承润滑的目的。

剖分式滑动轴承所能承受径向载荷的方向与剖分面垂线的夹角不超过35°时，有水平剖分滑动轴承（见图17-22）和倾斜式剖分滑动轴承（见图17-23）。

剖分式滑动轴承的优点是装拆方便，轴承间隙可调，故应用广泛。其结构尺寸已标准化，设计时参考机械设计手册。

（3）调心式滑动轴承。如图17-24所示，当轴颈较长（即 $L/d>1.5\sim2.0$）或轴的刚度较小、轴承不是安装在同一刚性的机架上、其同心度难以保证时，易引起轴颈与轴瓦端局部接触而出现严重的磨损，此时应采用调心式轴承。

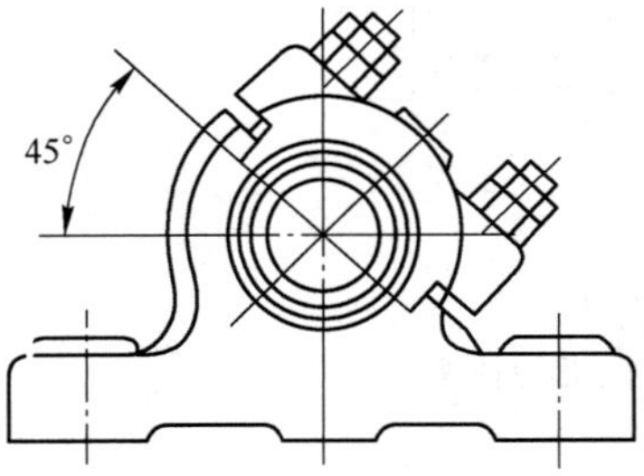

图17-23　倾斜式滑动轴承

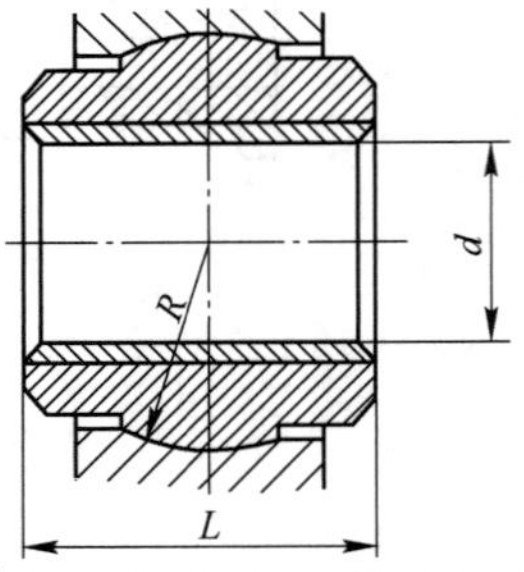

图17-24　调心式滑动轴承

调心式滑动轴承的结构特点是轴承体与支承座之间为球面副联接，当轴变形时，轴承可随轴自动调位，从而保证轴与轴瓦均匀接触。

17.4.2.2　推力滑动轴承

（1）单环支承推力滑动轴承。单环支承推力滑动轴承是由轴承座、轴瓦、轴承衬、推力瓦、定位销以及润滑系统组成，如图17-25所示。为使推力瓦上的压力均匀，推力瓦底部制成球面形状。润滑油由轴承的底部进入而从上部排出。

（2）多环支承推力滑动轴承。多环支承推力滑动轴承是在轴颈上加工出多个轴环，而在轴承上加工出相应的凹槽，并使轴环嵌入凹槽中，该轴承适用于轴向载荷大的地方，如图17-26所示。

17.4.3　轴承的材料和轴瓦的结构

滑动轴承的轴瓦直接与轴颈相配合，轴瓦的工作表面既是承载面又是摩擦面，因此，非液

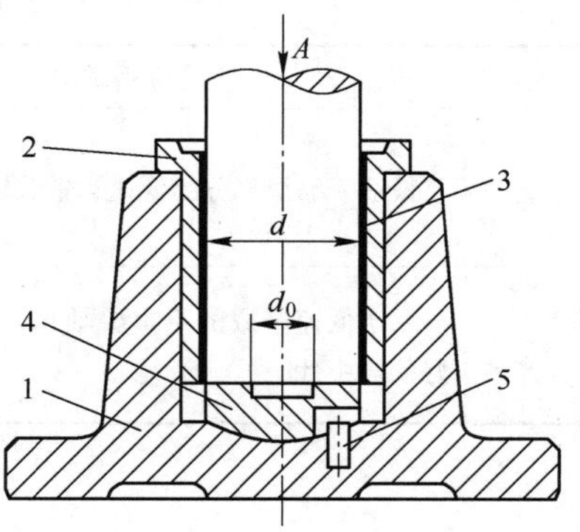

图 17-25 单环支承推力滑动轴承

1—轴承座；2—轴瓦；3—轴承衬；4—推力瓦；5—定位销

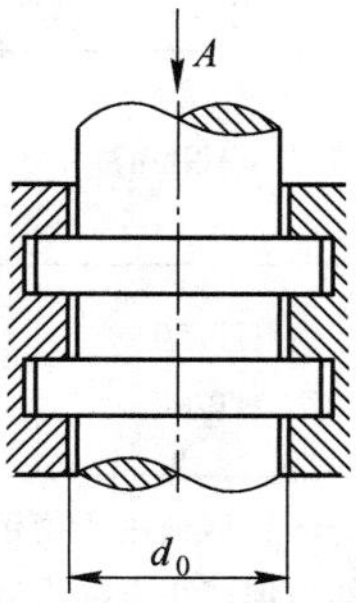

图 17-26 多环支承推力滑动轴承

体摩擦滑动轴承的工作能力和使用寿命主要取决于轴瓦材料的选择和结构的合理性。一般对它的性能要求如下：

(1) 摩擦系数小；

(2) 导热性好，热膨胀系数小；

(3) 耐磨性、耐腐蚀性以及抗胶合的能力强；

(4) 具有足够的机械强度和可塑性。

17.4.3.1 轴瓦的材料

根据使用的要求，轴瓦可由一种材料制成，也可以在轴瓦上浇铸一层金属衬，习惯上称为轴承衬。常用的轴瓦和轴承衬的材料有以下几种：

(1) 轴承合金（巴氏合金）。轴承合金有锡锑轴承合金和铅锑轴承合金两类。它们的减摩性、耐磨性、跑合性、导热性等都很好，而且容易制造，但价格昂贵、强度较低，因此它们不能单独使用，只能作为轴承衬的材料把它们浇铸到由铸铁、钢和青铜等制成的轴瓦的内表面上。此轴承适用于高速、重载的场合。

(2) 青铜。青铜主要有锡青铜、铝青铜等几种。它的减摩性、耐磨性、跑合性等都不如轴承合金好，但价格比轴承合金便宜，是一般机械中常用的轴承材料，适用于中速、重载的轴承。

(3) 铸铁。铸铁性能不如轴承合金和青铜，但价格便宜，适用于低速、轻载轴承。

除以上几种材料外，粉末冶金、塑料和尼龙等也可以作轴瓦材料。

常用的几种轴瓦和轴承衬材料及其性能见表 17-16。

表 17-16 常用的轴瓦及轴承衬材料

名 称	代 号	[p]/MPa	[pv]/MPa · m · s^{-1}	主要应用举例
锡锑轴承合金	ZchSnSb11-6 ZchSnSb8-4	25 20*	20 15*	用于高速重载的重要轴承，如大型电机的轴承
铅锑轴承合金	ZchPbSb16-16-2 ZchPbSb15-5-3	15 5	50 4	用于中速中载轴承，不宜受显著冲击 可做锡锑轴承代用品
锡青铜	ZCuSn10Pb1 ZCuSn5Pb5Zn5	15 8	20 12	用于中速重载或变载轴承 用于中速中载轴承

续表 17-16

名　称	代　号	[p]/MPa	[pv]/MPa · m · s⁻¹	主要应用举例
铝青铜	ZCuAl9Mn2	<30 15 *	<60 12 *	最适于润滑充分的低速、重载轴承
铸　铁	HT150 HT200	0.1 ~6	0.3 ~4.5	用于低速轻载的不重要轴承，价廉，需良好的对中性

注：1. 表中 [pv] 值适用于稳定载荷下的边界摩擦轴承；
2. 带 * 的数据可用于冲击载荷。

轴承体是支承轴瓦正常工作的，它并不与轴颈直接接触，因此通常用铸铁制造，只有在特别重的载荷下和冲击载荷情况中，才使用铸钢来制造。

17.4.3.2　轴瓦的结构

轴瓦的结构通常分为整体式和剖分式两种，如图 17-27 所示。

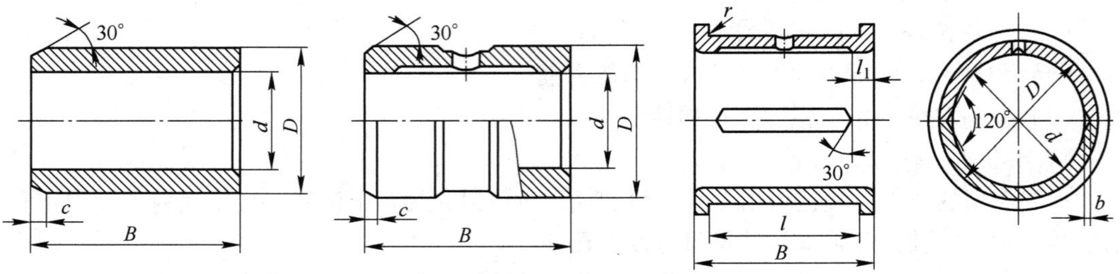

a　　b　　c

图 17-27　轴瓦结构
a，b—整体式；c—剖分式

整体式轴瓦通常称为轴套，一般轴套上开有油孔和油沟，以便润滑。

剖分式轴瓦由上、下两半瓦组成。在轴瓦的两端做出凸肩以防轴向窜动，并能承受一定的轴向力。对于重要的轴承，轴瓦上一般要浇铸 0.5 ~6mm 轴承衬。为使轴承衬与轴瓦结合牢固，应在轴瓦上做出沟槽，如图 17-28 所示。沟槽的结构尺寸可参见机械设计手册。

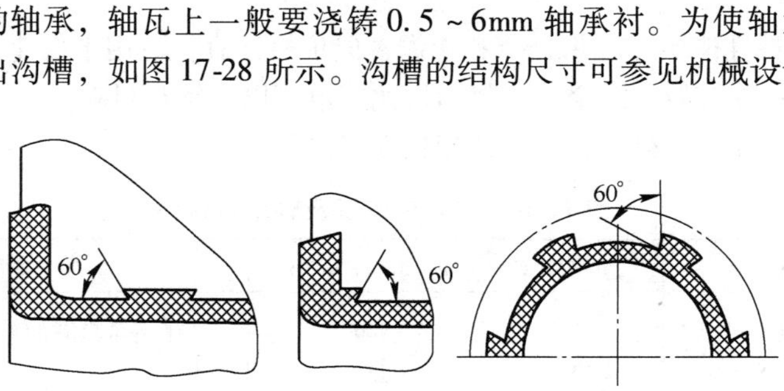

图 17-28　轴承衬与轴瓦结合的沟槽

为了便于润滑，在轴瓦上要开出油孔和油沟，如图 17-29 所示。一般油孔和油沟应开在非承载区，以保证油膜的连续性。油沟的长度应为轴瓦长度的 4/5 以减少润滑油的泄漏。

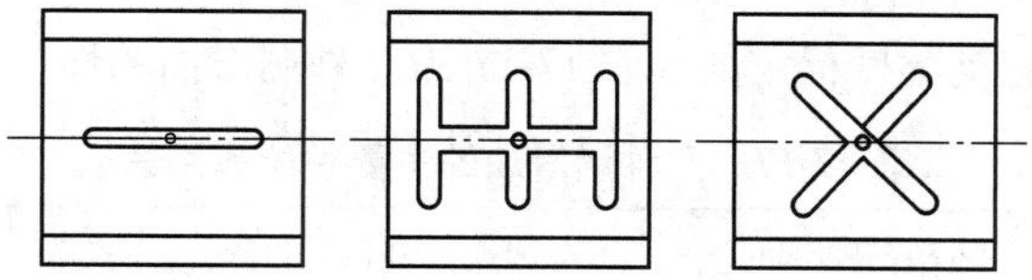

图 17-29　轴瓦上油孔与油沟

a—一字形；b—王字形；c—X 形

17.5　滑动轴承的润滑

滑动轴承润滑的目的是减少摩擦磨损、降低功率损耗以及冷却、防尘、防锈和吸振等。为了保证滑动轴承的正常工作，必须合理地选择润滑剂、润滑方法和润滑装置。

17.5.1　润滑剂的选择

要实现良好的润滑，必须合理地选择润滑剂。润滑剂有气体—空气、液体—润滑油、半固体—润滑脂、固体—二硫化钼、石墨等，其中常见的是润滑油和润滑脂。气体和固体润滑剂只在高速、高温和其他特殊场合下使用。

17.5.1.1　润滑油

润滑油有植物油、矿物油和合成油等，其中矿物油应用最广。润滑油最重要的物理性能是黏度，它是衡量液体内摩擦大小的指标，也是选择润滑油的主要依据。

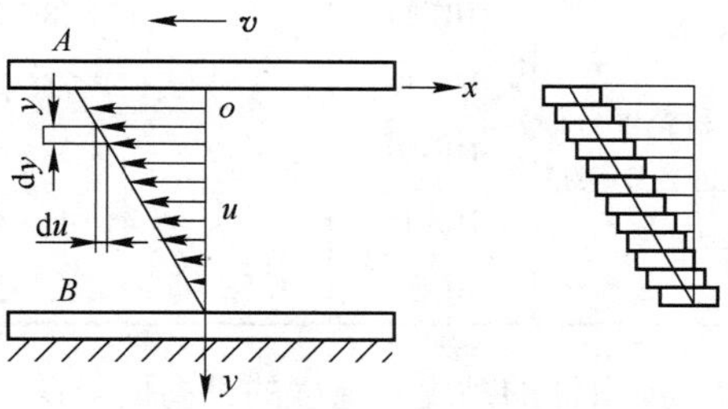

图 17-30　各层液体的运动速度

如图 17-30 所示，当两块金属板 A 和 B 之间充满液体时，设 B 板不动，而板 A 以速度 v 沿 x 轴运动，液体呈现出层流状态，由于液体与金属表面的吸附作用（称为润滑油的油性），因此板 B 表层的液体将保持静止，板 A 表层的液体将随之以速度 v 一起运动。两板之间各层液体的运动速度如图 17-30所示，则层与层间存在的液体内摩擦剪力 τ 为：

$$\tau = \eta \frac{du}{dy} \tag{17-16}$$

式中　u——油层任一点的速度；

$\frac{du}{dy}$——油层任一点的梯度；

η——液体的动力黏度，常称为黏度，Pa · s。

式（17-16）称为牛顿液体流动定律。

动力黏度 η 与液体密度 ρ(kg/m^3)之比称为运动黏度，即：

$$\gamma = \frac{\eta}{\rho} \tag{17-17}$$

运动黏度 γ 的单位是 m^2/s，由于 m^2/s 较大，故常采用 cm^2/s 或 mm^2/s 作为单位。这几个

运动黏度单位的换算关系为 $1mm^2/s = 10^{-2}cm^2/s = 10^{-6}m^2/s$。

我国石油产品是用运动黏度标定的。表 17-17 为几种润滑油的性能及用途。

表 17-17 几种润滑油的主要性能和用途

油的种类	牌号	运动黏度/$mm^2 \cdot s^{-1}$ 40℃	运动黏度/$mm^2 \cdot s^{-1}$ 50℃	闪点（开口）不低于/℃	凝点（不高于）/℃	主要用途
机械油（GB 443—84）	N15	13.5～16.5		165	−15	N15、N22、N32 用于一般滑动轴承；N46、N68 用于重型机床导轨；N100 用于矿山机械、冲击铸造等重型设备；一般齿轮、蜗轮、链传动和滚动轴承也常采用机械油
	N22	19.8～24.2		170	−15	
	N32	28.8～35.2		170	−15	
	N46	41.4～50.6		180	−10	
	N68	61.2～74.8		190	−10	
	N100	90.0～110		210	0	
中载荷工业齿轮油（GB 5903—87）	N68			170	−8	工业设备齿轮
	N100			170	−8	
	N150			170	−8	
	N220			200	−8	
	N320			200	−8	
	N460			200	−8	
	N680			200	−8	
汽轮机油（GB 2537—81）	HU-20		18～22	180	−115	用于汽轮机、水轮机、发电机、中型鼓风机、压缩机等高速重载轴承的润滑，各种小型液体摩擦轴承
	HU-30		28～32	180	−10	
	HU-40		37～43	180	−10	
	HU-45		43～47	195	−10	
	HU-55		53～57	195	−5	

润滑油的黏度随温度的升高而降低，随气压的升高而增大，在气压不太大时（即在 100×10^5Pa 以下），气压对润滑油黏度的影响很小，在选择润滑油时，可以忽略不计，但一定要注意温度的影响。

选择润滑油时，要考虑载荷、速度、温升和工作情况等因素，对载荷大、温升高的轴承宜选择黏度大的润滑油；对载荷小、速度高的轴承宜选择黏度小的润滑油。

若已知轴颈 d(mm) 及其转速 n(r/min)，并确定轴承中压强 p(MPa) 及其工作温度之后，则由滑动轴承润滑油选择图 17-31 和表 17-18 即可确定适用的润滑油牌号。

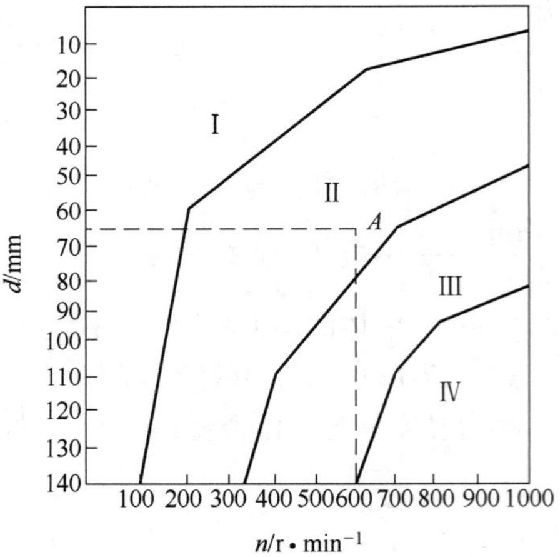

图 17-31 滑动轴承润滑油选择图

当轴承的工作温度超过 60℃ 或工作中有严重冲击、往复运动、经常启动以及变速运动时，选用的润滑油应比由上述方法确定的润滑油的黏度大 $10 \sim 20mm^2/s$。当轴承在 10℃ 以下工作或用于循环润滑系统时，选用的润滑油要比由表 17-18 确定的润滑油的黏度小些。

表 17-18 滑动轴承润滑油选择表

压强 p/MPa	<0.5	0.5~6.5	6.5~15	压强 p/MPa	<0.5	0.5~6.5	6.5~15
Ⅰ	N22	N68	N100	Ⅲ	N15	N32	N46
Ⅱ	N22	N46	N68	Ⅳ	N15	N22	N32

17.5.1.2 润滑脂

润滑脂是由矿物油加稠化剂（常用钙、钠、铝、锂等金属皂）混合稠化而成的，通常呈半固体状态，其流动性差，不易漏失。润滑脂的耐热性和稀稠程度是用滴点和针入度表示的。当把润滑脂放在滴点仪中按规定条件加热，润滑脂开始滴下第一滴时的温度，称为润滑脂的滴点。当把重为15N的标准锥形针放在加热到25℃的润滑脂的表面上，在5s时间内沉入的深度值称为针入度。

润滑脂适用于重载、低速和不易加润滑油的地方以及要求避免油流失的条件下。目前使用最多的是钙基润滑脂。其选择方法是根据轴承的压强 p、圆周速度 v 和最高工作温度由表 17-19 确定。

表 17-19 滑动轴承润滑脂的选用

压强 p/MPa	圆周速度 v/m · s^{-1}	t/℃	选用的牌号
≤1	≤1	75	3 号钙基脂
1~6.5	0.5~5	55	2 号钙基脂
>6.5	≤0.5	75	3 号钙基脂
≤6.5	0.5~5	120	2 号钠基脂
>6.5	≤0.5	110	1 号钙钠基脂

17.5.1.3 固体润滑剂

常用的固体润滑剂有石墨和二硫化钼（MoS_2）。在滑动轴承中主要是以粉剂加入润滑油或润滑脂中，用以提高其润滑性能。实践表明，滑动轴承中的润滑剂添加二硫化钼后，轴承的摩擦磨损减少、温升降低、使用寿命提高，尤其是对高温、重载下工作的轴承润滑效果良好。

石墨性能稳定，在350℃以上才开始氧化，可在水中工作。二硫化钼与金属表面吸附性强，使用温度在 -60~300℃之间，但遇水性能会下降。

17.5.2 润滑方法和润滑装置

滑动轴承润滑方法的选择可由经验公式确定：

$$K = \sqrt{pv^3} = \sqrt{\frac{Rv^3}{Bd}} \tag{17-18}$$

式中 K——平均载荷系数；

p——轴承上的平均压强，MPa；

R——轴承上的径向载荷，N；

d——轴承的直径，mm；

B——轴承的宽度，mm；

v——轴颈的圆周速度，m/s。

当 $K \leqslant 1900$ 时，用润滑脂或采用间断润滑；当 $K = 1900 \sim 16000$ 时，用滴油润滑；当 $K = 16000 \sim 30000$ 时，用油杯或飞溅润滑；当 $K > 30000$ 时，用压力循环油润滑。

由于采用的润滑方法不同，所使用的润滑装置也不一样。下面介绍几种常用的润滑方法及其相应的润滑装置。

17.5.2.1　间断式润滑

此法是定期向轴承中加油或脂。这种润滑方式只适用于低速、轻载和不重要的地方。实现这种润滑的加油方式有如下两种。

（1）手工加油。定期用油刷、油壶、油枪或油杯向轴承中加油。旋盖油杯如图 17-32a 所示。

（2）滴油润滑。通过针阀式或油芯式油杯定期或不断地将油滴入轴承，油孔上的针阀式油杯如图 17-32b 所示，当手柄在图示位置时，则停止供油，而当手柄竖立起来，则将油路打开进行供油。其供油量的多少可以调整。

装在轴承孔上的油芯式油杯如图 17-32c 所示，是利用棉线的毛细管作用把油引入轴承中。此法可以实现自动连续供油，但不能调节供油量，油杯中油面高时供油多，油面低时供油少，停车时仍在继续供油，直到油流完为止。

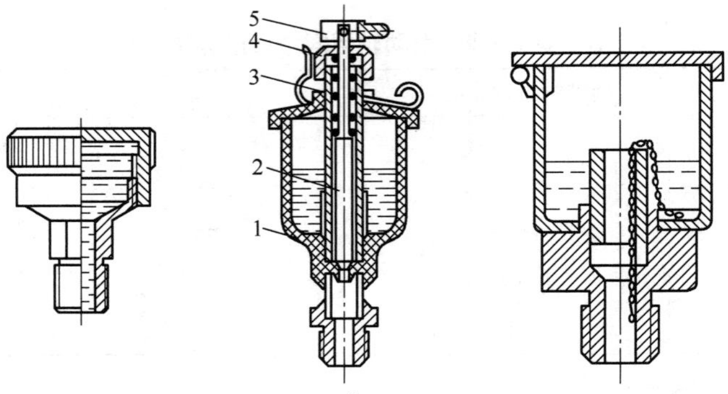

图 17-32　油杯

a—旋盖油杯；b—针阀式油杯；c—油芯式油杯

1—杯体；2—针阀；3—弹簧；4—调节螺母；5—手柄

17.5.2.2　连续润滑

此种润滑是由润滑装置连续不断地供给轴承润滑油。常用的方法有以下几种。

（1）油环润滑。如图 17-33 所示，油环套在轴颈上，其下部浸入油中，当轴转动时，油环就被带动，油由油环带入轴承中。这种润滑方法适用于转速为 $n = 100 \sim 200\text{r/min}$ 的水平轴。轴承太宽时，在轴承上可采用双油环。

（2）飞溅式油浴润滑。如图 17-34 所示，当浸入油中的齿轮转动时，把油甩到被润滑的轴承上或利用集油槽把甩在箱体上的油汇集起来导入轴承中，这种润滑方式称为飞溅式润滑。此时要求浸入油中的回转件的圆周速度应大于 2 ~ 3m/s。如速度小于 2m/s 时，可利用刮油板把回转件上的油刮下来导入轴承中。油池中的装油量，一般应按 0.45 ~ 0.7L/kW 加入。这种润滑方式应用十分广泛。

（3）压力油润滑。用油泵给油加压，并送到轴承中进行润滑。此种润滑方式适用于高速、重载和要求多处润滑的地方。其缺点是必须具备专门的润滑系统，而优点是润滑效果好、散热能力强，可以多处润滑。

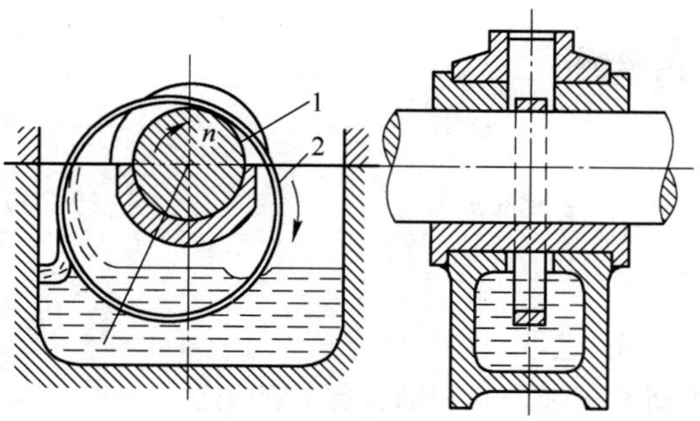

图 17-33 油环润滑

1—轴颈；2—油环

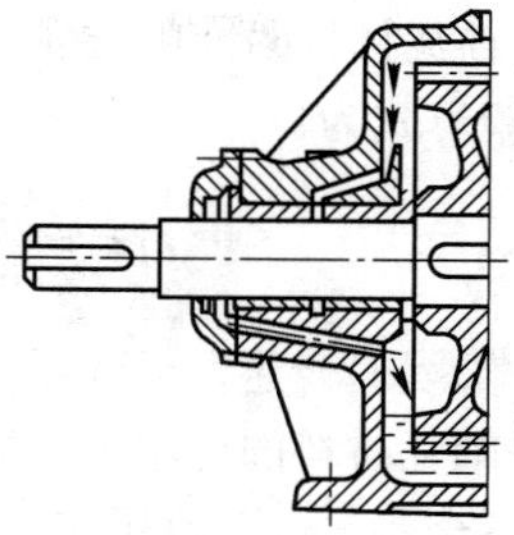

图 17-34 飞溅式油浴润滑

17.6 非液体摩擦滑动轴承

17.6.1 失效形式及计算准则

非液体摩擦滑动轴承的轴径与轴承工作表面之间虽有润滑油的存在，但表面的微观凸峰仍会直接接触，因此摩擦因数较大，所以非液体摩擦滑动轴承工作时，其失效形式主要是磨损和胶合。对此，目前还没有完善的计算方法，通常采用简化的条件性计算作为滑动轴承的计算方法，即限制轴承的压强 p 小于许用值，以防过度磨损；限制 pv 值小于许用值，防止温升过高而发生胶合。

17.6.2 非液体摩擦滑动轴承的计算

非液体摩擦滑动轴承的计算，是在根据轴的强度及结构要求定出轴承的主要尺寸以后，按计算准则进行验算。在结构设计时，对向心滑动轴承要确定轴颈直径 d 和轴颈长 B，如图17-35所示，为了满足润滑和散热的要求，推荐宽径比为 $B/d=0.5\sim1.5$；对于推力滑动轴承，则是确定推力环的内、外径 d_0 和 d 以及推力环数 z，如图 17-36 所示。

17.6.2.1 向心滑动轴承的验算

如图 17-35 所示的向心滑动轴承，其压强 p 的验算式为：

$$p=\frac{R}{dB}\leqslant[p] \tag{17-19}$$

式中 p——轴承中的平均压强，MPa；

R——轴承上的径向载荷，N；

d——轴承的直径，mm；

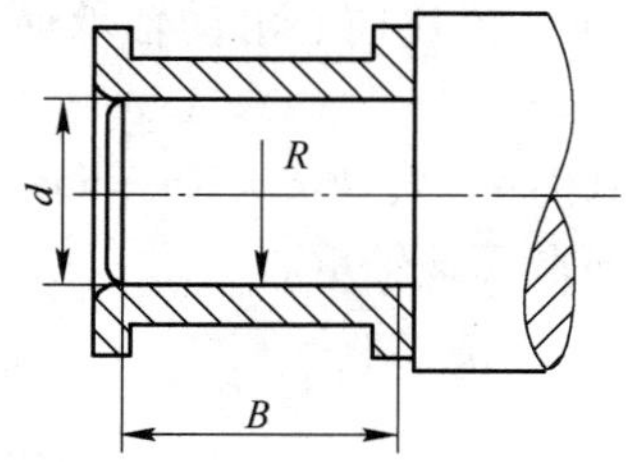

图 17-35 向心滑动轴承

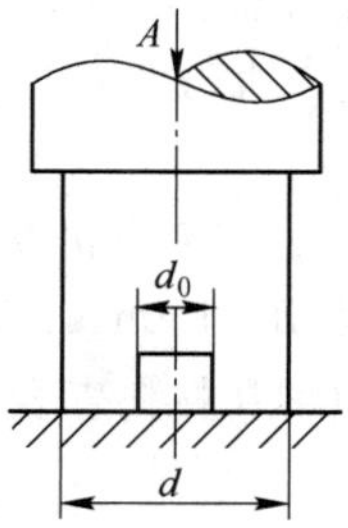

图 17-36 推力滑动轴承

B——轴承的宽度，mm；

[p]——轴瓦材料的许用压强，MPa，由表17-16选取。

pv 值的验算式为：

$$pv = \frac{F}{dB} \cdot \frac{\pi dn}{60 \times 1000} = \frac{Fn}{19100B} \leqslant [pv] \tag{17-20}$$

式中　n——轴承的转速，r/min；

[pv]——轴瓦材料的许用值，MPa · m/s，由表17-16选取。

当验算不合格时，可改用较好的轴瓦材料或重新确定轴颈 d 和轴瓦宽 B 的值。

17.6.2.2　推力滑动轴承的验算

如图17-36所示的推力滑动轴承，其压强 p 的验算式为：

$$p = \frac{A}{\frac{\pi}{4}(d^2 - d_0^2)zk} \leqslant [p] \tag{17-21}$$

式中　A——轴承的轴向载荷，N；

d——推力环的外径，mm；

d_0——推力环的内径，mm；

z——推力环数；

k——油沟对推力环承载面积的减少系数，取0.85~0.95；

[p]——推力滑动轴承轴瓦材料的许用压强值，由表17-20选取。

pv_m 值的验算式为：

$$pv_m = p \cdot \frac{\pi d_m n}{60 \times 1000} \leqslant [pv_m] \tag{17-22}$$

式中　v_m——推力环支承面上的平均速度，m/s；

d_m——推力环的平均直径，mm；

n——轴径的转速，r/min；

[pv]——推力滑动轴承轴瓦材料的许用值，由表17-20选取。

表17-20　推力滑动轴承材料及许用值 [p]、[pv]

轴材料	未淬火钢			淬火钢	
轴瓦（衬）材料	铸　铁	青　铜	轴承合金	青　铜	轴承合金
[p]/MPa	2.0~2.5	4.0~5.0	5.0~6.0	7.5~8.0	8.0~9.0
[pv]/MPa · m · s^{-1}	2~4				

由于推力滑动轴承与向心滑动轴承在支承面上的压力分布不同，又不能形成楔形间隙，因而润滑条件较差，所以推力滑动轴承轴瓦材料的 [p] 和 [pv] 值比向心滑动轴承轴瓦材料的偏小。

[例17-4]　已知起重机卷筒的滑动轴承径向载荷 $R=100$kN，转速 $n=10$r/min，轴颈 $d=90$mm，轴承宽度 $B=130$mm，轴瓦的材料为ZCuSn10Pb1，试验算该轴承。

解：（1）由轴瓦材料查表17-16得：

$$[p] = 15\text{MPa},\ [pv] = 20\text{MPa} \cdot \text{m/s}$$

（2）验算轴承的压强：

$$p = \frac{R}{dB} = \frac{100 \times 1000}{90 \times 130} = 8.457\text{MPa} < [p]$$

（3）验算轴承的 pv 值：

$$pv = \frac{Rn}{19100B} = \frac{100 \times 1000 \times 10}{19100 \times 130} = 0.403\text{MPa} \cdot \text{m/s} < [pv]$$

经计算，该轴承合适。

17.7　液体润滑轴承简介

用润滑油把摩擦表面完全分隔开时的摩擦称为液体摩擦。因为两个表面并不直接接触，所以这种摩擦的性质取决于使用的润滑油黏度，而与两个摩擦表面的材料无关。按获得液体摩擦的方法，液体润滑轴承可分为液体动压轴承和液体静压轴承。

17.7.1　液体动压轴承

利用轴颈本身回转时的泵油作用把油带入摩擦面间，建立压力油膜而把摩擦面分开，用这种方法来实现液体摩擦的轴承称为液体动压轴承。

液体动压轴承形成液体动压润滑的条件是：（1）两摩擦面必须互相倾斜呈楔形；（2）两摩擦面具有一定的相对滑动速度，且其速度方向指向楔形顶点；（3）必须连续地供给充分且具有一定黏度的润滑油。

向心动压润滑轴承的轴瓦、轴径间必须具有一定的间隙。在静止时，轴颈处于轴瓦的底部，自然形成了楔形间隙，如图 17-37a 所示；转动时，轴颈沿轴承孔内壁向上爬行，如图 17-37b 所示，此时处于边界摩擦状态；随着转速的增加，楔形间隙内形成油膜将轴颈托起而与轴瓦脱离接触，此时形成了动压润滑，但不能持久，因为油膜产生的压力把轴向左推，因而轴颈左移，直到与外载荷平衡为止，如图 17-37c 所示。如其他条件不变，转速越高轴与轴瓦的偏心量就越小。理论上讲当转速为无穷大时，轴与轴瓦的中心重合，则无楔形存在，故无承载能力。

前面讨论了单油楔动压润滑轴承，这种轴承承载高，但偏心大、对中性差。为了提高轴的旋转精度和稳定性，轴瓦可采用多油楔结构（见图 17-38）。多油楔中只有一个油楔承载，因而承载能力不如单油楔轴承。

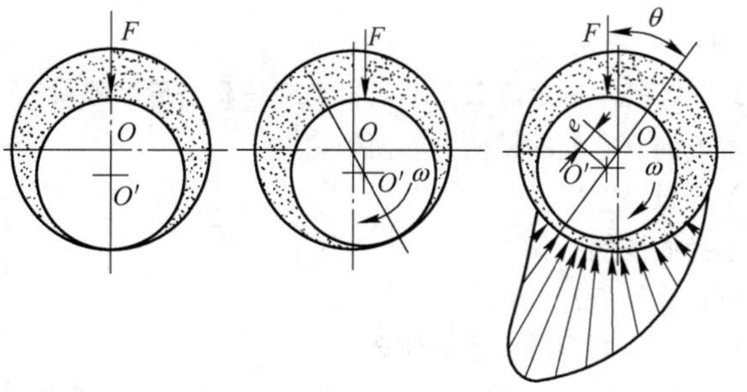

a　b　c

图 17-37　动压润滑的形成过程

a—启动前阶段；b—启动阶段；c—液体润滑阶段

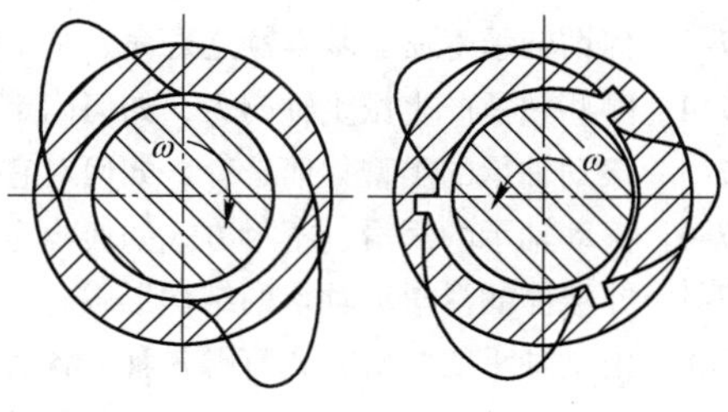

a　b

图 17-38　多楔形动压轴承

a—两楔形动压轴承；b—三楔形协压轴承

17.7.2　液体静压轴承的工作原理简介

静压轴承是依靠供油装置将高压油压入轴承间隙中，强制形成油膜，使轴浮在轴承中央实现传动。该轴承具有刚度大、承载高、寿命长、抗振性好等特点，一般用于低速、重载或要求精度高的机械中。静压轴承不仅制造精度高，而且需要一套专门的高压供油系统，因此应用不如动压轴承普遍。

液体静压向心轴承的工作原理如图 17-39 所示。轴瓦上开有四个对称的矩形油腔和四个回油槽，油腔外边的圆弧面称为封油面。在油腔中央有一个装有节流器的进油孔，油泵的压力油经节流器进入油腔，而后经过轴与封油面之间的微小间隙返回回油槽，流回油箱形成油路。由于轴与轴承封油面的间隙很小，液体的阻力很大，所以在油腔中保持着液体的压力，使轴浮在轴承中央。在轴上没有外载荷，若不计轴的自重，则轴在四个油腔的压力油作用下浮在中央。各油腔的压力为 $p_1=p_2=p_3=p_4$。当轴受载荷 F 作用时，轴颈向下移 e，则轴与油腔 3 四周的封油面间隙减小，流量亦随之减少，p_3 亦增大。在油腔 1 处则反之，间隙增大，回油量大，p_1 下降。上下油腔的压力差与外载荷平衡，而油腔 2、4 中的压力不变，流量不变。各油腔的流量变与不变均由节流器调节。选择合适的节流器是静压轴承设计的关键。

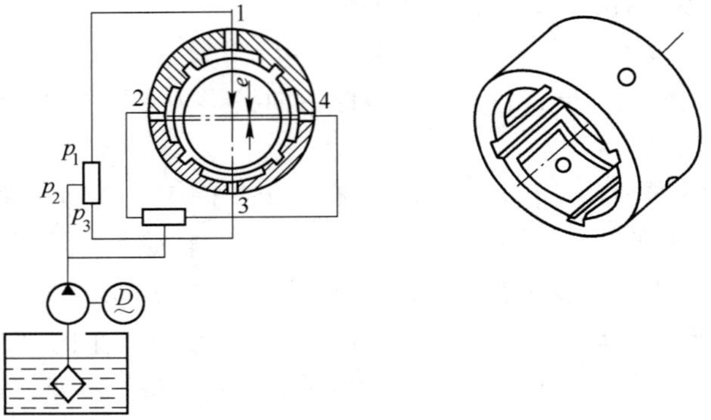

图 17-39　液体静压轴承结构

1，2，3，4—油腔

复习思考题

17-1　滚动轴承与滑动轴承的根本区别是什么？

17-2　指出下列轴承代号的含义：6208、7310 和 31311。

17-3　何谓轴承寿命、基本额定寿命、基本额定动载荷、基本额定静载荷、当量动载荷和当量静载荷？

17-4　哪些轴承产生派生轴向力，如何确定其大小和方向，它们的轴向力如何确定？

17-5　滚动轴承的类型如何选择，如何对它们进行组合设计？

17-6　滚动轴承的润滑、密封方式如何确定，如何选择润滑剂？

17-7　非流体润滑滑动轴承的结构形式有几种，各有什么特点？

17-8　滑动轴承的润滑方式有哪几种，各有什么特点，对应的润滑装置如何选择？

17-9　深沟球轴承转速为 n_1，当量动载荷为 p_1 时轴承寿命为 L_{h1}，若工作条件不变，转速不变，当量动载荷 $p_2=p_1/3$ 时，轴承寿命 L_{h2} 是 L_{h1} 的多少倍；若当量动载荷不变，转速 $n_3=n_1/3$ 时，寿命 L_{h3} 是 L_{h1} 的多少倍？

17-10　在图 17-40 所示斜齿圆柱齿轮减速器中，一转速 $n=530\text{r/min}$ 的轴系由一对圆锥滚子轴承 30206

支承，轴所受径向力 $F_R = 3000N$，冲击载荷系数 $f_d = 1.2$，在常温下工作。求危险轴承寿命及两轴承寿命比。

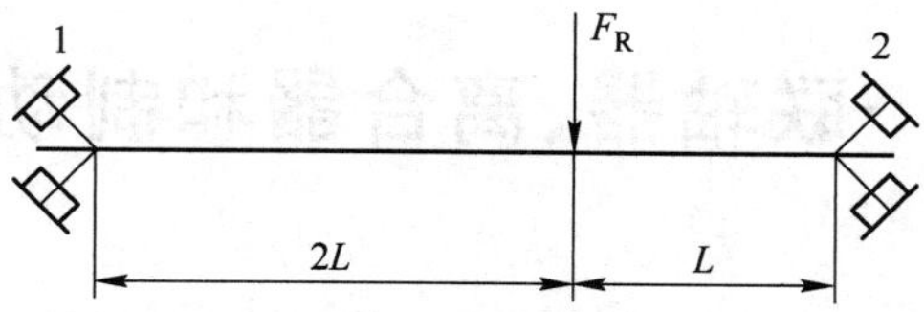

图 17-40

17-11 有一滑动轴承，轴瓦材料为 ZchPbSb16-16-2，其轴颈直径 $d = 60mm$，$B/d = 1.2$，转速 $n = 1000$ r/min。问此轴承允许最大工作载荷为多少？

17-12 已知卷扬机卷筒的滑动轴承的径向载荷 $R = 1.5 \times 10^5 N$，转速 $n = 10r/min$，轴颈 $d = 100mm$，轴承宽度 $B = 150mm$，轴瓦材料为 ZCuAl9Mn2，试验算该轴承。

18 联轴器、离合器和制动器

联轴器和离合器主要用于轴与轴之间的联接，使它们一起回转并传递转矩。用联轴器联接的两根轴，只有在机器停车后才能拆卸。用离合器联接的两根轴，在机器运转过程中就能使两轴联接或分离。制动器是用来降低机械运转速度或迫使机械停止运转的装置，如图 18-1 所示。联轴器、离合器、制动器的结构形式很多，常用的大部分已经标准化，本章仅介绍几种常用类型的结构特点、适用场合及选择。

18.1 联轴器

联轴器所联接的两轴由于机器制造及安装误差、运转时零件的变形、机座下沉和轴承磨损等原因往往不能保证两轴线对中，被联接的两轴可能发生相对位移或偏斜的情况，如图 18-2 所示。如果这些位移得不到补偿，将会在轴、轴承、联轴器上引起附加载荷。因此，在不能避免两轴相对位移的情况下，应采用可移式联轴器来补偿被联接两轴的位移和偏斜。

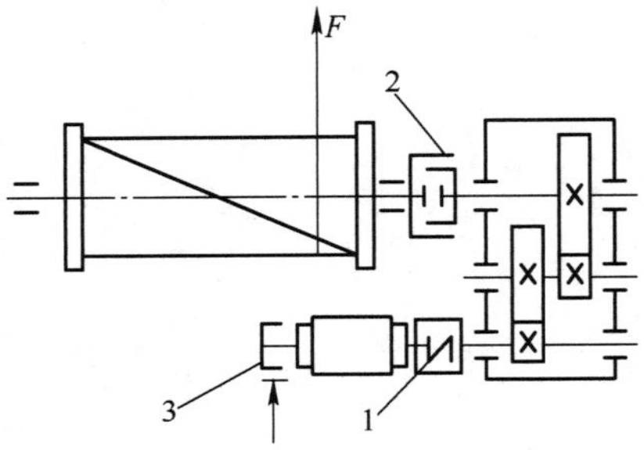

图 18-1 卷扬机示意图

1—联轴器；2—离合器；3—制动器

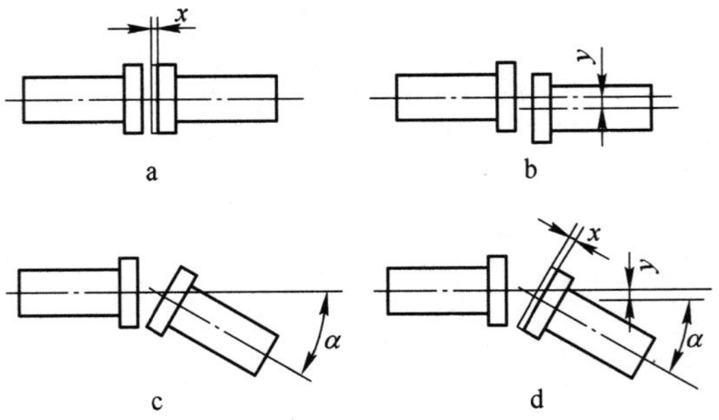

图 18-2 两轴的相对位移

a—轴向位移 x；b—径向位移 y；c—偏向位移 α；d— 综合位移 x、y、α

根据被联接两轴的相对位置关系，联轴器可分为固定式和可移式两类。固定式联轴器用在两轴能严格对中、工作时不发生相对位移的场合；可移式联轴器则用在两轴有偏斜或工作中有相对位移的场合。

在可移式联轴器中，根据补偿位移方法的不同，又分为两类：刚性可移式联轴器，利用联轴器的结构和工作零件间的间隙来实现补偿；弹性可移式联轴器，利用联轴器中弹性元件的变形来补偿。

18.1.1 固定式联轴器

（1）套筒联轴器。如图 18-3 所示，套筒联轴器是由联接两轴端的套筒和联接套筒与轴的键或销钉组成。这种联轴器结构简单、径向尺寸小、成本低，适用于轴对中性好、低速、无冲击、安装精度高的场合。

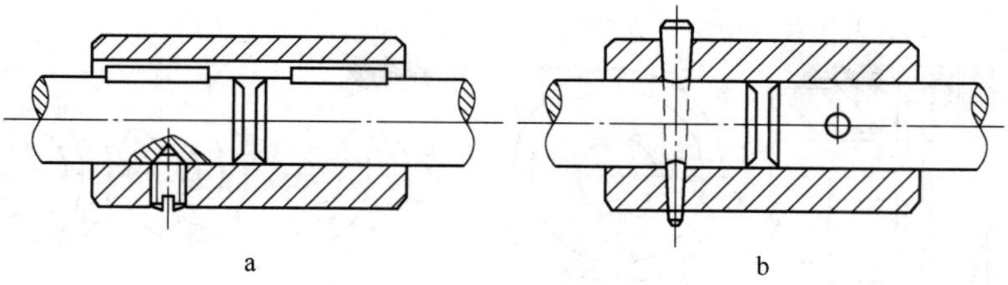

图 18-3 套筒联轴器

a—单键联接的套筒联轴器；b—销联接的套筒联轴器

（2）凸缘联轴器。凸缘联轴器是把两个带有凸缘的半联轴器用键分别与两轴联接，然后用螺栓把两个半联轴器连成一体，如图 18-4 所示。按对中方式不同，这种联轴器有两种结构形式：图 18-4a 所示为Ⅰ型，此种结构用凸肩和凹槽对中，并用普通螺栓联接，螺栓与孔间存在间隙，靠两半联轴器接触面间的摩擦力传递转矩，装拆时需移动轴。图 18-4b 所示为Ⅱ型，此种结构用铰制孔螺栓对中，螺栓与孔壁间略有过盈的紧密配合，靠螺栓承受挤压和剪切来传递转矩，装拆时不需移动轴。两者比较，尺寸相同时，Ⅱ型比Ⅰ型传递转矩大，但Ⅱ型加工麻烦。

凸缘联轴器结构简单、成本低、能传递较大转矩，但不能缓冲减振，并且对两轴对中性的要求很高。主要用于载荷平稳和两轴严格对中的场合。

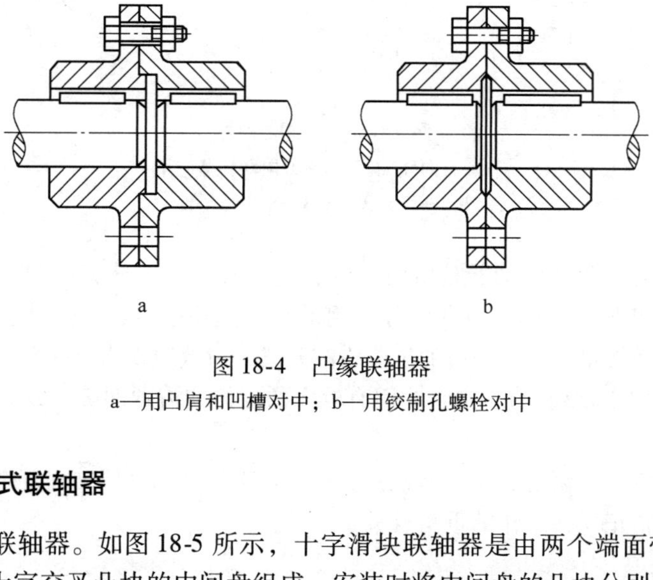

图 18-4 凸缘联轴器

a—用凸肩和凹槽对中；b—用铰制孔螺栓对中

18.1.2 刚性可移式联轴器

（1）十字滑块联轴器。如图 18-5 所示，十字滑块联轴器是由两个端面带凹槽的半联轴器和一个两端面带有十字交叉凸块的中间盘组成。安装时将中间盘的凸块分别嵌装在两个半联轴器的凹槽中。因凸块可在凹槽中滑动，故可补偿安装及运转时两轴间的相对位移。它所允许的两轴的径向位移 $y \leqslant 0.04d$（d 为轴径，单位 mm），角位移 $\alpha \leqslant 30'$。

这种联轴器径向尺寸较小，结构简单，适用于转矩大、两轴间相对位移量较大、转速不高且无剧烈冲击的场合。

（2）万向联轴器。如图 18-6a 所示，万向联轴器是由两个叉形零件 1、2 和一个十字形零件 3 以及轴所组成。这样就构成了一个可动的联接。允许联接的两轴间有较大的角偏移，最大可达 45°。当两轴线不同轴时，主动轴等角速度回转，而从动轴角速度在某一范围内作周期性

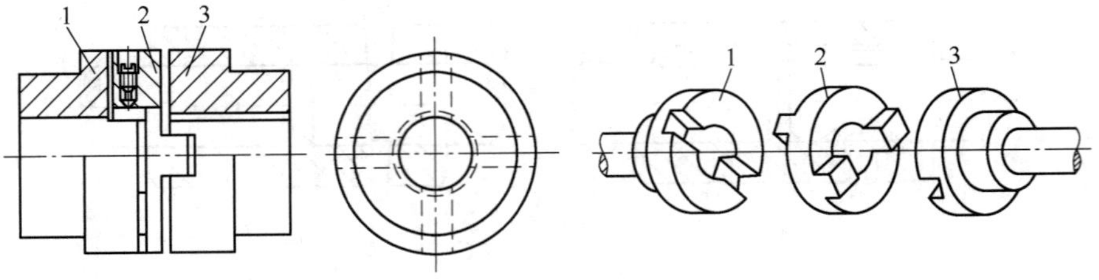

图 18-5　十字滑块联轴器
a—十字滑块联轴器整体图；b—十字滑块联轴器分解图
1，3—半联轴器；2—中间盘

变化，因而在传动中产生附加动载荷。为改善这种情况，常将万向联轴器成对使用，如图18-6b所示。

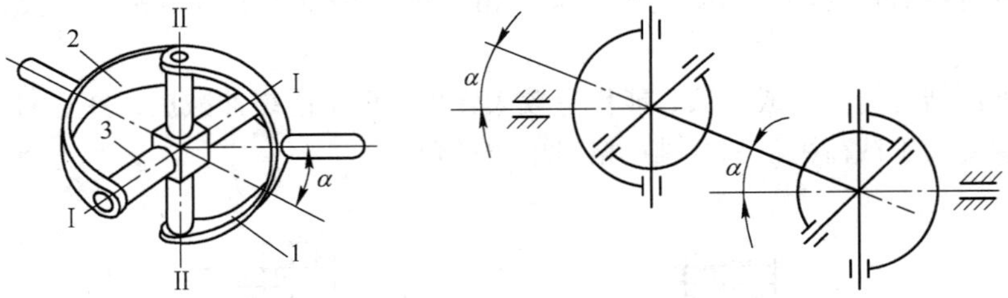

图 18-6　万向联轴器
a—万向联轴器；b—万向联轴器应用
1,2—叉形零件；3—十字形零件

（3）齿式联轴器。齿式联轴器是由两个带有内齿及凸缘的外套筒和两个带有外齿的内套筒所组成，如图 18-7 所示。两个内套筒分别用键与两轴相联接，两个外套筒用螺栓联接，依靠内外齿相啮合传递转矩。内、外齿的齿廓为渐开线，齿数通常为 30 ~ 80，外齿轮的齿顶做成球面（球面中心应位于轴线上）。啮合时因有较大的齿侧和齿顶间隙，故具有补偿综合位移的能力。

这种联轴器外部尺寸紧凑，能传递较大转矩，且工作可靠，但结构复杂，制造成本高。适用于启动频繁，经常正反转工作的重型机械。

18.1.3　弹性联轴器

（1）弹性套柱销联轴器。弹性套柱销联轴器的构造与凸缘联轴器相似，只是用套有弹性套的柱销代替了联接螺栓，弹性套用橡胶制成，如图 18-8 所示。工作时依靠弹性套的变形来补偿两轴线的偏移，并有缓冲和吸振作用。但弹性套易损坏，寿命较低，适用于经常正反转、启动频繁、载荷平稳和高速运转的传动中。

（2）弹性柱销联轴器。弹性柱销联轴器是由一组木销或尼龙销将两半联轴器联接在一起，为防止脱销，柱销两端用螺钉固定了挡板，如图 18-9 所示。这种销联轴器制造容

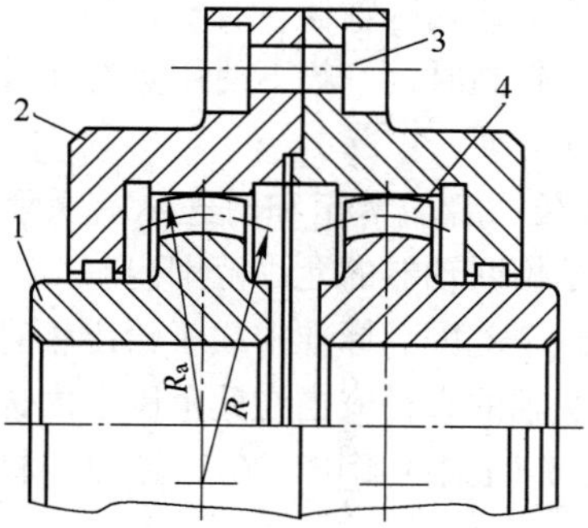

图 18-7 齿式联轴器

1—内套筒；2—外套筒；3—螺栓联接孔；4—齿

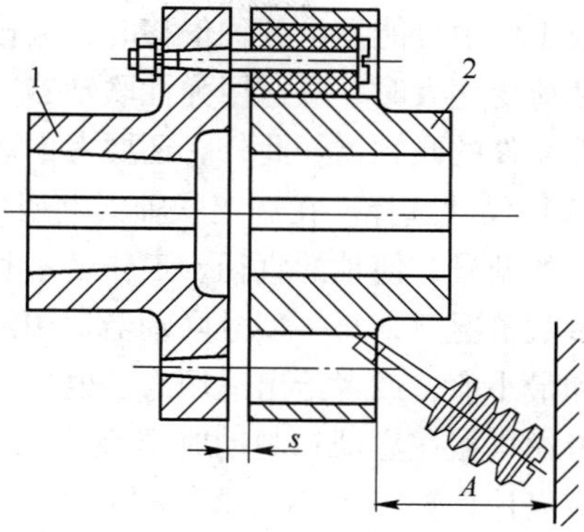

图 18-8 弹性套柱销联轴器

1—Y 型轴孔（圆柱形）；2—Z 型轴孔（圆锥形）

易，耐久性好，安装维护方便，传递转矩大；可代替弹性套柱销联轴器使用。适用于轴向位移大，正、反转或启动频繁的传动。采用尼龙柱销时，温度控制在 -20 ~ +70℃ 之间。

（3）轮胎式联轴器。如图 18-10 所示，轮胎式联轴器是由橡胶或橡胶织物制成的特型轮胎用压板和螺栓把半联轴器联接而成。两半联轴器分别用键与两轴相连，通过轮胎传递转矩。轮胎式联轴器富有弹性，具有良好的消振能力，能有效地降低动载荷和补偿较大的轴向位移，而且绝缘性能好，运转时无噪声。缺点是径向尺寸较大；当转矩大时，会因过大扭转变形而产生附加轴向载荷。适用于潮湿、多尘、冲击大，正反转次数多及启动频繁场合，起重机械多用。

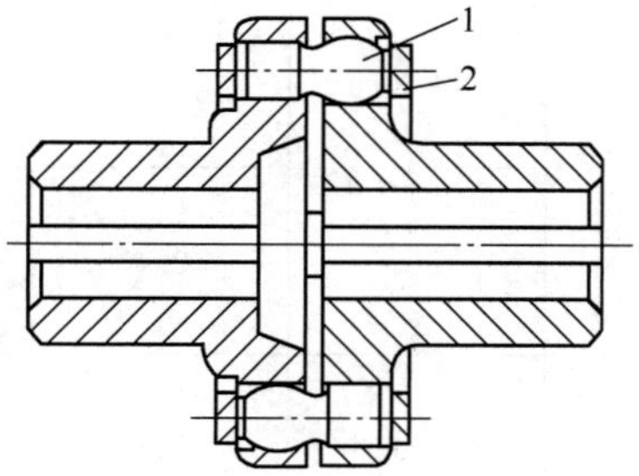

图 18-9 弹性柱销联轴器

1—弹性柱销；2—挡板

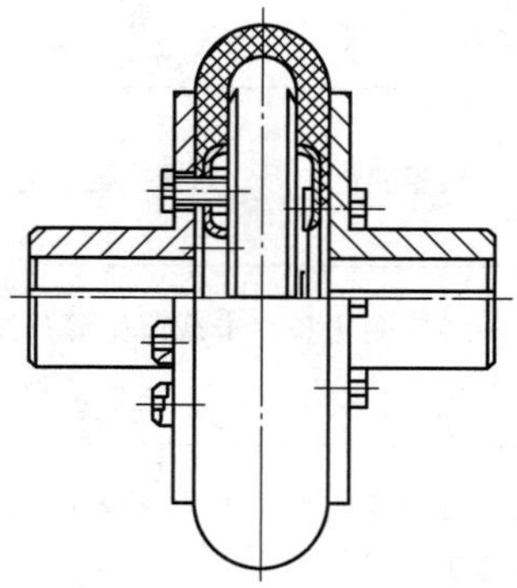

图 18-10 轮胎式联轴器

18.1.4 联轴器的选择

绝大多数联轴器均已标准化或规格化（见有关手册）。一般机械设计者的任务主要是选用，而不是设计。联轴器的选择包括类型选择和尺寸选择。

（1）类型选择。在选择联轴器类型时，主要考虑的因素有：被联接在两轴的对中性、载荷大小和特性、工作温度。当两轴心线能保证同轴时，可选用固定式联轴器，若不能保证两轴同心或工作中可能发生各种偏移时，应选择有补偿能力的可移式联轴器；若机器频繁启动，制动或载荷变化大时，应选用弹性联轴器。当工作环境温度较高时，一般不使用具有橡胶或尼龙等弹性元件的联轴器，此外，还要考虑装拆、维护和更换方便。

(2) 尺寸选择。在选定联轴器类型后，可按轴的直径、启动转矩和转速从有关手册中选择适合的型号，使轴的直径、工作转矩和转速在该尺寸结构联轴器的允许范围内。

多数情况下，每一型号联轴器适用的轴的直径均有一个范围。标准中或者给出轴直径的最大值和最小值，或者给出适用直径的尺寸系列，被联接两轴的直径应当在此范围之内选取。

考虑机械在启动和制动时惯性力及工作过程中过载等因素的影响，在选择和校核联轴器时，应以计算转矩 T_c 为依据，其值为：

$$T_c = K_A \cdot T \tag{18-1}$$

式中　T——联轴器传递的名义转矩，N · mm；

K_A——工作情况系数，见表 18-1。

表 18-1　工作情况系数 K_A

工作机		系数 K_A			
分　类	工作情况举例	电动机 汽轮机	四缸和四缸 以上内燃机	双缸 内燃机	单缸 内燃机
Ⅰ	转矩变化很小，如发电机、小型通风机、小型离心泵	1.3	1.5	1.8	2.2
Ⅱ	转矩变化小，如透平压缩机、木工机床、运输机	1.5	1.7	2.0	2.4
Ⅲ	转矩变化中等，如搅拌机、增压泵、冲床	1.7	1.9	2.2	2.6
Ⅳ	转矩变化和冲击载荷中等，如织布机、拖拉机	1.9	2.1	2.4	2.8
Ⅴ	转矩变化和冲击载荷较大，如造纸机、起重机	2.3	2.5	2.8	3.2
Ⅵ	转矩变化大并有极强烈冲击载荷，如压延机、重型初轧机	3.1	3.3	3.6	4.0

18.2　离合器

离合器在机器运转中可将传动系统随时分离或接合。对离合器的要求有：接合平稳、分离彻底迅速、调整和维修方便、散热性和耐磨性好、对中方便、省力。离合器的类型很多，常用的可分为牙嵌式和摩擦式两大类。

18.2.1 牙嵌离合器

如图 18-11 所示，牙嵌离合器是由两个端面带有牙的半离合器组成，一个半离合器用平键与主动轴固定，另一个半离合器利用导向平键或花键与从动轴联接，操纵机构可使其沿轴向移动以实现离合，从动轴可在对中环内自由转动。

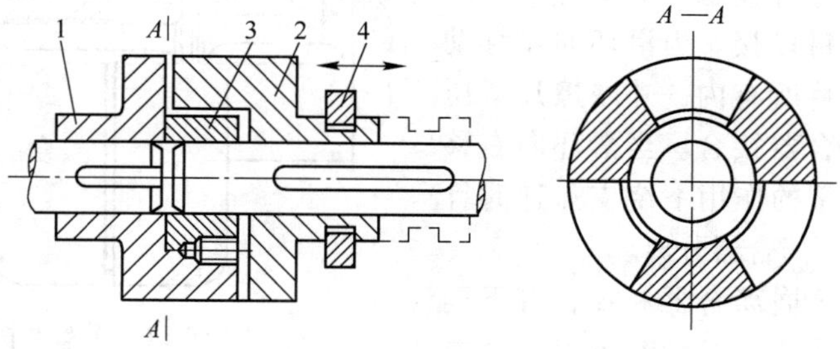

图 18-11 牙嵌式离合器

1，2—半离合器；3—对中环；4—操纵机构

牙嵌离合器常用的牙型如图 18-12 所示，三角形牙（图 18-12a）容易接合和分离，用于传递小转矩；矩形牙（图 18-12b）不便于接合，分离也困难，磨损后无法补偿，应用较少；梯形牙（图 18-12c）强度高，能传递较大转矩，并可补偿磨损产生的齿侧间隙，接合与分离比较容易，故应用较广；锯齿形牙（图 18-12d）强度高，传递转矩能力大，多在重载情况下应用，但只能单向工作。

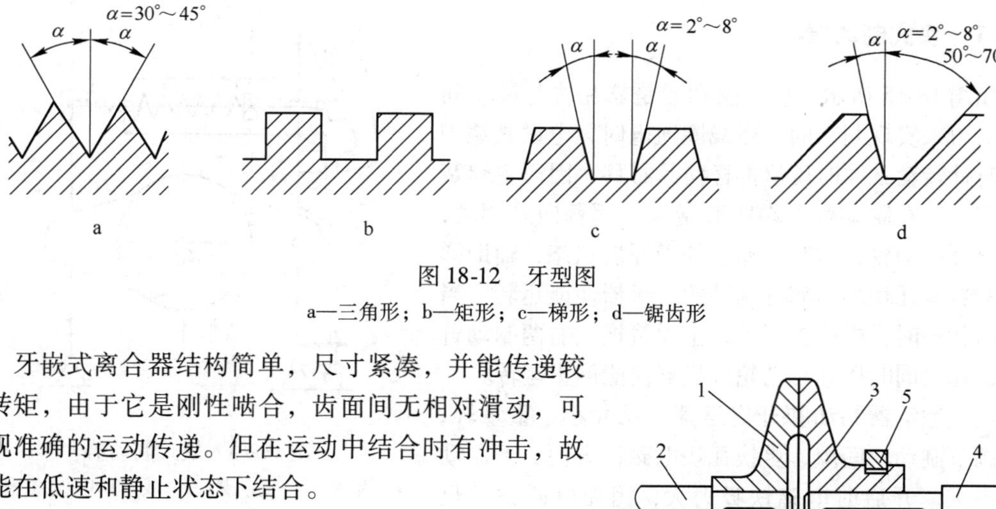

图 18-12 牙型图

a—三角形；b—矩形；c—梯形；d—锯齿形

牙嵌式离合器结构简单，尺寸紧凑，并能传递较大转矩，由于它是刚性啮合，齿面间无相对滑动，可实现准确的运动传递。但在运动中结合时有冲击，故只能在低速和静止状态下结合。

18.2.2 摩擦离合器

摩擦离合器靠两接触工作面间的摩擦力来传递转矩，其工作面可做成圆盘形、圆锥形等。圆盘摩擦离合器又可以分为单盘式和多盘式两种。图 18-13 所示为单盘摩擦离合器。主动盘固定在主动轴上，从动盘用导向平键连在从动轴上，操纵机构可使其在从动轴

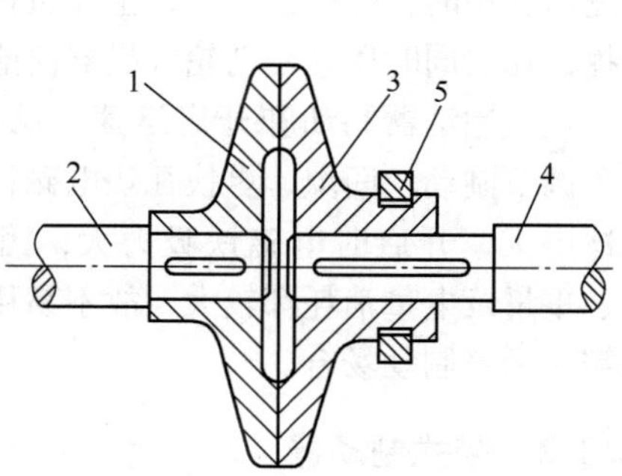

图 18-13 单盘摩擦离合器

1—主动盘；2—主动轴；3—从动盘；4—从动轴；5—操纵机构

上移动。接合时以力 F_A 压在从动盘上，主动轴上的转矩是由两盘接触面间产生的摩擦力矩传到从动轴上。

图 18-14 所示为多盘摩擦离合器。主动轴与外壳相连，从动轴与套筒相连。外壳与一组外摩擦片通过花键联接，随外壳一起回转，它的内孔不与任何零件接触。套筒与另一组内摩擦片也通过花键联接。当滑环向左移动时，杠杆通过压板将所有内、外摩擦片紧压在调节螺母上，离合器接合。当滑环向右移动时，杠杆 8 在弹簧的作用下绕支点逆时针转动，摩擦片分开，离合器分离。

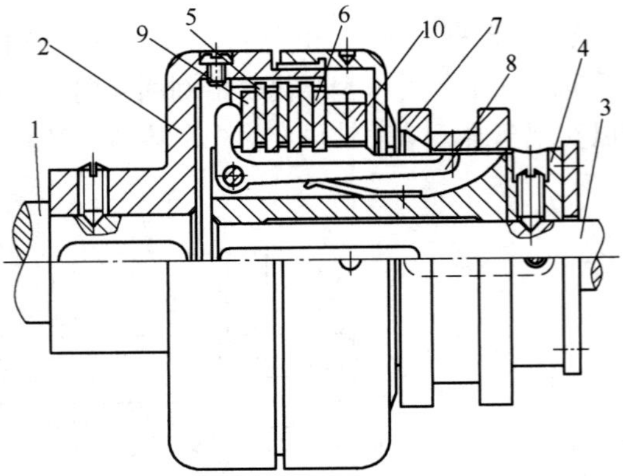

图 18-14　多盘摩擦离合器

1—主动轴；2—外壳；3—从动轴；4—套筒；5—外摩擦片；6—内摩擦片；7—滑环；8—杠杆；9—压板；10—调节螺母

摩擦离合器和牙嵌离合器相比，有下列优点：不论在何种速度，两轴都可以结合或分离；结合过程平稳，冲击、振动较小；从动轴的加速时间和所传递的最大转矩可调节；过载时可发生打滑。缺点为外部尺寸较大，结构复杂，成本高，磨损大，当产生滑动时不能保证两轴精确同步转动。

18.3　制动器

制动器是用来降低机械的运转速度或迫使机械停止转动，在车辆、飞机和起重机等机械中，广泛采用各种形式的制动器。以下介绍两种常见的制动器。

18.3.1　块式制动器

如图 18-15 所示，块式制动器是靠瓦块与制动间的摩擦力来实现制动的。当线圈通电时，电磁铁绕 O 点逆时针转动，同时压迫推杆使其右移，因而主弹簧被压缩，左右制动臂上端距离增大，两臂向外摆动，瓦块离开制动轮，这时制动轮处于开启状态，辅助弹簧使左右两瓦块均匀离开制动轮，机器便能运转。当在图示状态时，电磁铁不动，主弹簧把左右两制动臂收拢，瓦块同时压紧制动轮，机器便能停止运转。

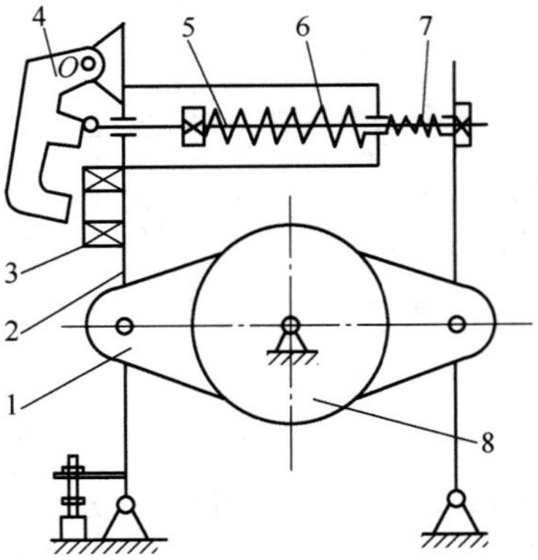

图 18-15　块式制动器

1—瓦块；2—制动臂；3—线圈；4—电磁铁；5—推杆；6—主弹簧；7—辅助弹簧；8—制动轮

块式制动器制动和开启迅速、尺寸小、重量轻、易于调节制动块间隙、更换瓦块电磁铁方便，但制动时冲击大、开启时电磁铁吸力大，因而电磁铁的尺寸、重量及电量消耗都较大，故不易用于制动力矩大和需要频繁制动场合。

18.3.2　带式制动器

如图 18-16 所示，带式制动器由制动轮和围绕在轮上的制动带所组成。在重锤的作用下，制动带与制动轮之间产生摩擦力，从而实现合闸运动，在电磁铁或人力作用下提升重锤实现松闸。

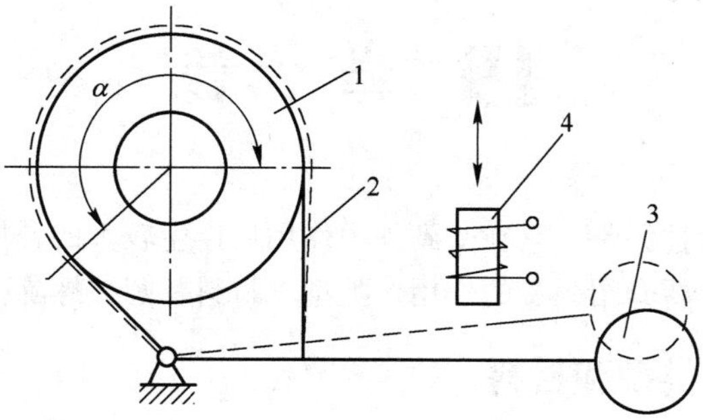

图 18-16　带式制动器

1—制动轮；2—制动带；3—重锤；4—电磁铁

带式制动器结构简单，径向尺寸紧凑，为增加摩擦、耐磨性及易于散热，制动带材料一般为钢带上覆以石棉或夹铁砂帆布。

复习思考题

18-1　联轴器、离合器和制动器的功用有何异同，各用在机械的什么场合？

18-2　固定式联轴器和可移式联轴器的区别是什么，各适用在什么场合？

18-3　牙嵌式离合器的工作原理如何，为什么牙型多采用梯形？

18-4　简述多片式摩擦离合器的工作原理和结构特点。

18-5　块式制动器和带式制动器有何不同，各适用于什么场合？

18-6　有一卷扬机，其电动机前后输出轴要安装联轴器，电动机型号为 YB2S-4，电机额定功率 P = 5.5kW，转速 n = 1440r/min，电动机输出轴直径为 20mm，试选择此联轴器。

19 弹　簧

弹簧是一种常用的弹性元件，它在受到外力作用后产生较大的弹性变形。弹簧的结构类型很多，用途很广。本章主要介绍弹簧的作用、类型、材料及圆柱螺旋弹簧的设计。

19.1　弹簧的作用、类型和材料

19.1.1　弹簧的作用

弹簧的作用主要有：

（1）控制运动或限定位置，例如凸轮机构、离合器、阀门中的弹簧等；

（2）缓冲及吸振，例如车辆弹簧、弹簧联轴器中的弹簧等；

（3）储存能量，例如钟表、仪器中的弹簧；

（4）测量力和转矩，例如弹簧秤和测力器中的弹簧。

19.1.2　弹簧的类型

根据弹簧的形状、载荷种类和用途的不同，弹簧有多种类型，其基本类型见表 19-1。

表 19-1　弹簧的基本类型

按载荷分 / 按形状分	拉　伸	压　缩		扭　转	弯　曲
螺旋形	圆柱形螺旋拉伸弹簧 	圆柱形螺旋压缩弹簧 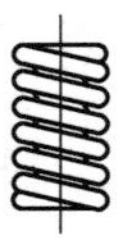	圆锥形螺旋压缩弹簧 	圆柱形螺旋扭转弹簧 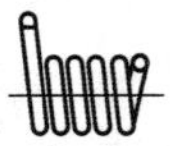	
其　他		环形弹簧 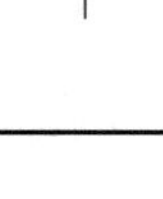	碟形弹簧 	盘簧 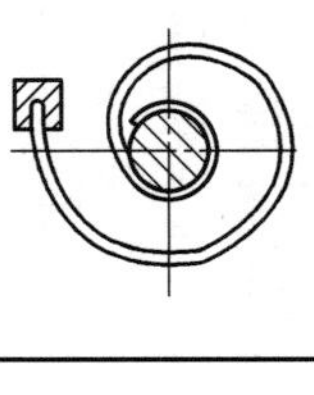	板弹簧 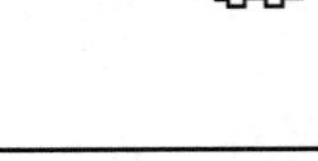

19.1.3　弹簧材料

在机械设计中，弹簧常承受具有冲击性的交变载荷，所以弹簧材料应具有高的屈服强度、疲劳强度、冲击韧性和良好的热处理性能。常用的弹簧材料有优质碳素钢、合金钢、有色金属合金等。

选择弹簧材料时，主要应考虑弹簧的工作条件（载荷的大小和性质、周围介质的特性、工作温度等）、重要性及加工和热处理条件等因素。

表 19-2、表 19-3 分别给出了常用弹簧材料的性能和碳素弹簧钢丝的抗拉强度极限。

表 19-2 弹簧常用材料及其许用应力（摘自 GB/T 1239.6—92）

<table>
<tr><th rowspan="3">材料名称</th><th rowspan="3">材料牌号</th><th colspan="3">许用扭转剪应力
[τ] /MPa</th><th colspan="2">许用弯曲应力
[σ_b] /MPa</th><th rowspan="3">剪切弹性模量
G/MPa</th><th rowspan="3">拉压弹性模量
E/MPa</th><th rowspan="3">推荐硬度范围
HRC</th><th rowspan="3">推荐使用温度
/℃</th><th rowspan="3">特性及用途</th></tr>
<tr><th colspan="3">弹簧类别①</th><th colspan="2">弹簧类别①</th></tr>
<tr><th>Ⅰ类</th><th>Ⅱ类</th><th>Ⅲ类</th><th>Ⅰ类</th><th>Ⅱ类</th></tr>
<tr><td>碳素弹簧钢丝</td><td>B、C、D②</td><td rowspan="2">0.3 σ_b</td><td rowspan="2">0.4 σ_b</td><td rowspan="2">0.5 σ_b</td><td rowspan="2">0.5 σ_b</td><td rowspan="2">0.625 σ_b</td><td rowspan="2">d=0.5~4,
83000~
80000;
d>4,80000</td><td rowspan="2">d=0.5~4,
207500~
205000;
d>4,200000</td><td rowspan="2">—</td><td rowspan="2">−40~
120</td><td rowspan="2">强度高、性能好,适于做小弹簧</td></tr>
<tr><td>重要用途弹簧钢丝</td><td>65Mn</td></tr>
<tr><td rowspan="3">合金弹簧钢丝</td><td>60Si2Mn</td><td rowspan="2">510</td><td rowspan="2">680</td><td rowspan="2">850</td><td rowspan="2">850</td><td rowspan="2">1020</td><td rowspan="2">80000</td><td rowspan="2">200000</td><td rowspan="2">45~50</td><td rowspan="2">−40~
200</td><td rowspan="2">弹性好、回火稳定性好、易脱碳,用于受大载荷的弹簧</td></tr>
<tr><td>60Si2CrA</td></tr>
<tr><td>50CrVA</td><td>430</td><td>580</td><td>720</td><td>720</td><td>900</td><td>80000</td><td>200000</td><td>47~52</td><td>−40~
250</td><td>强度高、耐高温、弹性好</td></tr>
<tr><td rowspan="2">不锈钢丝</td><td>1Cr18Ni9Ti
（冷拔/
热轧）</td><td>330/750</td><td>440/340</td><td>550/420</td><td>550/420</td><td>680/520</td><td>80000</td><td>197000</td><td></td><td>−40~
350</td><td>高温时强度高、淬透性好</td></tr>
<tr><td>4Cr13</td><td>450</td><td>600</td><td>750</td><td>750</td><td>940</td><td>77000</td><td>219000</td><td>48~53</td><td>−250~
300</td><td>耐腐蚀、耐高温,适于做小弹簧</td></tr>
<tr><td rowspan="2">青铜丝</td><td>QSi3-1</td><td rowspan="2">270</td><td rowspan="2">360</td><td rowspan="2">450</td><td rowspan="2">450</td><td rowspan="2">560</td><td>41000</td><td rowspan="2">95000</td><td rowspan="2"></td><td rowspan="2">−40~
120</td><td rowspan="2">耐腐蚀、防磁、弹性好、不易热处理</td></tr>
<tr><td>QSn4-3</td><td>40000</td></tr>
</table>

①弹簧载荷性质分三类：Ⅰ类为受变载荷作用次数在 10^6 以上的弹簧，Ⅱ类为受变载荷作用次数在 $10^3 \sim 10^6$ 之间及受冲击载荷的弹簧，Ⅲ类为受变载荷作用次数在 10^3 以下的弹簧。工作极限剪切应力：Ⅰ类取 $\tau_{lim} = 1.67[\tau]$；Ⅱ类取 $\tau_{lim} = 1.25[\tau]$；Ⅲ类取 $\tau_{lim} = 1.12[\tau]$。拉伸弹簧的许用剪应力 $[\tau]$ 为表中值的 80%；经过强压处理的弹簧 $[\tau]$ 可提高 25% 左右；碳素弹簧钢 $\sigma_s = 0.7\sigma_b$，$\tau_s = 0.5\sigma_b$；硅锰弹簧钢 $\sigma_s = 0.75\sigma_b$，$\tau_s = 0.6\sigma_b$；铬钒弹簧钢 $\sigma_s = 0.9\sigma_b$，$\tau_s = 0.7\sigma_b$。

②碳素弹簧钢丝的组别见表 19-3。

表 19-3　碳素弹簧钢丝的力学性能(摘自 GB 4357—89)

钢丝直径/mm	抗拉强度 σ_b/N · mm^{-2}			扭转次数(不小于)
	B 级	C 级	D 级	
1.00	1660 ~ 2010	1960 ~ 2300	2300 ~ 2690	20
1.40	1620 ~ 1910	1860 ~ 2210	2150 ~ 2450	
2.00	1470 ~ 1760	1710 ~ 2010	1910 ~ 2200	
2.50	1420 ~ 1710	1660 ~ 1960	1760 ~ 2060	15
3.50	1320 ~ 2220	1570 ~ 1810	1660 ~ 1910	
4.00	1320 ~ 1620	1520 ~ 1760	1620 ~ 1860	10
5.00	1320 ~ 1570	1470 ~ 1710	1570 ~ 1810	
6.00	1220 ~ 1470	1420 ~ 1660	1520 ~ 1760	
7.00	1170 ~ 1420	1370 ~ 1570	—	
8.00	1170 ~ 1420	1370 ~ 1570	—	

注：1. 钢丝牌号采用 GB 4354—89 优质碳素钢钢盘条中规定的钢号。

2. 钢丝直径允许偏差符合 GB 342—84 冷拉圆钢丝 11 级的规定。

3. 表中的 B 级为低应力弹簧用；C 级为中等应力弹簧用；D 级为高应力弹簧用。

4. 标记示例：用 70 号钢制造的直径为 3mm、直径允许差为 11 级的 C 组钢丝标记为碳素弹簧钢丝 $\frac{3—11—\text{GB } 342—82}{70—\text{C}—\text{GB } 4357—89}$。

19.2　圆柱螺旋弹簧的设计

19.2.1　圆柱螺旋压缩弹簧的设计

19.2.1.1　弹簧的结构尺寸

图 19-1 为一个圆柱螺旋压缩弹簧结构图，弹簧两端各有 $\frac{3}{4}$ ~ $1\frac{3}{4}$ 圈并紧，这几圈不参与弹簧工作变形，称为支承圈或死圈。支承圈或死圈与弹簧座相接触，保证弹簧站得平直。压缩弹簧端部支承圈的常用结构形式有两种：两端圈并紧并磨平（YⅠ型，图 19-2a），两端圈并紧不磨（YⅡ型，图 19-2b），重要用途的压簧应采用前一种结构。支承圈的磨平长度应不小于 $\frac{3}{4}$ 圈，末端厚度应大于 $\frac{d}{3}$，压缩弹簧在自由状态下，各圈均留有一定间距 δ，以备受载时变形。

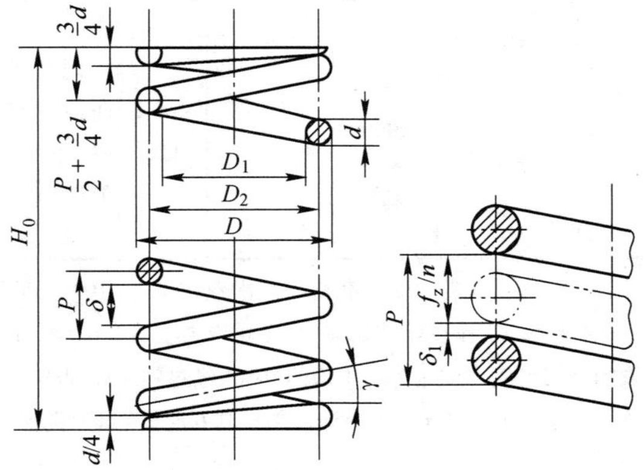

图 19-1　圆柱螺旋压缩弹簧结构图

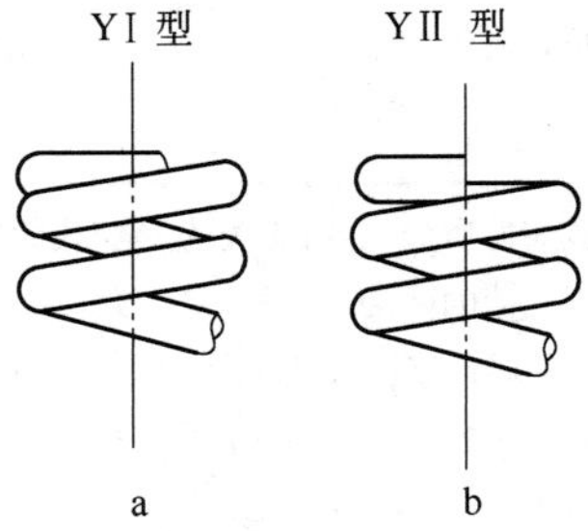

图 19-2　压缩弹簧支座结构

圆柱螺旋压缩弹簧的几何尺寸按表19-4中所列公式进行计算。普通圆柱螺旋弹簧尺寸参数系列见表19-5。

表19-4　圆柱螺旋压缩弹簧的几何尺寸计算公式

名　称	代　号	计算公式
弹簧中径	D_2	先根据结构要求估定，最后按表19-5取标准值
弹簧内径	D_1	$D_1 = D_2 - d$
弹簧外径	D	$D = D_2 + d$
总圈数	n_1	$n_1 = n + (1.5 \sim 2.5)$
节　距	P	$P = d + \delta = d + f'$，一般 $P = (1/3 \sim 1/2)D_2$
自由高度	H_0	YⅠ型：当 $n_1 = n + 1.5$ 时，$H_0 = pn + d$ 当 $n_1 = n + 2$ 时，$H_0 = pn + 1.5d$ 当 $n_1 = n + 2.5$ 时，$H_0 = pn + 2d$ YⅡ型：当 $n_1 = n + 2$ 时，$H_0 = pn + 3d$ 当 $n_1 = n + 2.5$ 时，$H_0 = pn + 3.5d$
螺旋导角	γ	$\gamma = \arctan[p/(\pi D_2)]$，推荐 $\gamma = 5° \sim 9°$
弹簧展开长度	L	$L = \pi n_1 D_2 / \cos\gamma$

注：$f' = f_z/n$，f_z 为弹簧总变形量，n 为工作圈数，f' 为一圈弹簧变形量。

表19-5　普通圆柱螺旋弹簧尺寸参数系列（摘自GB/T 1358—93）

弹簧截面材料直径 d/mm	第一系列	1、1.2、1.6、2、2.5、3、3.5、4、4.5、5、6、8、10、12、16、20
	第二系列	1.4、(1.5)、1.8、2.2、2.8、3.2、3.8、4.2、5.5、7、9、14、18
弹簧中径 D_2/mm	第一系列	4、4.5、5、6、7、8、9、10、12、16、20、25、30、35、40、45、55、60、70、80、90、100、110、120、130、140、150、160、180、200
	第二系列	4.8、5.5、6.5、7.5、8.5、9.5、14、18、22、28、32、38、42、48、52、58、65、75、85、95、105、115、125、135、145、170、190
有效圈数 n	压缩弹簧	2、2.25、2.5、2.75、3、3.25、3.5、3.75、4、4.25、4.5、4.75、5、5.5、6、6.5、7、7.5、8、8.5、9、9.5、10、10.5、11.5、12.5、13.5、14.5、15
	拉伸弹簧	2、3、4、5、6、7、8、9、10、11、12、13、14、15、17、18、19、20、22、25、28、30、35、40、45、50
自由高度 H_0/mm	压缩弹簧（推荐选用）	4、5、6、7、8、9、10、11、12、13、14、15、17、18、19、20、22、24、26、28、30、32、35、38、40、42、45、48、50、52、55、58、60、65、70、75、80、85、90、95、100、105、110、115、120、130、140、150、160、170、180、190、200、220、240、260、280、300

注：1. 此表适用于压缩、拉伸和扭转的圆截面圆柱螺旋弹簧。

2. 应优先采用第一系列，括号内的尺寸只限于老产品。

3. 拉伸弹簧有效圈数除按表规定外，由于钩环相应位置不同，其尾数还可为0.25、0.5或0.75。

19.2.1.2　弹簧的特性曲线

表征弹簧的载荷和变形间关系的曲线图称为载荷变形图，也称为弹簧的特性曲线，它是设计和生产过程中进行检验或试验的依据。

图 19-3 所示为压缩弹簧的特性曲线。在弹性变形范围内，其变形 f 与载荷成正比，即两者间为直线关系。

最小工作载荷 F_1，即弹簧在安装位置时所受的压力，使弹簧能可靠地稳定在安装位置上，根据工作要求定 F_1，一般 $F_1 \geqslant 0.2F_{\lim}$。

最大工作载荷为 F_2，在 F_2 作用下弹簧丝的最大应力 τ 不应超过材料的许用应力 $[\tau]$。

极限工作载荷 $F_{\lim}$，在 $F_{\lim}$ 作用下弹簧钢丝中的应力达到屈服强度 $\sigma_{0.2}$，对于Ⅰ类载荷弹簧 $F_{\lim} = 1.67F_2$，对于Ⅱ类载荷弹簧 $F_{\lim} = 1.25F_2$，对于Ⅲ类载荷弹簧 $F_{\lim} = F_2$。

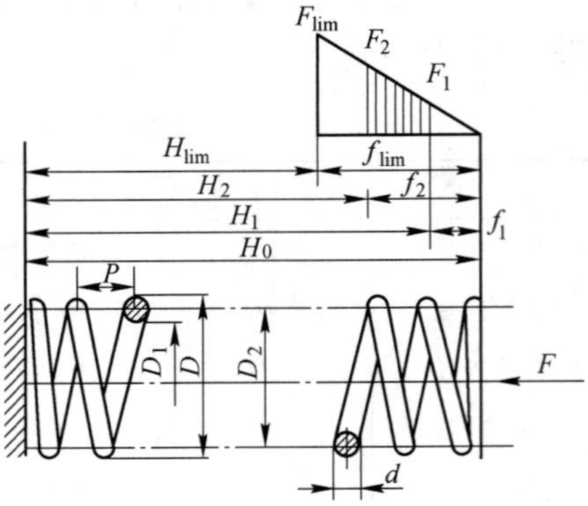

图 19-3　压缩弹簧特性曲线

19.2.1.3　弹簧的应力

为了计算弹簧丝内的应力，用过弹簧轴线的平面将弹簧丝在某处截开，然后移去下半部分，研究其上半部分。因为螺旋角 γ 的存在，截面为椭圆，而 γ 很小（5°～9°）可近似认为 $\gamma=0°$，这样，弹簧丝横截面就可近似看成圆截面。根据力的平衡可知，该截面上受有剪力 Q 和转矩 T，Q 与 T 均在弹簧丝截面产生剪应力见图 19-4a、图 19-4b，二者合成后如图 19-4c 所示，由应力分析知，弹簧丝内侧应力大于外侧应力。考虑弹簧钢丝曲率对应力的影响后，实际剪应力分布简图如图 19-4d 所示。由于 $1 + \dfrac{0.5}{C} \approx 1$，最大值为：

$$\tau = \tau_Q + \tau_T = \frac{8F_2C}{\pi d^2}\left(1 + \frac{0.5}{C}\right) \approx \frac{8kF_2C}{\pi d^2} \tag{19-1}$$

根据材料力学曲梁理论计算，强度校核式为：

$$\tau = \frac{8KF_2C}{\pi d^2} \leqslant [\tau] \tag{19-2}$$

式中，C 为缠绕比（弹簧指数），$C = D_2/d$，此值太小，缠绕困难，太大弹簧易发生颤抖，一般 $C=4 \sim 16$，常取 $C=5 \sim 8$，d 小时，C 取大值；K 为曲度系数，可根据 C 直接从图 19-5 查

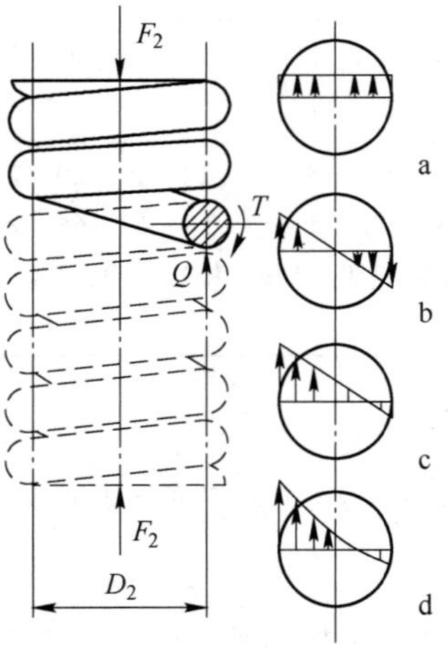

图 19-4　弹簧钢丝截面内应力情况

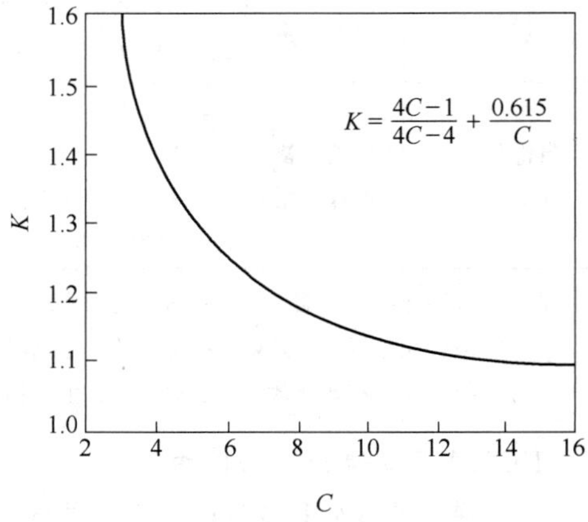

图 19-5　曲度系数 K

取；其他符号同前。

弹簧丝直径设计式为：

$$d \geqslant \sqrt{\frac{8KF_2C}{\pi[\tau]}} = 1.6\sqrt{\frac{KF_2C}{[\tau]}} \tag{19-3}$$

19.2.1.4　弹簧的变形

由材料力学可知，压缩弹簧在轴向载荷 F 作用下引起的轴向变形量 f 为：

$$f = \frac{8FD_2^3n}{Gd^4} = \frac{8FC^3n}{Gd} \tag{19-4}$$

则

$$n = \frac{f_2Gd^4}{8F_2D_2^3} = \frac{f_2Gd}{8F_2C^3} \tag{19-5}$$

式中　f_2——F_2 作用下的变形量，mm；

G——弹簧材料剪切弹性模量，N/mm^2。

按式（19-5）计算出 n 后，按表 19-5 选取相近的标准值，但工作圈数 n 一般应不小于 2 圈。

设计压缩弹簧时，为了保证弹簧在安装或过载时不致损坏，常使弹簧之间的间隙 δ 等于或小于 f'（$F_{\lim}$ 作用下一圈弹簧变形量，$f' = \frac{f_{\lim}}{n}$），一般取 $\delta = f'$，由此可得弹簧节距（见图19-1）为：

$$P = \delta + d \tag{19-6}$$

19.2.1.5　弹簧的稳定性

压缩弹簧在一定自由高度 H_0、一定的轴向载荷作用下发生较大的侧向弯曲而丧失稳定（图 19-6），称为压缩弹簧失稳。弹簧稳定性与高径比 b（压缩弹簧的自由高度 H_0 与中径 D_2 之比，$b = H_0/D_2$）和弹簧两端支撑形式有关。

为保证压缩弹簧的稳定性，其高径比 b 值应满足下列要求：两端固定时，$b < 5.3$；一端固定另一端自由转动时，$b < 3.7$；两端自由转动时，$b < 2.6$。如不满足稳定性条件，可重选参数或加导杆、导套，也可采用组合弹簧。

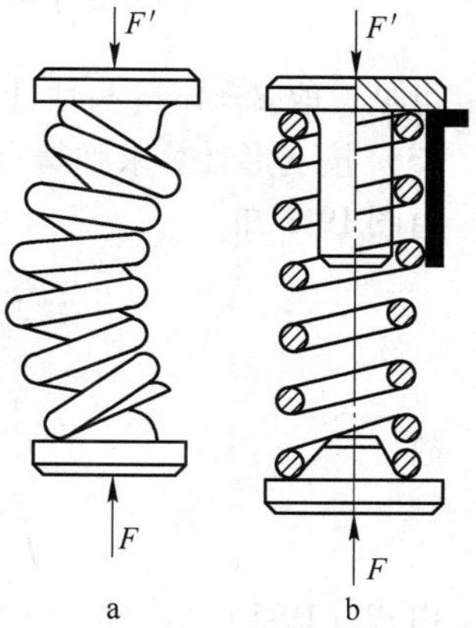

图 19-6　压缩弹簧侧向弯曲

a—两端自由；b——一端固定一端自由

19.2.2　拉伸弹簧

拉伸弹簧卷制时各圈相互并紧，即 $\delta = 0$。为了增加弹簧刚性，多数弹簧在制成后已具有初应力，拉簧端部做有挂钩，以便安装和加载。拉伸弹簧结构尺寸的计算公式与压缩弹簧相同，但在使用公式时应注意拉簧的间距 $\delta = 0$。计算弹簧丝展开长度和弹簧自由高度时，应把挂钩部分的尺寸计入。由于拉伸弹簧同压缩弹簧的外载荷均沿弹簧的轴线作用，因此它们的应力和变形的计算是相同的。弹簧的设计要求是：有足够的强度，符合载荷—变形特性曲线的要求（刚度条件），不侧弯。

［**例 19-1**］　试设计一控制凸轮机构运动用的圆柱螺旋压缩弹簧。已知最大工作载荷 $F_2 =$

500N，最小工作载荷 $F_1=200\text{N}$，弹簧工作行程 $S=f_2-f_1=10\text{mm}$，如图 19-7 所示，该弹簧属Ⅱ类载荷，YⅠ型支撑圈结构，弹簧外径 $D=24\text{mm}$。

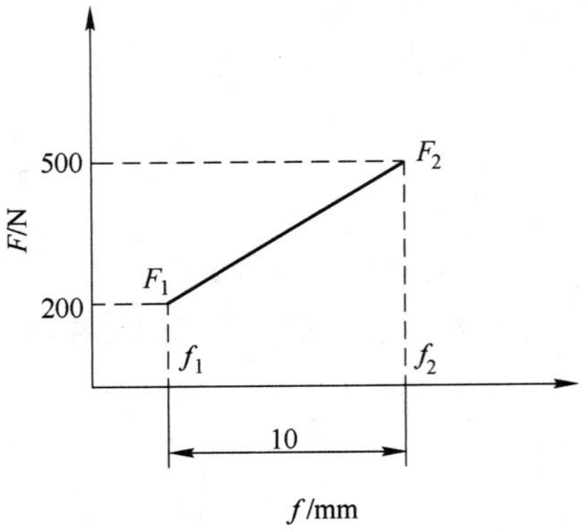

图 19-7　例 19-1 图

解：(1) 选择材料。选用碳素弹簧钢丝 B 组，由表 19-2 查得

$$[\tau]=0.4\sigma_b$$

$$G=80000\text{N/mm}^2$$

因 σ_b 与 d 有关，而 d 尚待求出，故初步估计 $d=4\text{mm}$，查表 19-3，$\sigma_b=1471\text{N/mm}^2$，则：

$$[\tau]=0.4\times1471=588\text{N/mm}^2$$

(2) 按强度计算求弹簧钢丝直径 d。

因为 $D=24\text{mm}$，故

$$D_2=D-d=24-4=20\text{mm}$$

缠绕比：

$$C=\frac{D_2}{d}=\frac{20}{4}=5$$

由图 19-5 查得曲线系数 $K=1.31$，由式 19-3 得：

$$d=1.6\sqrt{\frac{KF_2C}{[\tau]}}=1.6\sqrt{\frac{1.31\times500\times5}{588}}=3.78\text{mm}$$

可见，取 $d=4\text{mm}$ 与估计相符合。

(3) 按变形计算求弹簧有效工作圈数 n。

由图 19-3 知：

$$\frac{F_1}{f_1}=\frac{F_2}{f_2}=\frac{F_2-F_1}{f_2-f_1}=\frac{500-200}{10}=30$$

故

$$f_1=\frac{1}{30}\times F_1=\frac{1}{30}\times200=6.67\text{mm}$$

$$f_2=f_1\cdot F_2/F_1=6.67\times5/2=16.67\text{mm}$$

由式（19-5）得：

$$n=\frac{f_2Gd}{8F_2C^3}=\frac{16.67\times80000\times4}{8\times500\times5^3}=10.67\text{ 圈}$$

按表 19-5 取 $n=10.5$ 圈。

n 取 10.5 圈后，为了保证最大工作载荷 F_2 和工作行程 S 不变，必须重新求最小工作载荷 F_1：

$$f_2=\frac{8F_2D_2^3n}{Gd^4}=\frac{8F_2C^3n}{Gd}=\frac{8\times500\times5^3\times10.5}{80000\times4}=16.11\text{mm}$$

$$f_1=f_2-S=16.11-10=6.11\text{mm}$$

$$F_1=F_2\frac{f_1}{f_2}=500\times\frac{6.11}{16.11}=190\text{N}$$

（4）求工作极限载荷 $F_{\lim}$。

由表19-2注①知Ⅱ类载荷弹簧的工作极限剪切应力为：

$$\tau_{\lim} \leqslant 1.25[\tau] = 1.25 \times 588 = 735\text{N/mm}^2$$

由式（19-2）可得：

$$F_{\lim} = \frac{\pi d^3 \tau_{\lim}}{8KD_2} = \frac{3.1416 \times 4^3 \times 735}{8 \times 1.31 \times 20} = 705\text{N}$$

（5）求工作极限载荷 $F_{\lim}$ 下变形 $f_{\lim}$。

$$f_{\lim} = \frac{f_2 F_{\lim}}{F_2} = \frac{16.11 \times 705}{500} = 22.72\text{mm}$$

（6）求工作极限载荷 $F_{\lim}$ 下单圈弹簧变形 f'。

$$f' = \frac{f_{\lim}}{n} = \frac{22.72}{10.5} = 2.16\text{mm}$$

（7）求弹簧的几何尺寸。

弹簧钢丝直径：　$d = 4\text{mm}$

弹簧中径：　$D_2 = 20mm$

弹簧内径：　$D_1 = D_2 - d = 20 - 4 = 16\text{mm}$

弹簧外径：　$D = D_2 + d = 20 + 4 = 24\text{mm}$

有效工作圈数：　$n = 10.5$

总圈数：　$n_1 = n + 2 = 10.5 + 2 = 12.5$

节距：　$P = d + f' = 4 + 2.16 = 6.16$

自由高度(YⅠ)：　$n_1 = n + 2$

$$H_0 = Pn + 1.5d = 6.16 \times 10.5 + 1.5 \times 4 = 70.68\text{mm}$$

工作高度：　$H_1 = H_0 - f_1 = 70.68 - 6.11 = 64.57\text{mm}$

$$H_2 = H_0 - f_2 = 70.68 - 16.11 = 54.57\text{mm}$$

压并高度：　$H_b = H_0 - f_{\lim} = 70.68 - 22.72 \approx 48\text{mm}$

间距：　$\delta = f' = 2.16\text{mm}$

螺旋导角：　$\gamma = \arctan \dfrac{P}{\pi D_2} = \arctan \dfrac{6.16}{3.14159 \times 20} = 5°36'$

弹簧展开长度：　$L = \dfrac{\pi n_1 D_2}{\cos\gamma} = \dfrac{3.14159 \times 12.5 \times 20}{\cos 5°36'} = 789\text{mm}$

（8）验算稳定性。

高径比为　$b = \dfrac{H_0}{D_2} = \dfrac{70.68}{20} = 3.54 < 5.3$

满足稳定性要求。

19.3　其他弹簧简介

19.3.1　扭转螺旋弹簧

扭转弹簧的外形和拉压弹簧相似，端部作成钩或臂（图 19-8），以便固定和加载。扭转弹簧主要用于传递扭矩。在自由状态下，簧圈间应留有少量间隙，以免工作时紧靠发生摩擦。对于套在芯棒上的扭转弹簧，在芯棒与弹簧内径间也应留有间隙，以免工作时弹簧丝将芯棒抱紧。

19.3.2　碟形弹簧

碟形弹簧是由中空碟形钢板叠成的，用来承受轴向压缩载荷（图 19-9）。这种弹簧刚度大、变形小，加载与卸载的特性曲线不重合，使用、维护方便，工作过程中由于碟片之间存在摩擦损失，故缓冲吸振能力较强，多用于重型机械的缓冲和减振装置。变化碟形尺寸参数或采用不同组合，可得到不同的特征曲线。

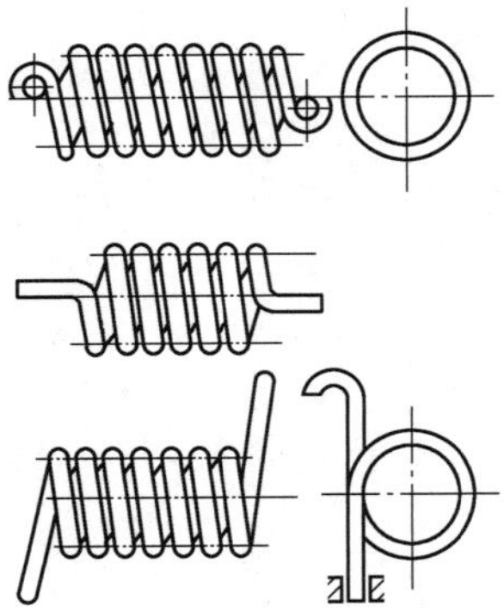

图 19-8　扭转弹簧的端部结构

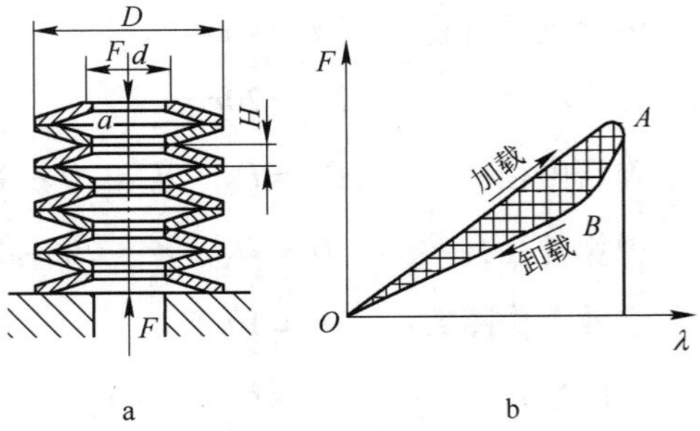

图 19-9　碟形弹簧及其特性曲线

a—碟形弹簧；b—特性曲线

复习思考题

19-1　弹簧的功用有哪些？

19-2　弹簧有哪些种类？说明各种弹簧的结构及用途。

19-3　弹簧的主要结构参数有哪些，各对弹簧性能有什么影响？

19-4　拉、压螺旋弹簧受拉伸、压缩载荷时应力状态有什么不同？

19-5　用弹簧特征曲线表示出 F_1、F_2、$F_{\lim}$ 与 f_1、f_2、$f_{\lim}$ 的关系。

19-6　缠绕比 C 对弹簧性能有什么影响，怎样选取缠绕比 C？

19-7　影响弹簧强度、刚度及稳定性的主要因素有哪些，为提高强度、刚度及稳定性可采取哪些措施？

19-8　某牙嵌式离合器圆柱螺旋压缩弹簧的参数为：$D=36$mm，$d=3$mm，$n=5$，弹簧材料为碳素弹簧钢丝 B 组、Ⅱ类工作载荷，最大工作载荷 $F_2=100$N，试校核此弹簧的强度和计算最大变形量 f_2。

19-9　试设计一气门弹簧（圆柱螺旋压缩弹簧）。已知：（1）弹簧最小工作载荷 $F_1=220$N；（2）弹簧最大工作载荷 $F_2=500$N；（3）阀门的（即弹簧的）工作行程 $S=9$mm；（4）由于结构限制，弹簧最小允许内径为 16mm，最大允许外径为 30mm；（5）Ⅰ类工作载荷。

附　　图

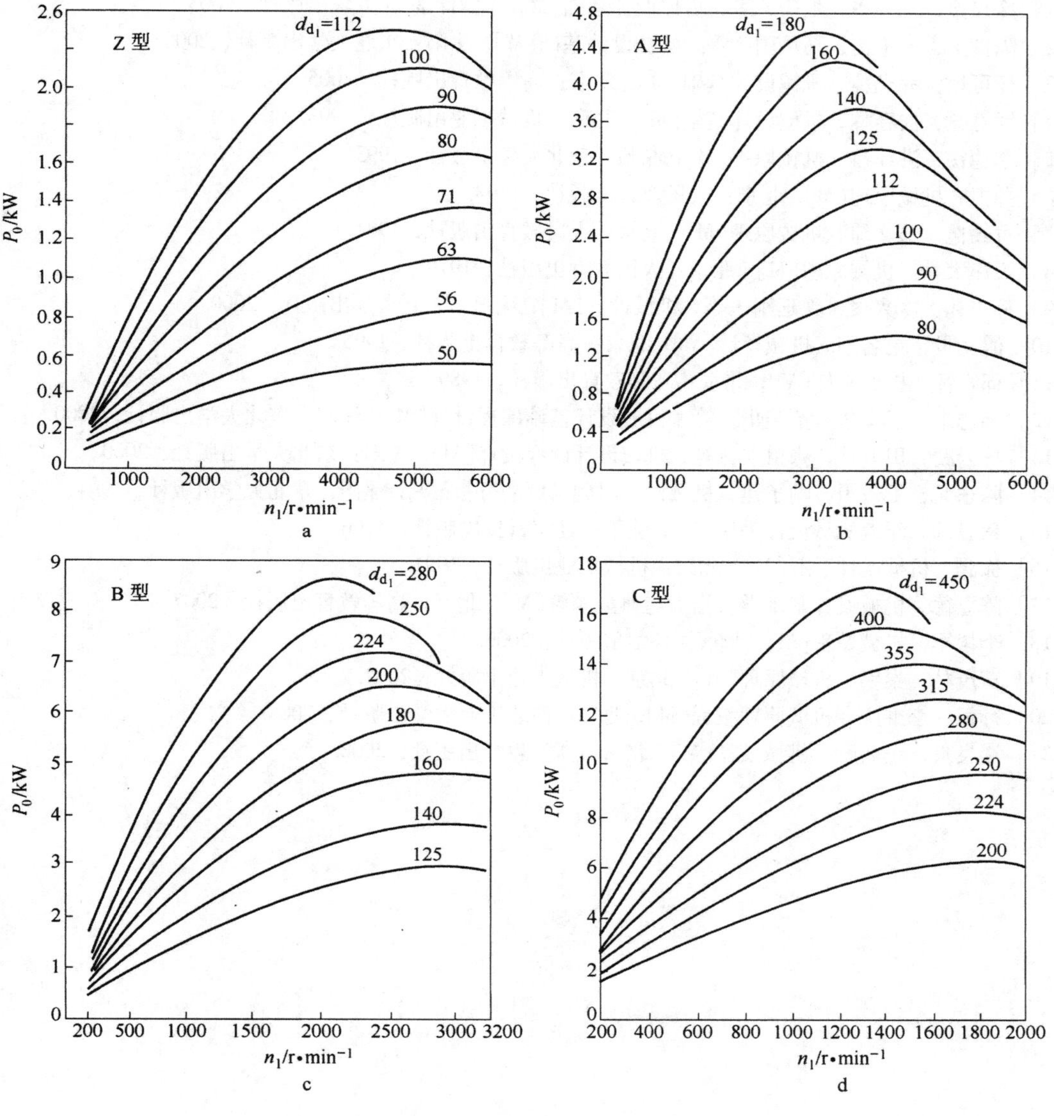

附图　单根 V 带 P_0 曲线

参 考 文 献

[1] 冷兴聚，王春华，王琦，等．机械设计基础[M]．沈阳：东北大学出版社，2003.
[2] 陈良玉，王玉良，马星国，等．机械设计基础[M]．沈阳：东北大学出版社，2000.
[3] 杨可桢，程光蕴．机械设计基础[M]．北京：高等教育出版社，2005.
[4] 钱寿铨，白春林．机械设计基础[M]．北京：机械工业出版社，1993.
[5] 李德锡，洪淳赫．机械原理[M]．沈阳：东北大学出版社，1993.
[6] 孙恒．机械原理[M]．北京：人民教育出版社，1993.
[7] 黄锡恺，郑文纬．机械原理[M]．北京：人民教育出版社，1981.
[8] 天津大学．机械原理[M]．北京：人民教育出版社，1979.
[9] 孙志礼，冷兴聚，魏延刚，等．机械设计[M]．沈阳：东北大学出版社，2000.
[10] 濮良贯，纪名刚．机械设计[M]．北京：高等教育出版社，1996.
[11] 邱宣怀．机械零件[M]．北京：高等教育出版社，1989.
[12] 孙德志，王春华，董美华，等．机械设计基础课程设计[M]．沈阳：东北大学出版社，2000.
[13] 巩云鹏，田万禄，张祖立，等．机械设计课程设计[M]．沈阳：东北大学出版社，2000.
[14] 陈东元，王占勇，喻子建．机械设计习题与解题分析[M]．沈阳：东北大学出版社，1994.
[15] 蔡春源．新编机械设计手册[M]．沈阳：辽宁科技出版社，1996.
[16] 徐灏．机械设计手册[M]．北京：机械工业出版社，1991.
[17] 陈立德．机械设计基础学习指南与典型题解[M]．北京：高等教育出版社，2007.
[18] 李树军．机械原理[M]．北京：科学出版社，2009.
[19] 黄茂林，秦伟．机械原理[M]．北京：机械工业出版社，2002.
[20] 孙恒，李继庆．机械原理教程[M]．西安：西北工业大学出版社，2008.
[21] 濮良贯，纪名刚．机械设计[M]．北京：高等教育出版社，2008.